U0244384

本成果受到中国人民大学2022年度"中央高校建设世界一流大学（学科）和特色发展引导专项资金"支持。

Supported by fund for building world-class universities (disciplines) of Renmin University of China.

数智农业
理论与实践

张利庠 崔瀚予 宁兆硕 刘开邦 ◎ 著

中国财经出版传媒集团

经济科学出版社
Economic Science Press

·北 京·

图书在版编目（CIP）数据

数智农业：理论与实践/张利庠，崔瀚予等著 . --
北京：经济科学出版社，2024.1
（人大农经精品书系）
ISBN 978 - 7 - 5218 - 5492 - 3

Ⅰ.①数… Ⅱ.①张…②崔… Ⅲ.①数字技术 - 应
用 - 农业技术 - 研究 - 中国 Ⅳ.①S126

中国国家版本馆 CIP 数据核字（2024）第 006056 号

责任编辑：刘　莎
责任校对：郑淑艳
责任印制：邱　天

数智农业：理论与实践
SHUZHI NONGYE：LILUN YU SHIJIAN
张利庠　崔瀚予　宁兆硕　刘开邦　著
经济科学出版社出版、发行　新华书店经销
社址：北京市海淀区阜成路甲 28 号　邮编：100142
总编部电话：010 - 88191217　发行部电话：010 - 88191522
网址：www. esp. com. cn
电子邮箱：esp@ esp. com. cn
天猫网店：经济科学出版社旗舰店
网址：http：//jjkxcbs. tmall. com
固安华明印业有限公司印装
787 × 1092　16 开　31 印张　420000 字
2024 年 1 月第 1 版　2024 年 1 月第 1 次印刷
ISBN 978 - 7 - 5218 - 5492 - 3　定价：120.00 元
（图书出现印装问题，本社负责调换。电话：010 - 88191545）
（版权所有　侵权必究　打击盗版　举报热线：010 - 88191661
QQ：2242791300　营销中心电话：010 - 88191537
电子邮箱：dbts@ esp. com. cn）

前　言

农为邦本，本固邦宁。农业是关乎经济发展、社会稳定和民族振兴的基础产业，在食物安全、生态可持续和农耕文明传承等方面发挥着压舱石的作用。习近平总书记指出："农业出路在现代化，农业现代化关键在科技进步。我们必须比以往任何时候都更加重视和依靠农业科技进步，走内涵式发展道路。"①

大数据、云计算、物联网、区块链、人工智能和5G通信等现代科学技术发展日新月异，全球经济正在从农业文明、工业文明向数字文明转变。农业文明5000年，中国处于领先地位；工业文明300年，欧美领先；数字文明至今只有60年，正是中国实现弯道超车的最佳时机。目前，我国数字经济规模和比重在世界名列前茅。据中国信息通信研究院发布的《全球数字经济白皮书（2022年）》测算，从总量上看，2021年全球47个主要国家数字经济总量为38.1万亿美元，数字经济占全球GDP比重为45.0%。从国际比较的视角上看：按规模排序，美国数字经济位居世界第一（15.3万亿美元），中国位居第二（7.1万亿美元），德国位居第三（2.9万亿美元）；按占GDP比重排序，英国、德国、美国位列世界前三，数字经济占GDP比重分别为69.2%、67.5%和65.7%，中国排序位居全球第九。在这场数字经济发展的新时代，美国输不起，中国不能输。党的十八大以来，党中央高度重视数字经济发展。2021年10月18日，习近平总书记在中共中央政治局第三十四次集

---

① 2013年11月28日，习近平总书记在山东农科院召开座谈会时的讲话。

体学习时强调："充分发挥海量数据和丰富应用场景优势，促进数字技术与实体经济深度融合，赋能传统产业转型升级，催生新产业新业态新模式，不断做强做优做大我国数字经济。"

现代数字经济技术与中国传统农耕文明相结合，能够焕发出巨大的能量！数字经济对于农业发展来说，是一个千载难逢的重大历史机遇！党的十八大以来，我国日益重视农业的数智化发展，相关政策措施陆续出台，近十年的中央"一号文件"中信息科技助力农业农村现代化的内容占比不断提高。在今年党的二十大报告里，更明确提出要推动数字经济与农业深度融合。数智农业是指以数字化、智能化为特征的农业发展新形态，是实现农业农村现代化的重要法宝，是推动乡村振兴高效发展的动力来源。发展数智农业，是新时代农业奋进的要义。但同时，数智农业的发展也面临着诸多挑战。一方面，学术界面临着数智农业的结构体系、话语体系、技术体系和人才体系的薄弱；另一方面，作为数智农业产业主力军的新型农业经营主体还面临着"不愿转、不敢转、不会转"的现实困境。基于此，我作为中国人民大学农商管理科研团队的首席科学家，与大北农集团董事长、创始人邵根伙博士多次磋商农业企业的数字化转型，一拍即合，强强联合，成立了大北农数智农业研究院，并带领数智农业课题组成员深入阿里巴巴、中粮、牧原、北大荒、农信互联等数智农业代表性企业，围绕"什么是数智农业""为什么要发展数智农业""怎样发展数智农业"和"数智农业的未来"等议题展开深入调研，并将最终研究成果汇编成书。

按照理论与实践相结合的思路，本书在深入解读数智农业发展的背景、意义、内涵、政策、任务和措施的基础上，收录编纂数智农业实践中的典型案例，对其系统总结并提升为核心理论和学术体系，以加深读者对数智农业理论和实践的综合认识。全书由八章构成：第一章"迈进数智农业新时代"，着重解读数智农业发展的现状与历程、政策体系等。

第二章"解析数智农业新价值"，分别从现实意义和时代价值两个角度讨论数智农业的价值意义，以期通过比较和印证，论证数智农业大大改善了农业的"弱质性"，有效破解了农业的周期性，助力乡村振兴；论述数智农业实现了计算机技术、互联网技术、物联网技术的有机融合，是传统农业的转型升级的唯一出路。第三章"探究数智农业新理念"，系统地对数智农业的内涵、外延、特征进行界定和论述，细述数智农业的新理念，即以新一代信息技术的研发应用为基础支撑，借助于硬件和软件的协同作用，构建集"感知、传输、计算、存储、应用"等为一体的"闭环"，进而实现产业全流程数字化、网络化、智能化的技术范式创新。第四章"开辟数智农业新路径"，从"全链融智"角度讨论信息技术和数字化手段在农业的生产、流通、运营等不同环节的融合和利用，总结数智农业发展模式，为各地发展数智农业指明方向。第五章、第六章、第七章总结了我国农业企业在数智农业转型升级过程中的三类实践路径：一是中国传统农牧企业通过平台探索、多元集成、全链条升级、多位一体等举措突破自身数智化转型的瓶颈；二是数字技术高新企业通过数字技术助推农业迈向智能化新时代；三是互联网平台企业万物互联打通农产品上行和下行渠道。第八章"迎接数智农业新挑战"，分别从"技术－经济－应用范式"三个维度辩证地论述数智农业的新挑战，以期能够为中国数智农业持续健康发展指明经济理论与管理方法的拓展方向，为世界数智农业繁荣发展贡献中国力量、讲好中国故事。概括地说，全书理论系统全面、内容深入浅出、风格务实高效、案例丰富鲜活，兼顾了覆盖面和深入度，是了解数智农业的重要读物。

由于作者水平有限，本书在实践研究的深度和理论研究的广度等方面还有改进的空间。期待各位读者提出改进意见和建议，便于对本书进行补充和修订。课题组和写作成员有：崔瀚予、张泠然、宁兆硕、刘开邦、卢杨、董泽群、田家榛、王馨源、郭凯婧、翟羽佳、刘秋池、栾梦娜、邢安艺和张津浩等，在此一并致谢！当然文责自负！

张利庠

2023 年 9 月 16 日于中国人民大学明德主楼

目　录

1

第一章

迈进数智农业新时代

第一节 数智农业发展正当时

农为邦本，本固邦宁。农业发展是世界各国在发展过程中面临的永恒主题，是关乎经济发展、社会稳定和民族振兴的基础产业。纵观世界发展史，无论发达国家还是发展中国家，从古至今都毫无例外地重视农业发展。无论社会发展到什么阶段，农业在各国国民经济中的基础性地位都不会改变，并且随着生产力水平的不断提高，农业的生产组织形式也在不断变化，汇聚成源远流长的农业发展史。世界农业的发展先后经历了原始农业、传统农业、近代农业以及现代农业四个阶段，美国、加拿大、日本、荷兰等发达国家作为现代农业的先行者，已普遍实现农业现代化，而我国作为世界上最大的发展中国家和第二大经济体，如何立足农业大国的国情农情，实现具有中国特色的农业现代化是我国当前发展的"重中之重"。

习近平总书记指出："农业出路在现代化，农业现代化关键在科技进步。我们必须比以往任何时候都更加重视和依靠农业科技进步，走内涵式发展道路。"[①] 改革开放以来，我国在推动二三产业高速发展的同时，始终将农业、农村、农民的发展问题放在国计民生的重要位置，多次强调把解决好"三农"问题作为全党工作的重中之重。迈进 21 世纪，我国先后发布 19 个涉农"一号文件"并持续加大政策倾斜、资金扶持力度，为我国农业现代化发展注入了强劲动能。在政策引导、政府推动、市场运作三方协同下，我国农业生产条件显著改善、农林牧渔业总产值稳步提升、农民收入持续增长，农业发展取得了举世瞩目成就，具体表现在以下三个方面：

其一，端牢"饭碗"，挺直腰板。2021 年我国粮食总产量达到 68 285 万吨（13 657 亿斤），[②] 交出了确保国家粮食安全考核任务的满意答卷。粮食安全事关国计民生，是满足人民需求、支持经济发展、维系国家稳定、保证外交竞争力的重要战略资源，更是应对各种风险挑战的强大底气、保证经济社会平稳运行的有力支撑。1978 年我国粮食产量 30 476.5 万吨，2021 年增长至 68 285 万吨，增长近 124%，基本实现了"口粮绝对安全，谷物基本自给"。同时，我国农林牧渔业总产值也在稳步提升，改革开放以来，我国农林牧渔业总产值呈现出稳步增长的发展趋势，1978 年为 1 397 亿元，2021 年高达 137 800 亿元，增长了近 97 倍，确保了粮食和重要农产品有效供给（见图 1 - 1）。

其二，巩固脱贫，迈向振兴。2021 年我国宣布全面打赢脱贫攻坚战，近 1 亿农村贫困人口全部脱贫，实现了中华民族的千年夙愿。彻底消除绝对贫困，一直是人类历史上难以攻克的巨大挑战。改革开放以来，我国农村居民人均可支配收入从 1978 年的 133.6 元，增长到 2021 年的 18 931 元，增长了近 141 倍之多。现行标准下农村贫困发生率从

---

① 习近平总书记在山东农科院召开座谈会时的讲话，http://politics.peo-ple.com.cn/n/2013/1128/c70731 - 23688867.html，2013 年 11 月 28 日。

② 资料来源于国家统计局。

1987 年的 97.5% 下降到 2019 年的 0.6%，减少了 96.9%，并于 2020 年底全面消除农村绝对贫困（见图 1-2）。农民收入持续增长、生活质量持续改善，农村绝对贫困人口全面消除，逐步实现共同富裕，体现了社会主义的本质要求，彰显了我们党的重要使命。

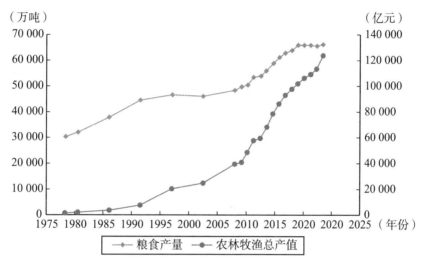

图 1-1 改革开放以来我国粮食总产量以及农林牧渔总产值变化

资料来源：课题组资料整理。

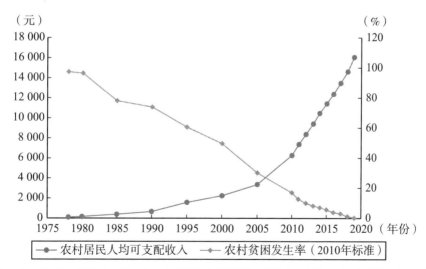

图 1-2 改革开放以来我国农村居民人均可支配收入以及农村贫困发生率变化

资料来源：课题组资料整理。

其三，科技创新，面向未来。"十四五"时期我国"三农"工作重心历史性转向全面推进乡村振兴，加快中国特色农业农村现代化进程。农业现代化是一个进步的过程，体现在农业劳动生产率和资源使用效率的不断提高。从土地要素看，截至2021年底，我国基本完成建成8亿亩高标准农田的目标规划，严格坚守18亿亩耕地红线。在保护耕地与加强高标准农田建设的同时，耕地有效灌溉面积稳定增长，从1978年的44 965千公顷增长到2020年69 133千公顷；从机械化发展看，近年来我国农业机械总动力呈增长趋势，从1978年的1.18亿千瓦增长到2020年的10.56亿千瓦，农作物耕种收综合机械化率超过70%；从科技要素看，2020年我国农业科技进步贡献率突破60%大关，农作物良种覆盖率达到96%以上，科技成果应用成效突出（见图1-3）。

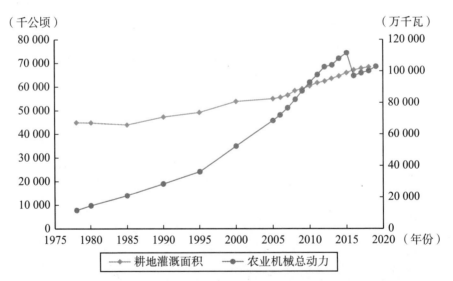

图1-3 改革开放以来我国耕地灌溉面积以及农业机械总动力变化

资料来源：课题组资料整理。

农业是我国国民经济的重要基石，科技兴农是针对现实国情的正确选择。当前正处在加快农业农村现代化的重要战略机遇期，如何把握发展机遇，实现跨越式发展，在现代信息技术的时代旋涡下，一条数智农业的道路逐渐显现……

一、科学技术革命下的世界农业

伴随科学技术革命的不断发展，当代高新技术发展突飞猛进、日新月异，世界农业已演变成为现代生物技术和信息技术应用最广阔、最活跃、最富有挑战性的领域，表现在生物技术不断进步、农业学科不断更新、科技对资源的转换和替代作用日益强化、信息技术在农业领域的应用更加广泛……并且在 2020 年新冠疫情"全球性大流行"的背景下，各国关于人员流动受限、交通管制、限制粮食出口等措施的颁布对世界农业的供需两端造成了巨大影响，倒逼新一轮农业科技革命加速发展。

（一）人类历史上的三大技术革命和产业升级

科学技术的发展由内在动力和外部需求共同推动，恩格斯曾说："社会一旦有技术上的需要，则这种需要就会比十所大学更能把科学推向前进。"[①] 农业作为人类社会之根，在不断满足人类生活需要的推动下，其生产力和生产方式也伴随着科学技术革命更新迭代。科学技术革命是科学革命以及技术革命的总称，在过去的 5 个世纪中，世界上先后大约发生了五次科技革命，包括两次科学革命和三次技术革命，两次科学革命是指近代物理学的诞生、相对论和量子力学革命；三次技术革命分别是蒸汽机和机械革命、电气和运输革命、电子和信息科技革命。其中，每次技术革命都起源于某一两项具有根本性和强大带动性的重大技术的突破，引发出新的技术体系的建立和新的产业升级。三次技术革命

---

① 中共中央马克思恩格斯列宁斯大林著作编译局编译．马克思恩格斯文集（第十卷）[M]．北京：人民出版社，2009 - 12 - 01.

和三次产业升级，将人类社会由农业社会推进到工业社会，推动了农业技术革命的发展，创造了人类社会的现代文明。

第一次农业技术革命出现于 20 世纪 50 年代，由于农业是从事生物性生产，本身的分散性和复杂性的特点影响了它对现代技术的吸收，使农业远远落后于工业近 200 年。直到 20 世纪中叶，农业育种技术和农业化学技术为主的技术突破才催生了农业的第一次技术革命。使得 1950～1980 年世界粮食单产由每公顷 1 000 公斤提高到 2 300 公斤，平均每年增长 43 公斤，是上半世纪的 31 倍。此间育种、农业化学技术（化肥、农药）、灌溉和农机等科技的贡献率高达 70%。

第二次农业技术革命以生物工程和信息技术为主要特征，伴随着世界第三次新技术革命的浪潮而来，生物工程技术、信息技术在农业应用上取得重大突破，新材料、新能源、航空航天、自动化控制、海洋工程等现代技术也加速了对农业的武装。

随着 21 世纪互联网、大数据、云计算、人工智能、无人机等新兴技术在农业中的应用和集成创新，现代农业的总体图景正在改变，以数字化和智慧化为特征的第三次农业技术革命开始萌芽，第三次农业技术革命强调农业生产经营方式的数字化、智慧化，因此也可称为农业的数智革命，包括农业生产要素的数智化，农业生产者的数智化和农业管理的数智化，必将对农业生产、食品供给和社会生活产生全方位影响，并且彻底改变现代农业的生产经营方式、资源开发与管理模式，改变人们对农业、食品和自然的理解与文化观念，改变与农业和食品相关的社会组织体制和管理模式。

（二）世纪疫情加速农业技术革命

而新冠疫情的出现毫无疑问加速了第三次农业技术革命的全球性发展。2020 年初，新冠疫情席卷全球，对世界经济社会的正常运转造成了严重冲击，全球供应链因节点结构性冲击与跨区域通道的中断形成鲁棒性的破裂，引发生产停滞、销售下滑、物流迟缓、流动性困难等问题，农业也未能幸免。在新冠疫情的直接冲击，以及为阻击新冠疫情扩散蔓延而采取的一系列措施，叠加在一起对农业生产经营的整个链条和各个领域带来显著影响，不仅是对各国农业生产经营领域稳定性的考验，更是对各国农业科技创新能力的考验，疫情倒逼了全球农业的创新发展，推动农业向着数智化转型。

据商务部电子商务司所公布的《中国电子商务报告》中相关数据显示，近年来随着我国农业多功能性不断扩展，数字化、智慧化在农业中的应用不断广泛，尤其是新冠疫情期间，农村电商凭借线上化、非接触、供需快速匹配、产销高效衔接等优势，在县域稳产保供、复工复产和民生保障等方面的功能作用凸显，不断涌现出直播带货、社区团购等新业态新模式。2019 年我国农产品网络零售额为 3 975 亿元，2020 年上涨至 4 158.9 亿元，同比增长 26.2%，规划到 2025 年全国农产品网络零售额达到 1 万亿元。2020 年我国农业数字经济总量达到 6 920 亿元，预计 2025 年这一经济规模将达到 1.26 万亿元。全球范围亦是如此，根据国际咨询机构 Research and Markets 分析，2019 年全球智慧农业市值 167 亿美元，2027 年将达到 292 亿美元，2021 ～ 2027 年全球智慧农业市值年复合增长率（compound annual growth rate，CAGR）将达到 9.7%，农业的第三次技术革命迎来新高潮。

由此，我们将数智农业定义为以数字技术为基础，以智慧化运营为核心，以实现最优生产经营决策为目标的、具有开放技术体系的高级农业生产方式。数智农业在农业生产过程中主要运用农业信息感知、定量决策、智能控制、精准投入与个性化服务五大先进生产技术，将现代信息技术和农业深度融合，并且赋予了农业生产要素全新的内涵和特征，通过现代信息技术与土地等自然禀赋有机结合，解决了传统农业生产效率低下的问题，同时实现劳动力的解放，有效减少农业生产所需要的劳动力成本，指明了未来农业发展的必然趋势。

二、世界农业的发展历程

世界农业的发展史，也是一部人类的发展史，它经历了原始农业、传统农业、现代农业三个阶段，它的一切历数着人类的成长过程。同时，世界农业在发展过程中围绕农业生产、农业经济、农业要素以及农业现代化等方面呈现出四种发展趋势，成为世界各国农业发展的根本指引。

（一）世界农业的发展历程

农业经过了上千年的历史，演绎了从原始农业阶段到传统农业阶段再到现代农业阶段的光辉历程，它的每一个阶段都成为人类社会整体发展的重要标志。

1. 原始农业：因人们对食物的需求促使农业初步出现

在原始农业的初始阶段，人类作为一种生物，自诞生以来就同地球上其他生物一样，需要从环境中持续地获取能量，以此保证自身的生存和发展。在远古时期，整个地球森林繁茂，人类的祖先生活在树上，后来由于气候的变化，森林面积减少，草原扩大，他们为了更多的食物，开始"脚踏实地"，迈开了人类文明进化的第一步。

再距今约200万年，人类的祖先在地球的不同角落，赤身裸体地集中采集和狩猎。共存共亡的依赖关系使他们有了信息交流的需要，于是语言便产生了。在与猛兽搏斗中，他们逐渐学会了使用工具以获得外力支持，并且还学会了使用火。火的使用不仅使原始人类食用熟食食物，保护他们驱走野兽，还增加了他们的活动空间，促使人类从采集和狩猎到定居。在此阶段人类只是利用自然界的动植物，并没有从事生产。

从人类迈入了新石器阶段开始，也就到了原始农业的发展阶段。人类学会了打造石器作为工具，并发明了弓箭和陶器。在狩猎中逐渐掌握了驯养动物的技能，并在采集过程中发现了适合种植的作物，开创了最原始的生产，至此，人类灿烂的农业文明开始焕发光彩。受气候和环境影响，该阶段主要出现在南纬10°到北纬40°之间的地理气候条件大体相似的几个地方，但时间相差数千年之久。由于驯化的动物种类不同，青铜器和铁器冶炼技术上的差异，导致这些地区发展的道路特色鲜明。

在两河流域，以西亚的美索不达米亚平原为主，农业的萌芽约在公元前9000～前8000年出现，生活在这里的苏美尔人开始从事农业生产。到了公元前7000余年，绵羊、山羊以及猪等家畜便出现在了苏美尔人的庭院中。到了公元前5000年前后，苏美尔人开创了农田灌溉技术，这项技术对人类发展的意义极其重大！因为它的出现可以说促进了人类文明的一次又一次地飞跃，食物的基础供给赐予人类更多追求自然科学的可能，促进了数学、天文学、土木建筑技术的发展。在美索不达米亚平原上，大麦、小麦①产量丰厚，养育了远古的先民。在公元前3000年左右，苏美尔人开始建立了历史上的第一座城市，并发明了文字。

在数千年之后，由于非洲逐渐干燥，苏美尔人发达的水利网造成了过度灌溉，大面积的土地盐碱化和沙化导致耕地面积逐渐萎缩，导致公元前2100年，苏美尔人的小麦种植面积占耕地总面积的比例从起初的16%下降到1.8%，并于公元前1800年前后的古巴比伦时代彻底无法种植，当然，苏美尔人帝国也随之崩塌，于公元前1950年先后被埃兰人和阿摩利人征服，迎来了璀璨夺目的古巴比伦王朝，也诞生了人类历史上对农事进行法律规范的第一个法典《汉谟拉比法典》，其中对耕犁和耕牛等役畜、出租和耕耘土地、放牧和管理畜牧，以及修建果园和管理果园等方面都做了规定。但偌大的古巴比伦王国未能抵挡住历史的潮流，随着迦勒底人的入侵而灭亡，美索不达米亚平原所发祥的人类早期

① 小麦：世界上最古老的种植作物之一，具有食用、饲用、酿造、药用等多种用途。

农耕文明也画上了句号。

与此同时，尼罗河流域也萌生了原始农业。埃及人约在公元前5000年开始开垦土地，种植大麦和小麦，并在后续的1000多年里构筑了水利设施、灌溉和航运，驯化了尼罗河鹅、驴和猫。在埃及大片的土地上，果园、菜园、葡萄园比比皆是，丰富的食物包括蚕豆、洋葱、莴苣、黄瓜应有尽有，亚麻的大面积种植促进了纺织业的发展。随着公元前323年被亚历山大大帝攻陷，灿烂的埃及古代农耕文明失去了光芒。在印度、墨西哥等地也曾有过农业底蕴深厚的哈拉帕文明和玛雅文明，但均在世界格局的重构中逐渐消散。

2. 传统农业：农业生产向精耕细作方向发展

传统农业广泛意义上包括古代农业和近代农业。古希腊人民在公元前1130年开始使用铁器，标志着原始农业过渡至古代农业。在希腊的荷马时代和中国的春秋时代，农业开始运用铁制农具进行耕作，到了公元前1世纪前后，罗马已经制作出大麦和小麦的集穗装置。中国在公元前350年开始使用牛耕，而欧洲则至1000年才开始广泛使用畜力。古代农业的生产技术主要以轮作、农牧结合的二圃、三圃、四圃制等传统的耕作方法为主。约在公元前1000年，二圃制在古希腊形成，到公元前5世纪中期，希腊绝大部分地区实行了三圃制，但如今农业十分发达的欧洲国家，直到18世纪仍然处于二圃三圃并存的阶段，并且农业生产仍然比较落后，生产管理粗放，播种手段原始，并且几乎没有田间管理措施。到了18世纪30年代，英国唐森德子爵把三叶草和芜菁引入大田，催生出了四圃制，同时期农学家贝克韦尔培育出了新莱斯特羊，吹起了改良畜牧之风。

这里对二圃制等进行简要的介绍，并以此类推。二圃制是耕地分区轮作法之一，也就是将耕地分成两块，每年一块耕作，一块休耕，逐年调换以保地力，其中作物也进行轮种。随着生产技术不断进步，二圃制由三圃制替代，也就是 1/3 的土地进行休耕，由于耕种的面积增加大大提高了生产率，但因土地、气候等条件的不同，有的地区二圃制与三圃制常同时存在。

古代农业时间跨度长达 2000 年，其基本特征是以手工制造的铁木工具为主要操作工具，以人力和畜力为动力并依靠精耕细作的传统经验进行劳作，农业长期处于自给自足的自然经济状态，由于生产力的相对落后导致农业生产效率低，发展速度缓慢。古代农业的发展的贡献在于采用了精耕细作的方法，提高了土地生产率，初步实现了土地的用养结合，保持了生态的相对稳定。

随着世界农业的发展进程，近代农业也随着农业的资本主义化而产生。1769 年瓦特发明了蒸汽机以后，受益于技术更新，英国的纺织行业蓬勃发展，而三圃制难以满足日益增长的纺织业发展需求，导致了英国进行"圈地运动"。进而形成了地主、农业资本家和农业工人三个阶级，农民被迫从土地分离出来的同时，土地也得以相对集中，实现了资本同集中的土地相结合，农业资本主义开始兴旺发达，近代农业也开始起步。

近代农业是农业机械发展最快的阶段，尤其是 19 世纪以后，农业机械得到广泛应用，大幅度降低了农业劳动强度，提高了劳动生产率，也满足了日益增长的工业对农业原料的需要。在此趋势下，人类社会迎来了第二次科技革命，物理学、化学、生物学、地学等研究成果不断涌现，并且大量渗入农业领域，科学的农业生产技术体系开始形成。由于生产工具和科技的不断进步，以及农业领域以外能源的大量流入，在劳动生产率提高的同时引发了社会分工，从此农业的商品经济开始取代自然经济，并在经济危机中以波动的形态发展，农业产值和农民收入的比重逐渐下降。值得说明的是，由于能源浪费、环境污染、城乡经济发展不平衡问题逐渐凸显，农业受到严重剥削，致使农业严重落后工业，农村严重落后城市。

3. 现代农业：科技革命带来了农业的机械化、高新化和社会化

自 20 世纪中叶起，随着人类意识到近代农业所带来的环境污染和不可持续，也随着第三次科技革命的兴起，农业进入了现代农业阶段，主要呈现出四大发展趋势，即高科技、高生态、多元化以及一体化。

其一，现代农业逐渐向高科技密集的集约化、精确管理方向发展。随着科技的发展，越来越多的科学技术在农业上得到了应用，形成了围绕农产品生产的协作配套体系，积极推动了高科技密集型农业的形成和发展。通过农业技术的不断反馈与革新，使得资本密集型和技术密集型农业成为国家农业获益的产业。例如智能化系统使得农业由经验化生产管理到如今的科学化管理，温室大棚内的精量化控制技术和现代化的农产品保鲜储藏技术消除了时鲜产品的季节影响等。

其二，现代农业向资源节约、产品和环境安全的生态型方向发展。随着世界范围内资源的快速消耗，节约资源、保护环境、生产优质安全的生态型产品已成为农业追求的方向。随着人们生活水平的提高，对农业提出了由数量型向质量型模式转变的要求，由于高档安全农产品的需求日益增长，再加上不同国家非关税的贸易壁垒，对农产品的质量提出了更高挑战。因此，农业环境保护、安全产品生产以及可持续发展成为当今世界农业发展的一大趋势。

其三，现代农业向区域优势突出的多元链型、多功能产业集群方向发展。由于各地资源禀赋等立地条件的不同，为提高农产品的市场竞争力，强调依据优势进行农产品区域化布局。很多农产品加工企业主要借助这种区域化优势，实现了农产品加工的多层次和多环节的转化增值，促进了产品由粗加工向精加工，由单一型向多元链型的发展，提高了农产品的附加值。例如玉米在美国就有 200 多种加工产品，增值数倍至数十倍，效益显著。多元化不仅体现在产业链的延伸上，也体现在自身的

多功能上，兼顾了农业的经济、社会、生态文化等价值的挖掘。例如世界各地农业观光园、农家乐等农业服务业的兴起，充分显示了农业多功能的发展趋势。

其四，世界现代农业正向全球一体的标准化商品型方向发展。由于现代化交通物流条件的改善，加速了大区域范围的农产品交易乃至全球贸易的发展。世界很多国家通过建立规范化的生产、加工、储运和营销检测等体系，制定包含农业生产和加工以及农产品质量标准等一系列措施，加速了农业向着全球一体的标准化商品型方向发展。

同时，随着世界现代农业的不断发展，展现出四大特征，即以现代农业科学技术为发展动力，以现代工业装备为物质基础，以农业产业化为重要途径，以形成良性的农业生态系统为终极目标的农业发展新模式。

首先，现代农业伴随着科学技术的发展而出现和发展。19 世纪 40 年代，农业化学技术的发展使化学肥料被大量应用于农业生产，极大地提高了农作物产量。20 世纪初，杂种优势理论的应用促进了杂交玉米、小麦、水稻的产生和大面积推广。第二次世界大战后，农药的应用和农药工业的发展进一步促进了农业生产的发展。此后，随着信息技术和生物技术的发展和应用，农业科研的领域和范围不断拓宽，农业生产的深度和广度不断拓展，"精准农业"和"基因农业"等现代农业生产方式相继出现。

其次，随着现代工业的发展，传统的贯穿于农业生产各个环节和整个过程的人（畜）力逐步被播种机、脱粒机、饲草收割机、水利灌溉设备等现代机械动力所替代。进入新世纪，农业机械逐步与计算机、卫星遥感等新型技术结合起来，信息技术控制代替了人工操作，新型材料、节水设备和自动化设备被广泛应用于农业生产。农田水利化、农地园艺化、农业设施化以及交通、能源、运输、通信网络化成为现代农业发展的趋势。

再次，与传统农业相比，现代农业生产已突破了传统的产销脱节、部门相互割裂、城乡界限明显等局限性。个体的生产和经营通过农业公司、农业合作社等多种组织形式联合起来，使农产品的生产、加工、销售等各个环节逐步实现产业化生产、一体化经营、规模化发展，使农业生产日益呈现出专业化、规模化、科学化和商品化的趋势。

最后，现代农业的发展虽然取得了巨大成就，但也带来了资源破坏和环境污染等问题。为了加强农业生态环境的治理和保护，世界各国在发展现代农业中更加重视水、土、肥、药等生产资料投入的节约和使用的效率，在应用自然科学新成果的基础上探索出"有机农业""生态农业"等现代农业发展方式。

（二）世界农业的发展趋势

伴随着经济走向全球化趋势、科技飞速发展，世界农业由原始农业阶段、传统农业阶段过渡至现代农业阶段。目前，绝大多数发展中国家处于传统农业阶段，而以欧美为首的发达国家已逐渐实现农业现代化，从农业生产、农业经济、农业要素以及农业现代化呈现出四个方面的发展趋势。

1. 关于世界农业生产的发展趋势

从农业资源来看，农业资源总量变化较慢，但人均资源变化较快。人均资源与资源总量成正比，与人口成反比。20世纪世界人均农业资源总体下降，人均资源与农业劳动生产率之间没有显著关系。农业资源的国别差异非常大，人均耕地面积差距最大相差超过1万倍，在21世纪人均农业资源会继续下降。

从农业投入来看，18世纪以来，农业劳动力总量从上升到下降，农业劳动力比例不断下降，目前发达国家农业劳动力比例在1%左右。19世纪以来，农业土地集约化程度提高，但国别差异比较大。机械、化肥、农药和能源等农业资本投入持续增加，农业科技投入在增加，农业良种应用扩大，作物单产持续提高。20 世纪，农业劳动力比例与农业劳动生产率负相关，土地集约程度与农业劳动生产率正相关，农业资本投入与农业劳动生产率、土地生产率和谷物单产正相关。21 世纪农业劳动力总量和比例会继续下降，农业土地的集约化程度可能继续提高，农业资本投入继续增加，但结构发生变化，农药和化肥使用密度可能下降。

从农业生产效率和结构方面来看，18 世纪以来，农业相对规模缩小，目前世界农业增加值比例约为 3%，发达国家为 1% 左右。农业效率不断提高，农业劳动生产率的国际差距扩大，目前农业劳动生产率绝对差距为 6 万多美元，相对差距为 900 多倍。19 世纪以来，农场平均规模扩大，规模经营比较普遍。20 世纪以来，种植业和畜牧业比例较大，林业和渔业以及农业服务业比例较小，发达国家畜牧业产值比例为 40%~80%，作物产值比例为 20%~60%，同时农场经营与农民收入呈现多元化特征。21 世纪农业增加值比例会继续下降，部分国家农业增加值总量下降，发达国家农业的种植业与畜牧业的产值比例大致为 1:1，同时农业效率将继续提高，农业效率的国际差距继续扩大，农业相对规模与农业效率的关系仍将是负相关。

2. 关于世界农业经济的发展趋势

在农业供给方面，18 世纪以来，农民人均供应人口缓慢上升，2008 年发达国家农民人均供应 61 人，世界平均 5 人。20 世纪以来，食物供应能力提高，但国家之间差别大，目前有 30 多个国家粮食完全自给，粮食自给率与人均可耕地面积和人均作物面积正相关。21 世纪农民人均供应人口会继续上升，食物供应能力会继续提高，国别差异很大，粮食自给率的国家差别非常大，只有部分国家能够完全自给。根据《中国农业展望报告（2022~2031）》显示，未来十年，我国粮食等重要农产品有效供给将得到切实保障，农业质量效益和竞争力将显著提高，谷物基本自给、口粮绝对安全能够完全确保，粮食自给率将提高到88%左右。

在农业流通方面，19世纪以来，国际农业贸易不断增长，国际农业贸易存在很大国别差异和品种差异，农产品净出口国家比较少。农产品关税普遍下降，目前世界平均低于10%，并且农产品国际贸易摩擦和冲突时有发生，国际农业贸易摩擦与农业补贴紧密相关，不同国家农业补贴差别很大。21世纪国际农业贸易会继续增长，国别差异会扩大。同时农产品关税可能会继续下降，国际农业贸易摩擦会继续存在。

在农业需求方面，人均消费需求存在极限。目前发达国家每天人均的蛋白质需求约为100克，脂肪需求约为150克，每年人均谷物消费约为110公斤，肉食消费约为90公斤。20世纪以来，人均消费水平提高，人均营养供应有较大增长，发达国家的人均粮食消费和人均肉食消费数量逐步接近。发展中国家仍然以粮食消费为主，但肉食消费在增加，世界人均粮食消费下降，人均蔬菜、水果、肉食和奶类消费增加。21世纪人均食物需求和消费会有极限，但食物需求和消费总量会不断增加，同时世界人均粮食消费将趋向合理水平，世界人均蔬菜、水果、肉食和奶类消费会增加，发展中国家的食物供应将面临重大挑战。

3. 关于世界农业要素的发展趋势

提到农业要素，第一就是农民，也就是农村劳动力。19世纪以来，农民素质提高，农民识字率提高和受教育年数增长，同时农民收入也得到大幅度增长。20世纪农民收入多元化，收入来自农场的多种经营、对外务工和国家农业补贴等。21世纪农民素质会继续提高，发达国家农民将普及高等教育，农民收入会继续提高，并且收入来源多元化特征明显。

第二，关于农村。18世纪以来，随着城市化、工业化和农业劳动力比例下降，农村人口比例下降。19世纪以来，农村基础设施改善，如饮水、卫生、交通、电力、文化和通信设施改善等。20 世纪以来，农村农业人口比例下降，这是一个普遍现象，但也有一些例外，同时农村绝对贫困人口比例下降。21 世纪世界农村人口比例和农村农业人口比例会继续下降，农村基础设施会继续发展和完善。

第三，关于农业。18 世纪以来，世界人口不断增长。19 世纪以来，农业人口比例下降。由于农业占国民经济比例的持续下降，农业经济的相对地位下降。虽然农业经济的相对地位下降，但绝对地位没有变化，它仍是国民经济的一个基石。20 世纪以来，农业生态环境、水土流失和全球气候变化等受到普遍关注，农民人均补贴收入增加，国家农业补贴政策与 WTO 的农业政策需要协调一致。21 世纪，世界农业总需求持续增长，农业补贴、农业贸易和生态环境问题仍将存在。随着世界人口增长，尽管人均消费需求有极限，但世界农业总需求仍然会持续增长。在世界农业自然资源基本稳定的条件下，如果世界人口继续增长，世界农业的需求压力会持续增长，爆发世界性农业危机的可能性是存在的。

第四，关于农业科技。世界农业科技发展可以大致分为三个阶段：传统农业科技（18 世纪以前）、现代农业科技（18 世纪至 20 世纪 70 年代）和后现代农业科技（20 世纪 70 年代以来），它们分别对应于农业经济时代、工业经济时代和知识经济时代。

第五，关于农业制度和农业观念。农业制度和农业观念的演变可以大致分为三大阶段：农业经济时代、工业经济时代和知识经济时代的农业制度和农业观念。目前，在发达国家，农业日益成为一个政治和环境议题，而在发展中国家，农业更多是一个经济和社会议题，发达国家和发展中国家的农业差异比较明显。

4. 关于世界农业现代化的发展趋势

世界农业现代化的历史进程在 18～21 世纪，世界农业现代化的前沿过程包括两大阶段：第一次农业现代化是从传统农业向初级现代农业的转型，大致时间是 1763 ~ 1970 年，主要特点包括农业的市场化、工业化、机械化和化学化，以及农业比例下降等。第二次农业现代化是从初级现代农业向高级现代农业的转型，大致时间是 1970 ~ 2100 年，主要特点包括农业的知识化、信息化、生态化、多样化和国际化等。

在 1960 ~ 2008 年这一阶段，世界农业现代化的表现如下：完成第一次农业现代化①的国家数量从 7 个上升到 30 个，完成第一次农业现代化的国家比例从 6% 上升到 23%（何传启，2013）。农业发达国家的比例为 15% ~ 19%，农业发展中国家的比例为 81% ~ 89%。农业发达国家降级为发展中国家的概率为 10% 左右，农业发展中国家升级为发达国家的概率为 2% 左右。农业现代化国家分组的变化，7 个国家地位上升，27 个国家地位下降。

2008 年，世界农业现代化的前沿已进入第二次农业现代化②的发展期（何传启，2013）。世界平均水平大约处于第一次农业现代化的成熟期；低收入国家平均处于第一次农业现代化的起步期，世界农业现代化处于两次农业现代化并存的阶段。首先欧洲农业现代化水平是比较高的，其次是美洲和亚洲，最后非洲的农业现代化水平仍然是比较低的。2008 年，30 个国家已经完成第一次农业现代化，28 个国家进入第二次农业现代化；94 个国家处于第一次农业现代化，9 个国家属于传统农业国家。美国等 20 个国家是农业发达国家，葡萄牙等 28 个国家是农业中等发达国家，中国等 28 个国家是农业初等发达国家，印度等 55 个国家是农业欠发达国家。2008 年，农业发达国家包括英国、德国、挪威、

---

① 完成第一次农业现代化的标准是农业增加值占 GDP 比例小于 15%，农业劳动力占总劳动力比例小于 30%，农业劳动生产率达到人均 4 000 美元。

② 完成第二次农业现代化的标准是农业增加值占 GDP 比例小于 5%，农业劳动力占总劳动力比例小于 10%。

瑞典、丹麦、芬兰、荷兰、比利时、法国、美国、瑞士、奥地利、意大利、日本、加拿大、澳大利亚、以色列、西班牙、爱尔兰、新加坡等。传统农业国家包括塞拉利昂、马拉维、坦桑尼亚、尼日尔、中非、布基纳法索、埃塞俄比亚、布隆迪、卢旺达等。

通过回顾世界农业现代化的发展历史，我们可以对世界农业现代化的未来前景进行展望。首先，世界农业现代化的整体水平毋庸置疑将显著提高。2050年第二次农业现代化指数的世界先进水平会比2008年提高约3倍，2100年会比2050年提高约5倍。目前，农业发达国家：中等发达国家：初等发达国家：欠发达国家≈16：22：22：40。如果没有发生重大改变，21世纪国际农业体系将大致维持这种比例结构。其次，世界农业三大方面的世界先进水平会不断提高。农业生产的世界平均水平与世界先进水平相比，农业劳动生产率和农业劳动力比例指标水平大约落后100年，农业机械化程度大约落后50年。21世纪末，世界人口将达到90亿~120亿人，世界农业将面临巨大需求和压力。再次，世界农业现代化的国家数量将进一步扩容，并且农业发达国家可能与农业发展中国家发生地位交换。2050年完成第一次农业现代化和进入第二次农业现代化的国家将达到80个左右，2100年完成第一次农业现代化和进入第二次农业现代化的国家将超过100个。如果参照历史经验，21世纪有2~4个农业发达国家有可能降级为农业发展中国家，大约有2个农业发展中国家有可能晋级农业发达国家。

三、我国农业的发展历程

我国农业在上万年的实践中经历了若干不同的发展阶段，每个阶段都有独特的农业增长方式和极其丰富的内涵，由此形成了我国农业发展历程的基本脉络和特点。所谓"知史以明鉴，查古以至今"，通过总结我国农业发展历程以及农业政策演变的内在逻辑是分析我国农业现实问题、明晰新时期我国农业发展方向的基础性任务。

（一）中国古代农业发展史

食物生产是人类生存的首要前提。农业是以食物生产为目的的经济活动，因此，农业的产生可以视为人类社会史上的一次革命性变革。距今约一万年，农业生产开始在我国出现，标志着我国原始农业的初步形成，并在历史长河中不断发展，由原始农业逐渐向粗放农业、精耕细作转变，一直延续到1840年鸦片战争，这一时期称为中国古代农业。

1. 石器时代：原始农业萌芽

考古资料显示，我国农业产生于旧石器时代晚期与新石器时代早期的交替阶段，距今有1万多年的历史。古人在狩猎和采集活动中逐渐学会种植作物和驯养作物，这便是"农业"生产方式的雏形，那么为什么古人最终会从狩猎和采集中逐渐学会通过农业生产来谋生呢？学术界对这个问题做了大量长期的研究，其中"气候灾变说"是最具有说服力与影响力的观点之一。

距今约12000年前，世界上出现了一次全球性暖流，暖流经过之地，大片草地变成了森林。原始人习惯捕杀且赖以生存的动植物突然减少，迫使原始人向平原转移谋生。他们在漫长的采集实践中，逐渐认识和熟悉了可食用植物的种类及其生长习性，在这次自然环境的巨变中，原先以狩猎为生的原始人不得不改进和提高捕猎技术，发明出长矛、标枪、弓箭等猎捕工具。捕猎技术的提高加速了捕猎物种的减少甚至灭绝，迫使人类从渔猎为主转向以采食野生植物为主，并在实践中逐渐懂得了如何培植、储藏可食植物。

距今1万年左右，人类终于发明了自己种植作物和驯养动物的生存方式，于是我们今天称为"农业"的生产方式就应运而生了。在原始农业阶段，最早被驯化的作物有粟、黍、稻、菽、麦及果菜类作物，饲养的"六畜"有猪、鸡、马、牛、羊、犬等，此外还发明了养蚕缫丝技术。原始农业的萌芽，是远古文明的一次巨大飞跃。不过，那时的农业还只是一种附属性生产活动，人们的生活资料很大程度上还依靠原始采集狩猎来获得。由石头、骨头、木头等材质做成的农具，是这一时期生产力的标志。

2. 青铜时代：传统农业的形成

考古发现和研究表明，我国青铜器的起源可以追溯到大约5000年前，此后经过上千年的发展，到距今4000年前青铜冶铸技术基本形成，从而进入了青铜时代。在中原地区，青铜农具在距今3500年前后就出现了，其实物例证是河南郑州商城遗址出土的商代二里岗期的铜以及铸造铜的陶范。可以肯定，青铜时代在年代上大约相当于夏商周时期（公元前21～前8世纪）。

青铜时代的主要标志是从石器时代过渡到金属时代，发明了冶炼青铜技术，出现了青铜农具，原始的刀耕火种向比较成熟的饲养和种植技术转变。夏代大禹治水的传说反映出人类利用和改造自然的能力有了很大提高。这一时期的农业技术有划时代的进步。垄作、中耕、治虫、选种等技术相继发明。为适应农耕季节需要创立的天文历"夏历"，使农耕活动由物候经验上升为历法规范。商代出现了最早的文字——"甲骨文"，标志着新的文明时代的到来。这一时期，农业已发展成为社会的主要产业，原始的采集狩猎经济退出了历史的舞台。这是我国古代农业发展的第一个高潮。

3. 秦汉时代：传统农业的发展

春秋战国至秦汉时代（公元前7～公元3世纪），是我国社会生产力大发展、社会制度大变革的时期，农业进入了一个新的发展阶段。这一时期农业发展的主要标志是，铁制农具的出现和牛、马等畜力的使用。可以认定，我国传统农业中使用的各种农具，多数也在这一时期发明并应用于生产的。当前农村还在使用的许多耕作农具、收获农具、运输工具和加工农具等，大都在汉代就出现了。这些农具的发明及其与耕作技术的配套，奠定了我国传统农业的技术体系。在汉代，黄河流域中下游地区基本上完成了金属农具的普及，牛耕也已经广泛实行。中央集权、统一的封建国家的建立，兴起了大规模水利建设高潮，农业生产率有了显著提高。

生产力的发展促进了社会制度的变革。战国时代，我国开始从奴隶社会向封建社会过渡，出现了以小农家庭为生产单位的经济形式。当时，列国并立，群雄争霸，诸侯国之间的兼并战争此起彼伏。富国强兵成为各诸侯国追求的目标，各诸侯国相继实行了适应个体农户发展的经济改革。首先是承认土地私有，并向农户征收土地税。这种赋税制度的变革，促进了个体小农经济的发展。到战国中期，向国家缴纳"什一之税"、拥有人身自由的自耕农已相当普遍。承认土地私有、奖励农耕、鼓励人口增长、重农抑商等，是这一时期的主要农业政策。

战国七雄之一的秦国在商鞅变法后迅速强盛起来，先后兼并了其他六国，结束了长期的战争和割据，建立了中央集权的封建国家。但秦朝兴作失度，导致了秦末农民大起义。汉初实行"轻徭薄赋，与民休息"的政策，一度对农民采取"三十税一"的低税政策，使农业生产得到有效恢复和发展，把中国农业发展推向了新的高潮，形成了历史上著名的盛世"文景之治"。

4. 两晋时期：北方农业长足发展

2世纪末，黄巾起义使东汉政权濒临瓦解，各地军阀混乱繁杂，逐渐形成了曹魏、孙吴、蜀汉三国鼎立的局面。220年，曹丕代汉称帝，开始了魏晋南北朝时期。这时北方地区进入了由少数民族割据政权相互混战的"十六国时期"。5世纪中期，北魏统一了北方地区，孝文帝为了缓和阶级矛盾，巩固政权，实行顺应历史的经济变革，推行了对后世有重大影响的"均田制"，使农业生产获得了较快的恢复和发展。南方地区，继东晋政权之后，出现了宋、齐、梁、陈4个朝代的更替。此间北方的大量人口南移，加快了南方地区的开发，加之南方地区战乱较少，社会稳定，农业有了很大发展，为后来隋朝统一全国奠定了基础。

这一时期，黄河流域形成了以防旱保墒为中心、以"耕—耙—耱"为技术保障的旱地耕作体系。同时，还创造实施了轮作倒茬、种植绿肥、选育良种等项技术措施，农业生产各部门都有新的进步。公元6世纪出现了《齐民要术》这样的综合性农书，传统农学登上了历史舞台，成为总结生产经验、传播农业文明的一种新形式。

5. 隋唐时代：经济重心逐渐南移

隋唐时代，我国有一段较长时间的统一和繁荣，农业生产进入了一个新的大发展、大转折时期。唐初，统治者采取了比较开明的政策，如实行均田制，计口授田；税收推行"租庸调"制，减轻农民负担；兴办水利，奖励垦荒。农业和整个社会经济得以很快恢复和发展。唐初全国人口约3 000万，到8世纪的天宝年间，人口增至5 200多万，耕地1.4亿亩，人均耕地达27亩，是我国封建社会空前繁荣的时期。

唐代中期的"安史之乱"（公元755年）后，唐王朝进入了衰落期，北方地区动荡多事，经济衰退。此间，全国农业和整个经济重心开始转移到社会相对稳定的南方地区。南方地区的水田耕作技术趋于成熟。全国农作物的构成发生了改变。水稻跃居粮食作物首位，小麦超过粟而位居第二，茶、甘蔗等经济作物也有了新的发展。水利建设的重点也从北方转向了南方，尤其是从晚唐至五代，太湖流域形成了塘浦水网系统，这一地区发展成为全国著名的"粮仓"。

6. 明清时期：美洲粮食作物传入

从国外、特别是从美洲引进作物品种，对我国农业发展产生了历史性影响。据史料记载，自明代以来，我国先后从美洲等一些国家和地区引进了玉米、番薯、马铃薯等高产粮食作物和棉花、烟草、花生等经济作物。这些作物的适应性和丰产性，不但使我国的农业结构更新换代、得到优化，而且农产品产量大幅度提高，对于解决人口快速增长带来的巨大衣食压力问题起到了很大作用。

（二）中国近代农业发展史

从 1840 年鸦片战争开始，中国农业便进入了近现代发展阶段，其中 1840～1949 年期间称为中国近代农业时期，近代农业从无到有，初步开展，并且由于战乱不断，导致农业现代化进程较之日本、欧美等国明显缓慢。

1. 鸦片战争：中国近代农业史的开端

或许是华夏文明长期在世界上遥遥领先的缘故，封建统治者对近代西方文明发展充耳不闻、闭目不视，致使中国与西方国家的差距逐渐拉大。1840 年鸦片战争爆发，号称"金锁铜关"的清朝国门被轻易攻下，中国逐步沦为半殖民地半封建社会。中国的农村经济与农业生产也随之发生了深刻的变化，传统"男耕女织"的自然经济结构开始瓦解，由于西方列强对中国农副产品原料的掠夺加深，促使了中国农业开始注重商业性生产，以出口为目的的经济作物种植以及蚕桑业迅速扩大，并在一些口岸和交通兴旺的地区出现了专业化产区。

由于封建统治者委曲求全、不做根本变革，在列强的不断入侵之下，巨额赔款以及鸦片输入的亏空导致的白银大量流失，最终作用在农民身上。统治者加重对农民的剥夺，各项苛捐杂税令农民不堪重负，社会矛盾空前激化，爆发了以太平天国运动为首的农民革命。随之开展的洋务运动也未能缩小中西之间的差距，甚至中国农业的一些传统优势也丧失殆尽，日益受到外国同类产品的冲击。

2. 清末民初：中国近代农业的传播与引进

严酷的事实使中国先进的知识分子意识到，要想中国富强，必须在政治、军事、经济、教育各方面进行全方位变革，农业作为中国经济的根底和主要部门自然成为变革的重要方面。在清政府以及各地贤才的带领下，各地在 20 世纪末纷纷开始创农会、办农刊、译农书、设农学堂，推动了中国近代农业的加速发展。

近代农业的传播与引进主要靠办农报和译农书，由罗振玉等一批热衷于改进中国农业的社会贤达在 1896 年创立的农务会贡献最为显著，它倡导"广树艺、兴畜牧、究新法、济利源"，其主办的《农学报》于 1987～1906 年共出版 315 期，是中国最早和最系统传播近代农业知识的刊物，产生了十分广泛的影响。在创设农学堂方面，1897 年和 1989 年建立了中国近代最早的两所农业学校：浙江蚕学馆和湖北农务学堂，1898 年中国最早的农科大学京师大学堂农科大学成立，不少学生赴日本、欧美学习农业科技，学成后大多回国为中国近代农业的发展、中国农业专业人才的培养作出了积极的贡献。

3. 抗日战争：中国农业的战略性作用

20 世纪 20 年代末至 30 年代初期，中国社会环境相对稳定，农业生产在农业知识水平和农业科技的不断提升下取得明显增长。1936 年前后，我国农业收成达到近代史上最高水平。但不久后抗日战争爆发，民族矛盾上升为主要矛盾，全国实际上形成了各自独立的三个统治区。在国统区，土地集中的态势有增无减，贫富两极分化严重，又因日寇封锁打压，农产品供求矛盾突出，国民政府实行专卖制度，对棉花、蚕丝、桐油等强行征购。加之通货膨胀日益严重，田赋由货币改征实物，社会矛盾日益激化，农村生产力下降。在日占领区，日本军国主义推行"以战养战"政策，加强殖民主义经济统治，大规模进军农业、林业和渔业，实施封锁和烧光、抢光、杀光的"三光"政策，给中国农村造成了极大的破坏。

在共产党领导的抗日根据地和各解放区，共产党一改没收地主土地、实行耕者有其田的做法为减租减息政策，调动了农民生产和抗战的积极性。为了粉碎敌人的进攻和封锁、减轻人民的负担，中共中央还作出了开展大生产运动的决策，实行军队屯田，边生产边打仗，"自己动手、丰衣足食""开展经济、保障供给"，经济发展日益恢复，社会日趋稳定，为最终获得全国性胜利奠定了物质根底。

（三）中国现代农业发展史

新中国成立，特别是改革开放以来，我国的农业科技获得了长足发展，农业增长中的科技贡献率明显提高。"人多地少"的基本国情决定了我国只能走一条在提高土地生产率的前提下，提高劳动生产率的道路。

1. 新中国成立初期：中国农业的快速恢复和发展

1949 年中华人民共和国成立，中国迈入一个崭新的阶段，中国农村经济得到了快速的恢复和发展，1952 年农业生产已经恢复到历史最高水平。从 1952 年到 1965 年期间，中国完成了农业合作化和人民公社化，建立了与经济体制相适应的统派购制度。在此期间虽然经历了"大跃进"等超越现实条件和客观规律的冒进运动，但总体来说社会是稳定的，经济也保持了一定的增长。

1965 年全国农业总产值达 589.6 亿元，按 1957 年不变价格计算超出 1957 年 5 367 亿元的 9.9%，与 1960 年相比增长 42.1%，平均年递增 7.3%（王俊东、曹谨玲，2009）。同时在农业内部，农作物业、林业、畜牧业、渔业和副业都有了一定的发展。这一时期，中国的农业教育、科学研究与技术推广体系已普遍建立并且形成了相当的规模。

2. 内乱时期：中国农业的十年浩劫

但是在各项事业蒸蒸日上之时，长达十年的"文化大革命"开始了，社会动乱，人人自危，农村经济与农业生产秩序遭到严重破坏。极"左"路线盛行，农业学大寨畸形开展。1966～1969 年全国农业生产总值根本上没有增长。由于限制社员家庭养猪造成 1967～1969 年生猪饲养量急剧下降，据国家统计局数据测算，1969 年末饲养量比 1966 年下降了 10.78%。农业生产连续三年呈下降和停滞状态，而这三年中，全国人口自然增长率却分别高达 2.56%、2.74% 和 2.61%，因而全国人均农产品占有量全面下降。粮食从 287 千克减至 262 千克，下降 8.7%。棉花从 3.1 千克减至 2.6 千克，下降 16.1%，导致市场农副产品供给异常紧张。

1978 年十一届三中全会揭开了中国经济改革序幕，农业生产的停滞状况得到根本性改变。这场改革始于农村，而影响最为广泛深刻的是家庭联产承包制的推行。1978 年，在家庭承包发展最早的安徽省，实行包产到户的生产队也只占生产队总数的 0.4%，但到了 1982 年 11 月，全国实行承包制的生产队已占生产队总数的 92.3%，[①] 农业农村经济新的格局已全面建立。

3. 改革开放：中国农业农村新格局

自改革开放 40 余年以来，中国农业农村经济快速发展，基本面貌已经发生了翻天覆地的变化，演化出一条从家庭联产承包责任制的制度创新、乡镇企业的崛起、农民工大潮和城市化、工业化进程的加速，到"三农"工作成为全党工作的重中之重的发展脉络。

家庭联产承包责任制是农业基本经营制度和激励机制的根本变革，是最成功、最能被农民所接受的形式。家庭联产承包责任制本身是由承包到组向承包到户，最终再成为包干到户，也就是"大包干"的演进。"交了国家的，留了集体的，剩下全是自己的"，这种制度的实质是将农民群众的劳动积极性与劳动成果剩余直接挂钩，农民享有在必要扣除后全部的剩余索取权。因此，"大包干"以其独有的优越性受到农民群

---

① 改革开放以来邓小平对发展我国农村经济的探索创新及启示［N］. 人民网，http：//dangshi. peop-le. com. cn/n/2014/0504/c384616－24971745. html.

众的特别拥护，成为家庭承包经营的主要形式。而这一重大的改革举措完全来源于基层的创新，是在农村发展实践中经历了一个被政策文件否定到逐步放宽，再到中央文件认可和充分肯定的过程。2003年3月1日起施行的《农村土地承包法》的第三条写明"国家实行农村土地承包经营制度……农村土地承包采取农村集体经济组织内部的家庭承包方式"，标志着家庭承包经营在法律上予以证明和规范，群众的基层创新也经过了实践与时间的检验。

乡镇企业可以称得上是中国农民的又一伟大创造，其起源于1958年"大跃进"时期的大办工业、大办钢铁、大办运输的环境之下，人民公社办工业的理想和目标是将生产对所有过渡到集体所有制，实现公社所有制，最终实现全民所有制，1968年，毛泽东同志曾在一份反映湖南常德蔡家岗公社农村企业发展的典型材料上批示："光辉灿烂的希望就在这里。"作为乡镇企业前身的社队企业，就是在这样一种背景下建立与发展起来的。1978年后，由于农村家庭经营极大提高了农业生产率水平，导致农业经济剩余增加，社队企业获得资本的原始积累，并且农业生产率的提高促使劳动力转向农业以外的就业门路，极大促进了社队企业的发展，1984年中共中央、国务院批转了农牧渔业《关于开创社队企业新局面的报告》，将社队企业正式更名为乡镇企业。在没有放开农村劳动力流动的政策背景下，"离土不离乡、进厂不进城"的乡镇企业依靠市场机制和地方政府的支持和保护，一度占据中国工业的半壁江山，1999年乡镇工业增加值占国内工业增加值的48.45%。但是随着我国计划经济向市场经济体制转型的逐步完成，乡镇企业作为资源配置通道的特殊作用逐渐消失，其固有的社区性、封闭性、行政依附性、产权不清晰的缺陷日益突出，在市场化改革的不断深化下光芒黯灭。

由于农业劳动生产率的不断提升，减少了农民总体的收益，进而鼓励更多的人离开农业从事非农产业。政策的不断放宽推动农民从农村转向城市，形成了创造中国经济奇迹的重要推动力——"农民工大潮"。大批农村劳动力向沿海地区和大城市流动，是市场的作用实现了资源的优化配置。在收获人口红利期间，农村最优秀的一部分劳动力转移了出来，他们最富于冒险精神和开拓精神。在这个迁移过程中，农民增加了收入，农民工资性收入成为农民增收的重要贡献部分。

20世纪90年代，在家庭承包经营解决了农民的温饱问题，夯实了国民经济发展的基础之后，农业、农村发展遇到了瓶颈。农业的基础地位受到挑战，农村剩余劳动力的压力加大，农民负担加重、收入增长缓慢，农村公共支出和社会事业的发展远远滞后于城市。农村广大的潜在市场仍然难以成为现实的市场，启动内需仍步履维艰。在计划经济体制下形成的城乡二元经济、社会结构变革迟缓，城乡资源配置存在着诸多弊端，对农业、农村和农民的重视往往还停留在口头上和文件中。进入21世纪以来，党的十六大报告提出了建设一个惠及十几亿人口的全面小康社会。此后，中央明确把解决"三农"问题作为全党工作的重中之重，确立了统筹城乡发展的基本方略。党的十九大报告中首次提出，要"坚持农业农村优先发展""建立健全城乡融合发展体制机制和政策体系，加快推进农业农村现代化"。报告提出了促进城乡融合发展的优先序，提出了实施乡村振兴战略，这些政策举措具有重要的理论和实践意义。

2022年中央"一号文件"指出，新时代抓"三农"工作就是抓全面推进乡村振兴，要扎实有序推进各项重点工作，推动全面推进乡村振兴取得新进展、农业农村现代化迈出新步伐。其中，要聚焦产业促进乡村发展，拓展农业多种功能，挖掘乡村多元价值，大力发展比较优势明显、带动农业农村能力强、就业容量大的县域富民产业。要"促进信息技术与农机农艺融合应用发展智慧农业""加强农民数字素养与技能培训""以数字技术赋能乡村公共服务，推动'互联网＋政务服务'向乡村延伸覆盖""拓展农业农村大数据应用场景""加快推动数字乡村标准化建设、持续开展数字乡村试点""加强农村信息基础设施建设"。可见，发展数智农业是今后中国农业发展的重点方向，是实现农业农村高质量发展、一二三产业大融合的关键一环。

第二节　数智农业的发展现状

20世纪80年代，美国率先提出使用农业互联网及大数据分析的精确农业构想，美国农业产业链条实现了全新变革，并在世界农业领域引起重大反响。随着精确农业构想逐步落实以及数字技术的日益发展，数字农业理念正式诞生。其中，数字化技术的发展正是数字农业理念"脱虚向实"的重要根基。数字技术的广泛应用，实现了农业生产环节新突破，推动农业经济效益飞速提升。

一、国外数智农业的发展经验

（一）美国：数字技术赋能农业产业体系

美国农业无疑是世界上最先进的农业，无论是农业生产力水平方面，还是农业专业化、标准化程度等方面，美国的农业数字化及智能化水平均遥遥领先于其他国家。美国的农业现代化起步于"西进运动"，利用其辽阔的土地资源、肥沃的土质优势，借助现代数字技术在农业领域的广泛应用，加之政府的扶持与良好的市场定位，最终形成了如今稳定的农业体系。美国的数智农业已经成为带动其国民经济的支柱产业之一。

1. 完善的数字资源是数智农业建设的基础

美国的农业数字化设备运用较早。自 20 世纪 90 年代起，美国已开始应用数字农业技术，包括应用遥感技术对作物生长过程进行检测和预报、在大型农机上安装 GPS 设备、应用 GIS 处理和分析农业数据等，对大田作物进行生产前、中、后期的全面监测与管理。在 21 世纪初已经实现"3S"技术、智能机械系统和计算机网络系统在大农场中的综合应用，智能机械已经进入商品化阶段。

美国的数字化农业体系较为健全。美国建立了自上而下的联邦、区域和州三级数字网络，政府主导农业数字化的发展进程，农业统计局（NASS）、农业市场服务局（FSA）、农业展望委员会（WAOB）以及外国农业局（FAS）等机构均纳入数字资源采集的系统之中。美国的农业部与其他 44 个州的农业部门建立合作机制，共同收集并且及时发布各地数字化农业的发展信息以及各地农产品的供需情况，借助卫星系统广而告之，指导各州农业数字化的具体建设。

美国拥有世界最为完整的数据库。美国建设了 PESTBANK 数据库、BIOSISPREVIEW 数据库、AGRIS 数据库、AGRICOLA 数据库等一系列与农业有关的数据库，为数字化农业的发展提供必要的数据信息。各级财政单列资金资助建设农业数据库，为了充分发挥各大数据库的功能，政府正在逐步开放数据库，以实现数据共享。此外，政府每年还会拨付 10 亿美元左右的经费维持数字系统的政策运转。从数字资源的采集到其发布的整个过程均有立法的约束，政府配备有专门人员负责科学管理数字农业资源，加强监督力度，保证数字资源的真实性与有效性。

2. 先进的科学技术是数智农业建设的支撑

计算机模拟技术在美国农业科研领域的研究一直没有中断，研究者们尝试以不同规模和属性的农业系统作为模拟对象，以期得出全面而又权威的数据。美国已经发展成型的农业模型数量非常之多，基本已经覆盖从宏观的农业经济发展趋势到微观的光合作用过程等所有的农业问题。例如，美国的CERES模型不仅可以模拟随着农作物的生长状况而伴随着的土壤中的养分变化，而且可以模拟农作物具体的发芽日期等细节性的生产过程。棉花生产关系系统COSSYM—COMAX，即通过将智能化操作与管理软件，加之完备的农业模拟系统，并以此为内核而开发出来的作物生产管理系统COSSYM与COMAX专家系统相互结合的产物，成果在美国的棉花主产区推广使用，经济效应良好，已经成为世界上应用最广泛的、效果最成功的生产决策支持系统。

在大数据、物联网等数字技术飞速发展的助推下，美国数智农业技术已与农业生产的产前、产中、产后形成紧密衔接，应用范畴覆盖从作物生长的微观监测到宏观农业经济分析。此外，美国也已形成完善的技术服务组织网络，美国服务类企业与公益性服务机构可为经营主体提供较为完善的技术服务，例如，美国农业技术服务组织（FSA）为农民提供丰富的信息。

3. 成功的实践经验是数智农业建设的保障

精准农业作为数智农业发展的典型例证，亦发缘于美国，并且整体推动了美国农业现代化的进程，如今，精准农业在美国应用相当广泛。美国建有初具规模的农机产品市场，与之相对应的是数字化农业的配套技术设施供应市场亦逐步完善，由约翰迪尔研发的命名为"绿色之星"的精准农业系统是配套技术设施供应市场中最热销的产品，斯凯公司推出的先进农业系统亦取得不错的市场份额。农业机械设备的数字化与智能化已是美国农业发展的必然趋势。

自1862年制定《宅地法》奠定家庭农场的基础以来，美国公司农产的数量逐年上升，截至2014年，总数已超过200万，其中8%左右的农业年收入超过25万美元，大规模农场在美国总农场数中占比多达40%，数量众多的大规模农场以及先进的科学技术为精准农业的应用提供了强有力的支撑。农业生产者们将天气、土壤、农药、化肥等农业生产参数信息与耕地、能源等资源信息以及市场信息、劳动力信息等资料输入计算机系统，从而得出最好的种植方案，根据当地土质情况以及气候变化种植合适的作物，依据作物生长的不同阶段自动选择喷水量、施肥量以及施药量，农业生产的良性循环，节约劳动力成本。该种以最小的风险获取最大的利润的数字化农业正在获得越来越多大农场的青睐。

美国农业部亦可借助卫星定位系统了解全美各个农场的土壤含量，农业局通过计算机系统可以从切碎的麦秸中获取其中所含的各种成分及其含量，并且实时将信息上传，农业部可以从中分析美国耕地及其农产品的总体状况，并且永久保存，为未来的农业生产布局提供翔实的数字资料。

（二）英国：信息技术应用助推精准农业

英国政府于 2013 年专门启动了"农业技术战略"，该战略高度重视利用"大数据"和信息技术提升农业生产效率。农业信息技术和可持续发展指标中心被视为英国农业数智化发展的基础。

1. 农业、农村信息化起步较早

英国得益于其雄厚的工业实力和成熟的工业化技术，推动农业、农村较早地开始了信息化技术的应用。20 世纪 30~50 年代，英国率先在农村普及了黑白电视。60~70 年代，彩色电视和电话在英国农村全面普及。80~90 年代，传真技术在农业、农村中得到普及应用。90 年代中后期以来，电子邮件、互联网、移动电话和数字电视在农村基本普及。进入 21 世纪以来，英国政府先后启动了"家庭电脑倡议"计划和"家庭培训倡议"计划，促进了农村家庭上网的快速普及。

2. 农业的数字化基础设施比较完善

英国政府认为，信息技术的普及对农村经济有很大的促进作用，因此极为重视农村地区的信息化基础设施建设。到 2005 年，英国电信已使全国99.6%的电信交换所实现宽带接入。2011年英国宽带网已经可以接入全国99%的家庭，成为G8国家中宽带网络最密集的国家。

同时，集卫星定位、自动导航、遥感监测、传感识别、智能机械、电子制图等技术于一体的精准农业在英国得到全面发展，成为信息化高新技术与复杂农艺技术深度融合的典范。全英已经有超过1/5的农场全面实现精准农业生产，其余农场也都不同程度地应用了精准农业技术。英国的农田作业拖拉机全部装备了卫星定位系统，田间耕作、播种、收获、施肥、施药等机械全部加装了电脑控制系统和软件应用系统。这些高度信息化的机械设备，不仅能根据不同地块的地形地貌、肥沃程度、土壤墒情、作物种类等采取不同的作业方案，确保最佳效果，而且在同一地块内，也会根据不同位置的土壤情况实现自动化耕作、精量化点播、变量化施肥施药。同时，这些信息化的机械设施在作业过程中，还能自动全过程收集地块不同位置的产量、地力、墒情、作物长势等信息，存储或者传输到数据中心，以便制作成不同地块的产量电子地图、地力电子地图、酸碱度电子地图、氮、磷、钾分布电子地图等，为农业机械精准作业提供依据。

3. 智能农业得到快速发展

以专家系统、智能机器人技术为代表的智能农业在英国得到了较快发展。英国的许多大型农场使用专家系统开展辅助决策和农场管理。目前，仅使用一种叫作"门卫"（gateKeeper）专家系统的大型农场就达到4 000多家。这种专家系统融合了英国许多农场20多年的生产经验和基础数据，并依托一大批农学家、农业技术推广专家、软件工程师，为农场提供最佳种植方案、最佳施肥施药方案、农田投入产出分析、农场成本收益分析等辅助决策服务。一些农场利用智能化、自动化控制技术开展生产作业。如有的农场在作物施肥喷药机械中加装土地智能扫描仪器，自动扫描地块状况、作物长势等，并智能化地"控制"施肥喷药设备变量精准施肥施药。自动挤奶设备在养殖场的普及率达到90%，先进的挤奶机器人开始在一些农场使用，全球最先进的LELY挤奶机器人在英国农场应用已达500多台。机器人能独立完成乳头清洁、自动挤奶、奶质检测、设备消毒等全部工作，并自动收集、记录、处理奶牛泌乳数量、奶质状况、每天挤奶频率等数据，将数据传输到电脑网络或与农场主手机相连，出现异常时进行自动报警。一些养殖场使用智能饲喂机器人，能自动识别牛、猪等动物个体信息，并根据每头动物的具体情况给出不同的饲料组合和饲喂量，保证同一群体中的每个个体都能得到最合理的营养。

4. 物联网技术在农业领域得到广泛应用

以自动感知技术为代表的物联网技术在英国农业中得到广泛应用。在英国农场中广泛使用的施肥机械、施药机械宽度大都在24米左右，虽然很宽很大，但是作业十分灵巧和精准，主要是机械上加装了很多感知作物高度、密度等指标的传感器，能够根据作物长势灵巧地调节作业高度、倾斜度、肥药喷洒量等。一些农场使用传感器、无线视频设备等对农场进行全方位无线监控和管理。二维码技术在英国农产品销售、仓储管理、物流配送与追溯中得到广泛使用，消费者可以通过手机扫描农产品包装上的二维码，方便地追溯到每个产品的身份信息。英国在农产品仓储设施、冷库冷链系统中，已经全部使用传感器技术，实时自动感知仓储温度、湿度等指标，并与网络或者手机联网，实行远程报警和自动控制。英国养羊业已经全部应用了电子耳标，部分牛的饲养也开始使用电子耳标或者电子项圈，通过无线技术记录动物出生、转运、免疫等个体信息，并与网络数据中心相连接。

5. 农业数据资源建设成效显著

英国农业信息化从起步就一直非常注重和加强基础数据建设。从政府、学校到企业、农场等，都根据不同需求目标，围绕产前、产中、产后不同阶段，建设了大量基础性数据库并积累了丰富数据资源，为政府决策、科学研究、生产经营等提供了有效基础支撑。国际英联邦农业局建立了庞大的农业数据库系统，包括农业环境、作物种植、动物科学、食品营养等各方面信息，每年更新数据超过35万条，迄今已为690万农业科研人员提供了数据查询和科研服务。英国政府还统一规划建设并运行了"全国土壤数据库""农业普查数据库""单一补贴支付数据库"等基础数据库系统。其单一补贴支付数据库包含了英国每个农场的基本信息，包括农场规模、牲畜数量、农机具情况、每一地块的具体信息（编号、面积、边界、拥有者、耕种者、用途等）等，数据非常翔实，是政府发放农业补贴的重要依据。一些大学、农业研究机构、软件公司等也根据农民的需要建立了许多专业性的数据库，成为国家数据资源的重要补充。

6. 农民信息服务渠道比较健全

经过多年的发展，英国基于早期建立的完善的农业技术推广服务体系，借助信息化手段建立了非常便捷、高效的现代化农业信息服务体系。根据不同的信息内容，主要分为三类。第一类是政府组织，开发建设了权威的农业农村信息服务网站或者综合信息服务平台，免费为农民、农业科研工作者提供政策、科技、天气等方面的公共服务信息。英国政府还和有关机构建设了网络化的农业经济评价系统，任何农场都可以把自己的投入、产出等经济数据输入系统，方便与系统中的标准数据以及其他农场的经营数据进行对比分析，以确定自己农场的经营水平和状况。第二类是各种独立于政府的农业社会化服务组织，力量非常强大，主要通过低价有偿或者会员方式为农民提供市场动态、生产经营分析、技术咨询、维权援助等信息服务。第三类是各种企业等市场主体，通过商业化模式建立了有影响力的农业技术专家团队和针对性较强的专业性农业信息服务平台，农民能够及时通过网络或者手机获得这些机构的相关信息服务。

（三）德国：关键技术与设备的研发推广

德国粮食和农业部（German Ministry of Food and Agriculture, BMEL）将数字化工作列为优先工作事项，通过实施数字化来压缩工作时间和工作量，减少肥料、植物保护产品和能源的使用量，改善动物福利，提高可持续生产力能力等。在涉农数字化领域中，BMEL 致力于成为国家和国际层面农业部门的紧密合作伙伴，帮助设计数字化参数，应用智慧农业技术，塑造数智农业框架，使农民、消费者和环境都能够从数智化催生的新机遇中平等受益，并减少潜在风险。

1. 配套政策资金，加强数字化职能

2018 年德国新一届政府上任后，进一步提高了对数字化工作的重视程度。BMEL 发布的《农业数字政策的未来计划》确定了相关措施安排，旨在为进一步推动数字化提供有针对性的支持。截至 2022 年投入 6 000 万欧元用于农业部门的数字化和现代化，对于其他有关农业农村数字化的项目也都安排了相应支持经费，同时还对部门结构进行了调整，强化了涉农数字化领域的职能，任命了一位数字化专员来协调数字化领域的所有活动，其他各部门任命一位数字化官员配合开展数字化工作。

2. 持续完善数字基础设施，扩大农村地区网络覆盖

有效的基础设施是数字化的关键，在农村地区的普遍覆盖有效的数字基础设施是成功将数字技术应用于农业农村领域的前提。德国政府的目标是到 2025 年在全国提供完整的千兆光纤网络覆盖（最低速度为 1GBit/s）。联邦运输和数字基础设施部（BMVI）是德国升级拓展数字基础设施的牵头部门，负责领导开展数字基础设施建设，其通过政府关于扩大宽带基础设施的资助计划和拟纳入 5G 牌照拍卖收益的数字基金，正在推动建立覆盖更大范围的高效宽带网络。

BMEL 致力于确保德国农业部门和农村地区在数字基础设施建设有

关方面的利益，尤其关注 5G 移动宽带标准的开发对于机器之间的无缝数据交换，已成功提倡在技术开发和许可等方面要特别考虑农业部门的特定特征。自 2008 年以来，BMEL 一直在"改善农业结构和沿海保护"（GAK）联合任务（可为符合条件的支出提供高达 90% 的补贴，资助计划持续到 2020 年底）和农村发展特别框架计划经费等支持下，协助改善农村地区与宽带网络的连接，扩大农村地区的数字基础设施覆盖面，以缩小城市与人口稀少的农村地区之间的数字鸿沟。

3. 促进数字化研究，开展数字化实验

农业数字化是两个高度复杂系统的融合，其参数必须设计成能够更好地利用数字化应对挑战和解决问题，并为从业者和社会提供更多机会，提高农业部门促进可持续发展的能力。数字化已成为部门研究的优先领域，促进研究（promoting research）是农业数字化综合战略中不可或缺的一部分，其目标是促进数字农业技术领域的创新，以提高资源利用效率。通过减少肥料、植物保护产品和燃料能源等的使用量，减少工作量并可持续地提高生产率，增强供给保障能力并改善动物福利。需要指出的是，并非数字化领域的每项技术创新都能在一定时限内产生实际的收益，必须通过对技术创新进行独立评估确保应用于农业领域能够获得实际收益。

为了更好地推进农业数字化，BMEL 预留了超过 5 000 万欧元经费，专门用于在 2022 年前组织开展数字化实验项目（Trial Fields on Agricultural Holdings），并通过农业机械制造商、软件开发商、服务提供商、咨询机构和研究部门的从业人员和专家的紧密合作，对不同实验项目的数字化技术解决方案和产品进行测试和评估。2017 年，面向公司、俱乐部、大学、研究机构、市政当局和地区寻求有意通过智能技术来改善农村生活的相关方，农村发展能力中心代表 BMEL 发出了一项名为"Land. Digital：农村地区数字化的机会"的项目征集提案，并提供最高

20 万欧元的资金保障。

4. 搭建能力网络，推动数字化与智慧化相融合

德国农业部门建立了基于数字技术的能力网络，并于 2019 年召开了"农业部门数字技术"能力网络的成立大会。能力网络的负责人是 BMEL 数字化专员，人员主要由包括研究人员、企业家和从业人员在内的跨学科团队组成，还包括农业数字化实验项目的专家。能力网络的成员将提供有关数字化和农业的全面知识，推动农业的数字化和智能化相融合，分析农业数智化各个领域的现状、趋势和挑战，并提出解决方案。能力网络当前的主要任务是对农业数字化实验项目的进展和工作结果进行评估和总结，并给出推进实验项目的进一步措施建议，提供科学支持并增强协同效应，以支持和指导试验项目获得成功。BMEL 还定期组织从业者、科学家、企业家和行政人员召开技术会议，将来自不同领域的利益相关者召集在一起，收集有关当前状况的信息，并使不同利益集团之间能够交换信息，交流介绍数字化未来发展，并组织参与者探讨如何更好地推进数字化工作。

5. 推动建立国际粮食和农业数字理事会

BMEL 与柏林参议院等合作组织举办的全球粮食和农业论坛（GFFA）是有关全球农业食品工业未来关键问题的全球领先的国际会议，农业部长会议是其重要议程，自 2009 年以来每年在柏林国际绿色周开始时举行。国际粮食和农业数字理事会的动议是在 GFFA2019 主题为"农业走向数字化——未来农业的智能解决方案"活动上提出的，并提议将数字理事会"秘书处"设在联合国粮食及农业组织（FAO）。

GFFA2020 农业部长会议讨论了由 FAO 起草的数字理事会概念性文件，并委托 FAO 执行有关计划。数字理事会的目的是就涉及粮食和农业的数字化问题向各国提供建议，并推动数字化创新思想和经验的交流。BMEL 部长表示，建立国际数字理事会的决定是一个里程碑；在全

球范围内，数字化为平衡稳定生产与资源环境保护的关系以及改善农村地区生活提供了机会；期待数字理事会在帮助缩小数字鸿沟、改善全球小农户对数字技术获取等方面发挥积极作用。

（四）荷兰：高科技农业模式的发展典范

位于欧洲西北部的荷兰，是一个人多地少、资源匮乏、地势低洼之国，国土面积仅为 4 万多平方公里，其中 1/4 国土面积低于平均海平面，长年光照不足，但其农业发展不仅未受先天条件的限制，反而形成独具特色的高科技绿色现代农业，领先世业水平。据中荷商报数据显示，2019 年荷兰农产品出口首次突破 1 000 亿欧元。荷兰总共出口了 1 047 亿欧元，比 2020 年增加了 9% 以上，净出口为全球第一；其中，花卉生产居世界首位，2021 年荷兰出口了价值 120 亿欧元的花卉、植物、花卉球茎和苗木产品，最终获得了 60 亿欧元的收入，其中花卉出口比 2020 年增加 1/4，占全球出口总量的一半。

荷兰农业是高科技农业的典范。20 世纪 50 年代，在政府的大力支持下，荷兰农业开始了蓬勃发展之路，历经半个多世纪的发展沉淀，形成了如今的高科技农业面貌，主要体现在玻璃温室农业、园艺花卉、生物防控技术及电子信息技术等方面。

1. 贫乏的资源激发高科技农业典范

荷兰光照不足、土地资源稀缺，对农业生产尤为不利。这种地域环境的局限性迫使荷兰提高土地的利用率，将信息化、工业化技术与生产技术相结合，利用 7% 的耕地建立了面积近 17 万亩的由电脑自动控制的约占全世界温室总面积 1/4 的现代化温室，温室约 60% 用于花卉生产，40% 主要用于果蔬类作物。温室实现了全部自动化控制，包括光照系统、加温系统、液体肥料灌溉施肥系统、二氧化碳补充装置以及机械化采摘、监测系统等，保证生产出的农作物高效优质，鼓励发展循环农业。

　　自然资源的"先天不足"倒逼荷兰注重技术创新，积极开发设施农业、循环农业、数字农业、生态农业，探索出了以专业化、集约化、高新技术与现代化管理为特点的荷兰农业模式。重视土地资源保护，实现农业绿色可持续发展。在荷兰农业的各个领域，从企业研发生产到种植模式，再到防控手段，农产品深加工等环节都体现了这一点。荷兰属于典型的人多地少的国家，所以荷兰人非常注重土地的保护。保护土地资源、实现可持续发展，这是农业经营者们首要考虑的问题。荷兰对土地资源保护高度重视，在农村，人们可以看到，所有刚翻耕过的耕作层均呈深褐色，土壤团粒结构良好，土质细而均匀，像海绵一样。之所以达到这样的效果，是因为土地耕种时合理使用化肥农药，甚至不用化肥和农药，利用大数据、物理方法和生物防治保护土壤，使土壤保持有机化，才能真正生产出"三品一标"的产品。

　　2. 政府高度重视农业科技的研发与推广

　　荷兰政府高度重视农业循环利用技术的研发和推广应用，特别是在无土栽培、精准施肥、雨水收集、水资源和营养液的循环利用等方面进行了大量的技术创新。并推进种植和养殖业向清洁生产方向发展，坚持"以地定畜、种养结合"的防治理念，不断创新循环农业发展模式。2016年，荷兰进一步提出了"循环经济2050"计划，将发展循环农业视为解决气候变化和资源紧缺的重要途径；2018年发布了循环农业发展行动规划，要求尽可能在全国或者全球范围内，构建种植、园艺、畜牧和渔业产业间大循环体系，既减少对外部环境的影响，又显著提升废弃物利用率。计划在2030年前实现农业废弃物、食物消费等领域的循环利用率达到80%，成为全球领先的循环农业经济大国，到2050年循环利用率达100%。积极推进数字农业。荷兰很注重信息化操作和田间监测、大数据收集，利用大数据进行管理和防控、生产，推进"数字农业"的落地。通过大数据和云技术的应用，一块田地的天气、土壤、降水、温度、地理位置等数据上传到云端，在云平台上进行处理，然后将处理好的数据发送到智能化的大型农业机械上，指挥它们进行精细作业，实现增产增收。在数字农业推进中，荷兰在农业技术开发上投入了大量资金，并由大型企业牵头研发"数字农业"技术。

3. 注重农业从业者的职业教育

农业对从业者素质也有具体的要求，必须进行农业教育，执证上岗。探索低污染农业。经过近40年的治理，荷兰农业的水土环境得到了明显改善，特别是畜禽粪便得到了有效资源化利用，化肥农药使用量明显下降，高效低残留农药和生物农药得到广泛利用。病虫害防治以生物防治为主，物理防治、化学防治为辅，农业环境污染得到有效控制。

总之，坚持投入减量化、生产清洁化、废弃物资源化、产业模式生态化，是荷兰推进绿色兴农、实现农业高质量可持续发展的关键所在。加强绿色发展技术支撑，探索新兴农业发展格局。通过技术改进和创新，推进现代农业可持续发展。荷兰通过打破部门间、领域间的发展和互动屏障，构建起跨产业链的大规模、多层次的循环体系，以实现最低程度的资源浪费及环境污染。利用农业生态系统原理，从资源优化利用、循环经济、可持续发展角度将牧草种植、畜禽养殖、能源生产、微生物培养和加工等子系统有机结合，强化种养全环节绿色发展技术的研发和推广，从而推进农业产业的结构优化，提升农产品在市场的竞争力。通过多主体合作带动，提升农民在产业链中的增值效益。

荷兰政府和相关部门紧扣国际宏观发展趋势和市场发展需求，持续加大农业研发的投入力度，有效促进了农业向数字农业、智慧农业方向发展，提高农民的科学文化水平，完善农业人才培养制度。农民文化素质较高是荷兰发展高科技现代化农业的原因之一，荷兰高科技农业，不仅运用在温室技术、检测技术，还运用在田间防治管理大数据分析上，

80％的农民已使用 GPS 系统。荷兰农业高科技和大数据的运用，需要高素质的农民加以学习和应用，因而荷兰非常重视对农民进行技术培训和教育，有着较为发达和完善的农业科技推广和教育体系，以提升农民文化素养、技术能力和管理能力。注重优化农业人才结构，培养农业创新人才，增强农业从业者的人力资本，提升产业竞争力。所以说，重视农民教育、完善农业人才培养也是荷兰农业高质量现代化发展取得成功的决定性因素。

（五）以色列：沙漠上的高科技农业王国

以色列虽地缘环境恶劣，却是具有全球影响的"创业国度"和"智慧国度"。1948 年建国，全国土地近 60％为沙漠，但农业产量几乎是每十年翻一番，用了三个十年基本实现了农业现代化，面对干旱、缺水、缺地的恶劣自然条件，仅占总人口 5％的农民可养活全国国民，且向世界 60 多个国家出口农产品、农资装备、传授农业生产技术。以色列农业至今全面脱离了政府补贴，建立了盈利型农业模式示范，成为联合国粮农组织指定的向发展国家技术推广的国家之一。

以色列拥有领先世界的 7 大先进技术：育种技术、温室技术、水资源及污水处理技术、滴灌技术、特种肥料技术、奶牛养殖技术、设施水产养殖技术。

根据以色列农业数据，1955 年，一个以色列农民仅可养活 15 人；2000 年，可以养活 90 人；2015 年，一个以色列农民已经可供养 400 人的需求（宗会来，2016）。如今，以色列每头奶牛年产奶高达 12 000 公斤以上；鸡年均产蛋 300 个以上；玫瑰花每公顷年产 300 余万枝；棉花亩产达 1 200 斤；柑橘每公顷年产 80 吨；西红柿每公顷单产达 500 吨；每立方水域养鱼的产量也高于 500 公斤；灯笼辣椒、黄瓜、茄子等蔬菜单产也均为世界最高。以色列农产品已占据了 40％的欧洲瓜果、蔬菜市场，并成为仅次于荷兰的第二大花卉供应国。

1. 生产设施集约化：高科技低成本

以色列通过设施农业开发了沙漠农业生产的先河。其设施农业都是按照以色列农业环境及市场需求自己研发设计。塑料温室大棚就是以色列根据地中海沙漠气候独立设计，其中多功能大棚膜具有益光放大、害光减少、物理杀菌等多种功能。相对玻璃温室，降低了建设成本，温室内精准的物联网管理系统，替代了人管理的关键岗，计算机通过数据管理精准达到人与植物需求对话、人与动物对话，建立生长数据模型实施实时管理跟踪，达到植物、动物最佳生长状态。形成了集约、高效、优质、安全、盈利可持续的生产模式。

2. 经营模式多样化：注重集体合作分享

以色列农业经营组织模式主要包括基布兹（Kibbutz）、莫沙夫（Mashav）和农业公司三种形式。

基布兹，希伯来语为集体之意，也称为集体农庄。基布兹现在全国有270个，平均每个基布茨有450名成员，拥有500公顷的土地。类似我国过去的人民公社，土地和生产资料公有制；基布兹给每个农民按月发放生活津贴，生活必需品一律实行供给制，孩子教育及养老免费，剩余收益主要用于扩大再生产，集体成员共享收益。以色列很多政府官员出自基布兹，被人们称之为具有高度的集体主义精神。

莫沙夫，是以家庭农场联合体，类似我们的合作社。莫沙夫是一个约60户人家的村庄，每户人家拥有自己的房屋和土地，自给自足。每户人家均从属于莫沙夫集体，莫沙夫以联合的形式负责供销，小家庭大规模。

以色列农业企业一般是以农机服务及农产品加工为主要内容，服务于基布兹和莫沙夫，形成相互支撑的组织体系。

3. 农业产品市场化：选择经济作物提升附加值

以色列非常注重农产品市场化的利润。产业结构经历了多次调整，对于依赖资源特别是水资源的大田农业缩减很多，大力开发经济附加值高的设施农业，运用科技高投入、高产出的盈利农业生产模式。以色列除了满足本国市场，紧盯欧洲市场，选择附加值高，按照欧盟绿色标准生产蔬菜、水果、花卉等赚取外汇，提高农民收益。

4. 生产管理信息化：大数据管理的精准农业

以色列农业物联网与互联网计算机结合，形成了以色列精准农业体系。农业设施，农业全部实现了手机远程管理，提高了生产效率，降低人力成本，通过传感器监控的数据随时了解植物、动物的需求和疫情病害，精准施策，提早预防，包括冷链物流运输环节，物联网增加了产品溯源监管体系。以色列物联网最早叫作"传感网"农业物联网核心技术，农业传感器的国际标准来源于以色列的科技贡献。

5. 科技创新常态化：把工业文明集成到农业生产

以色列从事农业的人员来自各行各业专科以上的知识群体。农业科技创新是这个群体在激烈的市场竞争中制胜法宝。各科研院校都有专业的市场化的技术转移公司，连续不断地把教授、专家的研发产品推向市场。

以色列非常重视农业新品种研发，一是每十年都要推出 5 个新品种；二是注重生产装备研发，以色列是设施农业发达的国家之一，以色列设施农业包括种植、畜禽养殖、水产品养殖及农产品采收机械、温室智能农机、农产品加工机械、保鲜设施等。每三年举办一次的以色列农业国际博览会就是国际农业装备展览会。

6. 高科技农业生态化：绿色可持续

以色列沙漠农业，不仅生产高品质农产品，同时历经 70 多年的农业科技发展，以色列把沙漠变良田、沙漠变绿洲，集约高科技的设施农业方式被全世界复制。以色列废水再利用达 70%，利用率位列全球首位。以色列科学家发明的沙漠绿化径向引流法，加上滴灌设施，借助沙漠 200 毫米的雨季，从低向高处每年栽种树苗，成活率达 90%。以色列农产品一部分欧盟有机认证产品，大部分标准是欧盟绿色认证标准，出口欧洲的产品除了农产品品质达欧洲标准，物流运输也必须按照欧盟标准执行，农产品运输禁止用飞机。

二、中国数智农业的发展历程

（一）我国数智农业的发展阶段

我国数智农业起步较晚，但近年来发展较快，并在关键技术研发与应用上取得了一定成效。自 1994 年我国首次提出精准农业的研究应用、1999 年提出"数字地球"发展战略后，数智农业开始随着国内外数字研究的兴起而逐步发展。随着大数据战略地位的提高和应用范围扩大，数智农业关键技术进入以农业大数据、农业物联网和农业人工智能技术为核心的新发展阶段。

国家科技部从 2011 年起设立"农村与农业信息化科技发展"重点专项，部署农业物联网技术、数字农业技术、农业精准作业技术等 7 项数字农业技术相关的重点任务。2015 年，农业部公布《关于推进农业农村大数据发展的实施意见》，从数据云平台建立与共享等方面指出了农业大数据发展和应用的基础和重点领域。2017 年，农业部正式设立"数字农业"专项，开展重大关键技术研发，我国数字农业关键技术在信息化建设、数据库建设、装备数字化和智能化建设、专家系统建设等方面取得了突破性进展。2019 年农业农村部在全国确立了 6 个全产业链大数据试点建设项目，应用大数据和人工智能的关键技术推进农业数智化发展。纵观我国数字数智关键技术发展历程，可依据国家政策、法规划分为萌芽期、探索期、初步发展期以及高质量发展期。

1. 萌芽期：我国进入农业数字化阶段（1990～1997 年）

得益于家庭联产承包责任制的全国实行，20 世纪 90 年代中国人均粮食拥有量达到世界平均水平，标志着全国农业生产进入历史性改革阶段。适时，为进一步紧跟国际农业发展步伐，国家科技部于 1990 年将"农业智能应用系统"相关研究纳入"863"计划。在该阶段中，我国数字农业关键技术主要以遥感技术为代表，对农作物事项进行动态监测并予以估产。与此同时，农业计算统计科学与农业数据处理也开始崭露头角，开启生产记录与管理电子统计的新阶段，为我国农业数字化关键技术的发展奠定基础。

2. 探索期：数字农业内涵不断丰富（1998～2012 年）

随着农业数字模型以及农业专家系统的逐步成熟，中国食品信息网于 1998 年开通运行。该网站的运行成为早期食品发布、管理与查询的重要标志，也为数字农业关键技术应用与发展提供了有利条件。值此背景，我国农业开始由"质量型"向"生态型、安全型"过渡，并逐渐以技术和资本为导向，扩大种植业、畜禽养殖以及水产养殖等领域检测规模；以光、热、水、土等产地资源利用技术，极大提升农业生产效率。由此而言，此阶段"数字农业"内涵较第一阶段有了较大拓展。

3. 初步发展期：数字技术与农业发展深度融合（2013～2016 年）

受 2014 年收储制度改革影响，这一时期我国大宗农产品价格断崖式下跌，农村居民经营性收入下降，农产品结构性矛盾再次凸显。智研咨询数据显示，2016 年中国累计进口大豆 0.84 亿吨，而国内大豆产能仅为 0.13 亿吨，远远不能满足国内食用需求；反观玉米却呈现出供大于求的现状，同年玉米产量超 2 亿吨，但国内纯食用需求不超过 1.8 亿吨。为优化不平衡农业生产现状，适时我国主要以农业物联网、大数据技术等关键技术为主，突出生物科技在此其中的重要作用。同时，随着农业信息网络体系初步形成，以及农业信息资源与信息服务等载体不断优化，农业领域信息开始实现交流与共享，为数字农业关键技术的发展奠定了坚实基础。由此而言，这一时期我国的数字农业关键技术已逐渐与农业发展进行了深度融合。

4. 高质量发展期：数字技术与智慧农业相互融合（2017 年至今）

2017 年以来，中共中央、国务院以及农业农村部先后出台多项有关推进数字农业关键基础发展的政策方针，以促进数字农业与数字乡村的协同发展、促进数字技术与智慧农业相互融合。这一时期，人工智能、物联网、大数据等新一代信息技术逐渐应用于农业种植各领域，并不断推进农业信息化进程。与此同时，随着"十四五"的到来，数据价值重要性进一步凸显，促使数字农业和智慧农业关键技术的应用推广与融合，成为这一时期下农业领域生产流通的主要抓手。与上一阶段相比，数智农业的相关理论与实际应用逐渐成熟，技术日趋完善、特征也更加明显。

（二）我国数智农业的发展现状

我国高度重视数智农业的发展，在近 10 年的中央"一号文件"中，每年均强调了信息科技助力农业农村现代化的内容。其中，2020年中央"一号文件"提出，要加快物联网、大数据、区块链、人工智能、第五代移动通信网络（5G）、智慧气象等在农业领域的应用，同时明确实施数字乡村试点工程；2021 年中央"一号文件"指出，"推动农村千兆光网、第五代移动通信（5G）、移动物联网与城市同步规划建设；发展智慧农业，建立农业农村大数据体系，推动新一代信息技术与农业生产经营深度融合"；2022 年中央"一号文件"指出，应"推进智慧农业发展，促进信息技术与农机农艺融合应用"。

此外，《中华人民共和国国民经济和社会发展第十四个五年规划和2035 年远景目标纲要》中提出，"加强大中型、智能化、复合型农业机械研发应用""完善农业科技创新体系，创新农技推广服务方式，建设智慧农业"。

1. 农村信息化促进了智慧农业的发展

目前，我国互联网和4G村级覆盖率达98%以上。根据中国互联网络信息中心（CNNIC）第48次《中国互联网络发展状况统计报告》，截至2021年6月，我国网民规模达10.11亿人，农村网民规模达2.97亿人，农村地区互联网普及率为59.2%，较2020年12月提升3.3个百分点，城乡互联网普及率差距进一步缩小至19.1个百分点。根据农业农村部信息中心的报告，2019年全国县域数字农业农村发展总体水平达36.0%，其中，东部地区为41.3%、中部地区为36.8%、西部地区为31.0%；我国2019年农业生产数字化水平总体上达到23.8%，其中，作物种植信息化水平为17.48%、设施栽培信息化水平为41.0%、畜禽养殖信息化水平为32.8%、水产养殖信息化水平为16.4%。

2. 农业规模化经营为智慧农业发展创造了条件

根据第三次全国农业普查，2016年耕地规模化比重为28.6%，而生猪、家禽养殖规模化比重分别为62.9%和73.9%。目前，我国土地流转占比40%以上，农民专业合作社、家庭农场、龙头企业的数量达300万家以上，为智慧农业发展提供了载体和需求的驱动力。

3. 智慧农业技术创新取得明显进步

通过对中国知网数据库和Web of Sciences数据库2008~2018年发表的文献检索表明，智慧农业技术研究活跃程度（相关学术论文数量）排名前5的国家依次为：美国、中国、巴西、西班牙、德国，研究的热点聚焦在农业传感器、农业大数据和人工智能、农业智能控制与农业机器人等方向。

近年来，我国智慧农业技术取得长足进步，主要表现在：一是一般性环境类农业传感器（光、温、水、气）基本实现国内生产；二是农业遥感技术广泛应用于农情监测、估产以及灾害定量化评损定级；三是农业无人机应用技术达到国际领先，广泛用于农业信息获取、病虫害精准防控；四是肥水一体化技术、侧深精准施肥技术、智能灌溉技术、精准施药技术广泛应用于规模化生产；五是农机北斗导航在农业耕种管收全程得到广泛应用，自主产权技术产品成为市场主导，对国外产品实现了全替代；六是设施园艺超大型智能温室技术、植物工厂技术等也取得了很大进步，基本上可以实现自主技术自主生产。此外，我国在农业大数据技术和农业人工智能应用方面，在大数据挖掘、智能算法、知识图谱、知识模型决策等方面也进行了广泛的研究。

4. 智慧农业技术在全国范围内均得到初步应用

在东北、西北、黄淮海平原等大田生产领域，通过广泛应用遥感监测、专家决策系统和农机北斗导航作业等技术，实现大田精准作业。在设施养殖领域，主要应用包括动物禽舍环境监测、动物个体形态与行为识别、精细饲喂、疫病防控等，特别是近年来，大范围非洲猪瘟发生后，高度智能化的楼房养猪发展迅速；此外，我国南方的智慧水产养殖发展也很快。在设施园艺领域，目前所有的现代玻璃温室和40%的日光温室普遍采用了环境监测、水肥一体化技术；设施食用菌产业也广泛应用了信息技术进行产量和品质的控制。在农业农村信息服务领域，通过机器学习、时空大数据挖掘、知识图谱构建，语音智能识别等技术的应用，实现个性化精准服务。

（三）我国数智农业的发展短板

虽然我国数智农业的发展已取得积极进展，但仍然处于较低水平的起步阶段，相比世界农业发达国家、国内先进行业、智慧城市，我国数智农业发展面临诸多困难和挑战，存在不少短板和弱项，主要表现在以下7个方面：

1. 发展不平衡、不充分的问题相当突出

不平衡主要表现在区域发展差距上，数智农业的发展水平可以通过农业农村信息化水平予以判别。根据《2021 全国县域农业农村信息化发展水平评价报告》（以下简称《报告》）可以看出，西部地区县域农业农村信息化发展总体水平仅为 34.1%，与东部地区相差 6.9 个百分点，特别是发展总体水平排在前三位的省份与排在最后三位的省份平均发展水平差距高达 40.3 个百分点。县域农业农村信息化发展总体水平排名全国前 100 和前 500 的县（市、区），东部地区分别占 51.0%、41.2%，中部地区分别占 35.0%、40.8%，西部地区分别占 14.0%、18.0%。尤其是排在后 500、后 100 的县（市、区）中，西部地区占比高达 53.0%、48.0%。

不充分主要表现在发展总体水平还很低，农业农村数字化水平决定了地区数智农业发展的基础条件。按照目前的指标体系评价，2020 年全国县域农业农村信息化发展总体水平为 37.9%，与全国农业机械化发展水平相差 33.4 个百分点。

2. 农业生产信息化水平低的问题相当突出

根据《报告》数据显示，全国农业生产信息化水平仅为 22.5%，而且这一比例主要是靠相对易于推广的信息技术支撑的，如果与美国 80% 的大农场实现了大田生产全程数字化、平均每个农场拥有约 50 台连接物联网的设备相比差距就更大。从这几年的变化和效果看，农产品电子商务持续保持高速增长，促进农村数字经济发展的作用日益凸显；乡村治理数字化水平快速提升，农民群众的安全感日益增强；而农业生产信息化受自身弱质性、技术供给不足等因素影响，还停留在一般、单一技术的应用阶段，缺乏高精尖的精准技术，集成度也不高，解放和发展生产力、挖掘和释放农业数字经济潜力的作用尚不明显。

即使这些简单易用的信息技术，目前在很多县（市、区）的应用还基本处于空白状态。农业生产信息化水平低于 5% 的县（市、区）还有 712 个，占有效样本县（市、区）的 26.9%。

3. 我国农业机械化水平低的问题相当突出

数智农业的应用离不开农机装备支撑。近年来我国加大力度支持与推广全程、全面机械化，2020 年底我国主要粮食作物耕种收综合机械化率达到了 71%，丘陵山区农作物耕种收综合机械化率为 49%，设施园艺综合机械化率为 32%，畜牧养殖机械化率为 35%，水产养殖机械化率为 30%。（赵春江，2021）然而，受农机产品需求多样化、机具作业环境复杂等因素影响，与发达国家相比，我国目前的农机化和农机装备的智能化水平仍有 10~20 个百分点的差距，尤其是部分农机装备农机农艺结合不够紧密等制约了我国数智农业的大规模发展。

4. 信息基础设施建设明显滞后的问题相当突出

根据《2021 全国县域农业农村信息化发展水平评价报告》数据显示，全国县域互联网普及率为 70.3%，与城镇地区互联网普及率相比还有 8 个百分点的差距。家庭宽带入户率不足 50% 的县（市、区）有 572 个，不足 20% 的有 221 个，占比分别高达 21.7%、8.4%。目前 5G 基站建设仅延伸到大城市郊区、县城和人口比较集中的乡镇，农村严重滞后于城市。特别需要指出的是，面向农业生产的 4G 和 5G 网络、遥感卫星、北斗导航、物联网、农机智能装备、大数据中心、重要信息系统等信息基础设施在研发、制造、推广应用等方面都远远落后于数智农业发展的需求。

5. 资金投入不足的问题相当突出

数智农业的发展需要真金白银的投入，需要财政和社会资本的高效协同。参照农业农村信息化建设的财政投入数据，据《2021 全国县域农业农村信息化发展水平评价报告》，2020 年全国县域农业农村信息化建设的财政投入仅占国家财政农林水事务支出的 1.4%。本次监测评价数据显示，2020 年全国有 535 个县（市、区）基本没有用于农业农村信息化建设的财政投入，占有效样本县（市、区）的 20.2%；有 668 个县

（市、区）财政投入不足 10 万元，占比 25.3%；财政投入超过 1 000 万元的县（市、区）只有 490 个，仅占比 18.5%。从社会资本投入看，2020 年全国有 841 个县（市、区）基本没有社会资本投入，占有效样本县（市、区）的 31.8%；有 906 个县（市、区）社会资本投入不足 10 万元，占比 34.3%；社会资本投入超过 1 000 万元的县（市、区）只有 740 个，仅占比 28.0%。此外，仍有 22% 的县（市、区）既没有设置承担信息化工作的行政科（股），也没有设置信息中心（信息站）等事业单位，机构队伍亟待建立健全。

6. 数智农业技术有效供给不足的问题相当突出

由于缺乏基础研究和技术创新，核心的农业传感器和智能决策的算法模型，以及高端农业智能装备缺乏，无法满足实施数智农业的需求。其中，农业智能控制与农业机器人关键技术及核心零部件（如国际标准总线、负载动力换挡、无级变速、视觉系统及识别算法、精密伺服电机、多自由度关节、柔性执行器件等）远落后于美国、德国、日本等发达国家，是目前我国发展数智农业最薄弱的环节。在传感器方面，尽管我国农业环境信息传感器和仪器仪表的国内市场占有量超过进口产品，但在精度、稳定性、可靠性等方面与国外产品差距巨大，核心感知元器件主要依赖进口，高端产品几乎全部依赖进口。缺乏针对我国农户和小地块的技术，难以满足我国广大小农户的需求。此外，农业的生态多样性，对技术与应用模式也是多样的，但对于研发主体，投入大量资金研发后，却不能像工业技术产品一样大规模复制推广，效益低，导致企业研发主体不愿意、不敢投入。

7. 我国农田地块规模小、耕地细碎化问题相当突出

美国的农场规模平均 200 公顷，平均每个农民经营面积超过 113 公顷，欧盟国家农场面积大于 20 公顷的占 82%，农场面积为 100 公顷的占 52%。而我国农田小地块，碎片化程度高，经营面积 3.4 公顷以下

的小农户占比95％以上，而耕地面积却占我国总耕地面积的80％以上，小农、小地块的农业生产经营方式导致我国数智农业技术投入的边际效益低、经营主体应用积极性不高。

三、中国数智农业的走向研判

早在2015年前后，中国就已开始对数智农业关键技术进行各项布局，并在此基础上制定出一系列数字农业相关政策，以期推进数智农业领域关键技术飞速发展。据2021年《关于全面推进乡村振兴加快农业农村现代化的意见》（下称《意见》）表示，未来数字农业的发展要以5G移动通信、移动物联网等技术为指引，加快推进农业农村大数据体系、农业气象综合监测网络等关键技术发展，实现新一代信息技术与农业生产经营深度融合。

当然，进入"十四五"时期，我国数智农业关键技术发展新方向也需立足既有资源禀赋、农业产业链以及农业技术水平，并借由上述条件，实现农业产业链上各参与主体的全新突破。由上文分析可知，新时期下我国数智农业关键技术的发展最需要实现三方面的创新突破：一是打破了农业领域产业界限，实现农业生产效率颠覆性的提高；二是破除环境资源承载力束缚，实现传统农业对自然环境、气候条件以及土地资源等要素依赖的剥离；三是突破劳动力束缚，实现借助关键技术开展农业高质量、精确化劳作的目标。因此，"十四五"时期我国数智农业关键技术发展应以核心基础、支撑动力以及运作载体为方向，阶段式实现农业产业空间与机会的增值。

（一）以生物育种技术为核心基础

农业生物技术是新时期数智农业发展的核心基础，是实现我国农业高质量发展的重要方向。作为农业生物技术的"芯片"，种业无疑承载着国家农业战略性、基础性目标。随着国际农业发达国家相继进入以"种质资源＋生物技术＋大数据"为特征的育种4.0阶段，智能化、寡头化发展趋势已然来临。如何在农业发达国家技术优势包围下，破解种源"卡脖子"技术瓶颈，成为"十四五"时期我国发展数智农业、保障粮食安全甚至国家安全的重要基点。但就现实而言，我国当前仍处于以杂交选育为主的2.0阶段，种植资源基础研究落后于农业发达国家。从国际前端研究领域来看，当前国际生物基因育种研究的核心技术主要可分为以下四个方面。

1. 转基因技术

从技术应用角度来看，美国等农业发达国家转基因技术研发已从单基因的抗虫、抗病作物研究，发展至抗逆品种改良的多基因转化领域，而我国转基因技术整体发展较为落后，仅有玉米、水稻等个别领域较为领先。

2. 基因编辑技术

该技术是近年来生命科学领域的研究热点。基因编辑技术作为新兴生物技术，在全球范围内掀起了研发热潮，综合国力排名前列的世界大国都纷纷投入到该技术的研究中，希望占据尖端科技的前沿阵地。从技术研发角度来看，我国与国际农业发达国家基本处于同一起跑线，水稻和小麦等粮食作物处于世界领先。

3. 全基因组选择育种技术

全基因组选择可以简单地理解为最新、最准确的育种技术，涉及育种芯片、大数据、高性能计算等，是育种技术里新一代的"高、精、尖"技术。如果把育种技术带来的遗传改良速度与交通工具类比，则古代的"相畜"和传统育种技术相当于"马车"和"蒸汽机车"，而全基因组选择则是"高铁"的速度。目前，美、德、法等国家以实现相关技术的规模化运作，而我国尚处于起步阶段。

4. 基因组学

自 1998 年参与国际水稻基因组测序计划以来，中国在作物基因组学研究领域的实力不断增强，并呈现出从参与到领导、从研究非主要作物到主要作物、从研究地区性作物到全球性作物的态势，为保障粮食安全作出突出贡献。在这一领域，我国已完成水稻、小麦、黄瓜等粮食作物的基因组测序，并在基因型鉴定方法、大数据挖掘重要农艺性状基因方面研究与农业发达国家处于同一水平。

综合而言，尽管我国生物基因育种技术在粮食作物研究领域存在较强优势，但从种业研究领域宏观审视，经济作物的基因育种技术研发仍是"短板"。有鉴于此，加快强化生物基因育种技术在经济作物领域的研发水平，可以成为我国数智农业发展的主要攻坚方向。以此为关键技术，最终推进"十四五"时期中国数智农业创新发展。

（二）以数字信息技术为支撑动力

现今，高质量发展已成为"十四五"时期我国经济发展的重要主题，如何实现农业高质量发展，平衡城乡经济差距更是社会各界普遍关注的焦点。在过去 30 年间，为追求粮食高产、满足人口需求，我国农业种植主要通过土地要素扩张、化学品投入等资源投入来保障农产品总量供给。但是在这种资源型生产模式下，结构性过剩、农产无法合理利用，使得资源浪费现象频发，也进一步加剧农业资源污染风险。在此形势下，借助物联网、云计算、大数据等技术为农业生产过程提供决策分析，成为改变农业生产方式，提升农业产量的重要方式。

1. 物联网技术

随着物联网信息技术在国内各个领域中的不断渗透，智慧农业的建设更是无法离开物联网技术的支持，而为了解决我国"三农"问题，实现我国农村的现代化目标，物联网＋农业是我国农业发展的必然趋势。该技术通过无线传感器实时采集农业生产现场光照、温湿度等参数，并利用监控设备实现对农作物的全天候监控。

2. 云计算技术

作为互联网深度发展的产物，云计算技术能够将农业资源以集约化、动态化分配。例如利用传感器设备收集环境数据，包括自动气象站的空气温湿度、雨量、大气压力等，以及土壤温湿度、酸碱度、EC 值传感器数据等，通过设备网关传输数据到物联网平台进行收集计算分析，以数据或者曲线形式显示出来，给农户作有效的参考价值。

3. 大数据技术

从国内国际的发展来看，大数据正在驱动农业发展路径发生变化，以提高农业效率，保障食品安全，实现农产品优质优价，农业大数据蕴含着巨大的商业价值。该技术突破传统结构化数据的限制，能够更加高效地搜索、比较和分类农业信息，为数字农业发展提供技术决策。大数据技术在农业领域的应用可以分为 4 大方向（见表 1 - 1），分别应用于网络涉农数据，大田、设施、水产等农业生产数据，农作物产量、长势、病虫害、气象灾害等数据以及农产品市场信息、农情信息和农业突发事件等场景。

表 1 -1　　　　　　　　大数据技术在农业领域的应用

核心技术	研究内容	应用场景
网络爬虫、分布式索引等	研究深层网络数据采集关键技术，建立基于涉农主题爬虫技术的网络数据采集系统	网络涉农数据
农业物联网、生物传感器等	建立基于农业物联网技术的农业生产环境数据采集系统，实时大田、设施、水域中的环境数据	大田、设施、水产等农业生产数据
卫星遥感、无人机遥感等	建立基于卫星技术的农业遥感数据采集系统，采集农用地资源、农作物大面积估产与长势监测、农业气象灾害等数据	农作物产量、长势、病虫害、气象灾害等
智能终端、便携式设备	建立基于移动互联的智能数据采集系统，动态采集农产品市场信息、农情信息、农业突发事件等数据	农产品市场信息、农情信息、农业突发事件

资料来源：课题组资料整理。

4. 农业管理系统（FMS）

FMS 通过传感器和跟踪设备为农民和其他利益相关者提供数据收集和管理服务。收集的数据被存储和分析以支持复杂的决策。此外，FMS 可用于识别农业数据分析最佳实践和软件交付模型。其优势包括：提供可靠的财务数据和生产数据管理，以及改善与天气或紧急情况相关的风险缓解能力。

以此推之，结合《数字乡村发展战略纲要》《意见》等政策对数智农业发展的要求，利用信息技术数字化优势赋能农业生产，不仅可以成为支撑"十四五"时期我国农业高质量发展的原动力，更可以成为实现农业大国转向农业强国的突破点。

（三）以农业装备技术为运作载体

"十五"以来，国家多次批复有关农业装备技术创新的重点项目，并先后出台《中国制造 2025》《加快推进农业机械化和农机装备转型升级的指导意见》等多项政策，以着力推进农业关键技术创新，引领农业数智化发展。但是"智能、低碳、高效"等农业发展概念在世界范围内的兴起，逐渐引发新一轮农业装备技术变革。就此而言，创研自主新一代数字农业装备技术，实现"关键技术核心化、主导装备产品智能化、全程全面农业机械化"已成为我国数字农业关键技术发展的重要载体。

1. 应用基础和战略前沿技术研究

坚持面向世界科技前沿、面向经济主战场、面向国家重大需求、面向人民生命健康，针对农业农村领域重大科学问题，面向世界科技前沿和未来科技发展趋势，集中优势力量，部署基础和应用基础研究重点方向，围绕动植物个体精细调控、传感与控制、自主协同作业等方面的智能化设计，实现重大科学突破，抢占现代农业科技发展制高点，为保障国家粮食安全、食品安全和生态安全，提升我国农业产业国际竞争力，实现农业农村现代化奠定坚实基础。

2. 智能农业装备技术研发

加快农机装备数字化改造，支持在大中型农机加装导航定位、作业监测、自动驾驶等终端，发展耕整地、播种、施肥、灌溉、植保、收获、初加工等环节的农机精准作业，开展主要作物无人化农场作业试点。积极发展"互联网＋农机作业"，推广农机作业服务供需对接、作业监测、维修诊断、远程调度等信息化服务，促进农机共享共用，提升农机服务效率。加快农机作业大数据应用，完善农机化管理服务平台，提升农机鉴定、农机监理、农机购置补贴、农机作业补助核定等管理服务工作信息化水平。

3. 农业装备智能化集成应用

目前我国现有耕作制度、气候环境、农区生产特性与农业装备技术的应用已经饱和，未来可以从陵山区作业、养殖机械化以及农业废弃物综合回收利用等核心装备技术着手，提升农业综合生产能力和水平。

第三节　数智农业与乡村振兴

党的十九大报告正式提出了乡村振兴战略，乡村振兴战略作为推进我国农业现代化建设的重大社会政策，在我国全面建设社会主义现代化国家征程中发挥了重要的战略作用。习近平总书记在报告中明确指出，农业农村农民问题是关系国计民生的根本性问题，必须始终把解决好"三农"问题作为全党工作重中之重。要坚持农业农村优先发展，按照产业兴旺、生态宜居、乡风文明、治理有效、生活富裕的总要求，建立健全城乡融合发展体制机制和政策体系，加快推进农业农村现代化。

同时，在物联网、大数据、人工智能、5G 等信息技术的快速应用的背景下，催生出了经济社会各个领域的"数字蝶变"，数字技术正快速在各领域渗透开来，全球正在进行着一场数字化的转型，新形态数字经济将会是助推全球经济发展的重要趋势导向，我国也高度重视推进数字经济的发展，其中我国农业现代化建设同样也离不开数字技术。

近年来，国家陆续出台了一系列涉及数字农业的国家政策文件，包括《数字乡村发展战略纲要》《数字农业农村发展规划（2019～2025）》等，在文件中第一次提出了关于"数字农业"的概念，核心内容是通过加速推进传统农业向数字农业转型的方式来助推农业现代化的发展。同时，发展智慧农业是数字乡村建设的重要内容，更是破解我国"三农"问题、构筑现代农业国际竞争新优势的迫切需要。因此，将加快推进数字农业与智慧农业相融合作为内核发展动力，赋能乡村振兴发展，为我国特色农业现代化建设和推动我国社会经济高质量发展发挥强劲的助力作用，具有重要意义。

一、发展数智农业是助推乡村振兴战略的重要途径

党的十九大明确提出实施乡村振兴战略，推动我国农业现代化发展迈向新台阶。要遵循以农业农村优先级发展的基本准则，根据乡村产业兴旺、生态宜居、乡风文明、治理有效、生活富裕的总要求，共同做好乡村产业、人才、生态等方面的建设工作，打牢农业农村现代化建设工程的"基本盘"。加快发展数智农业，将进一步释放乡村振兴新动能，推动实现农业更强、农村更美、农民更富。

（一）以信息化驱动数智改造推进乡村全面振兴

通过运用信息化引领驱动"产业兴旺、生态宜居、乡风文明、治理有效、生活富裕"，切实运用信息化手段改造数字乡村，巩固拓展脱贫攻坚成果，用信息技术为媒介联通农业、农村和农民，促进生产、生

活、生态、生命的协调发展，全方位地支撑产业振兴、人才振兴、文化振兴、生态振兴和组织振兴，为农业全面升级、农村全面进步、农民全面发展提供新能势，坚持乡村振兴和新型城镇化双轮驱动，实施数字乡村建设推进城乡要素的流动，提升乡村发展整体水平，缩小城乡在基本公共服务和收入水平上的差距，把乡村建设成为与城市共生共荣、各美其美的美好家园，实现乡村全面振兴。

（二）以数智化推进乡村产业多元融合发展格局

推动乡村产业振兴是加快实施乡村振兴战略的关键助推剂，做好乡村产业振兴就需要乡村多元产业融合发展，包括一二三产业协同发展，完善建设农业农村现代化产业体系。发展数智农业是贯彻实施乡村振兴战略，全面建设农业现代化的重要抓手。推动数智农业不仅可以促进农业农村现代化水平的加速度提升，为乡村振兴战略的落地提供强有力的支持，而且更加有助于数字化、信息化、智能化等技术渗透和覆盖到农村农业发展的全方位、全过程，更加有利于数字乡村体系的建设。通过互联网、物联网、人工智能等信息技术，在农业大数据资源整合共享和智能赋能作用下，打破农业发展现代化过程中劳动力对其的限制困境，为培育新时代职业农民，提升农民的多元生产能力与素养，加强乡村现代化治理能力体系建设，推动实施乡村振兴战略发挥重要作用。

（三）以数据链带动产业链支撑农业高质量发展

通过发展数智农业，打造数据链，以此带动、提升和延长农业的产业链、供应链和价值链，能够加快传统农业的转型升级和提质增效，支撑农业高质量发展。同时可以充分发挥大数据在优化投入要素结构、农产品产销对接、预防自然灾害、种质资源管理等方面发挥独特作用。通过建设多维度的农业农村大数据综合平台，加快建设具备可视化辅助决策、基础数据综合分析、监测预警、专项应用、指挥调度、互联网＋乡村振兴等功能的综合性平台，对农业、畜牧业、林果业等行业全方位数据进行采集、清洗和分析，形成种植业、畜牧业、林果业、农副产品市场等数据分中心，实现大数据建设提升区域农业的创新能力和水平。

二、发展数智农业是推动农业现代化的必然选择

根据我国农业发展现状，我国的基本农情还是以小农经济为主，家庭联产承包责任制在较长时期内仍然是主要的农业生产模式。以家庭为个体生产单位的农业生产经营方式，虽然能够很好地适应分散式的小规模经营，对农业劳动生产率和农村经济水平的提高发挥不可忽视的推动作用，但是存在难以快速形成大规模化和产量化等问题，相较现代化农业来说，传统农业的确存在一定的差距。应大力发展数智农业，将互联网、大数据、5G、人工智能等科学信息技术融入农业生产全过程中，实现农业精准化生产，有效降低农业生产风险和成本，提高农业生产效率。

（一）以生态化数智化推动农业进入信息化时代

数智农业是将现代科学技术与农业种植相结合，从而实现全产业链无人化、数字化、自动化、智能化管理，是全球农业生产的高级阶段，数智农业是我国农业现代化发展的必然趋势。与此同时，互联网等信息技术在农业生产中的运用已经标志着农业生产进入了农业生产信息化时代，借助"互联网＋"的模式衍生出具有生态化、数字化、智能化特征的旅游、电子商务、文旅休闲等方向的农业模式，在促进农业规模化生产的同时，也有效拓展了农业市场营销渠道，增加了农民多元经济创收能力，帮助实现了小农生产经营方式向现代化农业发展的优化路径。

（二）以绿色高效为我国粮食安全提供技术支撑

从粮食安全来看，数智农业开辟了一条特色的低劳低投高产之路，如今"靠天吃饭"的种植模式已经不再符合现代农业发展的实际需要，面对日益激烈的土地、水和其他自然资源的竞争和开发，就迫切需要一

种新型的农业模式来减少粮食系统对环境的依赖，数智农业的出现将以更低的人力成本、更低的中间投入、更好的农业技术、更高的粮食产量，把"藏粮于地、藏粮于技"落到实处。

（三）以农业科技创新助推我国实现农业强国梦

从农业强国来看，数智农业走出了一条新颖的科技智慧创新之路，要实现农业强国就必须突破"卡脖子"技术，提升农业领域的原始创新能力，并实现农业科技现代化。数智农业满足了农业现代化发展的条件，并带动传统农业转型，涉及农业电商、食品溯源、农业休闲旅游、农业信息服务等多个方面，从而保障农产品安全，农业竞争力提升和农业可持续发展，夯实建立农业强国的基础。

三、发展数智农业是增进农村民生福祉的关键举措

长期以来，我国农业快步发展的背后是以粗犷型的自然资源消耗、生态环境污染等作为发展代价，缺乏可持续发展性，当前以大幅资源消耗、污染自然环境为主要特征的粗犷型发展模式已经难以适应现代化农业发展的需求。故而，我国以可持续发展为核心发展理念，推动传统农业向数智农业转型，从而真正实现我国农业现代化的可持续发展。推动数智农业发展不仅在农业生产中帮助实现了农业智能化和精准化发展，提升农业生产的可控程度，也帮助传统农业生产转型朝着低能耗和生态环境友好型的方向前进。

（一）以数智基础设施建设带动乡村可持续发展

通过推进数智化乡村基础设施建设和网络安全防护工作，推进农产品质量安全追溯平台、农业综合信息服务平台和农经权登记数据库和农村土地承包经营权信息应用，升级农业有害生物远程防控指挥系统，建立覆盖全区的三级指挥系统，完善地州（市）级、县（市）级农作物

病虫疫情信息化系统监测站和乡级终端站建设，采用科学信息技术对农业生产赋能，在有效控制生产投入、降低生态环境污染的同时，也能够秉持生态环保发展理念，促使农业现代化发展向着可持续发展的方向迈进。通过，场景智能化、空间在线化和服务运营化的新型农村统计信息系统的建立，能够监测美丽乡村建设和农村环境整治等工作，以数智技术的高效实现乡村有效治理，引导外部资源向村集体经济延伸，提升农村自身发展能力。

（二）以数智赋能产业带领农户驶入致富快车道

发展数智农业体现了坚持以人民为中心的发展思想，顺应了广大农民对美好生活的向往。数智农业具备"政策配套、技术支持、农民参与"三个要素，能够有效强化农业基础地位、促进农民持续增收、促进农业可持续发展。通过农业综合服务平台、农情监测系统、农业生产精准管理决策系统、农业高效生产公共服务系统等，实现全天候、全过程、全空间的无人化作业，最大限度解放农业劳动力，引导剩余劳动力转移，促进农民增收。同时能够培养既懂农业农村又懂信息化的复合型人才，真正让农民变成具有信息和数据素养的新农民，让智能手机成为农民的"新农具"。

（三）以数智化机遇吸引资金人才推动共同富裕

发展数智农业是转变农业发展方式的现实需要，是培育"新农人"的良好契机，更是实现共同富裕的有效切入点。通过打造数智农业，将大数据、云计算、物联网、人工智能等前沿技术应用到农业生产中，优化农业产业结构，增加农民收入，带动地方经济多元化发展和智能化进程，让农业成为有奔头的产业，让农村成为令人向往的地方，让农民成为有吸引力的职业。以"标准＋规模＋品牌"的经营模式大力推动设施农业发展提档升级；以提效率、增产量、减风险、降成本的科技优势广泛吸引社会资本、民间力量，以新农业新发展带来的新机遇留住高学历、高水平人才返乡就业；以看得见的实惠，摸得着的福利，逐步带动广大农民实现共同富裕。

本 章 小 结

近年来，党中央、国务院在建设数字中国、实施乡村振兴战略等重大战略部署中，把发展数字农业、智慧农业作为重要内容。2018 年 9 月，中共中央、国务院印发《乡村振兴战略规划（2018～2022 年)》，提出要"大力发展数字农业，实施智慧农业工程"。2019 年 5 月，中办、国办印发《数字乡村发展战略纲要》，作出"打造科技农业、智慧农业"的战略部署。2021 年 3 月，《中华人民共和国国民经济和社会发展第十四个五年规划和 2035 年远景目标纲要》明确指出，要"加快发展智慧农业，推进农业生产经营和管理服务数字化改造"。可见，大力发展数智农业，占领世界现代农业发展竞争的制高点，是重塑我国现代农业的重大战略举措，也是带动农业农村产业快速发展的重要抓手。

从当前看，数智农业是解决"三农"现实问题的重要方式。随着我国农业生产水平提升和农村改革工作的深化，各种风险和结构性矛盾也在积累聚集。比如，农业资源和生态环境约束日益趋紧，农业发展方式亟待转变；农产品供需结构性、时空性矛盾加大；农产品生产成本高、投入大，农业效益低而不稳。运用物联网、大数据、人工智能等新一代信息技术，可实现农业生产的精确管控，促进农业高质量发展，实现农业强、农村美、农民富。

从未来看，数智农业是解决今后农业可持续发展的有效途径。我国农村青壮年劳动力严重短缺，一些省份农业从业者平均年龄接近 60 岁，继续沿用传统生产方式，"谁来种地"的问题将会越来越突出。解决农业生产劳动强度大、农业生产效率低、农民收入较少的问题，需要用好信息技术这个新手段。通过机器自主操作、系统智能决策，把累人的农活交给机器干，把操心的事情交给系统完成，实现农产品产量更高、成本更低、质量更好，助推农业农村现代化。

由此可见，中国农业已经到了智慧化数字化发展阶段，面对百年未有之大变局，在这关键的时间节点，更需要大胆研究，勇于突破。通过数智赋能，实现中国农业弯道超车，属于中国的数智农业时代已经到来！

本章参考文献：

［1］冯耕中，孙炀炀. 供应链视角下新冠肺炎疫情对经济社会的影响［J］. 西安交通大学学报（社会科学版），2020，40（4）：42-49.

［2］冯昭奎. 科技革命发生了几次——学习习近平主席关于"新一轮科技革命"的论述［J］. 世界经济与政治，2017（2）：4-24+155-156.

［3］何传启. 世界农业现代化的发展趋势和基本经验［J］. 学习论坛，2013，29（5）：33-37.

［4］刘志澄. 新农村建设的首要任务是加快现代农业建设［J］. 农业经济问题，2007（2）：4-7+110.

［5］卢良恕. 面向21世纪的中国农业科技与现代农业建设［J］. 农业经济问题，2001（9）：2-8.

［6］吕小刚. 数字农业推动农业高质量发展的思路和对策［J］. 农业经济，2020（9）：15-16.

［7］谭秋成，张红. 我国数字农业发展的可行性、存在的问题及相关建议［J］. 经济研究参考，2022（2）：23-29.

［8］王刚. 乡村振兴背景下数字农业发展路径研究［J］. 南方农机，2021，52（24）：96-98.

［9］王俊东，曹谨玲．建国60年农业发展的回顾［J］．山西农业大学学报（社会科学版），2009，8（4）：431－434.

［10］王凌香，孙金福．世界现代农业发展趋势及我国后现代农业发展建议［J］．现代农业科技，2011（7）：369－370＋372.

［11］张晓山．改革开放四十年与农业农村经济发展——从"大包干"到城乡融合发展［J］．学习与探索，2018（12）：1－7＋205.

［12］赵春江．智慧农业的发展现状与未来展望［J］．华南农业大学学报，2021，42（6）：1－7.

［13］钟文晶，罗必良，谢琳．数字农业发展的国际经验及其启示［J］．改革，2021（5）：64－75.

［14］宗会来．以色列发展现代农业的经验［J］．世界农业，2016（11）：136－143.

第二章

解析数智农业新价值

第一节 数智农业的时代价值

当前，以 5G、工业互联网、人工智能、云计算、大数据等新一代信息技术研发和应用为核心内容的数字经济风起云涌，给全球经济和人们生活带来了全方位的影响。经济社会发展与技术范式变迁同步促进农业生产方式变革。农业生产已历经手工劳作时代、机械化时代和简单自动化时代，正在逐步进入以新一代信息技术为核心，以数据为主要驱动力，以数字化、网络化、智能化为特征的数智时代。

纵观全球，各国都将数智农业作为构筑农业现代化产业优势的发展方向，积极将数字科技与农业发展融合，推进农业产业的数字化转型。我国也在 2022 年中央"一号文件"《中共中央　国务院关于做好2022 年全面推进乡村振兴重点工作的意见》中提出，要"拓展农业农村大数据应用场景，推进智慧农业发展，促进信息技术与农机农艺融合应用"。

数智农业是乡村振兴的战略方向，也是建设农业强国的必由之路。提升新一代信息技术在农业领域的创新与应用水平，推动农业产业向数字化、网络化、智能化方向不断迈进，既是新时期保障粮食安全、实现农业强国的客观要求，也是创新农业发展方式、重塑农业竞争格局的应时之举。

一、数智农业保障粮食安全底线

粮食安全是"国之大者"。习近平总书记强调，保障粮食和重要农产品稳定安全供给始终是建设农业强国的头等大事。面对动荡的国际环境和复杂的气候变化，保障粮食安全、增强农业经济韧性尤为重要。目前我国粮食生产在消费端面临"人多地少"人均粮食不高、饲用粮严重不足的困境；生产端面临"地多人少"亩产收益少效率低、种粮劳动力短缺的窘境。数智技术与农业基学科有机结合和综合集成，有助于实现产前精准规划，配方播种施肥；产中生长监测，病虫害监测预警，精准追肥灌溉；产后自动化收割测产的全生产流程智能化。数智技术的运用不仅能降低粮食生产成本、提高农业资源利用率，而且能有效弥补务农人口老龄化、兼业化带来的农业生产损失和效率下降，推动农业增产增效，解决粮食生产现存困境，保障粮食安全。

数智农业提升粮食科技创新能力。通过采用数字化、网络化、智能化农业机械，如无人驾驶拖拉机、智能收割机等，以精准作业和实时监控等方式，显著提升作物产量和品质。粮食大数据有助于生产者更准确地预测作物生长情况和市场需求变化，制定更合理的种植计划和策略。数字化育种技术有助于培育出更适应环境变化、抗病虫害和高产优质的粮食作物品种。数字化还能促进农业知识的快速传播和农业技术的创新应用，加快新品种和新技术的推广。

数智农业促进环境可持续发展。数字化助推精准农业发展，精确管理水资源和肥料使用，从而提高土地产出率和资源利用效率。智能堆肥系统和生物发酵技术等，能促进农业废弃物的资源化利用。数字技术能支持实现农业生态系统的闭环管理和更加高效、集约和环保的绿色生产。土壤健康、水质和生物多样性的数字化监测，有助于更好地认识和保护生态系统，使粮食生产更加和谐地与自然环境共存。

数智农业推动粮食供应链转型。粮食种植、收获、运输和销售等全流程的数字化，有助于粮食供应链的精确追踪和数据管理。数字化质量安全追溯系统使农产品流通更加透明和高效，降低信息不对称和运作成本，增强供应链响应能力。数字化还能促进粮食供应链的协调与整合，推动供应链变革与重构，进而提升整个产业链的运行效率。

二、数智农业助推农业强国建设

强国必先强农，农强方能国强。新发展阶段全面开启农业强国建设新征程，必须扎实推进数字技术与"三农"发展深度融合，全面激活农业农村农民发展新动能。在数智化转型的时代浪潮中，用数字经济赋能现代农业，是下一阶段的发展重点，也是全面推进乡村振兴，加快农业强国发展的关键。数智农业是将信息作为农业生产要素，用现代信息技术对农业对象、环境和全过程进行可视化表达、数字化设计、信息化管理的现代农业。

数智农业推动农业强国的途径主要体现在三个方面：一是促进传统农业向现代农业转型。我国的传统农业是以小农经济为主，数智农业依托新型信息技术，可以全方位深入"耕、中、管、收"各个环节，便于农业信息交换和信息共享，从而能够改变以往的农业生产经营方式，加速向现代农业的转变。二是有助于产业结构优化升级。通过信息技术科学管理农业生产、储藏运输、流通交易等各个环节，为农业产业链提供一体化决策。三是提高农业生产效率。数智技术融入农业生产的各个环节中，可以实现农业精准化生产，降低农业生产风险和成本，也可以使农业生产过程更加节能和环保。

数智农业使信息技术与农业各个环节实现有效融合，对改造传统农业、转变农业生产方式具有重要意义，其可以推动农业生产高度专业化和规模化，构建完善的农业生产体系，并实现农业教育、科研和推广"三位一体"，有益于提升农业生产效率，实现农业现代化。数智农业以数智化技术赋能，将全面提高农业现代化水平和农村经济效率。通过数字经济与农村传统产业的深度融合，乡村产业的活力和实力不断提升。数智农业为乡村振兴插上腾飞的翅膀，让数智技术在乡村的广阔天地发挥更大的作用，让农民过上更加美好的幸福生活，越来越多的农民将在乡村的数字化发展中收获满满，农业强国建设必将取得新进展、数字中国建设必将迈上新台阶。

三、数智农业重塑农业竞争格局

习近平总书记指出，近年来，互联网、大数据、云计算、人工智能、区块链等技术加速创新，日益融入经济社会发展各领域全过程，各国竞相制定数字经济发展战略、出台鼓励政策，数字经济发展速度之快、辐射范围之广、影响程度之深前所未有，正在成为重组全球要素资源、重塑全球经济结构、改变全球竞争格局的关键力量。随着互联网、大数据、云计算、人工智能等数字技术的加速创新与应用，数字经济已成为推动我国经济社会高质量发展的关键力量。面对全球疫情冲击、要素资源重组、经济结构重塑、竞争格局改变，抢抓数字经济新机遇、培育数字经济新优势，是把握新一轮科技革命和产业革命的战略选择。数字经济是继"农业文明""工业文明"之后"信息社会文明"的重要表现形式。农业经济发展依托"数据＋算法＋算力"智能模式，释放信息价值，并通过连接、协同与计算实现物物相连，进入新的经济生产阶段。

数字基础助力农业发展动力变革。动力变革是通过数字化技术培育适应高质量发展的新动能，是三大变革中的基础，数字经济作为经济发展的重要增长极，离不开数字基础设施的支撑作用。在大数据、云计算、5G、人工智能和互联网等数字技术的广泛应用下，以数字技术为核心的数字基础设施逐步成为新一轮科技革命和产业革命的主要驱动力。数字基础设施建设不仅在短期内有助于对冲国际环境影响、稳定经济增长，在长期还能促进新旧动能转换、推动产业转型升级、催生新业态，为高质量发展动力变革创造条件。

数字技术助力农业发展效率变革。本质上来讲，经济高质量发展意味着用相同或更少的资源投入带来更多的产出，从而提高经济发展效率，实现经济发展效率变革。而实现效率变革，离不开技术等领域的持续创新。数字技术的快速发展，使农业拥抱数字技术，让数字化提高生产效率成为可能。

数字产业助力农业发展质量变革。数字产业为质量变革提供经济运行保障。质量变革强调的是发现解决以往经济增长过程中低效率的问题，为高质量发展奠定基础。数字产业化的最终目的就是将数字信息、数字技术转化为除资本、人力、土地以外的新生产要素，将数字技术与传统管理模式、制造模式相结合，催生新的、高效的管理手段、制造方法，促进新旧动能转换，形成新产业，最终实现经济高质量发展。我国传统农业产业发展规模已经接近饱和，依靠扩大发展规模提高生产效率十分困难，只有实现传统产业转型升级，提高生产效率，培育新动能，才是经济发展的有效途径。数字时代实现传统产业转型升级，需要信息技术与传统产业各个环节进行深度融合，提高数字化水平。

第二节　数智农业的现实意义

随着经济的快速发展，人们的收入增加，生活水平不断提高，消费者已经从满足基本生存的需求向高品质生活方式的需求转变，消费升级对粮食、肉类、蛋奶类制品消费数量和质量提出更高要求。根据联合国粮农组织的统计数据发现，发达国家的人均摄入食物热量远高于发展中国家，可以预计，当我国居民收入于2050年步入中等发达国家水平，对于粮食的需求量将大大增加。我国虽然土地辽阔，地大物博，但实际上从事农业生产的土地面积并不充裕，从我国的地貌构成来看，平原面积只有19%，盆地面积只有12%，大部分土地是不适合耕种的高原、山地和丘陵。中国需要用较少的土地生产较多的粮食，尤其是满足庞大的粮食消费需求，就必须进一步提升我国的农业生产效率。农业作为第一产业，是其他产业的基础，也是人类生存的根本。农业的发展历程以及生长特点决定了农业的"弱质性"。特别体现在生产方面，农业生产需要长时间的自然作用，自然生产以经济生产共同构成了农业的生产过程。由于对自然具有很强的依赖性，农业的生产时间和劳作时间不能在时空上相互填补，劳动时间少于农业自然生产的实践，从而导致劳动时间不连续的问题，一定程度上阻碍了农业分工以及专业化的发展，进而影响到农业生产效率。此外，农业生产受自然因素的影响很大，但是自然因素的不可控属性，使得农业生产具有不确定性，滞后了农业的发展。加之，我国耕地肥力普遍不足，农民自身文化水平相对较低，经营能力较差，对农药和化肥的使用不够科学，导致化肥和农药的投入普遍过量，这大大增加了粮食的生产成本，长期以来，我国农业增产主要依靠农药和化肥投入，同时，我国传统农业生产模式中施肥、浇灌、病虫害的防治等多数依靠农民的经验积累来完成，几乎是"靠天吃饭"，具有粗放性、不确定性的特点。但是数字化技术为改善农业的"弱质性"以及破解农业的周期性提供了可能。数智农业实现了计算机技术、互联网技术、物联网技术的有机融合，是传统农业的改革升级，大大提高了农业的生产效率，促进了农业生产方式以及结构的调整。

一、数智农业提高生产效率

在数字农业的带动下，多种先进的数字化农业技术设备，如：集成先进传感器、无线通信和网络、辅助决策支持与自动控制等高新技术，将应用到农业生产经营中，整合农业资源、勘察监测农业环境，选择最合适的土壤、温度、气候、水分条件，保证农作物始终处于良好的生长发育状态当中，同时可以对农作物的病虫害进行及时预防控制，对农作物的水肥条件进行精准细致管理，同时还可以动态模拟农作物的生产过程，科学调控农作物的各种生长环境因子，可极大地提高农业生产经营的效率。

（一）通过决策数字化，实现农业生产精准化

一是采集农业数据，根据相关数据作出生产决策，避免因主观和经验造成决策失误。数据采集包括农业自然资源与环境、生物资源、农业生产过程、田间管理、农业市场等方面。自然资源与环境数据主要有：土地类型、地形、地块面积、温度、PH、有机质、化学元素、利用现状等土地资源数据；实时水资源与地下水、水利工程、河流、水库、水土流失等水资源数据；风向、气温、干旱、洪涝、土壤墒情等气象资源数据。生物资源数据包括：水稻、小麦、玉米、大豆等粮食作物，以及蔬菜、花卉、草、树木等经济作物的品种、谱系、生长习性、种植栽培、病虫害防治数据；猪牛羊等牲畜，以及鸡鸭鹅等家禽生活习性、养

殖技术、病虫害防治技术数据；种子、农药、化肥、饲料等农业投入品的品种、特征、结构、适用范围等数据。生产过程数据是开展农业生产活动所产生的数据资源，包括种植过程和养殖过程数据。种植过程数据有：位置、地形、地势、面积等地块基础数据；种子、农药、化肥等生产资料和农膜、农机、温室大棚、灌溉设施等设施设备及采购信息等投入品数据；耕地、整地、播种、灌溉、除草、病虫害防治、作业标准、开始时间、完成时间等农业作业数据；农作物长势、营养、病虫害、种植面积等农情监测数据。养殖过程数据包括：投入品、圈舍环境、空气质量数据和疫情数据等。二是数据处理，生成虚拟农业生产。将采集的数据进行清洗、集成、归纳等处理，形成可用的决策和使用数据，实现从经验模式向虚拟农业生产模式转变，缓解传统农业生产中依靠个人经验决策所带来的生产波动性大、效率低、质量难掌控等问题。大数据系统对于农业生产全过程的精准判断分析，可以为生产者提供更合理的决策依据，实现按需生产，避免因经验决策造成大量供给过剩。同时，农业生产者能够利用数字化消费系统进行分析，从而根据市场需求动态调整生产过程，以满足消费者个性化、定制化需求。

（二）通过监管数字化，实现绿色生产

农业既是碳排放者又是吸收者。农业二氧化碳排放主要来自化肥、农药、农膜的使用和分解中所产生的温室气体，生产过程的面源污染造成的有机碳流失，以及石化燃料（柴油等）引起的碳排放。据 2020 年联合国粮农组织（FAO）的报告数据，全球年度碳排放量超过 30% 来自农业和林业。通过农业数字化监管，加强生产过程中的管理配置，可在不破坏土壤及农业生产环境前提下，提升土地、化肥、农药、燃料等资源利用效率，减少碳排放，实现产出最大化。从我国农业发展现状来看，数字化监管在农业生产过程中的作用越来越显著，在农业面源污染监测、农药与化肥使用量控制、农业生态补偿与农村生态资源发展规划等方面的应用明显加强，农业绿色化发展已成为普遍认可的未来农业发展之路。例如，2017 年四川省彭山县通过建立"数字化农业系统"，对蔬菜生产实现生态资源最优配置，农户因地制宜发展生态友好型种植模式，不仅大大提高了蔬菜种植有机化，还促进了蔬菜产业的差异化发展。2019 年，广东佛山市援助凉山州越西县种植矮化苹果，充分利用越西地理、气候、土壤等自然条件，实现数字化生产，提升农业生产过程的精细化水平，实现规范化生产：第一，产前规范化，针对苹果所需自然地理条件，选择适宜的地块，决定种植多少，并实时监测环境、长势等变化；第二，产中规范化，通过数据采集与处理，实现农业生产的模块化流程，通过数字化精细农业管理系统达到农业标准化生产；第三，全程规范化，将数据采集加工、处理嵌入农业生产过程，贯穿于农业生产的产前、产中和产后的各个环节，包括要素采购、生产及销售，从而实现整个过程的规范化、标准化，降低了生产成本，提高了劳动效率。

二、数智农业优化经营决策

农业生产具有季节性和周期性，而农产品的消费却有日常性和连续性，这种不对称使得生产者不能对价格做出及时反应，具有一定的滞后性，同时，农产品流转过程中价格和供求之间存在着时间差，农民不能及时对此作出反应也不能提前预见市场因素，导致农民处于弱势地位。而以物联网技术、5G、人工智能等为"技术拐棍"的数智农业，将现代信息技术与农业生产、经营、管理和服务全产业链的"生态融合"和"基因重组"，从生产、营销、销售等环节彻底升级传统的农业产业链，提高生产效率，优化经营决策，改变农业产业结构。使农业全产业链中的营销、物流、消费成为数智农业生产的可靠的信息支撑网络，引导农业生产信息化决策、高效化生产、差异化服务。基于精准的农业传感器进行监测，利用云计算、数据挖掘等技术进行多层次分析，并利用分析的指令与各种控制设备进行联动完成农业生产、管理。这种智能设备机械代替人的劳作，在解决农业劳动力日益短缺问题的同时实现了农业生产的规模化、标准化、集约化，提高了农业生产的抗风险能力，同时完善的农业科技和电子商务网络服务体系，使得农业相关人员足不出户就可以远程学习农业相关知识，获得各种农业科技以及农产品的供求信息；而农业生产专家可远程指导农业生产经营，极大地改变了传统的单纯依靠经验进行农业生产经营的模式，大大地改变了农业生产者和消费者对传统农业生产落后、科技含量低的观念，此外，在数智农业阶段，农业生产会越来越标准化、规模化，促使大规模农业生产组织的诞生，使得农业生产运营更加系统化、资源使用更加持续化。通过先进的物联网技术的切实应用，实现产前、产中、产后的全过程精准监控、科学管理、数字化服务，极大限度地提高了生产资料的利用效率，保证了农产品的高产、稳产、优质、生态和安全，同时产销信息相对接，极大缓解了信息不对称的情况。运用农业无人机、土壤检测系统、农业管理系统等智能设备中收集到的生产—采收全过程的海量数据进行智能化的分析，从而对农业生产的全过程进行检测并提出相关建议，更好地推进农业的生产与发展，从而优化经营决策。

（一）建立可视化监测系统，实现农业生产智能化

通过数据处理建立可视化的监测及管理系统，实现农业生产标准化、规范化。2019 年，攀枝花仁和区通过与四川农业科学院、四川农业大学等单位合作，在平地镇、总发镇建立了农业大数据虚拟系统，对两镇芒果、葡萄、有机蔬菜种植过程中的气温、水分、空气湿度等因素进行大数据分析和监测，农户的生产种植效率得到较大提高。农业生产数据要素的嵌入有效提高了农业生产智能化、自动化水平，避免传统经验农业带来的盲目性。通过数字化，使农业机器人能够快速识别和消除杂草，无人机农药喷洒能够降低农药使用量并实现无死角覆盖，粮食种植中的大数据采集、处理生成生产系统可以减量使用农药、化肥和节约水资源。农业生产过程数字化，既能够提升农业生产的智能化水平，又能够与传统生产要素相结合提升农业生产的集约化水平，降低不确定性带来的损失，提高产出水平。

（二）建立标准化作业系统，保障农产品品质稳定

传统农业生产由于信息不畅，不可避免地存在农业生产中的短视行为，种植、养殖过程带有一定随机性，农产品品质难以保证。实现数字化生产后，农户按照数字生产体系对农作物实施标准化和规范化的耕种、养殖、灌溉及病虫害防治。例如，将区块链技术应用到农业中，以各生产者、农业企业、流通企业、电商企业作为节点，收集从生产到流通全过程的农业数据，利用人工智能设备实现了农业生产数据与市场终端数据之间的无缝对接。以此引导农户看到农产品质量与销售量的关系，同时还建立农产品的质量追溯系统，倒逼农户全过程把控农产品质量。

（三）建立成本控制系统，降低农业生产成本

对于从事农业生产的农户而言，获得收益是其终极目标，因此，在销售价格不变的情况下，降低成本就成为不二选择。通过数据要素的嵌入可以快速了解市场供需两端的信息，提高供需对接效率，有效降低生产、交易成本。具体来讲：生产前，通过大数据分析市场需求，然后作出生产决策，避免盲目投入，从而降低农业产前投入风险；生产中，数据要素嵌入可以实现精准生产，减少生产资料耗费，并降低人力成本、管理成本等；生产后，通过大数据可缩减流通与消费的对接时间，更好地实现产销对接，减少交易及供需匹配成本。

（四）整合数据信息资源，降低农业生产成本

农业要面对自然和市场两方面风险，整合信息（包括生产、市场信息）是规避风险的重要方式。第一，预警自然灾害。建立数字化农业自然风险预警监测体系，及时发布自然风险，强化防灾减灾能力。农业全产业链大数据与气象大数据相结合，可以对气象灾害及时预警，为农业生产经营中及时预防、减灾、救灾和恢复生产提供更大帮助，构建合理高效的风险防范机制体系；通过物联网技术自动采集和传输农业生产中各种生物灾害信息，利用生物灾害模型的智能计算和分析，实现对生物灾害发生发展的实时分析和预测，从而实施精准防治干预措施，进一步落实"预防为主、综合防治"和"治未病"的动植物保护措施。例如，四川凉山州火灾预警网络体系通过对气候、环境等数据的分析和预测，使政府、农户可以提前对可能到来的自然灾害进行布控防范，降低灾害损失。第二，判断并规避市场风险。农户、农业企业可以通过大数据系统分析历史市场交易情况，准确预测未来市场需求，形成"先确定市场，再开展生产，以销定产"的生产经营模式，避免盲目性、随意性；此外，利用市场风险预警体系，降低因价格变动对农户、涉农企业利润造成的损失。近三年，新冠疫情给我国农业生产带来了不小影响，嵌入大数据系统，可以为农户购买农业生产资料和销售农产品提供途径，降低因疫情带来的损失。

三、数智农业提升品牌附加值

早在 2017 年 2 月，中央发布"一号文件"，提出农业供给侧结构性改革要强化科技创新驱动，拓展农业产业链价值链。同年 10 月，国务院办公厅又印发《关于积极推进供应链创新与应用的指导意见》，在重点任务中提出构建农业供应链体系，提高农业生产组织化和科学化水平，建立基于供应链的重要产品质量安全追溯机制。由于我国的农民整体的文化水平偏低，很少接触现代的生产技术和理念，科研机构产学脱节，多依靠传统的耕作方式，粗放经营，效率偏低，在高端农产品层面发展也有限，制约了农产品品牌的发展。特别是在农产品的流通过程中，由于产销之间信息不对称，大量利润由农户让渡给中间商，造成农企分润环节多、利润率低、损耗高、受市场波动影响大等问题，溢价空间巨大。经过数字化改造，政府建立起数字化产业分工链条，农户可以自产自销，去除中间商，并保证产地可靠性和安全性。做到从种植、采收、加工到流通的全程信息数据智能化采集，真正实现透明化的全程可视溯源，并且市场销售数据直接指导农产品分拣包装入库，除了减少分拣环节降低损耗风险外，供应链数据监控、口感预测等手段还可以进一步提升市场端消费体验。目前，很多国内的农产品都是无品牌、无标准、无质量的"三无"产品，而数智农业集土壤监测系统、农业监测系统、物联网、大数据、遥感系统、区块链技术等技术为一体，通过全链条、全过程的可追溯系统，在抵达消费端时，用户为产品感知埋单，打造生产端质量有保证、供应端产品可追溯、消费端客户可信任的联通机制，产品实现了品牌溢价，也对原产地品牌形成一定保护。

（一）智能机械助推规模生产

近些年，我国在农业改革方面进行了积极的探索，但农用机械的应用还处于初级阶段，且总体覆盖面不广。根据全国第三次农业普查得出的我国农用机械的使用情况，无人机农药的喷洒在消除病虫害方面起到了良好的效果，提高了农作物的产量；播种机和收割机等机械在我国农村已普遍使用，极大地节省了劳动力，有利于形成规模效益，提高农业生产效率。农业机械小面积土地耕作，使用成本比较高，其更适用于大规模生产。在规模化农业逐渐普及的背景下，农用机械的发展也应该越来越智能化。目前，在我国农村，遥感、地理信息系统、全球定位系统、计算机技术、通信与网络技术、自动化技术等高新技术还没有得到广泛应用，正处于实验探索阶段。数字化机械设计主要应用于汽车制造和航空航天等领域。农业机械设计发展缓慢，存在信息资源利用率低、重复设计多、缺乏核心技术、规模化程度低等问题。农业机械的生产，大部分仍以劳动耕作和农机辅助生产为主，即更多的生产还处于农业2.0阶段。

（二）智慧温室大棚满足多样化需求

我国现代农业的种植，越来越多地运用了智能温室大棚技术。温室控制系统可以实现对作物生长过程的全面智能控制，实现作物的最优生长，提高作物的产量和品质。基于物联网技术的智能温室，通过智能监控系统，将各种无线传感器网络、监控系统、互联网、智能温室管理系统等结合起来，形成监测数据，由农业专家获取、分析并提出建议，以实现对其的改进和提高。建立温室大棚的主要目的，是建立一个相对自然温度下的高温环境。利用温室大棚不仅能够吃到当季美味的食物，而且能种植反季果蔬来满足多种多样的需求。由于建造大棚的材质不同，大棚温度也不一样，因而种植的作物也是各种各样。农产品种类丰富，供给质量明显提高，满足了多层次、多样化的需求。

（三）促进产业融合发展

数字农业促进了农业与第二三产业之间的融合，提高了农产品溢价，增加了农村人口的就业机会，丰富了农业的社会文化功能。产业融合是指随着不同产业的产品业务、消费市场或价值链交叉整合，使得这些产业间的边界变得模糊的过程。随着数字技术对传统农业的重构，必然会加速文化、旅游等第三产业与农业的融合以及农产品加工制造等第二产业与农业的融合。第一，产业融合增加了农产品附加值，提高了产品的溢价能力。通过与健康服务产业融合，农业可以开发出数字化框架下的有机农业养生产品，满足老年群体和亚健康人群的养生需求，提高农产品价值。此外，休闲农业借助互联网推介得到了蓬勃发展，2019年农村地区共接待游客约32亿人次，实现营业收入8 500亿元。第二，产业融合提供了更多的就业机会，在吸纳了农村剩余劳动力的同时，还吸引了大批劳动力返乡创业。截至 2019 年，全国返乡入乡创新创业人员达 850 万人，带动就业约 4 000 万人，新农民群体得以不断壮大。第三，农业与第三产业的融合发展还赋予了农业新的功能——教育功能、社交功能和人性复原功能，消费者在体验过程中能更好地理解自然，满足社交需求，培养耐力和情操，获得身心的放松。

（四）满足定制化需求

数字农业推动了从"以产定销"到"以销定产"模式的转变，能更好地满足消费者个性化、定制化需求，提升农产品溢价。在一系列强农惠农富农政策的支持下，我国的农业产量逐年增加。但正如习近平总书记指出的，"事实证明，我国不是需求不足，或没有需求，而是需求变了，供给的产品却没有变，质量、服务跟不上"。传统农业主要采用批发市场模式，生产者到最终消费用户的供应链条较长，供需两端距离较远，难以实现沟通和交流。因此，即使消费者对于"健康食品"等个性化优质农产品的需求不断提升，也很难及时反馈到生产者那里，导致供给结构缺乏对需求变化的适应性和灵活性。而电子商务最擅长的就是供需匹配，能够使得农户的特性生产和消费者个性需求对接。例如，在阿里巴巴的"淘乡甜数字农业基地"，消费者可以通过"数字农场"App 反馈需求，实现按需求定制生产。借此，农业的数字化转型提升了农产品附加值，推动了农产品生产和经营主体的收入增长。此外，一些定制化农业文创产品的出现，如特色茶叶及其衍生品等，也进一步提升了农业活动的文化价值。

（五）实现营销数字化

在当前农产品的实际销售中，由于产品的实际品质与物流、用户评价等相关信息的不对等，同时市场体系不完善、经营方式较为落后、经营销主体相对单一等诸多问题，无法有效保障农户利益。若引入数字营销，将会以数字技术作为发展的重要基础，确保营销模式在发展中能够激发其创新潜能，网络媒体、社区营销等诸多电子商务模式应用于农业产品销售中，能确保农产品销售高度契合线上消费者习惯，成为优质农产品销售的助推力量。通过应用数字技术，健全积累销售量、对用户评价等诸多数据，让消费者对当前农产品的综合品质有总体印象，对打造优质农产品品牌、使传统农产品及各类特色农产品获得分别性销售具有重要作用。消费者的直观印象和购买体验的提升，反过来助推提升网销农产品信任度。通过线上、线下市场进行更为多元化的销售，在打通农产品销路的同时，其市场价格大幅度提升，保证优质农产品质优价优。

（六）构建可追溯体系

依托物联网和区块链等数字技术，可以构建起农产品质量置信溯源系统，在提升产品品质的同时满足了消费者的安全需求。近年来，不规范的食物生产方式和远距离食品流通引致的食品安全问题层出不穷，引发了一定的公众焦虑和信任危机。而利用物联网技术，可以构建起以"信息链—证据链—信任链"为主线的农产品质量置信溯源体系，快速实现农产品溯源查询、置信求证、信任融合等置信分析过程，进行高效的农产品质量管理。通过加入农产品质量置信溯源体系，农业经营者可以满足消费者日益提升的产品质量和安全需求，提升产品附加值。例如，九江凯瑞生态农业开发有限公司建成可追溯体系后，实现了虾蟹产品从原材料到消费者终端全生命周期重要数据的可信采集、分布式存储和共识防篡改，基地水产品价格提高10%，年销售收入增加100余万元。

第三节　数智农业与新质生产力

习近平总书记在2023年9月黑龙江考察期间首次提出"新质生产

力"概念，并于同年12月的中央经济工作会议上再次强调以科技创新推动产业革新，以前沿技术催生新产业、新模式、新动能，将发展新质生产力作为构建现代经济体系的战略基点。数智农业作为促进农业新质生产力发展的关键领域之一，其高质量发展将改变劳动者、劳动资料与劳动对象传统三要素，最终实现全要素生产率提升，对于促进农业强国建设具有重要意义。

一、数智农业促进新质生产力发展

新质生产力由掌握数字技术的"高素质"劳动者、数字化智能化后的"新介质"劳动资料和数字化智能化后的"新料质"劳动对象构成。农业的数智化转型作为新质生产力发展的重要推动力量，这一变革不仅极大地提升了劳动者的素质，推动了劳动资料形态的深刻变革，而且拓展了劳动对象的领域，为农业现代化和可持续发展注入了新的活力。具体而言，劳动者通过掌握新技术，提升了自身的数字素养，使得农业生产更加高效、精准；劳动资料从传统的农具向规模化、数字化的新型装备转变，大幅提升了作业效率和产量；劳动对象也从传统的动植物品种向更高产、更优质的品种跃升，同时数字技术的应用还催生了农村数字服务业的兴起，推动了农村一二三产业的深度融合。这些变革共同构筑了数智农业发展的新图景，为实现乡村振兴战略、发展农业新质生产力奠定了坚实基础。

（一）劳动者素质提升

劳动者是最能动的生产力要素，劳动者掌握了新技术，会产生更强大的新的生产力、创造更大的价值和更多的使用价值。随着新一代信息与通信技术与农业生产深度融合，农业生产不再局限于传统的种植和养殖方式，而对劳动者素质，尤其是数字素养提出更高要求。当前我国农民数字素养不高，导致农业发展依托数字技术的能力较弱。据中国社会科学院信息化研究中心 2021 年发布《乡村振兴战略背景下中国乡村数字素养调查分析报告》显示，我国农村居民素养得分为 35.1 分，城市居民得分为 43.6 分，而分职业类型来看，农民群体的素养得分仅为 18.6 分，远低于全体人群平均值 43.6 分，抑制了我国数智农业的发展。

数智农业作为发展农业新质生产力的重要内容之一，传统农业劳动力逐渐被掌握"新农具"的技能化劳动力所替代，面对掌握数字技术、智能设备使用、数据分析与决策能力的新农人需求，加之随数智农业发展而创造的农业数据分析、智能农机维护等新职业发展机会，将推动农村劳动者、基层干部、新型农业经营主体等劳动者素质进一步提升。

此外，数智农业的发展在一定程度上颠覆了过去传统农民的劳动形态，新一代信息技术的发展促进了农业生产技术和生产设备的革新，喷洒无人机、无人收割机等设备的运用代替了传统的劳动力，使农业由传统劳动密集型的"人"向技术密集型的"机"迈进。同时，农业的数智化进一步降低了信息获取的成本，拓宽了信息获得的渠道，农业劳动者更容易获得非农就业的信息，从而提高外出务工的概率。而电商等新产业、新业态的发展进一步促进了农民兼业化，在一定程度减少了农业劳动力的投入，这不仅深刻地改变了农民的生产方式和生活方式，更是有效地缓解了农村劳动力供需结构性矛盾。

（二）劳动资料形态变革

劳动资料尤其是劳动工具是社会生产力发展的重要标志。数智农业不再局限于传统的农具和简单的生物材料，其劳动资料形态发生了规模化、数字化的突破性变革，农业传感器、农业机器人、农业智能装备等技术实现了传统农业生产工具的转型升级。通过智能农机装备精准施肥、播种和喷药，以及智慧大棚、垂直植物工厂、养殖工厂等智慧农业基础设施，让农业生产管理变得更加智能化和自动化，大幅提升了作业效率和农作物产量。生物饲料、生物肥药、农业疫苗和可降解农膜等新农资逐渐取代传统农资，显著减少了环境污染，提高了农产品品质和市场竞争力。

数据要素是发展数智农业对劳动资料内容的重要变革。党的十九届四中全会发布《中共中央关于坚持和完善中国特色社会主义制度、推进国家治理体系和治理能力现代化若干重大问题的决定》，将"数据"列为继土地、劳动力、资本和技术后的第五大生产要素。在数智农业中，数据要素的使用在实现精准检测与管理、优化资源配置、改善生态环境等方面发挥了重要作用。具体而言，通过集成遥感、地理信息系统、全球定位系统等技术，实现对农作物、土壤从宏观到微观的实时监测，获取作物生长、发育状况、病虫害、水肥状况等数据资源，并利用生成动态空间信息系统，对农业生产中的现象、过程进行模拟，为农业生产提供精准的数据支持。此外，通过农业大数据的采集和分析，能够精准灌溉、精准施肥等，降低生产成本，实现对农业资源的合理利用，减少环境污染。

（三）劳动对象拓展深化

劳动对象是将劳动者的劳动加在其上的一切物质资料，农业劳动对象是人类农业劳动作用其上的物质对象，一般表现为农地、农业生产原材料、辅助材料等。数智农业通过数字技术的应用，农业劳动对象也随之发生变化，不仅不再局限于常规动植物品种，通过生物技术改良的种子、数字化管理，向高产优质耐逆动植物品种跃升。通过基因工程、智能装备改良农业自然属性，突破了土地等自然资源的有限性约束，拓展了农事活动的空间广域和技术边界，催生了新的劳动对象。一方面体现在，通过现代生物科技力量对传统农业生产和加工对象的改造，在丰产性、抗逆性上取得了显著成效，如基因编辑技术在水稻、玉米等主要粮食作物的应用成功培育出适应极端气候的新品种，从根本上提高了作物单位面积的产量，重构了农业发展的新动能。另一方面，数智技术的应用能够进一步克服土壤和环境限制，通过创新开发深远海养殖、森林食品、楼房养猪、现代寒旱特色农业等方式对劳动对象进行创新与丰富。

此外，数字技术与智慧农业相结合，通过大数据、区块链、互联网等数字技术的应用使得农村电子商务、农村数字物流、农村数字金融等农村数字服务业逐渐涌现和发展完善，并与农产品无人加工车间、智能化流水线操控等迅速对接，深化了农业劳动对象的领域，从而实现农村第一、二、三产的融合发展。

二、数智农业实现全要素生产率提升

新质生产力以全要素生产率大幅提升为核心标志。数智农业所具有的技术属性，是促进农业全要素生产率增长的关键。根据 Farrell 的研究，全要素生产率可以进一步分解为技术进步和技术效率变化，农业全要素生产率增长的理想模式是"双轮驱动"，即通过实现技术进步和改善技术效率共同促进农业全要素生产率的提升。数智农业将通过作用于技术进步和技术效率对农业全要素生产率产生影响。

（一）数智农业促进农业技术进步

数智农业本身所具有的技术属性将通过影响农业技术进步进而影响农业全要素生产率，具体主要表现在技术渗透、技术创新和技术扩散三个方面：

加强技术渗透与融合应用。农业技术进步表现为机械技术进步和生物化学技术进步。新一代信息技术是数智农业的显著属性，大数据、物联网、云计算、空间信息、卫星遥感、移动互联网等信息技术与农业生产深度融合应用，加速新技术在农业中的渗透，促进农业机械技术和生物化学技术进步。一方面，数字经济改造了传统的生产工具促使机械技术进步。有别于传统农业的机械化生产，数据成为现代生产体系的新生产要素，传统农业借助数字化技术可以实时获取生产环节的数据，实现农业的数字化、智慧化生产，促进农业的精准管理。例如，将遥感影像AI算法等信息技术应用在农业生产中，可以实现在整个生产过程中对农作物、土壤等的实时监测，并能定期获得农作物生长状况、水肥情况、病虫害风险等相关信息，进行机械化智能耕作与自动化农田灌溉及农药喷洒，甚至可以模拟农业生产中的现象与过程。另一方面，数智农业融合创新生产技术，在数字技术的渗透下，农业生产技术可以与生态学、土壤学、地理学等学科的知识技术有机地结合起来，进一步在农业产业内催生出一系列先进的农业信息技术和农业生产技术，推动农业生物化学技术进步。各领域先进技术的有效融合，有利于改造传统农业，推动农业生产方式向高效低耗型的现代农业转型，提高农业全要素生产率。

推进技术创新与成果转化。数字经济的发展和信息技术的广泛应用促进了创新技术的溢出，进而改变创新方向、提高创新能力、改善创新效率和优化创新生态。首先，数智农业改变了创新方向。根据诱致性技术变迁原理，资源禀赋情况与要素的投入的方式和结构会影响技术进步的方向，数字经济改变了传统农业的生产要素投入情况，促使农业生产由劳动密集型、资本密集型向信息密集型、知识密集型转变，从而提高全要素生产率。其次，数智农业提高了农业整体创新能力。数字化的发展提高了分散信息的处理效率，优化了技术创新的流程，从技术研发与农业生产组织内部来看，数字化建设有利于促进农业技术研发人员的专业化分工，优化管理层级，提高工作效率，增强其技术创新能力。再次，数智农业改善农业创新效率。相应知识的积累与信息的获取是技术创新的前提和基础，数字化建设有利于农业技术研发人员及时便捷地获取最新的知识与前沿信息，为其技术创新提供便利条件。同时，数字技术的网络化特征也为农业技术研发人员之间的交流探讨提供了便利，可在一定程度上加速技术创新。最后，数智农业优化农业创新生态。数字技术的运用会打破生产主体对农业生产的陈旧认知，数据的共享性将政府、科研机构、农民等主体紧密地联系在一起，促进技术创新及成果转化。譬如，政府可根据准确的农业信息制定更科学的规划与政策，加强农业知识的推广与科学技术的培训；科研机构可以更好地了解农业技术需求，其农业科技创新更有针对性，从而提高农业科技成果的转化率；此外，农业农村信息化建设缩短了各研发主体之间的物理距离，促进了技术信息的交流与共享，有利于科研机构加强研发合作，促进农业技术外溢，从而加快农业技术进步。

加快技术扩散与知识传播。数智农业革新传统的交流方式，拓展了知识和信息的传播渠道与范围，使得信息传播非常方便迅速，网络技术提高了技术扩散的速度和容量，拓宽了技术扩散的广度，使得农民在生产过程中获得技术提升，除此之外，数智农业的发展会促进农村信息网络基础设施的建设，有利于农业技术与知识的跨时空传播。具体来看，一方面，数智农业提高了技术扩散的速度。相较于传统的技术传播路径，数字经济时代信息化建设和数字化水平的提高扩大了作为公共品的知识与技术的外溢性，使得农民以更低的成本掌握更多的农业生产的方式方法，农民可以借助网络渠道方便快捷地学习并获取更多的农业生产技术，有利于从总体上提高农业生产的技术水平。另一方面，数智农业不仅突破了知识和技术传播的时空限制，加快了传播速度，同时也扩大了信息传递的容量。5G、云计算、大数据等新一代信息技术在知识的处理、存储、交换等方面具有明显优势，因此新技术可以通过文字、图片、影像、语音等形式将各种知识表达出来，进一步促进技术的扩散和吸收；除此之外，信息技术提高了处理信息的能力，促进信息资源的共享，拓宽了技术扩散的广度。对不同区域而言，数字经济打破空间限制，有利于提高农业技术落后地区的技术水平，带动其技术进步，从而提升整个技术扩散的广度。

(二) 数智农业改善农业技术效率

农业技术效率是在现有生产技术条件下，农业生产者投入一定的要素，其实际产出与可能的最大产出之间的比率，即其生产状态接近前沿边界的程度，反映了现有技术的发挥程度。数智农业通过影响农业技术效率进而影响农业全要素生产率，考虑到数智农业以及农业生产自身的特点，数智农业对农业技术效率的作用包括优化资源配置、创新商业模式和提升规模效率三方面。

一是优化资源配置。从农业生产的角度看，数智农业可以提高生产中的信息传递效率，降低生产信息的获取成本和难度，形成与总需求相匹配的投资与生产，提高生产的智能化水平，降低不必要的资源浪费与闲置。同时，数据作为特殊的要素可以渗透到农业生产经营的各环节，可以丰富各主体之间的沟通方式，提升农业组织间的分工水平和效率，扩大已有技术的影响范围，降低交易成本。尤其是以遥感技术为代表的农业空间信息技术在农业资源勘查、气象服务、种植作物估产等方面的应用，可以帮助规避农业风险和气象灾害，提高抵抗自然灾害的能力，促进资源的流动和整合，从而有利于提高农业生产要素的利用效率，提升农业技术效率。

二是创新商业模式。商业模式涉及生产者之间、生产者与消费者、生产者与渠道等之间的交易关系和连接方式，是供给方满足消费者需求的系统，这个系统包含企业生产运营的各种资源。数字技术的提高有利于突破供需双方沟通交流的时空限制，增强供需双边的互动性，促进商业模式的创新，进而提高农业技术效率。农业生产运营可以借助平台，通过线上业务、大数据以及云计算，来实现空间分散、时间错位之间的供求匹配，提高供需匹配的精度，同时可以为消费者提供大量个性突出的非标准化产品，使得个性化"私人定制"成为可能。商业模式的创新为现有农业技术的运用创造了更大的空间，使得在不改变传统农业生产要素的前提下，获得更多的产出，农业技术效率得到提升数智农业对全要素生产率的影响机制如图 2 - 1 所示。

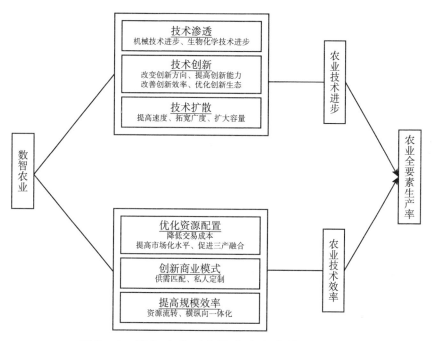

图 2 - 1 数智农业对全要素生产率的影响机制

资料来源：根据课题组整理。

三是提升规模效率。分散的农户家庭经营作为中国最普遍的经营形式，不利于土地流转和现代农业的发展，造成规模不经济。数字技术的发展为土地流转提供了有效的支撑。例如基于互联网技术打造专门用于土地流转的网络平台，通过 O2O 的模式，将信息技术渗透应用到土地流转的各个环节，有利于打破信息不对称的壁垒，突破区域的限制，促进土地资源的优化配置。农户通过土地流转调整其经营规模，使其生产接近最佳规模，通过提升规模效率，进而提高农业生产的技术效率。除此之外，数智农业的发展使信息传播更加便捷，供需双方的对接更加高效，组织管理更加趋于网络化，有利于促进农业经营规模的横向拓宽或纵向延伸。在横向或纵向的一体化过程中，信息的共享性与技术的外溢性不仅降低了农业组织内部的交易与管理成本，又增强了农业组织之间的协同作用，使得在既定要素投入的前提下获得更多的产出。因此，数智农业建设通过提高规模效率，进而提高农业技术效率，促进农业全要素生产率提升。

本 章 小 结

数智农业是传统农业产业转型升级的助推器，发展数智农业不仅是保障粮食安全的重要举措，更是实现乡村振兴和农业强国的必由之路。十九大以来，党和国家针对数字农业农村的建设与发展进行了一系列重大部署，并鼓励农业积极和数字经济相融合，全面实施数字乡村战略，推动现代农业快速发展。数智农业的全面推进，将有利于农业生产经营效率提高，促进农业新质生产力发展。

本章参考文献：

[1] 韩长根，张力. 互联网是否改善了中国的资源错配——基于动态空间杜宾模型与门槛模型的检验 [J]. 经济问题探索，2019，(12)：43-55.

[2] 陈挚，邱云桥. 数字农业助力乡村振兴的思考 [J]. 四川农业与农机，2019 (6)：6-8.

[3] 刘建翠. 中国的全要素生产率研究：回顾与展望 [J]. 技术经

济，2022.

[4] 马克思恩格斯全集：第47卷 [M].北京：人民出版社，2004.

[5] 马述忠，贺歌，郭继文.数字农业的福利效应——基于价值再创造与再分配视角的解构 [J].农业经济问题，2022（5）：10-26.

[6] 蒲清平，向往.新质生产力的内涵特征、内在逻辑和实现途径——推进中国式现代化的新动能 [J].新疆师范大学学报（哲学社会科学版），2024，45（1）：77-85.

[7] 史月兰.我国农业发展中的规模经济实现途径探讨 [J].理论与改革，2009.

[8] 速水佑次郎，弗农·拉坦.农业发展：国际前景：An international perspective [M].北京：商务印书馆，2014.

[9] 孙豹，田儒雅.中国数字农业发展现状与前景初探 [J].农业展望，2021，17（4）：62-67.

[10] 孙亚南，王胤.数智赋能乡村振兴的国际经验及启示 [J].新疆农垦经济，2022（6）：80-85.

[11] 万晓榆，罗焱卿.数字经济发展水平测度及其对全要素生产率的影响效应 [J].改革，2022（1）：101-118.

[12] 于敏.数字农业的战略意义及实践策略探析 [J].农家参谋，2020（16）：30+32.

[13] 张利庠，崔瀚予.畅通源头活水构建农业农村大数据发展新格局 [J].农业大数据学报，2023.

[14] Farrell M J. The Measurement of Productive Efficiency [J].Journal of the Royal Statistical Society，1957，120（3）：253-290.

第三章

探究数智农业新理念

第一节 数智农业的内涵

一、数智农业基本概念

20世纪90年代，信息通信、遥感技术等高新技术的发展推动了农业生产诸多领域的技术革命。1997年，美国科学院、工程院两院院士正式提出数字农业（digital agriculture）。1998年，美国副总统阿尔·戈尔再次提出该概念，并把数字农业定义为数字地球与智能农机技术相结合产生的农业生产和管理技术。数字农业是指利用遥感、地理信息系统、全球定位系统、计算机技术、通信和网络技术、自动化技术等高新技术，通过与地理学、农学、生态学、植物生理学、土壤学等基础学科有机结合，进而对农业领域进行数字化设计、可视化表达和智能化控制，进而达到合理利用农业资源，降低生产成本，改善生态环境，提高农作物产品和质量的目的。数字农业强调对传统农业的信息化和数字化改造，其更多地关注生产领域。

随着物联网、大数据、人工智能、云计算等新一代信息与通信技术的快速发展，农业从数字时代逐步迈向数字化和智能化并行发展的数智时代。"数"是数字化，是指通过建立集数据采集、数字传输网络、数据分析处理、数控农业机械为一体的数字驱动型农业生产管理体系，进而实现农业生产、加工、流通等全过程的数字化、网络化和自动化。"智"是智能化，是指在计算机网络、大数据、物联网和人工智能等技术的支持下，通过对数据的智能分析，进而实现对农业全域、全流程的智能决策。数智农业是基于数字化和智能化的迭代升级，是指利用物联网、大数据、人工智能、云计算、区块链、数字孪生等新兴技术搭建各式各样的智能化应用，通过从供给端和销售端两方面对农业生产加工、经营管理、物流销售、消费服务等全产业链条、全业务流程、全应用场景的数据进行智能分析及决策，进而整合产业链、优化供应链、打通数据链、提升价值链，实现农业的无人化、智能化、自动化和精准化，进一步优化资源配置效率，达到产业发展降本、增效、提质的目的。

二、数智农业核心逻辑

数智农业是农业产业数字化智能化的具体形态。数智农业以新一代信息技术的研发应用为基础支撑，借助于硬件和软件的协同作用，构建集"感知、传输、计算、存储、应用"等为一体的"闭环"，进而实现产业全流程数字化、网络化、智能化的技术范式革新。随着"闭环"的不断迭代升级与完善，农业产业借助数字孪生技术逐渐向定制化生产迈进。

数智农业突出数字化和智能化，是基于数字农业基础的智慧化改造。因此数字化是农业转型数智化的基础。数字化强调将现实物理世界转化为信息数据，并将相关决策反馈到现实物理世界。数字化的主要表现形式与承载主体就是存储在各类电子计算机中的二进制数据。智能化是农业转型数智化的核心。智能化强调针对现实物理世界的变化做出智能化决策进而改变生产行为实现提质增效。智能化的主要表现形式是对信息的有效组织，其本质上就是对从现实物理世界获得的承载信息的数据进行采集、传输、分析与利用，并将智能分析后的行为决策反馈到现实物理世界中。在数据大量增长、数据来源和种类多样化、数据快速生成、数据质量有待提升、数据价值密度不高的时代背景下，解决好"数据从物理世界中来，到物理世界去"的问题是实现"智能"的关键。无论是一台智能农机，还是一间智能农场，或是一个智能猪场，实现信息实时获取，构建有效的数据流，消除不确定性，快速做出最优决策的重点都是打造一个完整的数据闭环。为实现数据闭环，从技术层面讲如图 3 - 1 所示，数智农业主要涉及物理层、平台层和数字层。

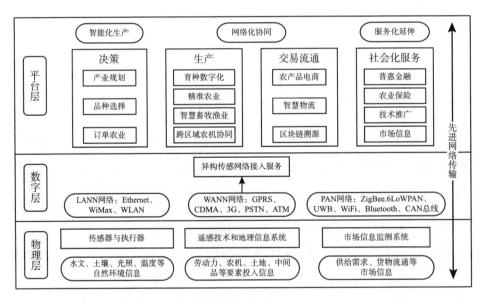

图 3 - 1　智慧农业

资料来源：课题组资料整理。

（一）物理层——精准全面感知

物理层由真实物理传感器、网关设备、智能装备和其他硬件基础设备构成，主要负责数据的采集、传输和生产执行。在农业领域，物理层主要负责感知生产领域中的现实行为，并将其转化为电子数据传输到平台层，在此基础上根据收集到的信息，帮助驱动其他设备实现各种智慧农业用例。物理层的设备主要分布在农业生产场地，设备包括自动农用机械设备、空中飞行的无人机、嵌入生物体中的传感器，以及安装用于在智能对象之间或与中央云之间提供通信的集线器等。

与传统的工业生产不同，农业比工业更复杂，受土地面积、土壤条件、地形地貌、环境气候等自然条件和生物状态、从业者技能等生物环境的影响，其所处的外部环境复杂多变，自身运行状态也会时刻改变，如果不能够及时、准确地掌握外部环境情况和内部运行状态，就难以提取出有效信息，减小不确定性。物理层作为闭环的起点，在生产领域，通过在线实时收集自然环境特征、生物身体特征等相关数据，进而帮助平台层的智能决策系统做出相关决策。例如，从田间土壤湿度传感设备收集的数据在经过平台层处理后，可以帮助确定农场所需的水量，优化灌溉计划并为最终农民提供便利的体验。在生猪养殖中，通过智能传感芯片，对猪舍的温度、湿度、光照、氨气、二氧化碳、氧化氢等环境指标进行实时监测，根据栋舍环控曲线、下发控制指令、准确控制风机、水帘等设备，为猪只营造健康舒适的生存环境，有效保障猪只安全。

（二）数字层——快速可靠传输

数字层主要进行数据群的采集、存储、分析和应用。数智农业要求闭环系统中各个部分相互连接、相互沟通、相互交流。数字层由互联网、广电网、网络管理系统和云计算平台等通信技术组成，作为整个闭环的中枢，主要负责传递和处理物理层获取的信息。类似于生物的神经系统，数字层是连接"闭环"各部分的纽带，其构建的通信网络为数据采集交互、分析处理和反馈执行联通提供可靠通道。数字层汇聚大量数据，皆在将产业底层的物理层通过数字化技术映射到虚拟空间，进而在数字端虚拟整个产业的生产过程。

5G 等新一代网络技术是系统内各部分互联互通和无缝集成的关键技术支撑。在数智农业中，借助于 5G、大数据等通信技术，数字层将现有的农业数据汇总传输到平台层以供智能决策参考。例如，在生猪养殖中，通过获取海量的养殖场养殖数据和交易数据可以统计一定时间内某区域的生猪存栏情况，进而帮助企业作出下一步生产决策。目前来看，数字层的运用主要涉及两方面：

（1）DaaS（Data as a Service，数据即服务），旨在将产业信息数据化和云化。DaaS 通过将数据资源集中化管理，并把数据场景化，对数据进行清洗和优化，实现数据的开放和共享，同时提供数据的应用端口，为农业企业自身和其他相关行业企业的数据共享提供了一种新的方式。在此基础上，随着数据量的增加将形成大数据服务。

（2）SaaS（Software as a Service，软件即服务），皆在通过数据建模等方式实现数据知识化赋能。SaaS 是一种通过网络提供软件的模式，有了 SaaS，所有的服务都托管在云上，无须对软件进行维护。一个完整的企业 Web 应用程序借助 SaaS 可以在云上提供一个敏捷、统一的企业协作平台，从而帮助企业减少费用，高效管理硬件、网络和内部 IT 部门。

（三）平台层——科学智能决策

平台层提供数据的存储、计算能力，由大数据、人工智能和云计算平台构成。平台层是整个数智闭环的核心。数智农业要实现基于数据闭环和反馈控制的智能行为，除了充分感知周围环境和自身状态以外，还需要对提取的信息进行分析和处理，为智能行为的实现提供决策依据。借助人工智能、数字孪生等技术的快速发展，平台层可以围绕数字闭环、业务闭环、产业闭环等开发多种应用及解决方案，辅助生产主体做出智能决策。在农业领域，平台层综合生物生长规律和其他影响因素对农业生产进行智能感知、智能分析和智能预警，进而为农业生产提供智能规划、智能作业、智能管理、智能经营、智能服务，最终实现对农业生产、经营、流通、销售和服务全过程的数字化、可视化、精准化和智能化。

搭建智能监控平台、数字技能培训平台、网络安全监测平台等。系统的智能行为最终体现为一系列动作及其产生的积极效果。执行是在数据采集、传输、分析的基础上发出指令，做出行为，产生效果。

三、数智农业关键技术

数智技术（digital technology）是第四次技术革命的产物和标志，它以电子计算机和互联网技术结合为基础，数智技术通过与农业领域的生产、加工、运输、销售、服务等环节融合来为农业数智化转型赋能，其中主要包含人工智能（artificial intelligence）、区块链（blockchain）、云计算（cloud computing）、大数据（big data）、物联网技术（internet of things），通称为 ABCDI。

（一）人工智能

人工智能指用计算机模拟或实现的智能，亦称人造智能或机器智能。作为计算机科学的一个重要分支，人工智能着眼于探索智能的实质，模拟智能行为，最终制造出能以与人类智能相似的方式做出反应的智能机器。人工智作为数智农业的重要组成部分，通过智能感知、智能分析、智能控制、智能规划、智能作业、智能管理、智慧经营、智能服务等智能化操作实现电脑代替人脑、机器代替人力，进而解放劳动提高生产效率。以人工智能为代表的智能化技术是数字技术发展至今的也是更高阶段的标志。结合大数据、云计算和物联网，人工智能使得作为劳动工具的机器系统越来越独立于作为劳动主体的人，纯粹依靠人的劳动来完成的个别过程越来越少。在农业领域，人工智能可以辅助生产者进行智慧化决策，进而实现智能种养、智能投喂、智能监控、智能采集等操作。

（二）区块链

区块链是一种由多方共同维护，使用密码学保证传输和访问安全，能够实现数据一直存储、难以篡改、防止抵赖的记账技术，也称为分布式账本技术（distributed ledger technology）。典型的区块链以"块—链"结构存储数据，其利用密码学技术和分布式共识协议保证网络传输与访问安全，实现数据多方维护、交叉验证、全网一致、不易篡改。作为一种在不可信的竞争环境中以低成本建立信任的新型计算范式和协作教式，区块链凭借其独有的信任建立机制，在农业领域中的品质管理和食品溯源、信用征集与金融服务、农业保险与制度创新等方面发挥着重要的作用。区块链技术的使用，可以帮助农产品有效溯源，进而优化供应链，提升农业生产过程的透明度和信任度，构建诚信产业环境，最终保障食品的质量与安全；除此之外，良好的信任机制也保障供应链金融和农业保险可以更好地解决农业现存的突出问题。区块链技术的出现极大提升了农业信息化水平，推动了数字经济和农村经济的深度融合。将其运用到食品安全的社会共治体系中，可以提高食品安全信息的透明度；运用到农业运营管理中，可以加快构建数字农业创新商业模式，有利于促进中国现代农业从机械化、电气化到数字化、智能化的跨越。

（三）云计算

云计算是网格计算、分布式并行计算、效用计算、网络存储、虚拟化、负载均衡等传统计算机技术和网络技术发展融合的产物，旨在通过网络把多个成本相对较低的计算实体整合成一个具有强大计算能力的系统，进而减少用户终端的处理负担并使其享受丰富的云端服务。云计算以其计算体系规模庞大、计算成本低廉、计算服务可以按需分配和伸缩拓展等显著特点，成为人类处理数据能力的又一次重大革命。随着云计算时代的来临，农业信息服务有了全新的思路。利用该技术，生产者通过网络可以方便地获取强大的计算能力，存储能力以及软硬件资源，进而帮助进行生产决策。

（四）大数据

大数据指其中蕴含巨大应用价值，但数据容量庞大、数据形式多样、非结构化特征明显、数据存储处理和挖掘异常困难的数据集。在新一代信息基础设施支撑下，由实体空间和自然空间构成的物理空间运动过程加速向数字空间映射，表现为规模巨大、种类多样、内在关联的数据群无限接近真实世界。数智农业是基于大数据的农业。农业大数据特指运用大数据理念、技术和方法，融合农业生产地域性、季节性、多样性、周期性等自身特征后产生的来源广泛、类型多样、结构复杂、具有潜在价值，并难以应用通常方法处理和分析的数据集合。农业具有涵盖区域广阔、涉及领域和内容宽泛、影响因素众多、数据采集复杂、决策管理困难等特点。农业的复杂性决定了农业数据的复杂性。农业大数据解决农业或涉农领域数据的采集、存储、计算与应用等一系列问题，是大数据理论和技术在农业上的应用和实践。

（五）物联网

物联网是指通过各种信息传感器、射频识别技术、全球定位系统、红外感应器、激光扫描器等各种装置与技术，实时采集任何需要监控、连接、互动的物体或过程，采集其声、光、热、电、力学、化学、生物、位置等各种需要的信息，通过各类可能的网络接入，实现物与物、物与人的泛在连接，实现对物品和过程的智能化感知、识别和管理。农业物联网是指通过农业信息感知设备，按照约定协议，把农业系统中动

101

植物生命体、环境要素、生产工具等物理部件和各种虚拟"物件"与互联网连接起来，进行信息交换和通信，以实现对农业对象和过程智能化识别、定位、跟踪、监控和管理的一种网络。随着传感器价格的持续下降和无线传输技术的不断进步，物联网相关技术、标准、应用、服务起步，大规模数据获取、表达、存储、传递、处理、递送越来越便捷，成本越来越低，因此物联网的有效利用呈现加速发展态势，世界万物均已可能连接到互联网上。农业物联网"人—机—物"一体化互联，可帮助人类以更加精细和动态的方式认知、管理和控制农业中各要素、各过程和各系统，极大提升人类对农业动植物生命本质的认知能力、农业复杂系统的调控能力和农业突发事件的处理能力。只有通过物联网技术把整个农业生产及经营管理等全过程数字化，才能依靠计算机技术进行处理、分析和管理决策，实现数智农业。

第二节　数智农业的外延

数智农业不是新一代信息技术在农业的简单应用，其具有更为丰富的内涵和外延。随着移动互联网、大数据、云计算、物联网、人工智能、机器人、智能装备等新一代信息技术彼此之间的相互融合，农业信息技术与金融、电商等业态的跨界融合，信息技术深度渗透到农业生产、经营、管理、服务等各个环节，并实现全区域的多个主生产单元的整合和优化，超越了时间和空间的限制，使产业实现更高效的业务流程，更完善的客户体验，更广阔的价值创造，改变原有的产业体系、商业模式、组织结构、管理模式、创新体系。数智农业更新农业现代化的新理念、新人才、新技术、新机制，形成新产业模式、新经济模式和新管理模式。

一、新产业模式

数智农业根据农业产业特点，通过若干相关技术的灵活组合，作用于农业生产的不同环节，建立有效的智能反馈。数智农业在传统农业生产的基础上，通过构建数据的采集、传输、存储、分析、应用和反馈的闭环，打通不同层级与不同行业间的数据壁垒，贯通农业的六个维度，打造适用全行业、全环节、全要素的应用，串联农业生产的产前、产中、产后，最终实现产业链整合、供应链优化、价值链提升。

（一）整合产业链

传统的农业产业链采取不同分工的农业经营主体闭环运营的模式，闭环内农业龙头企业为核心，众多中小微经营主体为基础，上下游经营主体间串联连接进行单线交易。冗长的产业链条造成产业链运行效率低下、资源整合困难。数智农业打通不同层级与不同行业间的数据壁垒，推动产业链各环节互联互通高效协同，打造出横向产业融合，纵向全链打通的新型产业形态，实现产业协同发展，达到产业模式的转型和升级。数智农业促进了农业产前、产中、产后各环节纵向一体，农业与二三产业贯通融合，资源要素全流程优化，农业经营主体密切分工、有机联结。

横向产业并联，促进一二三产融合。技术创新是产业融合的内在驱动力，农业数智化转型在引入数据这一新的生产要素的同时，推动了要素间的关联和重组，增强了多主体间的协同合作，催生了农业一二三产业融合，促进了农业与传统工业、服务业以及新兴的信息业、知识业和文化业的互动。除此之外，新技术手段推动了数字农业新业态和新功能的开发，促使农业与金融服务、休闲旅游、健康养老、文化传承等延伸产业融合。

纵向全链打通，实现扁平产业形态。农业数智化转型通过电子手段改善全产业链的过程，通过构建集采购、智能仓储、智能生产、数字营销、智慧 B2C 物流、供应链风险预测与防控以及数字化客户关系管理于一体的集成生态系统，从源头到目的地传送数据内容，实现从田头、工厂到餐桌的一体化。同时，产业链中的经营主体通过数字化的有机连接，实现由线下弱关联转换到线上强关联，推动上下游有机联动，促使垂直产业形态转变为扁平产业形态。

（二）优化供应链

农业数智化转型主要是基于数智化供应链的视角，通过对数据的采集、存储、传递、分析、管理和运用，从定制化订单、产品开发、智能化采购、智能化生产、智能物流及客户服务的全产业链实现数智化转型（如图 3 - 2 所示）。

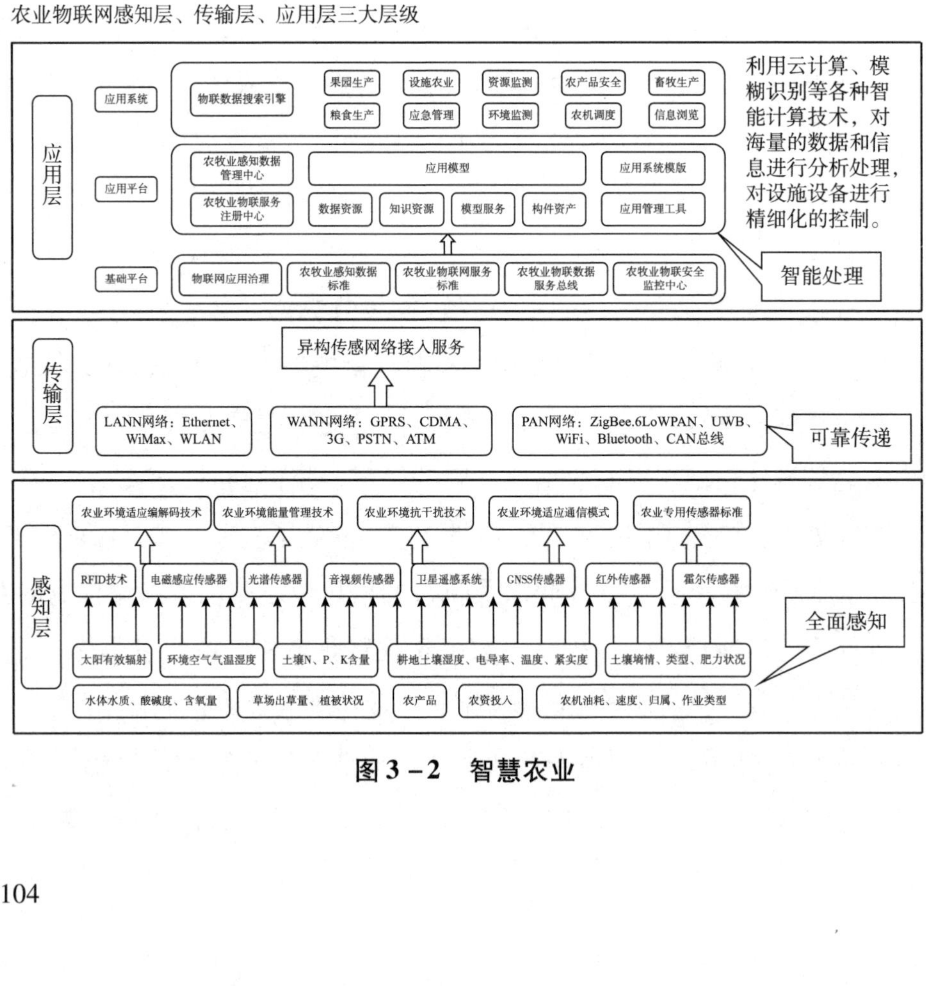

农业物联网感知层、传输层、应用层三大层级

图 3 - 2 智慧农业

数智化供应链：数智化转型促进农业生产管理数字化、信息透明化、决策灵活化，实现供应链端到端可视化管理，从而实现产业供应链即时设计和管理。

定制化订单：传统农业生产模式难以满足下游消费者个性化需求，实现产业数智化转型后，基于大数据分析，可以提前获取客户消费偏好、设计生产计划、优化生产制造流程、实现拉动式生产模式的转变。

产品开发：智能化技术基于数据分析预测，可以对市场需求进行准确判断，根据消费者的需求灵活地进行产品设计和开发，实现拉动式生产模式。

智能化采购：智能化采购根据订单进行采购，通过提高采购速度、效率与敏捷性，为决策者提供更全面的视角，从而降低风险、提高供应链运作效率。

智能化生产：在云计算、人工智能、物联网等信息技术的支持下，根据订单要求灵活调整生产控制系统，实现关键工序设备自动控制，各装备之间能够实现连续运转，在生产线内实现生产数据的采集监控和传递，具有自动识别、检测、传感等功能，能够实现物料上下料、传送和存储等工序的自动化生产，进而提高生产效率、提升生产灵活度。

智能物流：利用集成智能化技术，使物流系统能模仿人的智能，具有思维、感知、学习、推理判断和自行解决物流中某些问题的能力，促进物流系统快速运转，实现物流系统的智能化运转。

客户服务：数智化转型促使客户服务响应模式向体系化、专业化、智能化、多媒体化转变，利用新技术和手段，满足客户对于服务的多元化需求，提高服务应急响应速度，从而提升客户满意度（如图3－3所示）。

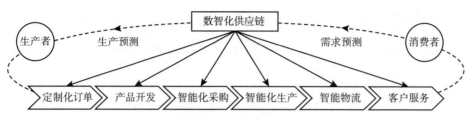

图3-3 数智化转型供应链

资料来源：课题组资料整理。

（三）提升价值链

农业产品普遍附加值低最主要因为"有品无牌"。数智技术为打造农产品品牌、提升产业价值链、提高产品溢价能力带来新的机遇。借助于数智技术，生产者可以紧跟市场需求，实施数智驱动的品牌战略，充分利用数字媒体，借助官方网站、公众号等线上网络销售平台，加速培育区域农产品公用品牌，带动企业品牌和产品品牌，加速农产品线上线下融合发展，实现营销渠道的拓展和模式的创新，不断推动区域整体农业产业链的发展。

数智化技术助力品牌打造。借助于数字技术的全程跟踪生产者将农业生产全过程展示给消费者，不仅可以提高消费者对农产品质量的信赖，还能打造和推广农产品品牌。除此之外，数智化的语言能实现同消费者的互动和交流，通过实时的品牌信息双向反馈，能够及时调整品牌定位和渠道宣发。同时，借助数字化、智能化技术，经营者还能准确获取品牌的市场竞争状态、消费者与品牌关系、品牌传播效果等信息。

数智化技术实现精准营销。相比于传统的营销模式，数智技术可将营销情况透明化、可视化。数智化技术可以通过物联网等技术采集用户行为信息、分析用户行为轨迹、对不同类型的消费者进行人群画像分类，快速识别出农产品的潜在用户，并进行广告的精准投递，还可筛选出忠实客户进行长期维护。

二、新经济模式

随着即时连接、高度智能、深度透明的数智化技术逐渐深入到各个产业链环节，农业生产经营主体的内部业务单元与外部合作伙伴开始无缝数字化连接，同时内部各个层级和各个业务模块也开始实现知情对等和信息对称。生产经营主体发展模式的改变驱动产业经济模式走向平台化、生态化。

（一）平台化

数智化转型促使农业生产经营主体由单一分离的闭环经营转向合作共享的综合协同。传统企业生产和交易方式的改变，使得企业的服务边界越来越模糊。在数字化发展的背景下，企业逐步由处于网络的某一个节点到开始搭建自身产业网络系统，形成群体性突破的创新网络。数字化转型会加剧企业间甚至跨行业的竞争，但同时创造了具有全新模式的产业链。传统线性产业链开始向网络集群化发展，整体网络规模呈现不断扩大的趋势。整合多方面资源的平台型组织便是典型的代表。

平台型组织作为一种既高度强调专业基础设施集成，又非常重视分散化和灵活化的小微型客户经营组织创新的创新型组织模式，它高度集成的专业基础设施推动平台企业创造新的产业高度。因此，平台型组织既能以极致专业化的程度满足客户的个性化和定制化需求，又能可持续地跟随市场和需求的变迁完成自身的升级进化。汇集了大量信息的云服务平台，将企业之间的合作由原来简单的线性链条变为可多方参与的网状模式。平台化的企业如同一个集聚了信息、知识的开源社区，吸纳更多企业加入合作网络，使得资源被充分利用，闲置资产被激活，创造出更多价值。数智化时代，平台作为协调和配置资源的基本经济组织，正逐渐取代企业成为价值创造和价值汇聚的核心。未来企业之间的竞争重心正从技术竞争、产品竞争、供应链竞争逐步演进为平台化的生态体系竞争。

（二）生态化

随着各个专业化平台的互联互通，生态化将成为平台的未来发展趋势，形成产业合作生态圈。在合作网络中，产业链上下游实现信息共享，输出智能化的管理方案。在以价值网络为导向的合作生态圈中，兼顾了客户、供应商和多方利益相关者，通过搭建合作平台，各方资源充分共享、互动融合、实现合作生态圈中各方的利益共同增值，有助于产业在技术变革迅速、商业环境不确定性极高、竞争加剧的背景下确立与维持竞争优势，提高整体的运营效率。

借助生态系统，产品供给模式得到创新，从单一的产品属性向多元化、场景化和链条化延伸，实现体验式的服务。专业化平台参与各方牵手合作，依托科技、聚焦场景、围绕用户打造新生态系统，实现从竞争到合作的转变。生态系统的兴起必然引起众多企业走向价值共生、价值共创。随着平台上参与者与使用者的数量不断增多，交易节点越来越多，生态系统内各要素、各环节和各流程的运营成本降低，规模效应逐渐显现。平台型组织在本质上是共建共赢的生态系统，通过整合产品和服务供给者，促成组织间的交易协作，共同创造价值。基于数据端的驱动、智能化的运营，供应端可以直接与消费者对接，实时了解供需变化，产销边界透明。

三、新管理模式

作为农业产业的主要经营主体，企业数智化发展的高级阶段，演变成为具有"数字神经系统"的智慧企业。企业在移动互联网、信息技术、云计算等技术发展的基础上，实现了管理的数智化。数智经济给组织架构、管理模式、管理方式都带来了深刻的变化。

（一）管理结构扁平化

数智化转型在一定程度上颠覆了传统垂直型的管理结构，大量数字信息的快速流动推进了管理运行效率的提升，形成由数据驱动的扁平化管理结构，多层级复杂的管理体系已不适用。信息技术发展水平日益提升，企业内部各环节数据的共享程度提升，为部门间的协同发展创造了条件。数据的实时流动需要企业具备能够实时互动、多方参与、快速响应的扁平化协同组织管理模式。数智化转型要求企业对外部环境具有灵活高效的反应，扁平化的管理结构可以通过缩短管理层级、提升管理智能化、扩大管理幅度来提高企业运行效率。

（二）管理模式自组织化

数智化转型使企业边界变得模糊，企业管理者无须关注所有的事务协调，转而开始重视为员工赋权，实行偏向自组织形态的管理模式。由于生产方式、价值创造模式发生了改变，企业的管理模式更加智能化、敏捷化、柔性化和服务化，组织分工更加明确合理。通过打造敏捷的自组织管理模式，企业建立快速反应、敏捷的组织架构，从而加速组织的决策及执行速度。

（三）管理方式数智化

数智化转型将优化产业管理方式。一方面，管理流程趋向数智化。企业基于数智化架构打通了部门数据的孤岛，实现管理流程端到端流程的数字化和智能化。同时管理协同软件、即时通信软件的广泛应用也提升了组织管理协作效率，进而降低管理沟通成本，提高组织产出。另一方面，管理决策趋向数智化。企业基于大数据、云计算、人工智能等技术可以帮助决策层更好地分析产业内外部市场环境变化，预测产业可能面临的问题与挑战，从而为组织制定更为科学的决策。

第三节 数智农业的特点

一、产业数字化——数据成为核心生产要素

传统农业和数智农业的区别在于：从"人"到"数据"的关键决策因素转换，传统农业具有粗放、过度依赖资源、封闭等特点，而数智农业具有集约、环境友好、开放等特点。传统农业主要包括养殖、种植等五大产业链，其中的环节有育种、灌溉、施肥、饲养、疾病防治、运输和销售等，均是以"人"为核心，过去主要是依靠积累的经验或手艺来决策和执行，这就导致整体生产环节效率低、波动性大、农作物或农产品质量无法控制等问题。而在数智农业时代，通过数字化设备比如田间摄像头、温度湿度监控、土壤监控、无人机航拍等，以实时"数据"为核心来帮助生产决策的管控和精准实施，并通过海量数据和人工智能对设备的预防性维护、智能物流、多样化风险管理手段进行数据和技术支持，进而大幅提升农业产业链运营效率并优化了资源配置效率。数智技术与农业的深度融合，有效激发数据的价值。数据作为一种数字经济赋能农业产业的核心生产要素，渗透农业经济运行全过程，通过连接人、机、物等要素进而实现对农业决策、生产、流通交易等全流程的跟踪式检测管理。数据驱动技术流、资金流、人才流、物资流，打造更为高端化、智能化、绿色化的农业产业。

二、产业多元化——多产融合成为核心发展逻辑

传统农业具有产业链条短、产品单一、附加值低以及农产品收入需求弹性小等缺陷，农业发展受到较大的限制。数智农业作为新一轮产业革命的核心，具有较强的产业融合能力。数智农业增强农业与第二、三产业之间的联动和协作，将劳动、资本、技术等各种资源要素进行跨行业配置，使农业生产、智慧农机制造、农产品加工、农产品电子商务、智慧休闲观光、健康养老等多功能、多产业融合在一起，改变传统农业单一的生产、销售和盈利模式，大大延伸了农业的产业链和价值链，不但有效提升了农产品的附加值和效益，也扩展了农业发展的新空间。

数智农业加强了农业与第二产业的融合，形成了以智慧农机制造、农产品精深加工为主体的一、二产业融合模式。数智技术的运用将传统农业与高端农机制造融合在一起，促进了农业与制造业的融合发展。利用数智技术可以高效进行农产品的分拣、分类，大大降低了农产品深加工的劳动成本。而用数智技术改造后的智能化加工设备，可大大提升农产品加工的精度和质量，从而促进农产品加工业的发展。农产品加工智能车间、农产品绿色智能供应链等新型结构体也都是人工智能促进农业与第二产业融合的生动写照。

数智技术还促进了农业与第三产业的深度融合，形成了以农业电子商务、智慧生态观光旅游、新型农业信息服务等为主体的一、三产业融合模式。新一代信息技术带来的数智农业不单要实现智慧生产，还要继续依赖人工智能实现智能化的销售与物流，并把这种新型的智能电商销售不断发展为主流的销售渠道。基于数智技术的供应链系统，既可以让顾客精准地选择自己偏好的食品，也可以向顾客提供有关食物来源的详细信息，从而追踪和监督食品安全。在农业信息服务方面，数智技术的

运用可大大缓解信息不对称导致的农产品供需失衡以及农业融资贵、融资难等传统棘手难题。

数智农业聚焦传统种植业、畜牧业、渔业、农机、农产品加工、休闲六大细分行业发展"三产"融合互动，通过把产业链、价值链等现代产业组织方式引入农业，更新农业现代化的新理念、新人才、新技术新机制，做大做强农业产业，形成很多新产业、新业态、新模式，培育新的经济增长点。数智技术在农业中的深度运用，为农业发展的"接二连三"提供了重要的载体。这不仅有利于形成种养加、产供销的产业一体化经营体系，还开发了农业的多维运用和多种功能，推动农业由单一生产型向生产、生活和生态型的多功能产业转变，并形成观光农业、体验农业、休闲农业等新业态，从而在整体上增强了农业的发展后劲、拓展了农业发展的价值空间。

三、生产无人化——数智技术解放重复劳动力

传统农业是一种典型的劳动密集型产业，高度依赖劳动力投入进行生产。数智技术运用到农业生产中，改变了传统的农业生产方式，能够极大地实现对农业劳动的替代，起到节约劳动、提升农业劳动生产效率的效应。其中随着人工智能、物联网等核心技术在农业中的运用深入，会持续减少劳动力使用，有效提升农业的劳动生产率，从而提升农业的产业竞争力。不断降低的劳动密度，逐渐把昔日劳动密集型的传统农业日益改造为依靠资本和技术的现代产业。

具体来看，人工智能能创造出一种新的"虚拟劳动力"，它能替代农民更高效地完成农业生产活动，这可以节约大量劳动力的使用。"智能自动化"是对人类劳动的外部强化，它的自动化操作会比单纯人力操作更加精准和有效。人工智能还能够以更大规模和更快速度复制人类劳

动，具备执行许多超出人类劳动能力的任务，出色完成更多更艰巨的农业活动。自动采摘机器人、农业病虫害监控系统、农产品等级分类系统、智能养殖监控系统等搭载人工智能技术的装备和系统，都可以取代人类采取不间断劳动、监测，基本实现了自动耕地、自动播种、自动灌溉、智能养殖以及农产品的自动收获、自动分级等农业活动的智能自动化，这大大减少了对农业劳动力的使用。人工智能与大数据的结合，还可为农事活动制定出科学合理的生产经营方案，克服传统农业生产的盲目性，从而减少劳动的投入与浪费。农业物联网将万物互联，使得各种农业要素可以被感知、被传输，进而实现智能处理与自动控制。运行在农业生产活动中的不再是传统的农具和机械，而是通过物联网技术连接起来的自动化设备。借助物联网，传感器、通信设施、嵌入式终端系统、智能控制系统等设备及应用通过信息物理系统形成一个智能网络系统，实现对种养环境信息的全面感知，生物行为的实时监测，农业装备工作状态的实施监控，现场作业的自动化操作以及可追溯的农产品质量管理，使得农业装备、农业机械、农作物、农民与消费者之间实现互联。

四、精准智能化——农业高质量发展新模式

数智农业重要特征之一就是实现农业全链条、全过程、全产业全区域泛在的智能化。农业全链条全过程的智能化是指农业产前生产资料优化调度、使用，产中各种农业资源和农业生产过程的配置和优化，产后农产品的加工、包装、运输、存储、物流、交易的成本优化，最终实现全链条的整体智能化，即成本最低、效率最高、生态环境破坏最少。全产业的智能化是指与农业生产相关的各产业达到人员、技术、装备、资金、体系、结构实现最优配置，确保产业的竞争力。全区域的智能化是

指在单个企业、单个种植或养殖单元实现自动化和智能化的基础上，如何实现整个区域的资源最佳配置、生产过程的最优化以及成本的最优控制，通常区域智能化与整体的智能化是建立在单元智能化基础上，通过链条和产业的智能化，逐步实现大区域或整体的智能化。具体来看，农业的智能化表现在生产、经营、管理、服务四个维度。

（1）生产智能化主要是利用物联网技术提高现代农业生产设施装备的数字化、智能化水平，发展精准农业和智能农业。通过互联网，全面感知、可靠传输、先进处理和智能控制等技术的优势可以在农业中得到充分的发挥，能够实现农业生产过程中的全程控制，解决种植业和养殖业各方面的问题。基于互联网技术的大田种植向精确、集约、可持续转变，基于互联网技术的设施农业向优质、自动、高效生产转变，基于互联网技术的畜禽水产养殖向科学化管理、智能化控制转变，最终可达到合理使用农业资源、提高农业投入品利用率、改善生态环境、提高农产品产量和品质的目的。

（2）经营智能化主要是利用电子商务提高农业经营的网络化水平，为从事涉农领域的生产经营主体提供在互联网上完成产品或服务的销售、购买和电子支付等业务。通过现代互联网实现农产品流通扁平化、交易公平化、信息透明化建立最快速度、最短距离、最少环节、最低费用的农产品流通网络。

（3）管理智能化主要是利用云计算和大数据等现代信息技术，使农业管理高效和透明。从农民需要、政府关心、发展急需的问题入手，互联网和农业管理的有效结合，有助于推动农业资源管理，丰富农业信息资源内容；有助于推动种植业、畜牧业、农机农垦等各行业领域的生产调度；有助于推进农产品质量安全信用体系建设；有助于加强农业应急指挥，推进农业管理现代化，提高农业主管部门在生产决策、优化资源配置、指挥调度、上下协同、信息反馈等方面的水平和行政效能。

114

（4）服务智能化主要是利用移动互联网、云计算和大数据技术提高农业服务的灵活便捷，解决农村信息服务"最后一公里"问题，让农民便捷地享受到需要的各种生产生活信息服务。互联网是为广大农户提供实时互动的扁平化信息服务的主要载体，互联网的介入使得传统的农业服务模式由公益服务为主向市场化、多元化服务转变。互联网时代的新农民不仅可以利用互联网获取先进的技术信息，也可以通过大数据掌握最新的农产品地理分布、价格走势，从而结合自己资源情况自主决策农业生产重点。

五、高效灵活化——快速敏捷成为产业运行新常态

数智农业是继传统农业、机械化农业、信息化（自动化）农业之后更高阶段的现代农业形态。与之前的农业形态相比，一方面，数智技术作用于生产端与各环节高度匹配。数智技术根据农业产业特点，通过若干相关技术的灵活组合，作用于农业生产的不同环节，将数智技术与动植物本身的性状进行融合，建立有效的智能反馈。例如通过各种成熟稳定的无线传感技术，实时采集农业生产现场的光照、温湿度、二氧化碳浓度等参数以及农作物生长状况等信息，并将采集到的数据汇总整合通过智能系统进行定时、定量、定位处理，及时精确地遥控相关农业设施设备自动开启或关闭，实现智能化的无人农业生产。另一方面，数智技术贯通农业全产业链，串联起了农业生产的产前、产中、产后。数智农业将已经各自独立实现数智化的生产经营单位彼此联结，使一个单元的智能化扩展为多个单元相互联系的智能化，最终形成一个整体的网，实现全行业、全环节、全要素的联动。例如生猪养殖企业可以根据消费端的市场需求动态调整生猪的出栏数量，并且通过联动上游饲料企业，智能调配饲料成分，延缓或加速生猪生长。除此之外，数智技术在农业全

环节的运用，能让农业生产者更快感知市场需求，及时调整生产计划、优化产品供给结构，确保生产不滞销，实现生产与需求更高水准的匹配。借助于数智技术，农业领域所有经营主体乃至产业各个环节都在数智化转型中实现协同合作和快速反应，企业与企业、行业与行业之间形成互联互通的开放产业生态，加速了产业和企业运行效率，提高了产业韧性和灵活度。

六、产销一体化——消费者需求成为产业发展新动力

农业的数智化转型驱动商业模式的智能化变革，传统产品驱动的商业模式被颠覆，生产端企业直接触及消费端用户，消费者需求或体验成为驱动行业生产的新动力。企业通过农业的全链路数字化转型升级，形成了产—供—销紧密结合的中台体系，以数字化基地、供应链和分销平台产生的聚合能力，打通生产端、供应端和消费端，既解决了生产分散性、非标准性问题，又解决了供应链过长、利润少，以及消费不可追溯、品质无法保证等难题。借助云计算技术、大数据技术等数智技术，生产者能够对消费者的行为进行目标分析，从而结合数据信息实现对市场需求的精准预测，还可以对农产品品牌的消费群体以及实际消费需求等有全面和精准的了解，进而从大食物观、大健康观的层面满足消费者的个性化、定制化需求，让生产与消费精准对接。

除此之外，数字技术的智能化服务使得企业能够明确自身的品牌定位和未来发展方向，同时还可以为自身未来形成更强的品牌效应打下基础。数智技术打通了生产者和消费者的互动渠道，一方面，生产者可以借助数智技术展示农业生产的全过程，让消费者对农产品的高品质、高质量供给更为认同从而提升农产品品牌的价值；另一方面，消费者可以通过移动应用反馈需求，实现按需求定制生产，进一步提高消费者的满

意度和对品牌的认可度。企业从生产端到消费端的延伸促使农业由过去的产品经营，转为注重品牌经营。

本 章 小 结

数智农业以新一代信息技术的研发应用为基础支撑，借助于硬件和软件的协同作用，构建集"感知、传输、计算、存储、应用"等为一体的"闭环"，进而实现产业全流程数字化、网络化、智能化的技术范式革新。

数智农业使产业实现更高效的业务流程，更完善的客户体验，更广阔的价值创造，改变原有的产业体系、商业模式、组织结构、管理模式、创新体系，更新农业现代化的新理念、新人才、新技术、新机制，形成新产业模式、新经济模式和新管理模式，提升农业新质生产力。

数智农业实现农业由人工走向数字，由数字走向智慧，实现精细化，节约资源、保障产品安全；实现高效化，提高农业效率，提升农业竞争力；实现品牌化，促进产销良性互动，推动农业高质量发展。

本章参考文献：

[1] 葛文杰，赵春江．农业物联网研究与应用现状及发展对策研究 [J]．农业机械学报，2014，45（7）：222－230＋277.

[2] 汝刚，刘慧，沈桂龙．用人工智能改造中国农业：理论阐释与制度创新 [J]．经济学家，2020（4）：110－118.

[3] 孙忠富，杜克明，郑飞翔，尹首一．大数据在智慧农业中研究与应用展望 [J]．中国农业科技导报，2013，15（6）：63－71.

[4] 唐世浩，朱启疆，闫广建，周晓东，吴门新．关于数字农业

的基本构想［J］. 农业现代化研究，2002（3）：183 – 187.

［5］赵春江. 人工智能引领农业迈入崭新时代［J］. 中国农村科技，2018（1）：29 – 31.

［6］中国科学院科技战略咨询研究院课题组. 产业数字化转型之路：战略与实践［M］. 北京：机械工业出版社，2020.

［7］中国信息通信研究院. 区块链白皮书 2019［R］. 2019.

［8］中国信息通信研究院，中国人民大学. 中国智慧农业发展研究报告［R］. 北京：中国信息通信研究院，中国人民大学，2021.

第四章

开辟数智农业新路径

第一节　技术协同集成的农业生产数智化

农业是利用自然并依靠生物有机体的生长发育来获得产品的部门，其生产过程高度依赖对生产资源的调配与对气候环境的把握。农业生产数智化是现代信息技术加快发展的必然产物，也是实现农业农村现代化这一乡村振兴战略总目标的重要途径。

在农业生产环节采用数智化，就是采用互联网、大数据、云技术、人工智能、区块链、VR（virtual reality，虚拟现实）/AR（augmented reality，现实增强）技术、底层技术、周边技术、综合应用技术等数字化和智能化技术对传统农业生产环节进行改造，从而提高农业生产在识别气候、收集信息、测算数据、预估成本等方面的便捷性和精确度，以期更好地为农业生产者决策提供指导和服务。

农业生产数智化的一个重要方面，就是农业数据收集。即利用信息系统、各类传感器、机器视觉等信息通信技术收集、传输、归纳、整理农业生产过程中所需的信息数据，将农业生产场景中复杂多变的数据、信息、知识转变为一系列二进制代码，通过计算机内部处理形成可识别、可存储、可计算的数字、数据，再以这些数字、数据建立起相关的数据模型，进行统一处理、分析、应用，从而在土壤、水源、温度、湿度等方面为农业生产者提供辨别信息。

农业数据获取。农业数据是农业生产数智化的基础，数据范围包括农业中的气候环境数据、生物信息（营养、水分、叶片、根系等）及农业社会信息数据。农业数据获取，是指利用传感器技术、RFID（radio frequency identification，射频识别）技术、3S（GPS：global positioning system，全球定位系统；RS：remote sensing，遥感；GIS：geographic information system，地理信息系统）技术、人工标注及网络抓取等方式获取数据。气候环境数据主要通过传感器对温度、湿度、光照等要素的监测获得。生物信息数据主要利用人工监测和设备检测对农作物释放的物质、能量或信息进行监测获得，随着计算机视觉技术的发展，人工监测将逐渐减少，进行作物形状、颜色、纹理等特征的非接触式监测将成为生物信息数据监测的方向。融合3S技术、航空监测技术及物联网技术的天空地监测系统逐渐运用到农业生产中来，从更远距离、更大范围、更高效率为生产过程获取更全面的农业数据。

农业数据通信。农业数据采集设备具有分散性特点，且通常因地形环境复杂性，传统的有线网络传输在农业数据通信中难以普及，因此农业信息通信技术主要是基于无线模式。无线传感器网络（wireless sensor networks，WSN）和移动通信网络是两种重要的信息传输形式，分别适用于近距离无线通信和远距离无线通信，相对比数据采集和数据处理，数据传输技术更为成熟。无线传感网络的近距离通信具体应用有蓝牙、Wi－Fi（无线通信技术）、ZigBee（紫蜂协议，一项适用于传输范围短、数据传输速率低的一系列电子元器件设备之间的无线通信技术）等技术，具有低成本、高可靠、自组织的特点。尤其是 ZigBee 技术在农业无线传感网络中扮演越来越重要的角色，与蓝牙和 Wi－Fi 相比，具有低速率（20～250kbps）、低功耗的特点，适合农业传感网近距离（10～100m）通信。远距离通信，GPRS（2.5G）是比较成熟的通信技术，具有永远在线、套餐价位低廉的特点，在当前依然可视为农业数据传输首选。以5G（第五代移动通信技术）、Ipv6（互联网协议第6版，比现行Ipv4地址资源更丰富，且更安全、响应更快）为代表的新一代通信和互联网技术为数智农业的发展提供了更加可靠、安全、高效的网络技术支撑。

另外，在对气候自然等客观条件进行测度的基础上，农业生产者需要对获得的信息进行分析，从而研判生产决策。同时，农业生产涉及各个部门主体，各方的沟通协调、能力提升都对农业生产起到至关重要的作用。因此，农业生产数智化的另一个重要方面就是"智慧服务"。

农业生产数智化的"智慧服务"首先体现在服务的工具上，即数智化系统通过对农业数据的处理，为农业生产者预估生产情况、提供生产决策、实施生产过程。农业数据具有地域性、周期性、时效性、综合性等特点，非线性问题、不确定性问题在农业数据处理中显得尤为突出。利用数智技术对农业数据的处理主要体现在数据挖掘、算法技术、视觉图像处理技术等方面。在获取农业目标数据的基础上，利用大数据及算法选取适当的数学模型和信息学模型，对研究对象未来发展的可能性进行推测和估计，或采用智能控制手段和方法对农业生产过程进行干预，其中视觉图像处理技术、智能算法、智能控制技术是重点。云计算能够实现数智农业所需的计算、存储等资源的按需获取，大数据为海量信息处理和利用提供支持。利用大数据、云计算等技术，由局部到整体、由经验型到机理型、由功能化到可视化地构建农作物决策与管理系统，辅助农业生产及管理的数智化。

农业生产数智化的"智慧服务"其次体现在服务的内容上，即利用数智化技术工具为农业生产者提供知识服务，提升生产者技能水平。

通过互联网、大数据、人工智能、区块链、VR/AR 技术等新一代信息技术，将农业知识服务与大众通信相结合，在农村生产、生活和社会交往中促进农业生产知识的推广、交流、应用，促使农业专业技能沟通即时化、日常化、高效化。手机、电脑等日常端口即可实现标准化种植技术、先进生产理念的传播，例如，通过农业教学片、种植专业课程培训科学种植技能，实时与专业智库沟通病虫害问题、获得点对点指导，通过手机软件提示等向农民及时推送水肥药提示，等等。数智化支持的"智慧服务"能够大大削减小农生产者提升种植能力、获取专业服务的时间和成本，利用信息技术全面改革了传统农业信息传递的渠道，强化了农民在乡村农业生产过程中的组织效率，成为农业赋能增效的核心力量。

比较来看，国外发达国家的农业数智化起步于 20 世纪 50～60 年代，历经了农业数据定量化、农业数据的计算机处理、知识工程及专家系统、信息网络综合应用、"精确农业"产业链等阶段，现今在研究上已经达到比较高的水平，并已经进入实用阶段，体现在用物联网科技进行数据收集、建立数据库，应用计算机处理农业大数据，开发农业知识工程及专家系统，应用标准化网络技术，开展农业信息服务网络的研究与开发，从而实现农产品全生命周期和全生产流程的数据共享及智能决策。

我国农业存在耕地高度分散、生产规模小、时空差异大、量化和规模化程度差、稳定性和可控程度低等问题，发展数智农业较晚、条件更复杂。为改善农业生产状况，我国在 20 世纪 90 年代即出现了经验推理型专家系统，针对温室控制方面研制了使用工控机进行管理的植物工厂系统，可以视为农业数智化的发端。2018 年中共中央、国务院印发了《乡村振兴战略规划（2018～2022 年）》，首次建立了乡村振兴指标体系，提出了推动城乡融合发展、加快城乡基础设施互联互通等政策举措。2020 年 1 月发布的《数字农业农村发展规划（2019 ~ 2025 年）》指出，要加快发展数字农情，利用卫星遥感、航空遥感、地面物联网等手段，动态监测重要农作物的种植类型、种植面积、土壤墒情、作物长势、灾情虫情，及时发布预警信息，提升种植业生产管理信息化水平，对我国农业数智化的发展具有提纲挈领的指导作用。

近年来，我国不断推进现代信息技术成果在农业中的应用。伴随着互联网等新技术的加速涌现，物联网、云计算、大数据等技术运用到农业生产各环节，数字农业、智慧农业应运而生。农业可视化远程诊断、远程控制等智能管理方式逐步实现，不仅使农业生产变得更加标准化、精准化，降低成本，也培育出了优质高产农产品。农业物联网、无线网络传输等技术的蓬勃发展，极大地推动了监测数据的海量爆发，农业跨步迈入大数据时代。现代农业通过技术手段获取、收集、分析数据，有效地解决了大量农业生产问题。

例如，我国现代农业较为发达的山东等省逐渐构建起了基于大数据的智慧农业与水肥一体化平台。生产前，一体化农业平台能根据地块大数据模拟出每个地块的产量，还可以提供海量数据存储、智能分析、科学决策等功能，根据农作物自身特点，建立其成长模型，用智能化模型匹配管理方式，科学推算出每个地块的种、水、肥、药的总需求量，以达到增产增效、节约水肥的目的。生产中，运用一体化监测体系，能够动态监管作物长势，科学推荐生长需求符合的灌溉、施肥、施药策略。通过在生产区域布置传感器，测量与水分蒸发蒸腾相关的温度、光照、空气相对湿度、基质含水率等环境参数，进行必要的物理量、模拟量、数字量的转化，然后通过有线或无线的方式发送测量信息到控制中心，控制中心对接收到的数据进行运算后发送指令到执行设备，执行设备启动，即可进行环境调控、水肥供应。收获时，依托智慧平台集中调控，能够提前调整以自动卷膜、卷帘放风、水肥一体化为主的全程智能种植大棚，以适应收获要求。运用作物模型和遥感，通过模拟成熟度和天气来制定收获决策，并进行以无人驾驶拖拉机、收割机为主要劳动力的无人农场收割，逐步实现"种地不下地"的未来农业新模式。此外，一体化平台还能够帮助农民及时发现问题，种植户可以通过小程序实时接收大数据平台推送的技术指导方案和培训视频，还可以在线上看专家讲座，在线咨询、产量预测、病虫及灾害天气预警推送，指导村民种植，使农业生产自动化、智能化，并可远程控制，大大节省了各种硬件成本和人工成本。

近年来，农业农村部组织 9 个省（区、市）开展农业物联网区域试验，发布了 426 项节本增效农业物联网产品技术和应用模式，实现智能化、自动化的农业生产过程。相关部门在全国建立了农产品质量安全追溯、农兽药基础数据、重点农产品市场信息、新型农业经营主体信息直报四个平台，组织 21 个省市开展 8 种主要农产品大数据的试点，完善监测预警体系，逐步实现用数据管理服务，有效降低生产投入并采取适当的措施进行智能化生产。2017 年，农业农村部启动数字农业建设试点项目，在种养领域开展精准作业、精准控制建设，加快了物联网、大数据、云计算、移动互联等数字技术的集成应用。2018 年，我国成功发射了首颗农业高分卫星，大幅提高农业对地监测能力，加速推进天空地数字农业管理系统和数字农业农村建设，为乡村振兴战略实施提供精准的数据支撑。党的十八大以来，全国农村建成 5.7 万个区域自动气象站，乡镇覆盖率达 95.9%，"直通式"服务和气象信息进村入户覆盖全国近 100 万个新型农业经营主体，智慧农业气象服务惠及 37.6 万注册用户。[①] 大量的数据优化了生产布局，优化了安排生产投入，农业生产获得了更多数据的支撑，朝着智慧农业时代迈进。如今，小麦联合收

---

① 资料来源：农业农村部官网文章《智慧农业：打造科技服务三农新样本》，http：//www. moa. gov. cn/xw/qg/201812/t20181213_6164902. htm。

割机等大型收割机普遍安装了 GPS 或北斗卫星系统，依靠物联网技术，农机上与卫星相连的传感器发出精确指令，农机操作精度可精确到厘米；通过农机指挥调度中心，设定好作业标准，此后一切农机操作都尽在掌握。在大数据的精准计算下，农业的各项资源要素被优化配置，甚至连生产过程中的废弃物都能够被资源化利用实现"零排放"，曾经繁重的农事活动，如今可以轻点鼠标轻松完成。

第二节　品质精准把控的农业加工数智化

2016 年以来，农业部门积极贯彻落实国务院办公厅印发的《关于进一步促进农产品加工业发展的意见》，采取多项措施推进农产品加工业实现转型升级。农业农村部总农艺师、发展规划司司长曾衍德也曾在 2018 年表示，农产品加工业为耕者谋利、为食者谋福，处于农头工尾、粮头食尾，一头连着农业、农村和农民，一头连着工业、城市和市民，沟通城乡、衔接工农、亦工亦农，是离"三农"最近的产业、与老百姓最亲的产业，也被称为农产品的第二次生命。因此，推动数字经济与农业产业化融合发展，对提升县域农业产业链发展质量、推动乡村产业振兴，形成县域工农互促、城乡互补的格局具有重要意义。

另外，过去为了提高产量和品质，农业数智化大多应用在田地上，聚焦生产环节，而随着时代的发展，消费者对美好生活的要求逐渐升级和具化，消费者对农产品的诉求从基本温饱转向安全、健康、绿色、新鲜、有趣、特色、个性等多元需求，例如，人们开始想要食物有某种标准的成分、特色的制法、限定的产地。因此，农产品加工生产过程不再仅仅是按照食谱等传统方法进行简单制作，而逐渐升级为必须深入研究考虑原材料的化学、物理或生物特性，针对市场目标客户进行产品创新和配比，并在加工的全过程中严格监控消费者对安全和健康的需求。以上全部需求都对农产品加工行业提出了更高的加工技术和管理系统的要求，推动农业加工环节向数智化转型。

农业加工数智化就是在农产品加工环节应用数字技术和智慧系统，通过利用物联网、云计算、人工智能、区块链技术等数字化技术对农产品原料物性、营养特性、人群营养特征等信息数据化和整合分析，继而与智能化加工、智慧化物流、智慧化包装等高新技术深度融合，帮助产业将农业原材料加工成更加安全、绿色、专业、精准的产品。具体包括：采用大数据技术甄别材料、食品新口味研发等；采用计算机视觉进行材料甄别、自动化加工等；采用机器人技术让加工作业向自动化升级，减少行业对劳动力的需求，实现精细化生产，例如生产加工机器人、食物收取机器人等；通过机器学习技术借助计算机模拟或实现人类行为，进行新食品研发、新口味合成等；利用深度学习进行算法研发和模型开发，研发改进色选机等加工机器，为食品生产商提供配餐检查、菜品安全度检查等服务；利用云计算与物联网、大数据等信息技术相结合，构建"农产品安全云"，提供农产品追溯等功能服务，帮助农产品全产业链构建安全体系；等等。

在农业加工环节应用数智化技术，能够展现多种优势。第一，农产品满足消费者需求的功能更加精准。在数智化的产业模式中，我们可以通过建立人体营养需求与复杂食品体系中原料组分、结构、品质与加工工艺参量之间相互关联的数据分析体系，以个性化需求、符合健康和安全需求为主要目标，基于信息化、数字化、智能化链条的数据处理、分析、决策，将加工过程的热量、动量、能量平衡等参数与农产品的感官、质构和理化特性相互连通，实现农产品产业链的全元素的连接与整合，实现农产品更精准的设计与制造。第二，农产品生产全过程的安全性更有保障。数智化环节借助精密机械和智慧系统，能够在材料筛选、配方设计、生产配比、加工监控全环节实现精密控制，通过比人为监管更自动化、精准化的功能帮助有效推进农产品的健康化进程，实现更安全、更营养、更健康和可持续的农产品加工和流通方式，也更方便了国家监管体系和国民对于食品安全的监管。第三，农产品加工效能更高，推动农业价值更深度开发。以往粗放的农产品加工制造过程中，受技术、环境等限制，农民辛苦收获的农产品只能进行低产值加工，或者对农产品营养提取有限，造成原料浪费和创收较低。大数据、人工智能等信息化技术的使用能够深化对消费者偏好、农产品成分等信息的掌握，继而和生产更有效对接，通过分选、识别、监控等技术生产更细分、安全、特色的农产品；同时不断精准工业生产中例行或管理任务实现自动化，通过实时对生产线各个环节、各个设备运行中的设备参数、工艺、中间产品特征数据进行采集，实现多维度的动态数据分析，实现对生产过程工艺优化、质量管控、设备管理与维护等功能，长期来看更快优化农业产业链的行为。

当前，我国经济发展进入新常态，农业农村经济发展的内外部形势正在发生深刻变化，农产品加工业数智化转型是顺势而为。第一，城镇居民消费需求快速升级，为农产品加工业转型发展提供了强大拉力。随着收入水平的提高、恩格尔系数的明显下降以及工作生活节奏的加快，人们的消费习惯和消费行为发生了很大变化，对方便快捷、营养安全的加工食品需求剧增。"家家点火、户户炊烟"的机会成本越来越高，"送餐车"已经成为城市里的一道风景，中央厨房、智慧厨房等数智加工环节发展的空间越来越广阔。第二，工业化快速推进、数智化技术从研发领域以更快的速度溢出，为农产品加工业数智化转型升级提供了有利条件。现代装备技术快速发展，在农产品加工领域得到广泛运用，大大提高了加工的智能化、自动化、精细化水平。特别是食品领域"机器换人"快速发展，以往只能手工制作的包子、饺子、花卷、汤圆等，现在都已经实现了工厂化生产、规模化制作，既保持了传统风味，效率也大大提升。第三，农业规模化经营快速发展，为农产品加工业应用数智技术奠定了坚实基础。过去我国农业生产经营以一家一户为主，经营分散、规模小、标准化程度低，搞不好高端加工，只能卖"原字号"产品。近年来，家庭农场、种养大户、合作社、农业企业加快成长，农产品生产的区域化、规模化、标准化、专业化水平不断提升，为加工业发展注入了强大力量，绿色原料、全程溯源等为加工业数智化管理并向流通环节继续提供品质产品提供了有利条件。

总的来看，促进农产品加工业的数智化转型，可以进一步提升农产品的品质和价值，助推农产品错峰销售、均衡上市、最大化利用，促进减损增收、提价增收和就业增收，最大限度地释放农业内部的增收潜力，并通过新型技术不断开发和强化营收点，更大程度保障农产品生产的利润，拓宽农民脱贫致富的道路，从而更好地实现共同富裕，推进我国农业现代化、建设农业强国。

第三节　供需高效对接的农业销售数智化

我国疆域辽阔，大量农产品由小农经济模式进行，因此我国农产品销售面临着地域性约束、季节性产品销售期短、品质非标准化与信息不对称等几个问题。而这几个问题都大大加剧了农产品销售难的状况。

农业销售数智化就是利用数字技术和智能系统开展农业销售环节的经营管理，通过互联网、大数据、云计算、人工智能、区块链、VR/AR 技术等软硬件升级农业的交易、运输、服务等产业链环节，通过数字认证识别和强化农产品品牌和标准化产品供给，借助互联网、大数据、云计算、VR/AR 技术等技术降低了买卖双方的沟通交易成本，使用物联网、人工智能等技术设备提高运输速度和精度，从而倍增农业销售的规模和效率。农业销售数智化的优点主要表现在以下四个方面：

第一，促进农产品标准化。农业数智化对农产品标准化的促进是贯彻整个产业链的，首先就是通过农业的数智化管理实现标准化种植，从严格筛选优质种子开始，全程监测水肥施药情况，努力实现农产品品质优秀、稳定，并形成详细的田间档案，确保从"菜园子"到"菜篮子"的产品都符合标准并有据可查。其次是加工包装环节的标准化管控，将标准分级管理办法、农产品质量监督检验办法及各种审定办法数字化录入，利用分选设备智能实现货品品控。最后是实现农产品可溯源，利用数字化、智能化把产品和信息网络相嫁接，应用农产品溯源系统，将农产品生产的各种信息存入一个二维码中，然后通过包装标准化将二维码贴在外包装上，消费者可以通过电脑、电话、网络等多种形式查找到该包装袋内农产品的生产者、检验者及用药、施肥、采摘日期等内容，甚至可以查到该批农产品的种子、育苗情况，从农田到餐桌全流程溯源农产品品质。区块链技术在追溯方面具有良好应用前景，即是利用计算机程序，实现记录整个网内所有交易信息的功能，是一种公开性账本、一种中心化的数据框架，具有信息高度透明、不容易被篡改的特点。农产品质量溯源方面，基于分布式账本体现出的去中心化农产品质量溯源系统采用区块链技术，可以有效地保障溯源节点信息的真实性。系统分为前端和后端，前端进行扫码访问或访问溯源系统操作，后端由智能合约和区块链基础服务组成。在业务层面采用去中心化设计，在技术层面去数据库化设计，采用共识机制保证账本一致性和真实性，实现农产品质量溯源。

第二，促进买卖高效对接。数智化的新型电商平台，正成为解决农产品"卖难"的主要增量通道，随着各大电商平台的迅猛发展，农产品从产销对接升级为产"消"对接。一方面，农产品上行，生产主体以电商为媒介使本地农产品打开销售渠道，让农产品从田间直达全国百姓餐桌，极大促进了产、供、销、存一体化的平台的建设，在广大农村地区推动了数字农业和智慧农业的实践。另一方面，大型商超平台与产品产地的线下对接，利用数智化系统形成农产品高效线下供应链，探索出了小农户对接大市场的丰富途径。线上线下各类商超平台通过提供生产和消费的智能匹配，推动小农户直接对接消费者，解决了市场分割与产销信息不对称等难题；及时将需求变化传递到生产端，推动发展订单农业，在降低成本和风险的同时提升品质和产量，减少生产的盲目性，扩大消费市场。

第三，促进企业稳定经营。首先，利用大数据、人工智能、区块链等创新技术，帮助企业搭建管理驾驶舱，利用企业的核心数据构建企业的动态数据模型，并结合行业大数据的高效环比，有助于洞察经营短板，及时预警异常数据，降低企业发展风险，减少企业经营不确定性，帮助企业提质增效，建立核心竞争力，夯实企业发展的根基。其次，动态记录的企业经营数据，通过区块链技术存储，可以形成真实有效、不可篡改的经营数据链，成为企业的数字信用凭证。伴随着快速发展扩张，这种数字信用体系，将成为企业在融资中的强力信用凭证，大大提高企业的资金周转成功率。最后，数智化平台大大降低了企业获得信息、对外宣传、精准营销的成本，将大量示范活动和培训教育从线下转移到线上，并借助电商直播、微信小程序等平台，打通了农业生产和电商流通之间的新通路，并能够针对目标客户实现农资产品的精准营销，实现百倍的触达率和效能提升，确保企业持续提升收益。

第四，促进仓储物流高效。数智化仓储物流深入农业产地端"最先一公里"建设产地仓，和农业生产基地紧密结合形成数智农业基地，辅以中转仓、物流站点等智慧物流系统，实现产地和餐桌之间的渠道贯通。其主要是以物联网、大数据为核心技术，通过可编程无线扫码对仓库到货检验、入库、出库、调拨、移库移位、库存盘点、运输、配送等各个作业环节的数据进行自动化数据采集，保证企业及时准确地掌握库存和运输的真实数据，高效地跟踪与管理客户订单、采购订单、仓库存货、路线配送等信息，从而最大限度提升管理效率和效益。长期以来，传统企业仓储物流业务由于缺乏统一的数据标准及作业标准，使得企业的协同和管理效率不高，行业的数字化水平低、智能化基础薄弱。同时，基于中心化的数据库无法确保数据的真实性，数据的真伪成为阻碍行业信用发展的难题。现实中，企业的交易往来复杂琐碎，数智化仓储物流利用现有的智能技术收集和处理数据，为企业提供货物出入库管理、货物存放、货物状态实时追踪、仓单管理等全周期的仓储管理服务功能，使企业能对仓储实行智能化、数字化、可视化管理，使得仓储物流全程透明高效，订单、生产、运输、仓储、分拣、装卸、配送、客服等无人化进程加快，供应链智慧化不断发展。

当前，农产品智慧销售一体化系统逐渐应用到了农业销售环节的实践中。传统农业，基本上是农民养殖种植农产品，受限于技术和能力，只能将农产品出售给相应的批发商，然后批发商再在批发市场销售，中间商赚差价，也无可厚非，但是无形中降低了农民的收益，提高了消费者的成本。智慧农产品销售，指的是以互联网、物联网信息技术为基础，以农产品信息、数据、物流、配送、仓储、冷链、质量安全溯源等为核心，而构建起的基于"农产品进销存＋供应链管理＋第三方电子支付＋市场管理＋物流配送＋仓储服务"的应用整合平台。

一方面，农产品智慧销售一体化能够促使零售农产品打造自身品牌，从传统的价格竞争转为象征着标准体系和品质特色的品牌竞争，输出产品背后的人文价值、产地溯源以及制作过程等，建立顾客信任。通过大数据支持的全渠道零售，还能为农产品销售者有针对性地获取目标客户，借助社交电商、社群电商、社区电商、线上网络平台等聚集客流，既能使销售者积累经验声誉，又能为顾客更高效地提供新鲜优质的农产品，促使小农经济提高现代化市场竞争力。另一方面，农产品智慧销售一体化能够推动农产品的供应链体系建设，推动农业与农村的数字化升级，通过打造含农产品标准制定、产业园区数字化平台及运营、仓储加工中心基础设施和采销渠道对接等核心功能在内的一整套农产品流通公共服务体系，能够帮助农民提升农产品的品质控制和标准化水平，提升商品溢价空间，使农特产品更高效、平稳、安全地进入流通环节，切实地帮助农民增收，助力产业形成标准化生产、产业化运营、品牌化营销的现代农业新格局。

在乡村振兴战略实施的背景下，国家加速推进农产品电商发展和数字农业农村建设。2020 年，农业农村部启动实施农产品仓储保鲜冷链物流设施建设工程，提出加快从源头解决农产品出村进城"最初一公里"的问题，主要围绕农产品的冷链物流展开，以提升农产品产区贮藏保鲜和产后商品化处理能力。2021 年《中共中央　国务院关于全面推进乡村振兴加快农业农村现代化的意见》提出，"要立足县域布局特色农产品产地初加工和精深加工，建设现代农业产业园"，赋予了"最初一公里"更丰富的内涵，更明确地把初级农产品的源头分级、分拣、冷库储藏等初加工包含在内。国家层面先后出台了《中共中央　国务院关于全面推进乡村振兴加快农业农村现代化的意见》《农业农村部关于加快农业全产业链培育发展的指导意见》《关于加强县域商业体系建设促进农村消费的意见》《国务院办公厅关于加快农村寄递物流体系建设的意见》《"十四五"电子商务发展规划》等政策，提出加强农村电商新型基础设施建设，改造提升农村寄递物流基础设施，培育电子商务人才等措施鼓励农村电商发展。据国家统计局统计，2021 年全国网上零售额达 13.1 万亿元，同比增长 14.1%，增速比上年加快 3.2 个百分点。其中，全国农村网络零售额 2.05 万亿元，比上年增长 11.3%，增速加快 2.4 个百分点。全国农产品网络零售额 4 221 亿元，同比增长 2.8%。

2021 年 11 月 17 日，农业农村部发布《关于拓展农业多种功能促进乡村产业高质量发展的指导意见》指出，近年来，我国乡村产业有了长足发展，强化了农业食品保障功能，拓展了生态涵养、休闲体验、文化传承功能。到 2025 年，形成以农产品加工业为"干"贯通产加销、以乡村休闲旅游业为"径"融合农文旅、以新农村电商为"网"对接科工贸的现代乡村产业体系，实现产业增值收益更多更好惠及农村农民，使共同富裕取得实质性进展。数智农业建设也必将随之深入田间地头，将我国农业全环节改造得更加高效化、生态化、现代化。

第四节 推动数智农业发展的关键科技

随着科技应用不断演进，数据信息和数智技术将在中国农业发展中扮演更加重要的角色。近年来，数智农业发展的指导性文件接连发布出来。2022 年 1 月，中央发布了两个重要的推动农业数智化的文件：国家发展改革委等部门发布了《关于推动平台经济规范健康持续发展的若干意见》，提出鼓励平台企业创新发展智慧农业，推动种植业、渔业、畜牧业等领域数字化，提升农业生产、加工、销售、物流等产业链各环节数字化水平。同年 1 月，中央网信办、农业农村部等 10 个部门发布《数字乡村发展行动计划（2022～2025 年)》，明确提出"智慧农业创新发展行动"，以加快推动智慧农业发展。两个文件分别从产业链总体改革和"三农"全局推广的角度给出了明确指导。此后，关于数智农业发展的指导文件提出的发展方向越发具体。2023 年《中共中央、国务院关于做好 2023 年全面推进乡村振兴重点工作的意见》中提出"加快农业农村大数据应用，推进智慧农业发展"。2024 年 2 月，《中共中

央 国务院关于学习运用"千村示范、万村整治"工程经验有力有效推进乡村全面振兴的意见》再次聚焦数智农业，该意见当中进一步细化了数智农业发展的几个重点，包括：持续实施数字乡村发展行动；发展智慧农业；缩小城乡"数字鸿沟"；实施智慧广电乡村工程；鼓励有条件的省份统筹建设区域性大数据平台；加强农业生产经营、农村社会管理等涉农信息协同共享。可以看到，推动"三农"工作向数智化发展，在宏观上开始要求数据信息的集中管理和沟通协调，在微观上开始要求数字服务和智慧技术继续向农民农村的生活下沉。随着数字经济不断融入"三农"前沿，数智农业作为现代农业的重要发展方向，正在逐步改变传统的农业生产方式。

当前，数智农业的发展已经取得了显著的成果，物联网、大数据、人工智能等新一代信息技术与农业生产的深度融合，为农业生产带来了革命性的变革。物联网技术等先进技术已广泛应用于数智农业中，通过传感器、无人机、智能农机等设备，实现对农田环境、作物生长状况的实时监测和数据分析，彻底改造了农业生产方式。对于农业生产的精细化把控使得产业链以前所未有的方式紧密联结在一起：一方面，农业生产从数智化改造中获得极大的效率提升；另一方面，以农业应用为目标的数智技术产业实现了专业化发展，农业技术服务的新兴产业链涵盖了从上游的硬件和软件供应，到中游的农业服务，再到下游的农产品加工和销售等多个环节，并且随着技术的不断进步和政策的持续支持，农业技术服务企业数量持续增长，市场竞争也日趋激烈，推动农业技术创新不断前进，为"三农"发展带来实惠。

目前，数智农业发展从多个角度实现了划时代的生产方式改革。第一，从促进农业现代化的视角看，智慧农业利用现代信息技术、物联网技术、人工智能等高新技术手段，对传统农业生产进行数字化、网络化、智能化改造，实现了农业生产全过程的精准化管理、高效化运营和可持续发展，这有助于推动农业现代化进程，提高农业生产的科技含量和附加值。以水肥管理为例，基于传感器的智能控制系统可以根据实际需要精确调控水、肥、草等资源配置，有助于减少农业对水资源的依赖，降低农业生产对环境的负荷，减少土地和水资源的过度开发、农用化学品污染和土壤板结。第二，从提高农业生产效率的角度看，数智农业通过精准施肥、及时预警等技术手段，可以大幅提高农业生产效率和产品安全；同时，智能农机装备的应用也减少了人力成本。以农牧产品安全问题为例，物联网设备可以及时有效地监测到牲畜的状态数据，出现问题及时通知处理，进而可以及时做出调整，避免了"听鸡叫声"等极度依赖经验工人的效率问题以及判断不清晰带来的风险；同时，发挥新兴区块链技术的加密特性并结合物联网设备，就可以有效防范假冒伪劣农产品以次充好流入市场，既保障了农牧产品安全，又保障了上游生产者的利益，有利于整个农牧市场的规范。第三，从保障粮食安全的角度看，数智农业的发展有助于优化资源配置，提高粮食产量和质量，帮助建设农业强国和粮食安全，帮助农民更好地应对气候变化等自然灾害的影响，保障粮食生产的稳定性和可持续性。例如，通过精准农业技术的应用，智慧农业可以实现农业生产的全过程数字化管理，从育苗、种植、施肥、灌溉、病虫害防治到收割等环节，通过传感器、监测仪器等设备实时采集相关数据，通过云计算、大数据等技术进行分析，帮助农民科学、合理地制定种植、管理方案，提高生产效率，也减少浪费和损失。

下文以农业物联网、大数据、人工智能、云计算为例，介绍新时代推动数智农业发展的关键科技。

一、农业物联网

农业物联网，即通过各种仪器仪表实时显示或作为自动控制的参变量参与到自动控制中的物联网，可以为温室精准调控提供科学依据，达到增产、改善品质、调节生长周期、提高经济效益的目的。在农作物生长场景中，运用物联网系统的温度传感器、湿度传感器、pH 值传感器、光照度传感器、二氧化碳传感器等设备，检测环境中的温度、相对湿度、pH 值、光照强度、土壤养分、二氧化碳浓度等物理量参数，保证农作物有一个良好的、适宜的生长环境。通过远程控制，技术人员在办公室就能对多个大棚的环境进行监测控制，并采用无线网络来测量和传输数据和指令，使作物生长环境调整成最佳条件。

农业物联网一般应用是将大量的传感器节点构成监控网络，通过各种传感器采集信息，以帮助农民及时发现问题，并且准确地确定发生问题的位置，这样农业将逐渐从以人力为中心、依赖于孤立机械的生产模式转向以信息和软件为中心的生产模式，从而大量使用各种自动化、智能化、远程控制的生产设备。在计算机互联网的基础上，物联网基于 RFID、无线数据通信等技术，构造一个覆盖世界上万事万物的"internet of things"。在这个网络中，物品（商品）能够彼此进行"交流"，而无须人的干预。其实质是利用射频自动识别（RFID）技术，通过计算机互联网实现物品（商品）的自动识别和信息的互联与共享。

农业物联网的关键技术包括：（1）农业物联网感知技术，是指利用传感器、RFID（射频识别技术）、条码、GPS（全球定位系统）、RS（遥感）等技术手段，随时随地获取农田内作物的信息。时间、任何地点，如照度、温湿度、风速、风向、降雨量、含气量等。（2）农业物联网传输技术，是指将传感设备接入传输网络，利用有线或无线通信网络随时随地进行高可靠性的信息交换和共享。在物联网领域，信息传输技术可分为无线传感器网络技术（WSN）和移动通信技术两大类。（3）农业物联网智能处理技术，是指数据预处理、存储、索引、查询、智能分析和计算，主要技术包括大数据处理技术、数据挖掘技术、农业监测预警技术、人工智能技术等。

随着数智农业发展，农业物联网应用的范围越来越广泛，总结起来主要涉及以下 5 个方面：（1）农业环境数据监测：利用各种传感器收集农田的环境数据，如土壤温度、湿度、光照强度、空气质量等，通过物联网技术将这些数据上传至云端，并进行分析，为农民提供科学的种植建议。（2）农田设施管理：通过物联网技术连接各种设施，如喷灌设备、温室、养殖场等，实现智能控制，精确地控制温度、湿度、灌溉量等，提高农业生产效率，并降低能耗。（3）农产品追溯：采用物联网技术实现农产品的追溯管理。通过对农产品产地、生产过程进行实时、持续的监测和记录，在农产品流通、销售过程中，保证农产品的质量和安全，并帮助消费者了解农产品的来源和质量。（4）农业机械监控：利用物联网技术对农业机械进行实时监控，对机械的状态进行预测和维护，防止机械出现故障，降低维修成本，保证生产的顺利进行。（5）智能养殖管理：通过物联网技术监测养殖场的环境数据，掌握动物的健康状况，根据数据分析，提供科学的饲养方案，提高养殖效益。

二、农业大数据

农业大数据是数字化技术运用在农业生产经营过程中所收集、归纳、处理的数据信息，是大数据理念、技术和方法在农业的实践。它不仅和其他行业的大数据一样表现为巨量的数据资料规模和难以快速处理分析的特性，还因为农业生产涉及要素的复杂性，融合了农业地域性、季节性、多样性、周期性等特征，体现出来源广泛、类型多样、结构复杂、难以应用通常方法处理和分析的特点。

农业大数据保留了大数据自身具有的规模巨大（volume）、类型多样（variety）、价值密度低（value）、处理速度快（velocity）、精确度高

（veracity）和复杂度高（complexity）等基本特征，并使农业内部的信息流得到了延展和深化。主要包括以下几种数据类型：（1）从生产领域来看，不仅包含农业生产领域数据，即农产品种植业领域、林业领域和畜牧方面的生猪、肉鸡、蛋鸡、肉牛、奶牛、肉羊等领域，而且延伸到农业生产环节的上下游产业，涵盖例如饲料生产，化肥生产，农机生产，屠宰业，肉类加工业等领域数据。其中，种植业生产数据包括良种信息、地块耕种历史信息、育苗信息、播种信息、农药信息、化肥信息、农膜信息、灌溉信息、农机信息和农情信息；林业生产数据包括林业单位信息、资源种类与分布信息、覆盖率信息、活立木蓄积信息、保护区信息、生态信息、治理信息、灾害信息；养殖业生产数据主要包括个体系谱信息、个体特征信息、饲料结构信息、圈舍环境信息、疫情情况等。（2）从行业环境来看，既包括市场供求信息、价格行情、生产资料市场信息、价格及利润、流通市场和国际市场信息等农业市场数据，还包括国民经济基本信息、国内生产信息、贸易信息、国际农产品动态信息和突发事件信息等农业管理数据。（3）从分布地域来看，不仅包括国内区域数据，还应借鉴国际农业数据作为有效参考；不仅包括全国层面数据，还应涵盖省市数据，甚至地市级数据，为精准区域研究提供基础。（4）从市场经营来看，不仅包括统计数据，还包括涉农经济主体的基本信息、投资信息、股东信息、专利信息、进出口信息、招聘信息、媒体信息、GIS 坐标信息等。

三、农业人工智能

农业人工智能是指利用人工智能技术，通过计算机模拟或实现智能行为，进而在农业生产、管理、决策等环节中实现智能化和自动化的技术体系。具体而言，农业人工智能通过集成传感器、无人机、卫星遥感、大数据分析、机器学习、深度学习等先进技术，实现对农业生产的全面感知、智能决策和精准执行，从而提高农业生产效率、降低生产成本、优化资源配置，并保障农产品的质量与安全。

农业人工智能的应用集中体现在智能设备的研发、生产和应用。代表性的有以下几种：第一，智能农机设备，通过无人驾驶技术、机器视觉和传感器等技术，能够实时监测农田的土壤湿度、作物生长情况等信息，并根据这些信息智能调整农机的操作，实现精确施肥、作物保护等工作，显著提高农业生产效率。第二，智能灌溉系统，利用人工智能技术实现智能化的水资源管理。通过监测土壤湿度、气象数据等信息，智能灌溉系统可以自动调整灌溉时间和水量，确保农田的水分供应与需求相匹配，避免水资源的浪费和农田的过度灌溉。这种智能化的灌溉方式能够显著提高水资源的利用效率，降低农业生产成本。第三，智能病虫害监测系统，利用图像识别和深度学习算法对农作物病虫害进行快速识别和定位。通过实时监测作物叶片上的病虫害情况，系统可以及时发出预警，帮助农民采取相应的防治措施。这种智能化的监测方式能够显著提高病虫害的检测准确率和防治效果，减少农药的使用量，降低农业生产成本。第四，农产品质量检测，利用机器视觉和图像识别技术，智能检测系统可以自动识别农产品的外观、大小、颜色等特征，并与标准进行比对，判断农产品的质量等级。这种智能化的检测方式能够显著提高农产品质量检测的速度和准确性，保障消费者的健康权益。第五，农业无人机，在航拍监测、植保喷洒、农作物遥感等方面，通过搭载高清摄像头和传感器，用无人机实时监测农田的生长情况、病虫害情况等信息，为农民提供精准的农业生产指导。同时，无人机还可以用于植保喷洒作业，提高农药的喷洒效率和精准度，降低农药的使用量和对环境的污染。

总的来看，农业人工智能的价值体现在规避对个人经验的依赖、避免操作风险、提高劳动效率等方面，在四个方面体现出重要功能。一是全面感知能力。农业人工智能通过集成传感器、无人机、卫星遥感等技术，能够实现对农田环境、作物生长情况、病虫害情况等的全面感知。这种全面感知能力为农业生产提供了丰富的数据支持，为智能决策和精准执行提供了有力保障。二是智能决策能力。基于大数据分析和机器学习技术，农业人工智能能够对农业生产过程中的各种数据进行分析和挖掘，为农民提供智能化的决策支持。例如，通过分析历史气象数据、土壤数据、作物生长数据等，系统可以预测未来的天气情况和作物生长趋势，为农民提供最佳的播种时间、肥料用量、灌溉策略等建议。三是精准执行能力。农业人工智能通过智能农机设备、智能灌溉系统等技术手段，能够实现对农业生产过程的精准执行。这些技术手段能够根据智能决策系统的建议自动调整农机操作、灌溉策略等参数，确保农业生产过程的精准性和高效性。四是优化资源配置能力。农业人工智能通过数据分析和人工智能技术，能够实现对农业生产资源的优化配置。例如，通过分析不同地区的土壤肥力、气候条件等信息，系统可以为农民提供最佳的种植方案；通过分析市场需求和价格走势等信息，系统可以为农民提供最佳的销售策略。这种优化资源配置能力能够显著提高农业生产的经济效益和社会效益。

四、农业云平台

农业云平台是依托云计算技术对物联网采集的大数据、人工智能等多种技术和资源的集成和运用。基于硬件资源建设和软件资源服务，农业云平台利用云计算、大数据、物联网等现代信息技术手段，将农业生产过程中的各种信息进行采集、传输、处理和应用，提供计算、网络和存储能力，实现农业生产的智能化、精准化和高效化。通过智慧农业云平台，农业生产者可以实时获取农田环境、作物生长、病虫害防治等方面的数据，为农业生产提供科学依据和决策支持。农业云平台可以划分为三类：以数据存储为主的存储型云平台，以数据处理为主的计算型云平台，计算和数据存储处理兼顾的综合云计算平台。

农业云平台的价值显著体现在对生产的总体情况进行实时把握和科学调控。第一，提升农业生产效率。农业云平台通过实时监测农田环境、作物生长状况等数据，为农业生产者提供精准化的管理建议。生产者可以根据平台提供的数据，科学调整灌溉、施肥、病虫害防治等措施，提高农作物的产量和品质。同时，平台还可以对农业生产过程进行自动化控制，减少人力投入，降低生产成本，提升农业生产效率。第二，促进农业资源管理优化农业云平台可以实现对农业资源的全面监测和管理，包括水资源、土地资源、气象资源等。通过对这些资源的实时监测和数据分析，平台可以帮助生产者制定科学的资源利用方案，优化资源配置，减少资源浪费，提高农业资源的利用效率。第三，增强农产品质量安全追溯能力。农业云平台可以记录农产品从种植到收获的全过程数据，包括生长环境、施肥记录、病虫害防治等信息。这些数据可以为农产品质量安全追溯提供有力支持，确保消费者能够购买到安全、健康的农产品。同时，平台还可以对农产品进行质量检测和分析，及时发现潜在的质量问题，保障农产品的质量安全。第四，助力农业决策科学化。农业云平台利用大数据分析和预测技术，对农业生产过程中的各种数据进行深入挖掘和分析，为农业生产决策提供科学依据。平台可以预测农作物的生长趋势、病虫害发生概率等，帮助生产者提前制定应对措施，降低风险。此外，平台还可以对农业市场进行监测和分析，为农业生产者提供市场信息和销售建议，促进农产品的销售和市场拓展。

第五节 案例分析与启发

一、诸城中化现代农业"MAP智农"数字农服

随着信息技术的飞速发展，数字农业已成为现代农业的重要发展方向。在这一背景下，诸城中化现代农业积极响应国家号召，携手中化集团，共同打造"MAP智农"数字农服项目。该项目充分利用GIS遥感、物联网、大数据等先进技术，实现了农业生产全流程的数字化服务，为当地农业产业的转型升级和可持续发展提供了有力支撑。本文将对"MAP智农"数字农服的发展过程进行详细总结，并通过具体案例加以说明。

诸城发展数字农服经历了一个探索阶段。诸城市石桥子镇作为"MAP智农"数字农服的发源地，自项目启动之初就面临着诸多挑战。为了找到适合本地农业发展的数字化道路，石桥子镇党委政府与中化集团进行了深入的合作探索。在充分调研的基础上，双方共同确定了以数字化为核心，以智慧农业为目标的发展战略。在这一阶段，项目团队主要完成了以下工作：一是建立"MAP智农"数字农服平台的基础架构，包括数据处理中心、应用服务中心等；二是整合了各类农业资源，包括土地、种子、化肥、农药等，形成了农业全产业链的数字化管理体系；三是开展了大量的技术研发和试验示范工作，为项目的深入推进奠定了坚实基础。

在初期探索的基础上，"MAP智农"数字农服项目进入了快速发展阶段。这一阶段的主要特点是数字化技术的广泛应用和农业产业的深度

融合。首先，项目团队充分利用 GIS 遥感技术，实现了对农田土壤、气候、作物生长等信息的实时监测和分析。通过大数据分析，农民可以更加精准地掌握农作物的生长情况，从而制定出更加科学的种植方案。其次，物联网技术的应用使得农业生产过程更加智能化。虫情仪、墒情仪、气象站等智能设备的应用，不仅提高了农业生产的自动化水平，也大大降低了农民的劳动强度。再次，这些设备还可以将收集到的数据传输到平台上进行分析处理，为农民提供更加精准的决策支持。最后，项目团队还积极推广数字化田间管理技术。通过"MAP 智农"移动端App，农民可以随时随地查看农情地况、接收预警信息、进行远程操作等。这种管理方式不仅提高了农业生产的便捷性和效率性，也增强了农民对农业生产的掌控能力。

在快速发展的基础上，"MAP 智农"数字农服项目进入了深化应用阶段。这一阶段的主要目标是进一步提升数字化技术在农业生产中的应用水平，推动农业产业的转型升级。首先，项目团队加强了数字化品质溯源体系的建设。通过采用数字化感官评价、标准化品质控制、区块链追溯等技术手段，为农产品赋予了"数字身份证"。消费者可以通过扫描追溯码了解农产品的生长全过程信息，从而提高农产品的透明度和可信度。其次，项目团队还积极探索了数字化技术在农产品加工、销售等环节的应用。通过搭建电子商务平台、开展直播带货等方式，拓宽了农产品的销售渠道和市场空间。同时，数字化技术的应用也使得农产品加工过程更加透明化和可控化，提高了产品质量和附加值。

"MAP 智农"因地制宜地设计了多个园区项目和服务项目。（1）辣椒产业园项目是"MAP 智农"数字农服在诸城市石桥子镇的一个典型应用案例。该项目占地面积330亩，应用智能控制系统进行现代化、智慧化种植管理。通过引入物联网技术，实现了对辣椒生长环境的实时监测和调控；通过大数据分析，农民可以更加精准地掌握辣椒的生长情况，从而制定出更加科学的种植方案。此外，项目还引入了区块链技术构建了农产品溯源体系，提高了辣椒产品的质量和信誉度。（2）"熊猫指南"是"MAP 智农"数字农服推出的一个优质农产品榜单品牌。该品牌通过采用数字化感官评价、标准化品质控制等技术手段对农产品进行综合评价并赋予"数字身份证"。消费者可以通过扫描追溯码了解农产品的生长全过程信息从而更加放心地购买和消费。目前已有多个农产品成功进入"熊猫指南"榜单并获得市场认可。

总的来看，"MAP 智农"数字农服项目的成功实施为诸城市乃至整个江苏省的农业产业带来了深刻的变革和升级。通过数字化技术的应用推广不仅提高了农业生产的效率和质量也拓宽了农产品的销售渠道和市场空间。未来随着技术的不断进步和应用场景的不断拓展，更多数字农服项目将继续发挥其在现代农业发展中的引领作用推动农业产业的持续健康发展。

二、江苏省农产品质量管理"一张网"模式

江苏省作为中国的经济大省和农业强省，一直以来都高度重视农产品质量管理工作。随着科技的不断进步和消费者对农产品质量要求的日益提高，传统的农产品质量管理方式已难以满足现代农业生产的需求。为此，江苏省积极探索并实施了农产品质量管理"一张网"模式，旨在通过信息化手段实现对农产品生产、加工、流通等全过程的精准监管和高效管理。

按发展过程来看，江苏省农产品质量管理"一张网"模式的构建始于 2019 年。在这一时期，江苏省农业农村厅按照"对接国家平台、省建门户、市建系统、县管企业、企业自主"的总体要求，启动了省级农产品质量追溯平台优化升级项目。通过整合省级各监管、监测、追溯

系统资源，实现了省、市、县相关平台的对接和数据共享，初步形成了全省农产品质量追溯信息的"一张网"管理格局。在上述起步的基础上，江苏省不断完善和拓展"一张网"模式的功能和应用范围。一方面，加强了对农产品生产主体的入网注册和监管力度，确保所有农产品生产主体都能纳入平台管理范围；另一方面，通过引入物联网、大数据、云计算等先进技术，实现了对农产品生产、加工、流通等全过程的实时监控和数据分析，提高了监管效率和精准度。此外，江苏省还积极探索"一张网"模式在农产品质量安全风险评估、预警预报、应急处置等方面的应用，构建了从产地到市场到餐桌的全程可追溯体系。通过这一体系，消费者可以扫描农产品上的追溯码，了解农产品的生产信息、检测信息、流通信息等全过程信息，增强了消费者的信任度和满意度。

实践中，为了进一步推动"一张网"模式的发展和应用，江苏省采取了一系列措施。首先，加强了与高校、科研机构等单位的合作，共同研发适用于农产品质量管理的新技术、新方法和新设备；其次，加大了对农产品质量追溯平台的宣传力度和培训力度，提高了生产主体和消费者的参与度和认知度；最后，加强了与国内外其他地区的交流与合作，借鉴先进经验和技术成果，推动江苏省农产品质量管理工作的不断创新和发展。

以两地为例：（1）仪征市作为江苏省的一个县级市，在农产品质量追溯方面取得了显著成效。该市大力推进江苏省农产品质量追溯管理平台推广与应用，通过平台实现了对农产品生产、加工、流通等全过程的实时监控和数据分析。同时，该市还建立了农产品质量追溯示范基地，引导生产主体积极应用追溯平台进行管理。在政府的推动下，仪征市已有众多农产品生产主体纳入平台管理范围，并成功实现了农产品的全程可追溯。（2）淮安市是江苏省的一个重要农业产区，也是农产品质量安全监管工作的重点地区之一。该市通过实施"一张网"模式，实现了对农产品生产、加工、流通等全过程的精准监管和高效管理。该市建立了电子生产档案系统，要求所有农产品生产主体都必须建立电子生产档案并纳入平台管理范围。同时，该市还加强了对农产品生产主体的巡查和抽检力度，确保所有农产品都符合质量安全标准。在政府的推动下，淮安市农产品质量安全水平得到了显著提升。

总的来看，江苏省农产品质量管理"一张网"模式的实施取得了显著成效。首先，通过全程可追溯体系的建立和应用，提高了农产品质量安全水平和消费者信任度；其次，通过信息化手段实现对农产品生产、加工、流通等全过程的实时监控和数据分析，提高了监管效率和精准度；最后，通过加强与高校、科研机构等单位的合作以及借鉴国内外先进经验和技术成果推动了农产品质量管理工作的不断创新和发展。

进一步地，江苏省农产品质量管理"一张网"模式的成功经验可以概括为以下几个方面：一是坚持政府主导和市场运作相结合的原则；二是加强顶层设计和规划引领；三是注重技术创新和应用推广；四是强化宣传培训和示范带动；五是加强区域合作和国际交流。这些成功经验为其他地区开展农产品质量管理工作提供了有益借鉴和参考。

本 章 小 结

农业是一种基于自然循环的产业，极大地依赖自然环境的信息以指导生产，依赖市场需求的信息以加工和供给。农业现代化就是要用现代化的技术手段打破信息黑箱，调控链条衔接。

数智农业是数字技术和智慧系统在农业上的融合运用，是通过数字技术和设备收集整理农业生产经营信息，并结合人的需求形成的、能够将人力解放出来的智慧管理系统。其使得信息技术与自动管理与农业各环节实现有效融合，对于转变传统农业、转变农业生产方式具有重要意义。农业数智化就是在现代信息技术支撑下，推动农业集约化和信息化的过程。它分为多种服务类型，在产业链各链条、生产环境各主体上将信息作为农业生产要素，用现代信息技术对农业对象、环境和全过程进行可视化表达、数字化设计、信息化管理。数智农业使信息技术与农业各个环节实现有效融合，对改造传统农业、转变农业生产方式具有重要意义。

本章聚焦"全链融智"，讨论信息技术和数字化手段在农业的生产、流通、运营等不同环节的融合和利用，从而帮助生产经营主体实现合理利用农业资源，降低生产成本，改善生态环境，提高农作物产品和质量，提升农产品的附加值和市场品牌影响力，拓展农产品的营销能力，降低市场运营成本，提升农产品的溢价能力，利用信息化和数字化方式提升农业产品的竞争力。

从数智农业的特点来看，在农业生产经营中实现它需要做到两大方面：

一是数字技术和智慧系统的有效落实。第一，在数字农业发展环境方面，应加大政策资金投入，营造良好发展环境，不仅依靠数字技术的进步为其提供技术资源，更需要政策、资金等方面的投入为其提供保障。第二，在数字农业信息基础方面，加强基础设施建设，夯实数字农业发展根基，强化农业物联网和互联网的基础设施建设，将农业信息化基础设施建设提升至与水利、电力、交通等传统基础设施同等重要的地位。第三，在数字农业技术支持方面，加大农业数字技术产业发展力度，发展数字农业新基建，一方面加大农业科技投入促进农业数字技术产业发展，将新一代信息技术与农业装备制造有机融合，提高农业装备水平和农机作业质效；另一方面注重搭建农户、企业、科研机构、政府等相关主体间的信息交流平台，实现农业信息多层次的实时反馈与交流。

二是数智系统使用主体对于系统功能的深入研究，以及新农人的教育提升。要努力提升人才队伍素质能力，全方位培养、引进、用好人才，促进人才下乡、返乡、兴乡，吸引各类人才在乡村振兴中建功立业，为全面推进乡村振兴、加快农业农村现代化提供有力支撑。重点做强农业科研人才、社会化服务组织带头人、农业企业家、农村创业带头人所形成的现代化农业人才队伍，更好发挥其加快农业创新驱动发展，促进小农户和现代农业发展有机衔接，助力一二三产业融合发展的支撑作用，为推动农业农村现代化注入活力动力。

本章参考文献：

[1] 曹冰雪，李瑾，冯献，何昉．我国智慧农业的发展现状、路径与对策建议 [J]．农业现代化研究，2021，42（5）：785－794．

[2] 刘欣雨，朱瑶，刘雅洁，王静，李贺贺，孙金沅，赵东瑞，孙啸涛，孙宝国，何亚荟．我国农产品加工业发展现状及对策 [J]．中国农业科技导报，2022，24（10）：6－13．

[3] 唐文浩．数字技术驱动农业农村高质量发展：理论阐释与实践路径 [J]．南京农业大学学报（社会科学版），2022，22（2）：1－9．

[4] 徐光平，曲海燕．"十四五"时期我国农业高质量发展的路径研究 [J]．经济问题，2021，506（10）：104－110．

[5] 殷浩栋，霍鹏，肖荣美，高雨晨．智慧农业发展的底层逻辑、现实约束与突破路径 [J]．改革，2021，333（11）：95－103．

第五章

农牧企业的数智转型

第一节　中化先正达：数字技术全域服务
打造"三位一体"智慧农业

一、农业生产大场景的挑战

（一）农业生产大场景中的信息困境

数智农业的核心是数字信息技术对农业场景的数字化、智能化改造，离不开计算机、互联网、大数据等技术及设备的装配应用。改革开放以来，我国农业信息化起步较晚、发展缓慢，常见问题主要表现在以下五个方面。

一是农业信息化基础设施薄弱。互联网建设等方面取得了一些较高水平的科研成果，但应用不够普及，技术不配套，研究项目内容单一，网上信息重复现象较为严重，实用性较差。农村信息资源分散、重置，缺乏有效整合，农业信息系统建设还缺乏统一规划和科学的运行机制，突出表现在全国各地区、各部门之间缺乏有效沟通，难以形成规模效能。农业信息服务站点主要集中在大中城市和东部经济发达地区，东西部差距明显，城乡差距明显。中国的农业数据库信息资源建设不健全，农业数据库资源不仅数量少、质量低，时效性、共享性、开放性也较差。在同一个地方的涉农信息服务网站，有价值的信息资源也分别属于不同的农业部门、农业企业和相关科研机构，造成信息系统以行政、地域、行业等条块分割的现象，并且各系统的数据库有着不同的数据结构和组织方式，给信息需求者获取和利用造成了诸多不便，形成了信息孤岛，难以有效地发挥这些信息资源的作用，造成了资源的严重浪费和闲置。

二是信息时效性差、精确度不高。信息对时效性的要求比较强，而目前农业网站过时的信息较多，缺乏第一手信息和第一时刻发表的信息，不能实现信息的及时更新。信息具有一定的自由性和随意性，信息资源的质量和精确度不高。综合性的信息多，专业性的信息少；交叉重复的多，有特色的少；尤其是缺乏有价值的信息分析和对未来农业经济形势的预测，不能较好地分析农产品生产和市场销售状况。

三是信息形式单一，沟通方式有限。农民对信息形式的需求是多样化的，而目前农业网站页面静态的多、动态的少，缺少网站导航，信息规范化、标准化程度差，站点不够生动，缺乏个性和专业特色。另外，农业网站提供与农民交流的手段很有限，通常需要一定计算机知识的方式，农民因自身条件限制，缺乏与农业网站之间的沟通。

四是社会力量参与不够。当前农业信息，主要靠政府推动，服务主体单一，社会化、多元化投入机制还没有完全形成。农村产业化发展滞后。农业产业化是以市场为导向，以企业为依托，以农户参与为基础，以科技服务为手段，把农产品的生产、加工和销售联成一体，从而形成有机结合的组织形式和经营机制。发展农业产业化经营，有利于促进农业结构战略性调整，带动广大农户按照市场需求进行专业化、集约化生产，形成优势产业集聚，提高农业综合生产效益。这种以市场为导向的农业生产，必然会产生对信息的大量需求和提高信息获取效率的强烈要求，是推动农业信息化发展的重要基础。

五是农民信息意识淡薄，信息化专业人才短缺。中国农民整体文化素质还较低，大多数农民信息意识淡薄，主动学习相关信息知识理论和操作技术的能动性差，利用信息的自觉性不高，缺乏有效利用信息技术的知识和能力，使农业信息传播效率不高，农业生产的盲目性较大。农业信息化建设要求农业信息工作人员既要懂信息技术，又要懂农业科技知识，同时也要熟悉农业经济运行规律，要既懂生产管理又懂市场经验，能对网络信息进行收集、整理，分析市场形势，才能提供及时准确的农业信息。许多从事计算机专业的人才进入农业领域，因不懂农业知识而流失，因而具有农业信息技术开发能力的人才匮乏，难以进行大项目的攻关。目前还没有建立起一支稳定的专业化农业信息化工作队伍，现有的信息工作服务人员素质参差不齐，不能充分适应农业信息化建设的快速发展，影响农业信息化水平和农业信息服务质量。

（二）我国数智农业发展对信息技术的需求

1. 我国农业信息技术的发展历程

我国农业发展增速不高，现代化转型过程中面临的掣肘问题繁多。一方面，劳力短缺、农业从业人员受教育程度低，导致人工成本迅速增加，种植效率受限。另一方面，农业产业竞争力不强。从经营面积看，截至 2016 年底，中国经营规模在 50 亩以下的农户有近 2.6 亿户，占农户总数的 97% 左右，经营的耕地面积占全国耕地总面积的 82% 左右。①从机械化率看，2019 年我国主要农作物（小麦、玉米、水稻）耕种收综合机械化率 69%，而设施农业机械化率仅 31% ~ 33%，畜禽养殖业

① 钟真，胡珺祎，曹世祥．土地流转与社会化服务：“路线竞争”还是“相得益彰”？——基于山东临沂 12 个村的案例分析 [J]．中国农村经济，2020（10）：52 - 70.

机械化率 35%。① 从效率效益看，欧美农业人均产值 5 万 ~ 7 万美元，日韩 3 万 ~ 5 万美元，中国 7 850 美元（2016 年），是美国 1/10、欧洲 1/7、日韩 1/6。与此同时，智慧农业发展也面临着缺乏技术储备、人才储备、缺失应用场景等诸多问题。中国大田农业的发展面临诸多挑战：一是"谁来种田""谁能种田"问题逐步凸显；二是生产环节面临的不确定性强。大田农业难以避免受到气象与病虫灾害的影响，投入容易受到损失；三是小农户与大市场存在协调问题，农产品价格波动大；四是生产方式传统、机械化投入低、生产效率低。

可以看到，提高农业信息技术水平对推动乡村振兴和农业数智化具有重要意义，因此，我国针对提高农业信息技术发展水平制定了一系列政策以及具体实施方案。依据 2004 ~ 2021 年的 18 个中央"一号文件"，参照历年中央"一号文件"中有关于农业信息技术工作的指导建议，可以观察出我国农村信息技术发展的整体演变趋势围：

第一阶段为调整农业结构，制定推进农业信息技术发展的政策措施。2004 ~ 2017 年，中央意识到解决"三农"问题的重要性，提出第一阶段的指导意见，最先需要解决的是农民增收困难这一难题，农民经济增收困难不仅制约了农业经济增长也影响了整个国民经济的增长。针对这一难题提出了一系列的政策措施，明确指出要切实推进农业科技开发，加大对资金投入，有利于提高资源的合理配置率和使用率，从而为农民增加效益。同时推动数字农业的实现，有利于加快发展新农村的步伐。

第二阶段为建设农业信息技术基础设施，发展农产品网上交易。2008 ~ 2011 年，农业电子商务平台开始投入使用，农村物流体系的完善改变了传统农产品的单一流通形态，农村生产与市场需求相联系。同

① 资料来源：农业农村部 . 发展智慧农业 建设数字乡村 . http：// www. jhs. moa. gov. cn/ zlyj/202004/t20200430_6342836. htm.

时也带动了一系列的仓储以及运输产业的发展，推进农产品标准化，加大农村就业需求实现了农民持续增收，缩小城乡差距，进一步提高了农业信息技术水平。虽然 2007 年底的数据表明当年农村互联网普及率不超过百分之十，而城市互联网普及率为农村的三倍多。但 2008 年农村互联网普及率增长速度开始飞速上升，明显高于城镇，农村互联网有很大的发展空间，有利于缩小数字鸿沟，农村电信基站的建设和宽带的普及等让农业信息技术得到了快速的发展。

第三阶段为大力促进农业科技创新，完善物联网、涉农电商平台的建设。2012～2015 年，在这一阶段里，公布的政策措施大多是为了突出推动农业科技创新的重要性，将推进农业科技创新问题作为发展乡村振兴战略工作的重点。创新农技推广手段，提高了农民素质和对农业信息技术的接受程度。2014 年将农业物联网作为发展核心的农业信息技术体系开始建立，进一步推动农业规模化、标准化发展，同期完善涉农电子商务平台，加快推广农村电子商务平台以及完善乡村电商服务，需要推动新型农业信息技术稳步发展。

第四阶段为农业数智化告诉发展阶段，农业信息技术水平飞速提高，进入大数据、5G 网络时代。2016～2021 年，在这一阶段，在不断夯实农业发展基础的同时，也及时发现农业农村中的问题，加大优势，加快推动农业现代化发展步伐。2019 年《中共中央　国务院关于坚持农业农村优先发展做好"三农"工作的若干意见》提出农产品全产业链大数据建设，发展农业信息技术可以提高信息的收集以及分析效率，物联网将各省份联系在一起，形成信息分享、信息交换以及公共服务平台，大数据全面精准地抓取有用的信息，形成智慧农业，随着电信网络的发展、5G 基站的普及，也更加提高了农业信息技术的传播水平，越来越多的农民可以实现远程管理农作物，节省了人力资源，同时，农村金融、医疗、教育水平也随着互联网的普及得到提高。

2. 农业信息技术投入促进农业经济增长

可以看到，农业信息技术对农业经济产生了重要影响，资本投入要素和人力投入要素分别通过信息部门对农业经济起到推动作用的。十来年间农业信息技术水平的逐年上升，显著促进了农业经济增长。因此，农业信息技术是推动农业经济增长的有效因素，主要体现在以下几点：

其一，农业信息技术有利于推动产业结构转型升级，促进农业供给侧结构性改革。目前我国农产品较低，缺少农业附加值，农产品供需结构不均衡，需要解决这些问题就要以需求为导向，去库存，补短板，增加农产品的效益。那么农业信息技术水平的提高可以为农业生产带来高效率的信息科技技术，将信息技术应用到农业生产中，可以提高农业产值，节省成本，省时高效。

其二，农业信息技术可以改进传统农业的生产方式，优化产业结构，促使向数字化乡村、智能化乡村方向发展。农业信息技术促进信息业服务业的完善。通过建立农业信息技术服务体系平台，进而提高农业资源的传播效率。通过建立健全农业信息技术服务体系，农民可以更加全面地了解市场，通过类似益农服务社的平台浏览农村电商网络，获得更多的对农业信息技术作用的知识。越来越多的功能可以供农民们了解。

其三，农业信息技术能帮助各部门更加方便了解农业市场供需市场走势以及农业生产经营组织情况，农业信息技术的发展提供了信息交换的平台。农业信息技术可以使农业资源配置合理化。农业信息技术可以利用信息科技实现农业经济规模化，前文所提到的东北地区就是由于不合理配置资源，导致没有发挥自身在农业方面的优势，要将资本、人力等生产要素结合农业信息技术合理进行配置。例如物联网技术可以形成信息网络，将人与农业还有数据紧密结合，同时依靠大数据以及人工智能可以最大程度地利用生产要素，例如进行远程操控，降低农产品病虫害等。除了农业生产方面，在后续的产出、销售等各个环节，都离不开农业信息技术，有利于延伸农业产业链，及时交换传递农业信息，促进农业经济的稳步增长。

其四，农业信息技术应用也在一定程度上放大了农业资本对农业产值的促进作用，在农业上投入资本能够影响农业信息部门的产值，从而间接促进农业经济的发展，向数智农业加快转型。我国农业信息技术发展水平还有很大的上升空间，主要的问题并不是由于整体农业信息技术发展不到位，而是由于农业第二信息部门产值低。第二信息部门不直接参与市场，且不是主要部门，信息部门无法得到充足的资源，在内部的研究开发、数据处理、电话电信经营管理、会计电算化等方面投资较低，尤其是农业类企业。所以要进一步提高农业信息技术水平，需要重视对于农业信息资源的投入。

其五，农业信息技术水平的提高有利于节约人力成本，提高人力资源使用效率，构成农业信息技术水平的农业信息部门也在其中发挥了积极作用，农业信息技术最终是实现了农业产值的提高，受益者为农民，那么要发展农业信息技术，提高农业信息部门产值，建成数智农业，就需要加大人力资本的投入。现阶段农村劳动力素质普遍偏低，难以接受和全面利用农业信息技术，从而造成许多农业方面的信息技术没有得到推广应用，同时农业第二信息部门产值偏低也说明部门内部不重视信息产品开发，在内部的农业信息研究开发方面投资过低。所以应该认识到人力资本的重要性，通过增加高素质信息技术人才，增加对农业信息研究者的培养，加大对信息产品的研发，从而达到第二信息部门产值的增长。

可以看到，数智农业的建设依赖坚实的信息技术基础，信息技术的充分推广应用是实现传统农业向数智农业转型的必经之路。

（三）农业数智化发展的时代机遇

党中央、国务院高度重视信息技术发展，在实施创新驱动发展战略、网络强国战略、国家大数据战略、"互联网＋"等行动中都对农业农村信息技术作出重要部署，将农业数字化转型发展摆在突出重要位置。

2015年，国务院印发《促进大数据发展行动纲要》并明确大数据国家战略。《促进大数据发展行动纲要》明确提出：信息技术与经济社会的交汇融合引发了数据迅猛增长，数据已成为国家基础性战略资源，大数据正日益对全球生产、流通、分配、消费活动以及经济运行机制、社会生活方式和国家治理能力产生重要影响。目前，我国在大数据发展和应用方面已具备一定基础，拥有市场优势和发展潜力，但也存在政府数据开放共享不足、产业基础薄弱、缺乏顶层设计和统筹规划、法律法规建设滞后、创新应用领域不广等问题，亟待解决。随后中央从国家层面阐述了大数据的发展形势和重要意义：一是大数据成了推动经济转型发展的新动力；二是大数据成了重塑国家竞争优势的新机遇；三是大数据成了提升政府治理能力的新途径。立足上述大数据发展的形势和重要意义，国家制定了下一阶段的指导思想和发展目标，根据目标制定了下一阶段的主要任务：一是加快政府数据开放共享，推动资源整合，提升治理能力；二是推动产业创新发展，培育新兴业态，助力经济转型；三是强化安全保障，提高管理水平，促进健康发展。

国家发展和改革委员会在《产业结构调整指导目录（2019年本）》中提到，将"农业生产数字化改造和智慧农业工程"列为鼓励发展的产业；《中华人民共和国经济和社会发展第十四个五年规划和2035年远景目标纲要》中，提出了"完善农业科技创新体系，创新农技推广服务方式，建设智慧农业"。在系列政策文件中，2020年4月7日，发改委联合网信办发布《关于推进"上云用数赋智"行动培育新经济发展实施方案》。这是自2015年《促进大数据发展行动纲要》发布并明确大数据国家战略以来，又一次重磅指引中国数字经济的下一个发展阶段的方向，最终实现智能经济的一次核心部署，目标在于通过"实施

'上云用数赋智'行动，推动数据赋能全产业链协同转型"。具体来看，"上云用数赋智"行动是指通过构建"政府引导—平台赋能—龙头引领—协会服务—机构支撑"的联合推进机制，带动中小微企业数字化转型，"上云"重点是推行普惠性云服务支持政策，"用数"重点是更深层次推进大数据融合应用，"赋智"重点是支持企业智能化改造。"上云用数赋智"行动为企业数字化转型提供能力扶持、普惠服务、生态构建，有助于解决企业数字化转型中"不会转""没钱转""不敢转"等问题，降低转型门槛。

以上规划纲要表明，从中国数字经济发展战略来看，有三点非常重要：一是实现底层技术安全，实现数智行业发展独立自主；二是满足发展中的数智技术需求，保障我国现代化发展的资源能力；三是确立数智开发和应用的高瞻远瞩，发挥数智资源禀赋的效率。

因此，为实现数智行业发展，我国数智化发展的行动方案主要应实现打造数智企业、构建数智化产业链、培育数智产业生态这三个基本目标。第一，打造数智企业。一方面，支持和培育以数智服务为经营核心的数智服务企业，通过提供数智化技术服务帮助广大企业实现效率提升，在各行各业企业构建与管理全生命的产品过程中，不断地基于客户对最终产品的需求，寻找让生产资源高效、稳定、精准的组合，最终，推动广大企业用科技手段实现低成本与高质量控制。另一方面，应推动全类型企业参与到数智化转型改造中，中小微企业的数字化转型是释经济潜力的关键，但目前中小微企业数字化程度普遍有限，应通过数智服务企业和少数龙头企业的转型带动，推动作为就业主力的中小微企业实现现代化和数智化。也就是说，目前的数字化转型的重心落在中小企业。要充分理解数字化的数据流在企业管理、业务经营以及产品创新中的作用，包括如何提高管理、决策和研发效率，如何为业务运营和拓展提供新的机遇，也就是说如何利用数据进行赋能。

第二，构建数智化产业链。消费和工业两条战线上持续推进数字化转型，20世纪90年代中期开始的互联网商用到千禧年后开始的移动互联网线性扩展，消费类数字经济发展做出了非常大的贡献；自从移动互联高速发展，5G开始全面商用后，我们会看到工业数字化转型已经开始，后面几年有望将爆发性发展。总体规律是资金流向大城市、大企业、大项目是一种经济自然，要优化或甚至是改变这个自然，其关键就要看是否有可能实现数据要素全链条共享。如果未来可以通过数字化产业链，以公共产品方式提供企业经营的数字化工具，如果有大量基于联盟链的可信智能商业的环境出现，数字化产业链就能助力广大中小企业数字化转型，甚至是解决中小企业融资难问题。因此要搭建联合推进机制，提供转型服务，以普惠性"上云用数赋智"服务，提升转型服务供给能力。构建的企业阵型要能通过数据相关的科技，包括大数据分析、物联网、区块链溯源等工具，为企业的经营和发展带来附加价值，在更深层次推进数字化技术与产业的融合运用，通过多维的数据让产业链高效协同，其中互联平台是基础。

第三，培育数智产业生态。结合国家数字经济创新发展试验区建设，探索建立从政府、金融机构、中小微企业的一种联动机制，以专项资金、金融扶持形式鼓励平台，为中小微企业提供云计算、大数据、人工智能等技术，以及虚拟数字化生产资料等服务，加强数字化生产资料共享，通过平台一次性固定资产投资、中小微企业多次复用的形式，降低中小微企业运行成本。以数据＋资本的双管模式，通过龙头企业的数字化与普惠性互联网数字平台，带动数字化产业链的建设，从而倒逼与支持中小企业加快数字化转型，最终实现一二三产业的颠覆性融通与可信智能经济的发展。

对于信息模糊、缺乏沟通、亟待协调的农业行业来说，数智农业发展恰逢其时也恰逢其需。我国需要在农业的重点行业和区域建设若干国际水准的工业互联网平台和数智化转型促进中心，深化研发设计、生产制造、经营管理、市场服务等环节的数智农业应用，培育发展个性定制、柔性制造等新模式，加快产业园区数智化改造，深入推进服务业数字化转型，培育众包设计、智慧物流、新零售等新农业经济增长点。总的来说，通过加快发展数智农业，推进农业生产经营和管理服务数智化改造等农业现代化转型发展的具体实践。

二、"云数据"打造"先农数科"智慧农业

中国中化控股有限责任公司（简称中国中化，英文简称 Sinochem Holdings）是由中国中化集团有限公司与中国化工集团有限公司联合重组而成，为国务院国资委监管的国有重要骨干企业。先正达集团是中国中化控股有限公司生命科学业务板块下属跨国央企，拥有世界一流植保开发能力和全球顶尖种业生物技术，是全球植保第一、种业第三的农业科技公司，业务包括植保、种子、作物营养以及 MAP（modern agriculture platform）等。

"先农数科"团队是先正达集团 MAP 板块的核心团队。"先农数科"肩负着让数字赋能更多农户和企业的使命，以搭建种植业生产管理一体化云平台为基础，面向生产服务和管理分别打造集农业生产、管理、政务于一体的 App 端和 PC 端，统一涉农系统门户，并以企业为纽带，实现涉农服务一键办、涉农信息及时达、涉农数据随时采。通过建设生产体系和供销体系，全面打通数据链路，汇聚"生产—服务—管理"多维数据，构建农户、社会化服务和金融保险机构信用体系和大数据体系，助力地方政府搭建智慧农业与数字乡村智慧决策系统，以数据驱动农村一二三产业融合发展，实现传统农业向现代农业的转型跃迁。

（一）"三位一体"数字助农的方案概况

项目位于浙江省瑞安市，地处浙江省东南沿海，"七山二水一分田"是对当地地理地貌的形象概括，丘陵、山地占瑞安市总面积的60.8%，且境内土壤类型多样。多山多水多雨的农业环境，给瑞安农业发展提出了进一步挑战：一是农业生产受气象灾害影响较平原地区更为频繁；二是地理环境复杂，对种植技术和管理经验要求较高，仅靠人工实现规模化种植较为困难；三是当地许多作物的生产仍以单家独户小规模分散种植为主，各产区农民合作组织的力量需要得到有效整合。

农村"三位一体"改革是习近平总书记亲自点题、亲自破题的"命题作文"，[①] 是推动乡村振兴、实现共同富裕的有效途径。瑞安作为"三位一体"改革的始源地，十五年来持续推进"三位一体"改革探索，但因农业农村的复杂性和农户的分散性，改革效果不明显。2020年以来，浙江瑞安市政府引入中化 MAP，针对改革遇到的痛点问题，共同探索"政府＋合作社＋MAP"三位一体创新作模式。结合区域农业发展痛点，中化 MAP"先农数科"团队制定了智慧农业与数字乡村转型解决方案，将新一代信息技术深度融合应用与种植业的发展，建立"三位一体"智农在线服务平台，建立线上线下相结合的"三位一体"建设模式，以"种得好、卖得好、贷得快"为宗旨，以合作社为组织主体，利用合作社形成规模优势，再引入优质农服、农资和金融保险。

系统设计以数据体系建设和应用需要为结果导向，规划需要连通的已有"云网"基础体系和需要新建的"产前、产中、产后"融合服务体系，并遵循统一门户和用户角色权限的原则，实现农户一次登录，服务一站办理、业务一键申请。

建设思路如图 5-1 所示。

---

① 引自：发展"三位一体"综合合作 加快打造为农服务大平台 . http：//www. qstheo-ry. cn/dukan/qs/2017－11/30/c_1122022025. htm.

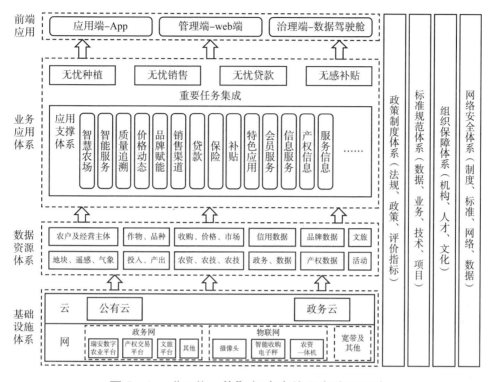

图 5-1 "三位一体"智农在线平台建设思路

资料来源：中国中化先正达先农数科。

（二）"数字指南，全链无忧"：先农数科数字信息生产经营保障服务的实施路径

以构建数字化农业农村"三位一体"新型合作经济组织体系为目标，"先农数科"团队依托卫星遥感、云计算、物联网、大数据等数字技术，围绕生产、供销、信用服务环节，搭建了"无忧种植""无忧销售""无忧贷款""无感补贴"等服务应用场景，以数字化手段拉动生产、供销、信用服务的全面升级。

1. 围绕种出"好品质"，搭建"无忧种植"子场景

围绕农户种植过程提质增效，农产品质量安全等问题，"无忧种植"子场景整合了各类涉农组织资源，根据农户实际地块位置、种植作

物及种植品种智能化匹配专业合作社、提供全程定制化标准种植方案。该系统能够根据环境数据，灵活推荐农事提醒，智能规划种植安排，并以遥感、气象、AI病虫害识别等智能种植工具实时监控种植风险。结合当地实际情况，该系统建立了灾害的判别标准，对每日气象数据进行监测，对气象灾害进行分析、判断和预警，帮助种植户提前应对极端天气，避免生产投入品的损失，最大程度提升农业生产效率，保障种植品质。同时，通过全产业地块上图、遥感监测、气象风险预报等技术，智能推荐合作社安排农资投入品统购、统防统治等服务活动，由合作社为农户配套全程优质农业服务资源，最大程度为农户节本。

2. 围绕卖出"好价格"，搭建"无忧销售"子场景

针对存在小农户供需对接不畅、存在农产品滞销问题，"无忧销售"子场景包含市场行情系统、供销直通系统（供需对接、电商赋能、合作社统销等系统），引入了多家订单农业企业，能够快速对接多类市场及收购主体，实现区域农产品销售通畅。

市场行情系统能够及时感知农产品田间价格、市场价格变化等动态信息，根据农产品的农资农服农机各方面的生产种植成本价格、农产品交易市场价格等多方面数据，进行滞销分析预警。

供销直通系统基于区块链打造全程品质溯源体系，实现种植生产信息全上链，保证生产销售的可追溯；此外，该系统包含了应急响应机制，如对接机关事业单位食堂、农贸市场共享摊位等，合作社及市场主体在系统中实时上报风险，多级联动拉动销售，解决农产品滞销问题。

3. 围绕构建"好服务"，搭建"无忧贷款"子场景

针对农民担保物缺失，融资难、融资贵、资金用途监控难等问题，基于农户信用评分指数模型，系统根据种植种类、种植品种及种植成本等经营信息，完成农户信用资质的精准评分，银行机构根据信用指数给予农户精准授信，提升授信额度，解决农户融资难题，也让银行及金融

机构安心放贷。在种植过程中，农户可根据授信金额购买农资、农技服务，个人无须提前负担种植成本，既实现了农户种植资金全闭环管理，也减轻农户种植经济负担。

4. 围绕构建"好政策"，搭建"无感补贴"子场景

针对现有农业补贴发放流程复杂烦琐，农户申领补贴不便捷、资金到位不及时等问题，利用卫星遥感等数字化技术，根据农户种植地块的权属类型、种植作物、种植面积、农事操作及供销、信用数据等信息，智能匹配政策补贴，系统自动汇总应享补贴的农户基本信息，由合作社快速审核，并对接财政部门利民补助一键达等补贴系统，简化补贴申领流程，实现农业免申即享、即时兑付、补贴无感。

5. 围绕构建"好决策"，搭建数字化智能驾驶舱

汇集数字农合联及其生产、供销、信用等方面关键指标，构建生产综合服务指数、供销综合服务指数及信用综合评价指数等3类指数，上线全域生产地块数据，打通卫星遥感等动态数据源，实时掌控全市土地摞荒、"非农化""非粮化"情况，监控各类业务流程，实时展示相关指标数据，形成服务评价机制；同时建立线上预警、绩效进度监控、业务异常预警等机制，关联相关责任部门，线上跟踪预警响应进度，实现保障管理一体化。

三、全域数字助农的社会效益

（一）生产环节：打造种植全流程服务闭环

生产端，线上依托数字化工具整合涉农资源，线下依托合作社，MAP及其他涉农机构为加入合作社的农户提供产前、产中和产后一站式服务。产前，为综合服务资源与区域信息，通过历史灾害、品种特征、土壤信息等数据分析，为农户量身定制全程化标准种植方案，让农

业种植从过去"看天吃饭"的经验种植模式，变成"知天而作"的智能现代化种植模式，提升种植质量，实现技术无忧。

产中，通过建立自动化遥感分析平台、精准农业气象平台、AI病虫害识别等数字化平台，实时监控种植风险，为农户提供预警预报、病虫害分析防治、农事建议等智能服务，帮助种植户准确掌握田间作物的生长状况，将传统农业中依靠经验解决田间问题的方式变为科技化的手段，及时发现田间存在的问题，如果农户需要植保施肥，系统会自动匹配网上农资商城信息和可用信用授信额度，农户使用授信额度直接购买农资，无须提前垫资，也可以发起采购需求由合作社进行统购，实现生产管理无忧。

产后，分析投入产出情况提供种植结构优化建议，并根据农产品田间价格、市场价格变化等动态信息，建立市场分析系统，使农民了解市场收购行情，根据行情采摘销售，同时通过价格保险、订单销售、合作社统销、政府助销等方式实现销售无忧。

目前，共有 1 094 家合作社、1 734 家农业经营主体和 1 425 家农户上线系统平台，建有 300 亩 MAP beside 示范农场，并授权种植了先正达"金花 1 号""茄紫 1 号"2 个花椰菜新品种。

（二）供销环节：打通农资农服供应和农产品销售双向渠道

供销端，打通农资农夫供应和农产品销售双向渠道，以合作社为组织主体，通过平台为农户统采统销，提升服务效率及能力。

生产采购环节，农户通过平台发起采购需求，合作社定期进行归集，并和入驻平台的服务机构进行集采，确定集采价格后，农户可现金支付也可使用信用授信额度，对于使用信用授信贷款采购的，政府对农户进行全额贴息，实现无息贷款统购，减低生产成本。农户销售环节，通过企业订单、合作社统销、政府助销、价格保险等方式实现托底销售，并建立黄色和红色预警机制，确保销量和价格。

目前，已有 15 家电商平台、45 家农贸市场、20 家农产品配送企业、7 家生鲜企业、196 家企事业单位食堂与 100 多家示范合作社建立农产品供销直通体系和滞销响应机制。

（三）信用环节：构建农户信用身份和涉农服务白名单体系

信用端：通过打通跨部门、跨层级、跨业务的各类数据系统，汇聚多维数据，构建农户信用身份和涉农服务白名单体系，降低农民资金使用成本，提升涉农服务质量。

通过打造农户的精准信用评价体系，构建银行保险等金融机构互认的农户信用身份。对于信用好的农户，保险公司定制开发非政策险，农户可及投及保，并通过数字化手段进行生产全过程监管，实现快速定损和理赔。银行则提供信用授信，农户可及申及用，并可授权银行直接支付给白名单内的农资农服企业，实现快速审批和放款。补贴则根据农户情况自动匹配补贴类型，无须农户申请，后台自动推送相关信息至审核部门，实现补贴不漏不重和全过程在线监管。同时，由农户和行政管理部门对金融保险和社会化服务组织的服务质量、效率、价格、态度等进行双向评价，建立机构服务信用身份，打造滚动白名单库，促进服务质量持续提升。

目前，已为 1 425 户农户建立信用身份，无感授信 8 032 万元。与农商行、人保合作推出了"无本种田"和"无忧保险"2 款产品。

（四）管理决策环节：建立动态感知和智能预警机制

治理端，通过建立数字化智能驾驶舱，并预设业务风险预警模型，可视化展示区域产业动态，实时感知产业风险，辅助精准施策。

利用数据管理和可视化展示技术建设数据驾驶舱，管理部门和农技服务人员可根据全市的地块信息实时掌握产业动态及风险，对种植户进行精准农事农技指导。通过真实的数据，帮助管理部门了解合作社服务情况，并跟踪相关部门的工作指标完成情况，保障制度政策落实到位，为管理决策提供实时的决策依据；同时建立业务风险模型，实时预警区域农业风险，线上机制跟踪风险响应进度，提升行政管理效率，最终实现行政管理和指导的精准高效。

目前，已打通了 14 套涉农系统，推出了 28 项涉农服务，建立了全域三位一体智农综合管理驾驶舱，实现了政务问题快速发现、快速决策和实时追踪。

四、"三位一体"农业数字化的平台模式

从设立之初，中化 MAP 模式自我定位为"品质农业组织者和服务平台"，旨在新型农业经营主体兴起、城乡居民对高品质农产品的消费升级需求两个趋势之间搭建开放的平台和桥梁。本文将中化 MAP 以数据为基础、以数据信息服务为中心的数智发展模式定义为平台模式。

该模式以农产品品质提升和种植者效益提高为核心目标，以订单农业和生产托管为主要手段，示范推广先进的农业科技和农艺实践，开发应用智慧农业系统，打造全程品控溯源品牌，创新农业普惠金融服务产品。同时，该模式为农户提供线上线下相结合、涵盖农业生产销售全过程、全产业链的综合服务，用最好的科学技术和服务帮助家庭农场、农民合作社等新型农业经营主体。同时带动小农户种出最好的农作物，推进农业投入品科学合理使用，解决优质农产品供需两端的错配，实现为消费者"种出好品质"、为种植者"卖出好价钱"。最终实现帮助农民增收、产业增效、消费者得实惠，促进农业品质化驱动、订单化生产、科技化服务、数字化赋能、市场化决策、规模化经营、集约化管理、标准化种植、品牌化营销、绿色化发展，从而提升我国农业的整体竞争力和可持续发展能力。

概括来看，MAP 模式在六个方面表现出推动数智转型和增强生产

效率的作用：

第一，提供强大的农业科技服务。MAP 以市场需求为导向，立足提高农产品产量和品质，更高效地利用资源，推动农业绿色和可持续发展。建设 418 个品种筛选及配套技术研究平台，因地制宜总结各类"提质、增效、轻简化、可持续"的种植技术方案 653 份，全部为农户免费提供，并提供多维度农民培训，建设农民培训教室和观摩基地 677 个，组织开展各类农民培训 2 000 多场，惠及 16 万人次。帮助农户提高肥料和农药使用效率 34.3% 与 50%，产量与品质指标最高提升 22%，平均提高综合收益超过 15%。

第二，搭建县乡两级服务体系。以粮食主产区和重要农产品生产保护区为重点，MAP 在全国 28 个省布局建设 276 个 MAP 技术服务中心和 330 个 MAP 农场。MAP 中心因地制宜地配建种子处理和农药混配车间、测土配肥车间、农资农机仓库、技术方案展示中心、智慧农业监控平台、农户培训和交易中心、检验检测实验室、粮食仓储和产后服务中心、金融贷款服务中心等各类现代农业服务设备设施，为农户提供全方位的农业技术支持。MAP 农场通过直观的种植技术实操与观摩，"做给农民看、带着农民干"，带动更多普通农户进入现代农业发展轨道。组织农村带头人合作挂牌 881 家 MAP 乡村服务站，组建县乡两级社会化服务体系，发挥"熟人"优势，与 MAP 中心共同为农户提供各类农机作业、微物流、业务咨询等"菜单式"服务，促进MAP 服务落地。

第三，构建数字农业服务系统。中化自主开发 MAP 智慧农业系统，提供地块可视化管理、农田精准气象、病虫害监测预警、线上农事管理、线上农技培训等服务，实现农事信息定向推送和专属服务人员一键呼叫，帮助农户实现更加科学的种植决策和更加高效的田间管理，让种植从"靠天吃饭"变为"知天而作"，帮助后端企业和终端消费者实现

"看得见的安全"。目前 MAP 智慧农业系统已向全国 6 555 万亩耕地和 42 万农户免费提供线上科技服务，构建了科学系统的收集数据、提供信息的互动体系。

第四，组织品质农业服务平台。MAP 引导产业链上下游在不减损产量指标的基础上，更加关注营养、风味物质等品质指标，通过定义品质标准—筛选种植基地—优化种植方案—定向收购供应的"端到端"服务，推广订单农业，向加工流通企业提供稳定、均一的优质原料，同时最大限度帮助农户实现优质优价。MAP 服务的农产品优质化率提高 50%，适销对路的品质农产品占比超过 90%。打造"MAP beside"全程品控溯源服务品牌，从关键生育期、核心环境参数、品质检测指标等维度对农产品品质全程把控，并通过数据系统实现全程溯源，消费者通过扫描 MAP beside 二维码就可以了解农产品全生命周期信息，打造独一无二的农产品全程品控 + 溯源体系。

第五，提供农业普惠金融服务。MAP 积累农业各环节数据，创新风控模型，向农户提供从地租支付、农资采购、农机购买、农产购销多种助农贷款，综合费率控制在 9.6% 以内，累计发放贷款 5.67 亿元。定制化开发种植气象指数保险、保险 + 期货、农业共享险等创新农业保险，试点全国首款大数据产量保险，基于大数据和无人测产等手段，提高保险覆盖面、加快理赔进度，构建全方位的农业普惠金融体系。

第六，培养农业人才构成平台服务团队。中化 MAP 依托平台建设一懂两爱服务团队，广泛开展科研合作，评聘内外部农业技术专家 54 人，培养一线农艺师 1 339 人，其中 71% 为农科专业高等院校毕业生、80% 拥有三年以上农技服务和涉农企事业单位工作经历，为服务"三农"提供人才支撑。

总的来看，MAP 模式通过落地主体协同平台，为乡村振兴战略实施提供了有力抓手。通过技术服务、市场订单、智慧农业、农业金融、品牌打造、专业人才等资源要素的不断积累强化，延伸产业链条、拓展服务功能、提高带动能力，因地制宜开展农业生产托管服务，促进农村产业融合发展，实现现代农业服务提档升级，构建全国性、多层次的新型农业经营主体赋能体系，重塑中国农民、特别是小农户的组织方式和服务模式，推动农业农村高质量发展。

五、总结及经验启示

本节集中探讨了促进农业大场景信息畅通、统筹协作的一体化数智技术。农业是国民经济的基础，农业现代化是中国式现代化的关键。数智农业通过构建信息系统和通信基础设施，将农情数据库等数据信息资源引入农业生产决策过程，低成本、大范围地助益更精细高效的农业产业经营行为；通过现代信息技术提高生产经营主体之间的信息沟通效率，帮助快速对接业务、及时调整策略、准确预测行情，推动农业生产经营主体降本增效；通过网站、软件、云技术等搭建多样化的平台，引导政府人员、机构专家、行业技术员广泛接入系统、统筹服务，推动社会力量与一线农业生产有机结合，弥补农民技术短板，提高农业综合生产效益。总而言之，一体化技术在大场景、远距离、多信源、多主体的背景下，充分发挥了数智化技术在资源集中、主体对接、及时传播上的优势，大力推动数据信息在农业生产经营中转化为信息资产或技术加成。

为举例说明，本节聚焦先正达集团 MAP 板块的核心团队"先农数科"的实践案例。在团队提供的卫星遥感、云计算、物联网、大数据等数智技术的配合下，"先农数科"以搭建的种植业生产管理一体化云平台为基础，在生产环节以全场景大数据体系为农户提供指导，在服务环节以 App 和 PC 统一接入涉农服务、供销系统，在管理关节统筹全链路信息和大数据并助力地方政府的政策制定、业务办理，形成了数据驱动下农村一二三产业融合发展的一体化平台，让农户实现了高效种植、精准供销、便捷服务、智能决策。本案例充分体现了一体化技术利用数据信息实现产前指导、产中服务、产后对接、全程合作的突出优势。

我国农业数据信息相关技术发展起步晚、发展慢，虽然近几年实现了海量投入、大力推动，但在不确定性增强和产业升级的农业发展新环境下，为了补足落后技术和落后地区的农业发展短板、提升我国农业生产的平均水平、将"先农数科"类似的全域助农模式广泛推广，必须兼顾农业数智产业化、农业产业数智化。一方面，激励更多农业科技服务主体发展，打造农业专业化的数智企业，将农业社会化服务向完善产业体系发展，建成完善的数智技术产品生产、销售、应用的产业链；另一方面，引导数智技术在一线生产中的广泛引用，通过农户培训、组织合作等多远方式促进先进技术与生产实践的尽快融合，培育农业产业的数智化生态。因此，在接下来的一段时期，我国必将继续加大农业信息技术投入、推动农业信息应用、强化农业信息对生产经营的赋能。

第二节　中粮："大象转身"演绎多元
集成数智化范例

当前，一场数字革命正在全世界全面推开，数字化转型已经成为各行各业的必备战略代表了颠覆和机遇。数智技术与各类技术发生广泛的连接，驱动传统产业数字化转型的认同度越来越高。习近平总书记指出："世界正在进入以信息产业为主导的经济发展时期。我们要把握数字化、网络化、智能化融合发展的契机，以信息化、智能化为杠杆培育新动能。"① 这一重要论述是对当今世界信息技术的主导作用、发展态势的准确把握，是对利用信息技术推动国家创新发展的深刻阐述。

2020 年 4 月，国家发改委发布关于推进"上云用数赋智"行动、培育新经济发展的实施方案，通过推进企业级数字基础设施、核心资源的开放，助力企业数字化转型，最终实现整体经济的转型升级、高质量发展。结合中国粮食行业实际情况，将信息化、数字化和网络化的新理念、新技术、新业态、新模式与粮食的产、购、储、加、销进行深度融合，加速粮食行业全方位、全角度、全链条的数字化转型，成就智慧企业，构筑粮食产业高质量发展新格局，显得尤其重要。

中粮集团作为与新中国同龄的中央直属大型国有企业，中国农粮行业领军者，全球布局、全产业链的国际化大粮商。其在维护农粮产业链稳定、促进绿色发展低碳环保、推动乡村振兴服务"三农"方面贡献着"中粮力量"。如今，中粮的数字化转型正在从积跬步向"智"千里进发。科技赋能的深度与广度在各业务中显著提升。随着"5 + 2 + 7"为核心的"数智中粮"战略框架体系不断完善成熟，中粮力量的数智升级正在全产业链上演。

一、鲶鱼效应：粮食产业发展新趋向需要数智化力量

我国既是农业生产大国，也是粮食消费大国，解决好我国 14 亿人口的吃饭问题是关系国计民生的头等大事。党的十八大以来，以习近平同志为核心的党中央提出了"确保谷物基本自给、口粮绝对安全"的新粮食安全观，确立了"以我为主、立足国内、确保产能、适度进口、科技支撑"的国家粮食安全战略，引领推动了粮食安全理论创新、制度

① 习近平在中国科学院第十九次院士大会、中国工程院第十四次院士大会上的讲话. 人民日报，2018 - 5 - 29.

创新和实践创新，走出了一条中国特色粮食安全之路。党的十九届五中全会明确提出，要以保障国家粮食安全为底线，保障粮、棉、油等重要农产品供给安全。

近年来，我国粮食产业发展形势持续向好。具体表现为：一是粮食综合生产能力不断增强。我国粮食生产取得历史性的"十七连丰"，全国粮食总产量连续五年稳定在1.3万亿斤以上人均粮食占有量远高于国际粮食安全标准线，库存消费比远高于联合国粮农组织提出的警戒线，稻谷、小麦库存量能满足中国居民一年以上的消费需求。我国用全球9%的耕地、6%的淡水资源生产的粮食，养活了近20%的人口，实现了由"吃不饱"到"吃得饱"进而"吃得好"的历史性转变。二是粮食和物资储备能力大幅提升。国家粮食安全和战略应急物资储备安全理论创新、制度创新、实践创新成果丰硕，"中国粮食中国饭碗"成色更足，粮食、能源和战略物资、应急物资储备实力明显增强，应对风险挑战能力大幅提高。优质粮食工程成果丰硕，粮食产业高质量发展探索新路径。粮食调控手段不断创新，粮食市场繁荣稳定展现新活力。基础设施条件逐步改善，储备安全保障实现新提升。三是仓储现代化水平明显提高。2021年全国标准粮食仓房仓容达到6.8亿吨，较"十二五"末增加1.2亿吨。规划建设了一批现代化新粮仓维修改造了一批老粮库，仓容规模进一步增加，设施功能不断完善，安全储粮能力持续增强，总体达到了世界较先进水平。四是粮食物流能力大幅提升。2018年，全国粮食物流总量达到5.2亿吨，其中跨省物流量2.5亿吨。粮食物流骨干通道全部打通，公路、铁路、水路多式联运格局基本形成，原粮散粮运输、成品粮集装化运输比重大幅提高，粮食物流效率稳步提升。五是粮食科技水平显著提升。国家大力推进以"互联网＋粮食"特色的信息化建设，加快智能化粮库科技投入，大力推广绿色科技储粮，打造新发展阶段优质粮食工程升级版，进一步拓展建设领域、扩大实施范围，突出问题导向、目标导向，聚焦补短板强弱项，重点抓好"五优联动""三链协同"和"六大行动"，全面推进粮食高质高效，加快建设为粮食安全保障提供更加有力支撑的现代化粮食产业体系，成为维护国家粮食安全的重要屏障，粮食产业从此迈入数字化、智能化时代。

从中长期看，我国粮食产需仍将长期处于紧平衡态势，存在粮食供给结构性矛盾突出、粮食进口量居高不下增产边际成本增加、库存设施水平不高、收储及加工方式不精细等问题。随着新冠疫情等突发应急事件冲击，国际形势日趋复杂，粮食安全的重要性进一步凸显。

未来，我国粮食产业呈现如下发展趋势：一是要构建新时期粮食安全战略体系，保障粮食安全。实施"藏粮于地、藏粮于技"战略，稳步提升粮食产能，为保持粮食供需总量平衡增添后劲。加强储备能力建设，严格政府储备管理，优化储备粮品种结构和区域布局，强化中央储备和地方储备协同运作，发挥好"压舱石"和"稳定器"作用。建立健全粮食"产购储加销"协同联动机制，建设完善一批粮食应急保障中心，修订粮食应急保障预案，加强粮食市场监测预警，增强应对突发事件的能力。二是要深入推进优质粮食工程，加快粮食产业高质量发展。围绕抓好"粮头食尾"和"农头工尾"，延伸粮食产业链、提升价值链、打造供应链，加快建设现代化粮食产业体系。深入实施优质粮食工程，重点推进粮食绿色仓储提升、粮食品种品质品牌提升、粮食质量追溯提升、粮食机械装备提升、粮食应急保障能力提升、粮食节约减损健康消费提升等"六大行动"，推动优粮优产、优购、优储、优加、优销"五优联动"，增加绿色优质粮油产品供给，满足广大人民群众对粮油消费升级的需求，在更高层次上保障国家粮食安全。三是要全面实施国家粮食安全战略，强化节粮减损。粮食产后收购、储存、运输、加工、消费等环节损失浪费问题仍然存在，个别环节较为突出。要统筹抓好粮食收获、仓储、运输、加工、消费等各环节减损工作，支持节粮减损技术和装备研发推广应用，优化原粮散粮物流运输体系；研究探索社会多元储粮新机制，指导帮助农民实施农户科学储粮项目。积极开展世界粮食日和全国粮食安全宣传周、科技活动周等主题活动，发挥好粮食安全宣传教育基地作用，营造爱粮节粮的浓厚社会氛围。四是要打造产业新发展格局，实现粮食供需动态平衡。未来粮食市场竞争更加激烈，将由国内局部竞争转向国内、国际全方位竞争，将由单纯生产能力的竞争转向"生产能力＋流通能力＋创新能力"的竞争。逐渐实现从"藏粮于库"向"藏粮于市"转型，以粮食加工企业为引擎，打造从产区到销区、田间到餐桌的"产购储加销"全产业链粮食产业体系，形成"大粮食""大产业""大流通""大市场"的新发展格局，实现产需有效对接，形成需求牵引供给、供给创造需求的更高水平动态平衡。

由此，为应对新发展阶段建设中国式农业强国对粮食产业高质量发展的新要求，亟须引入数智化力量，发挥好"鲶鱼效应"，刺激市场中的关联企业觉醒数智化意识。数智化转型必然要从企业发展过程中的"可选项"转变为"必选项"，并将数智化浪潮逐步覆盖到粮食产业的所有边界。可喜的是，伴随着数字经济的迅猛发展，粮食产业近些年呈现出云计算、物联网、大数据、人工智能、区块链等技术工程化推广应用的良好趋势，带动了粮食全产业链的数智化转型，为优质粮食工程和国家粮食安全提供了助力。在疫情防控常态化、国际形势复杂多变、全球粮食供应紧张的大背景下，粮食产业和各类粮食企业创新商业模式，借助数智技术打造了网上粮店、预约售粮、粮食银行、质量追溯、云端监管、云端协同等创新应用，实现了粮食产业资源整合、网络贯通和应用贯通，帮助企业走出困境并实现业绩稳健增长，保障了全国粮食供需平衡和产业链平稳运转。

二、适者生存：数智化力量塑造粮食产业发展新格局

依靠数智化推动粮食产业现代化是大势所趋，自 2016 年以来，为推动粮食收储信息化，强化粮食物流信息服务，提升粮食加工业信息化水平、监测与应急信息化水平、粮食市场信息化水平以及行政监管信息化能力，我国先后实施"粮安工程""优质粮食工程"、国家粮食管理平台、省级粮食管理平台、国家粮食质量安全检验监测体系数字化实验室、重点粮食加工企业信息化改造等一系列数智化建设举措，大大加速了数智技术与粮食行业融合。

早在"十三五"期间，国家粮食和物资储备局先后印发《粮食行业信息化"十三五"发展规划》（国粮财〔2016〕281 号）、《关于规范粮食行业信息化建设的意见》（国粮财〔2016〕74 号）、《粮食行业科技创新发展"十三五"规划》（国粮储〔2016〕279 号）、《关于加快推进粮食行业信息化建设的意见》（国粮办发〔2017〕244 号）、《关于开展粮食行业信息化"十三五"发展规划中期评估工作的通知》（国粮办发〔2018〕133 号）、《关于统筹进粮食和物资储备信息化建设的指导意见》（国粮发〔2020〕6 号）等规划通知及意见，为数智技术与粮食产业融合提供政策保障。

随着国家数智化建设政策指引、数智技术持续发展以及社会数字化不断普及，数字经济将进一步与粮食产业深度融合，从而实现整体产业、经济效率的大幅度提升，最后实现产品创新数智化、生产作业智能化、企业运营智慧化、用户服务敏捷化和产业体系生态化，为粮食产业发展注入新动能。

（一）粮食产业数智技术应用的长板显化

围绕我国粮食流通能力现代化、宏观调控精准化、流通监管常态

化、粮食产业发展高效化、粮食行业服务优质化等建设需求，以大数据、云计算、物联网、人工智能等新一代数智技术为手段，在全面展开数智化技术与粮食业务融合中，从粮食监管、粮食收储、粮食加工、粮食交易、品质安全、应急保供等各业务场景进行深入探索实践并显示出显著的"长板效应"，主要体现在：

第一，粮食数据整合和监管水平明显提高。依托国家、省级、地方粮库管理平台形成三级联动，通过应用大数据、可视化、移动 App 等信息技术，完成整合资源、打通数据、贯通应用"一整两通"。截至目前，国家粮食和物资储备局管理平台与大多数省份的数据完成对接，实现统筹布局，上下贯通、互联互通，解决"碎片化""孤岛化"问题，提高整体性和协同性；初步形成"一网通、一张图、一张表"的格局，基本实现政务业务服务、储备动态监管、应急指挥调度协同高效，提升了行政监管部门对粮食信息监管与数智化应用水平。

第二，粮食收储信息化基础设施条件明显改善。"粮安工程"粮库智能化升级改造专项项目，在全国 30 个省份实施，截至 2020 年，大部分粮库已经完成智能化升级改造改，涉及出入库、粮情检测、安防、库存管理等核心业务模块，完成与物联网、大数据等数字技术融合，大幅提升了粮库信息数据的实时采集、处理、应用的能力，地方粮库信息化基础设施明显得到改善，粮食收储信息化水平显著提升。

第三，粮食加工数智化水平明显提高。基于自动控制技术的筒仓 DCS 进出仓作业系统已经成熟应用，加工车间生产自动化控制系统及 ERP 系统已在大型粮食加工企业广泛应用，物流作业能力显著增强、效率显著提高。同时多地也积极探索基于信息共享技术，打通原粮和成品粮的质量链，利用物联网、视频监控等技术获取加工企业重要环节关键信息，粮食加工业信息监测能力大幅提升。

第四，粮食市场交易数智化和信息服务水平明显提升。国家粮食电子交易平台、各地方粮食现货批发市场信息化升级和"互联网＋粮食"电商平台等重点工程扎实推进，信息统计分析、信息报送等信息服务能力显著增强，有效促进粮食产销衔接，充分发挥市场信息导向作用。创新信息服务方式与内容，通过微信、微博、移动 App、粮农宝等方式，使便民服务数智化、透明化。

第五，粮食质量、品质安全监测能力显著提升。目前已初步实现粮食质量、品质监管与大数据、物联网、区块链等新兴数智化技术融合，基于区块链、二维码识别技术的粮食质量追溯，为完善粮食质量安全检验监测体系、建设粮食产后服务体系、构建优质粮油工程"五优联动"粮油流通过程的质量数据链条提供了有力的数据支撑；基于物联网技术，将具备条件的质检仪器进行全面联网，实现设备联动、自动取数，为粮食质量数据联网提供技术支撑；通过大数据、云计算、物联网等技术，实现粮情的数智化和可视化监管，实现收储反欺诈、可追溯、危险粮情时空阀和区域化预警，实现国家粮食安全的智能化监管。一系列粮食质量、品质安全方面的数智化实践，使我国粮食安全监管能力得到显著提升。

第六，应急保供支撑能力大幅上升。疫情发生以来，各地各部门采取一系列措施，确保守住粮食和能源安全底线，粮食行业的相关企业借助数智化技术，推出"网上粮店""粮食银行""移动收购"等新业态，有力地保障了粮食与能源的供应和价格稳定，凸显了粮食产业推进数智化转型的重要性。可视化应急指挥等数智化平台的建设，在应对新冠疫情冲击，统筹考虑防汛抗旱、卫生医疗、环境安全、重大自然灾害等不同应急支撑场景中，对原粮分布、存储、调度的综合分析起到了重要作用，是我国应急保供的能力大幅上升。

（二）粮食产业数智技术应用的结构分化

数智化是保障国家粮食安全、履行国家储备安全核心职能的重要支撑，是加快产业系统深化改革、转型发展的强大动能。近年来，粮食产业数智化工作取得了长足发展，但与新时代面临的新形势新要求相比仍有较大差距，内部结构性分化的特征主要体现在：

第一，"产购储加销"数智化程度不均衡。在粮食产业"产购储加销"全链条中，只有购、储、加等部分环节实现了数智化建设，产、销物流等数智化覆盖力度和范围不足。在确保粮食质量、品质有效监管和追溯过程中，产购储加销全链缺一不可，由于粮食各环节具有业务复杂性、跨度大、监管分散、协调难度高等特点，使得各环节在使用数智化技术时，对资金、人员、技术、管理等方面出现不同的投入偏差，导致各环节数据互通共享无法全面贯通、各环节的数智化水平出现差距，从而无法真正实现"五优联动"。

第二，粮食产业数智化建设区域间发展不均衡。由于各区域间的经济、社会、技术发展水平不一致，我国粮食产业中发达地区与欠发达地区、不同规模企业不同群体之间，数智化不均衡问题日益突出。数智技术运用无论从基础设施建设、企业运营、市场推广，还是客户服务，往往需要巨量的资金和人力支持，而且数智化技术成果的落地通常也在回报率高的发达、有实力的地区或企业中产生。同时，行业内落后地区的资本、人才相对匮乏，基础薄弱，没有足够的实力完成数智技术创新与应用，故在粮食产业统筹发展的大趋势下，这种不均衡明显掣肘产业整体数智化建设速度。

第三，细分领域标准化体系建设工作不衔接。目前已经出台了一系列粮食和物资储备标准体系和标准化工作机制，产业内基本形成了统一的制度标准、基础设施、数据资源、安全支撑、运行保障体系。但是，随着粮食业务、数智技术的不断创新与升级，粮食产业需要加快制定新型 IT 基础设施、新型 IT 架构、系统互联互通、数据共享等数智化标准规范，加快完善粮食全产业链标准化体系。

第四，粮食产业数智技术应用、服务人才配置失衡。粮食产业面临数智技术应用、服务等专业人才存在"培养数量少、需求不匹配、人才留不住"的典型问题，主要表现在：一是粮食产业内没有形成数智化相关的标准人才评估实施办法，没有形成人才等级梯队。二是虽然我国高校均开设信息技术相关专业，但专研粮食数智化技术的专业偏少，与粮食产业实际需求存在差距。三是高校在培育既精通信息技术又熟悉粮食业务的人才过程中，与企业、政府等市场专业人才需求匹配度不足。四是粮食产业人才引进渠道窄，人才创新政策相对滞后．缺乏高效灵活的人才引进、培养、使用、评价、激励和保障政策。

第五，粮食相关产业间的数据共享存在断点和堵点。在粮食相关产业间（如金融、贸易、物流），由于数智技术开发与应用的时间和程度不同，行业间的信息系统存在数据接口标准不统一、互联互通难度大等问题，这些系统的数据源彼此独立、相互封闭，使得数据难以在系统之流动和融合，从而导致产业间的数据共享能力薄弱，与外部数据融合度不高，无法及时全面感知数据的分布与更新。同时，受限于数据的规模、种类以及质量，粮食产业间难以更好挖掘数据资产的潜在价值。随着数智化不断深入，粮食产业内外部数据共享的需求日益强烈，急切需要建立数据共享标准化体系，打穿"数据孤岛"，实现系统互联互通，强化数据资源的整合与共享。

第六，弱者恒弱，中小粮食企业数智化应用较初级。由于我国粮食产业信息化起步较晚，虽也有信息技术比较先进的领袖级企业，使用了数智技术应用软件，但多数企业仍处于数智技术应用初级阶段，而且在应用过程中，存在初级管理技术多，高级智能技术少的问题。一方面信息服务的滞后和核心技术的缺乏，导致难以实现互联共享，出现信息安全隐患；另一方面在粮食收购环节和市场监督环节，因软硬件缺乏快速的检测技术和检验装备，出现了粮食数智化转型实践停留在管理体系和运作流程上，以及产品、服务创新的不足。例如，粮食加工企业现有的信息平台缺少粮食收购存储期间的信息，粮食收购时间、收购区域、存储期间的粮情控制作业、交易前的配置检验数据等，没有完整的引入系统，而这些信息对后续的粮食加工与粮食品质与食品安全溯源起关键作用。

粮食企业想要实现业务模式的重构与创新，需要将数智化的理念与技术融入产品或服务中，但我国粮食企业数智化新业态融合创新模式不足。当前，行业内虽已形成了粮企云、售粮预约、粮食数字金融等基于互联网的新模式，但应用规模和业务开发层次不够，以及中小型经营主体基于数智化转型新业态发展系统思维、转型方向、转型路径、转型经验均处于初级水平，导致无法真正将新技术与产业发展进行深度融合。

（三）粮食产业数智技术应用的适者生存

在上述背景下，粮食产业经营主体迫切需要加快数智化转型步伐，也急切需要找寻数智化转型的创新样板。作为立足中国、全球布局、全产业链、拥有最大市场和发展潜力的国际一流农业及粮油食品大型国有企业，中粮集团多方位集成化开展的数智化转型的典型经验，正在引领粮食行业由"数字化"向"数智化"升级。实践表明，只有让数智化转型在粮食行业先行一步并深度扎根，才能通过补上信息短板，提升智能化生产能力、智慧化运营能力和生态化协同能力，引发粮食行业持续的创新并走上迭代升级道路，继而让各组织和企业在数智化的生产实践中，重构粮食的产业价值链，建立新的行业生态，共同营造粮食数智化新路探索的良好氛围，才能更好地保障国家粮食安全、实现粮食产业高质量发展。

2022年5月，江阴市第一批农户体验"粮闪付"系统后奔走相告，"去中粮贸易的粮库里卖粮，每个环节都不需要拿票，钱还能立马打到卡上"。"粮闪付"正是中粮贸易利用"互联网＋"技术成果，搭建的数智化收购系统。这一系统的上线给农民带来了更便捷的售粮体验，更助力农民增收致富，让乡村振兴之路走得更加快捷。鲜活事例背后，中粮集团数智化转型的步伐其实早在多年前就已经迈出。

2017 年，中粮集团全面建设 ERP 项目，为加快集团核心主业全覆盖，中粮信息科技公司应运而生。[①] 截至 2019 年 9 月，系统已覆盖集团1 378 家单位。[②] 底层逻辑的搭建与实践无疑为中粮实现数字化"积聚了底气，描摹了路径"。

目前，中粮正以数字化为始，向数智化进发。先行的中粮信息科技公司随之升级。2021 年初，集团正式成立信息化管理部，而中粮信息科技公司被定位为集团职能管控系统的具体承建者、专业化公司信息系统建设的优选者、新技术与产业场景结合的探索者、集团与专业化公司系统安全稳定运行的保障者以及"十四五"期间集团信息化规划的践行者。经过几年发展，中粮信科通过外部集成，以规模换产品，吸收行业能力，与 IT 行业头部企业合作，打造区块链、物联网、大数据、人工智能等核心能力。中粮信科的进化式发展也是中粮实现数字化向数智化转型的缩影。据介绍，在集团"十四五"信息化规划指引下，中粮信科将以用户需求为导向，提升服务能力、不断加强前沿科技运用，将成为集团"信息化战略"执行落地的生力军。

而集团则以"市场化、国际化、防风险、高质量"为主线，以促进集团高质量发展和赋能企业价值提升为导向，聚焦集团"十四五"重点任务，通过推动数智化转型，全面提升集团数智化管控能力与创新

---

① 中粮集团有限公司．中粮集团整体 ERP 系统全面上线运行．2018－1－25，https：//www.cofco.com/cn/IndexSecond/2018/0125/47077.html.

② 致远互联．中粮贸易：大数据重塑粮食生态链．2019－9－25，https：//www.Seeyon.com/News/desc/id/3592.html.

能力，增强企业核心竞争力。据此，中粮集团提出：构建以"5 + 2 + 7"为核心的"数智中粮"战略框架体系。

中粮集团旗下各专业化公司也在集团总部的一体化标准管控下积极探索数智化转型，中粮粮谷开展线上营销新模式，利用短视频平台举行健康饮食科普、美食云教学等活动；中粮油脂依托数智化手段推动供应链上下游的联动；中粮家佳康不断创新数智化手段，搭建智能养殖场，共享客商生态圈，积极尝试抖音直播新模式等。中粮集团内部如火如荼的数智化业务的加速开拓显现出"数智中粮"战略这条路不仅走得对、走得实，而且走得一流、走出了特色。

三、大象转身：世界级粮商数智化转型的基本判断

产业界喜欢将传统龙头企业称作"大象"，因为这类企业有一个共同的特点，大体量、大组织。这一特点对于数智化转型来说，通常意味着"船大掉头难"，还可能成为束缚。这也就需要企业足够清醒。知道为什么需要数智化转型，知道数智化的目标是什么，知道数智化该如何进行，对将会遇到的困难有所预知，对需要付出的有所准备。在不甚了解的外人眼中，会觉得粮食企业似乎原材料稳定、渠道稳定、消费稳定，整体竞争环境相对稳定，尤其对于巨头们来说，压力不会很大。

然而，事实并非如此。一方面，"大象"级粮商面临天花板效应。近年来，整个粮油大行业的短中长周期增长速度都有所放缓，这也决定了头部公司的增长率会受影响；另一方面，也面临着高地板效应。行业门槛相对较低，不少新兴品牌入场，同时产品同质化程度高，消费者黏性不高，复购率低，市场拓展慢等问题危机四伏。所以，即便是常年盘踞在行业前列的巨头们，也绝不敢说对竞争成竹在胸，更遑论新品牌商

们。巨头们并非想象中的养尊处优，更多是早已居安思危。由此，这就是作为国内最大的农粮央企，中粮集团依然高度重视数智化转型的原因。大象转身虽不易，但为了朝正确的方向，走正确的道路，就得未雨绸缪。"未雨绸缪"，这也是为什么，我们问起一家公司的数智化情况时，喜欢从规划聊起的原因。规划不明确、目标不清晰的数智化，是不可能成功的。显然，中粮集团也清醒地认识并遵循了这个规则。

（一）中粮集团数智化转型的基本认识

中粮集团推动全产业链、旗下各专业化公司数智化建设的过程，其本质是利用数智技术驱动企业创新，实现企业价值增长，为产业高质量发展赋予新动能。中粮集团认为，粮食产业数智化转型是涉及数据、技术、流程、组织等的复杂系统工程，每个环节和角色都要发挥效力，要注重深化对数智化转型艰巨性、长期性和系统性的认识，加强战略性统筹布局。转型的工作重心是充分发挥数据要素的驱动作用，打通全产业链、全价值链、全创新链，共建产业发展生态，保障国家粮食安全，获得价值增量发展空间。由此，在推动数智化转型过程中，要强化数据驱动、集成创新、合作共赢等数智化转型理念，加强多线条协同并进，要结合自身发展基础、创新发展能力，因地制宜制定转型框架和转型路径，充分激发行业创新活力，营造勇于、乐于、善于数智化转型的氛围，强化企业上下一盘棋。

由此，中粮集团所确立的数智化转型愿景可以解读为立足新发展阶段，秉持"数据驱动、集成创新、合作共赢"的数智化转型理念，围绕重构价值体系提升粮食品质和保障粮食安全的核心目标，加速粮食产业全方位、全角度、全链条的数智化转型，成就智慧企业、构筑粮食产业高质量发展新格局。

从数智化转型的目标来看，中粮集团的定位是依托新一代信息技术迸发的数据潜能，重点建设数字经济时代粮食产业发展新型能力，重构价值体系，以持续提升粮食品质和保障粮食安全。其中，重点建设的粮食产业发展新能力体现在八个方面。一是战略决策能力，即粮食企业对内外部资源的控制能力和对于企业战略规划、发展、决策的控制能力。二是经营管理能力，即粮食企业对内部资源优化配置、促进粮食产业链融合协作的资源配置能力；粮食企业对内部高效管理、精细经营、便捷协同的优化协同能力；粮食企业对业务经营各方面的风险防范能力。三是生产运营能力，粮食企业的安全生产、粮食加工、仓储物流、收购交易等生产运营的监控预警能力和分析优化能力。四是数智化掌控能力，粮食企业对数智化顶层设计、数智化标准体系建设、数智化技术应用的能力。五是数智化创新能力，粮食企业在产品研发、市场营销、客户服务业务操作、风险防控、管理决策等方面的创新能力。六是数智化运营能力，粮食企业为数智化转型运营需要，而构建数智化组织和业务流程、培育数智化人才的能力。七是动态监管能力，粮食监管主体进一步强化对粮食行业、各类粮食企业粮食数量、粮食质量、应急保障、宏观调控等的监管能力。八是生态共赢能力，从企业数智化转型上升到全产业链的数智化转型，实现产、购、储、加、销全产业链的业务协同和价值创造，构筑产业数智化的生态共赢能力。

此外，目标中"重塑粮食产业价值体系"的要求则既包含有代表以提高企业经济利益为核心的商业价值，也包括以保障国家粮食安全为核心的社会价值。粮食产业价值体系的各个方面相互关联、相互影响，数智化转型需要全面兼顾价值链的各个环节。根据企业在价值链所处的位置（上游环节或下游环节），结合粮食收储、粮食加工、粮食贸易、粮食物流、粮食安全监管、粮食产业园区、粮食集团总部等不同企业自身情况，以重塑粮食产业价值链为目标，推进粮食产业数智化转型（见图 5 - 2）。

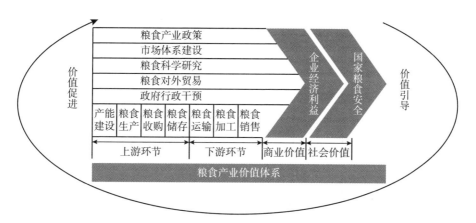

图 5 – 2　中粮集团重塑粮食产业价值体系的目标定位

资料来源：课题组根据企业档案资料、访谈一手资料整理所得。

（二）中粮集团数智化转型的方向研判

围绕"成就智慧企业、构筑粮食产业高质量发展新格局"的数智化转型愿景目标，中粮集团坚定不移贯彻创新、协调、绿色、开放、共享的新发展理念，坚持数量质量并重，突出抓好"五优联动""三链协同"和"六大行动"，从企业运营、业务监管和产业生态三个方面上进行数智化转型，牢牢把握数智化技术趋势和数智化场景趋势，保障数智化转型朝着正确的方向推进（见图5–3）。

关于数智化技术趋势，中粮集团结合粮食产业自身特点和技术应用需求判断，认为整体呈现出七大取向。

取向一：数智化底座。以新发展理念为引领，以技术创新为驱动，以信息网络为基础，面向高质量发展需要，提供数智转型、智能升级、融合创新等服务的数智化底座。主要包括以 5G、物联网、工业互联网、卫星互联网为代表的通信网络基础设施，以人工智能、云计算、区块链等为代表的新技术基础设施，以数据中心、智算中心为代表的算力基础设施，以微服务、数据中台、技术中台为代表的新型 IT 架构等。

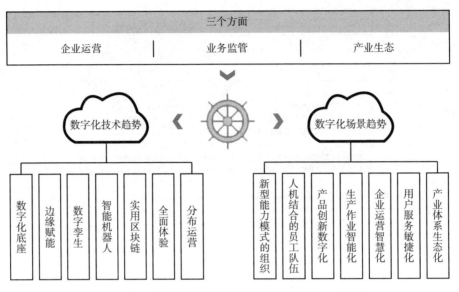

图 5 - 3　中粮集团关于数智化转型的方向研判

资料来源：课题组根据企业档案资料、访谈一手资料整理所得。

取向二：边缘赋能。边缘计算是一种在信息来源、存储库及使用者附近进行信息处理、内容收集和交付的计算拓扑结构，能够有效减少延迟、发挥边缘能力以及赋予边缘更大的自治性。借助云计算和边缘计算，可以构建"云 + 边 + 端"的智算中心，实现本地化高效计算和云端实时同步。比如：在智能粮库作业期间，可借助边缘计算终端进行人脸、车型、车牌、身份证等信息进行问题分析与警示，并与云端系统实时通信，在云端提供业务综合管理、大数据风险分析等云端应用。

取向三：数字孪生。数字孪生是一种超越现实的概念，可以被视为一个或多个重要的、彼此依赖的装备系统的数字映射系统。数字孪生通过综合应用地理信息系统（GIS）、建筑物信息模型（BIM）、虚拟现实（VR）、增强现实（AR）、混合现实（MR）等技术正在改变着人们感知数字世界的方式。比如，借助数字孪生相关技术将真实世界的粮仓映射到"3D 数字粮仓"，实现生产作业设备、粮食质量情况、粮食数量情况的可视化监管。

取向四：智能机器人。智能机器人是使用人工智能自动执行那些以往被人类执行的任务的物理设备。它们的自动化超越了固化的程序所能实现的自动化程度，并能够借助人工智能做出与所在环境和人类进行更自然交互的高级行为。比如，采用粮库采用平仓机器人实现高效、安全的粮面平整；采用自动搬运机器人（AVG）实现成品粮油的自动装卸，采用巡更机器人实现各类危险厂商的 24 小时不间断巡更；采用无人机实现高空热成像探测和可视化巡视等，采用 RPA 机器人实现软件系统中相关业务的流程自动化。

取向五：实用型区块链。区块链可以通过实现信任、提供跨业务生态透明度和实现跨业务生态价值交换、降低成本、减少交易结算时间及改善现金流来重塑整个行业。由于可以追溯到资产的来源，因此"以次充好"的概率大幅降低。比如，借助区块链实现粮食质量追溯、粮食物流监管等。

取向六：全面体验。"全面体验"趋势定义为将客户体验、员工体验和用户体验结合到一起来转变业务成效的努力。其目标是改善从技术到员工再到客户和用户的全方位体验交集的整体体验。比如，借助数智化技术提供大屏、电脑终端、移动终端等多终端访问体验；借助大数据分析，全面洞察农户、客户、供应商的服务满意度情况，不断提升服务质量。

取向七：分布运营。分布运营是一种为全球各地客户提供支持、赋能全球各地员工并管理各类分布式基础设施业务服务部署的 IT 运营模式。它所涵盖的不仅是在家工作或与客户进行虚拟互动，还能提供所有五个核心领域的独特增值体验分别是：协作和生产力、安全远程访问、云和边缘基础设施、数智化体验量化以及远程运营自动化支持。比如移动化办公、粮食远程监管、生产作业远程控制等。

关于数字化场景趋势，中粮集团认为在上述数智化技术驱动下能够不断开拓更加多元的数智化应用场景，可以涵盖到组织架构变革、业务范畴拓展等多种应用属性，同样表现出七大趋势。

趋势一："新型能力模式"的组织。企业由金字塔模式、哑铃模式向能力模式转变，建立基层单位智能作业、上级单位敏捷创新、智慧运营的能力模式，推动企业数据"全归集、全对接、全打通、全共享"，挖掘数据价值，发挥数据驱动作用，赋能智慧企业。

趋势二："人机结合"的员工队伍。数智化企业中，将巡更机器人、仓储作业机器人、自动搬运机器人、RPA 财务机器人、RPA 辅助决策机器人作为企业的新员工，打造"人机结合"的员工队伍，为企业创造更大价值。

趋势三：产品创新数智化。重点是提升产品与服务策划、实施和优化过程的数智化水平，打造差异化、场景化、智能化的数字产品和服务。

趋势四：生产作业智能化。重点是推进智能粮库、智能油库、智能工厂等建设，加快推动粮食产业园区及粮食产业综合服务中心建设，推动企业生产环节的集成互联与智能生产。

趋势五：企业运营智慧化。重点是打造具有高度自动化和人工智能特点的"人、财、物、产、供、销"等智慧型应用，借助大数据和 AI 模型构建"企业智慧大脑"赋能智慧运营。

趋势六：用户服务敏捷化。重点是加快建设数字营销（或数字服务）网络，实现用户需求的实时感知、分析和预测，提供敏捷高效的电子商务服务、消费扶贫服务、惠农服务等。

趋势七：产业体系生态化。重点是依托产业优势，加快建设涵盖粮食收储、粮食加工、粮食贸易、粮食物流、粮食产业园区、粮食集团化运营等领域产业链数智化生态协同平台，推动供应链、产业链上下游企业间数据贯通、资源共享和业务协同，提升产业链资源优化配置和动态协调水平。

（三）中粮集团数智化转型的突围重点

中粮集团旗下企业按照企业性质划分，主要分为粮食收储、粮食加工、粮食贸易、粮食物流、粮食安全监管、粮食产业园区和粮食集团总部。随着数字时代的到来，无论是哪一类粮食专业化企业，在尝试或推进数智化转型工作中都更加理性、务实，更关注数字技术对落实政策要求、促进业务发展和管理创新方面带来的融合推动作用，同时加快人才建设、流程再造和管理体系转变，为数智化转型奠定基础。

中粮集团内部不同粮食企业开展数智化转型存在一些共性，比如，人力、财务、资金、资产、存货、合同、客户等核心资源的数智化管理，原粮和成品粮油实物储存相关数量、质量和环境指标的物联网感知、监测预警以及智能控制等。这也是"5＋2＋7"为核心的"数智中粮"战略框架中要在集团总部层面打造战略与投资、财务管理、风险管控、人力资源，以及综合办公5大集团管控域和建设数据、技术2大中台的价值所在，可以有效避免集团内部各自为战、重复建设所造成的资源浪费和管理混乱。同时因旗下企业各自的粮食业务差异，数智化转型的着力点也不相同（见图5－4）。具体而言：

（1）粮食收储类企业侧重粮食收购业务的高效及合规、粮食仓储作业的高度智能化，以粮食数量真实和粮食质量良好为主要目标。重点通过绿色科技储粮技术和数智化技术融合，打造虚拟可视化的数字粮仓、高度智能化的作业平台和智慧化的运营平台。

（2）粮食加工类企业侧重数智化带来的新产品研发、工艺优化、科学排产、精细成本控制、品质保证、产销协同、质量追溯以及高效销售渠道建设等。重点从产线数智化升级、可预测性维修、智能排产智能加工、智能仓库、精细成本、产业链协同、质量追溯等方面着手。

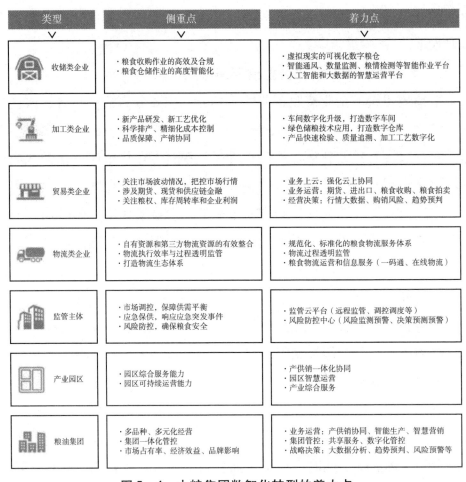

类型	侧重点	着力点
收储类企业	·粮食收购作业的高效及合规 ·粮食仓储作业的高度智能化	·虚拟现实的可视化数字粮仓 ·智能通风、数量监测、粮情检测等智能作业平台 ·人工智能和大数据的智慧运营平台
加工类企业	·新产品研发、新工艺优化 ·科学排产、精细化成本控制 ·品质保障、产销协同	·车间数字化升级，打造数字车间 ·绿色储粮技术应用，打造数字仓库 ·产品快速检验、质量追溯、加工工艺数字化
贸易类企业	·关注市场波动情况，把控市场行情 ·涉及期货、现货和供应链金融 ·关注粮权、库存周转率和企业利润	·业务上云：强化云上协同 ·业务运营：期货、进出口、粮食收购、粮食拍卖 ·经营决策：行情大数据、购销风险、趋势预判
物流类企业	·自有资源和第三方物流资源的有效整合 ·物流执行效率与过程透明监管 ·打造物流生态体系	·规范化、标准化的粮食物流服务体系 ·物流过程透明监管 ·粮食物流运营和信息服务（一码通、在线物流）
监管主体	·市场调控，保障供需平衡 ·应急保供，响应应急突发事件 ·风险防控，确保粮食安全	·监管云平台（远程监管、调控调度等） ·风险防控中心（风险监测预警、决策预测预警）
产业园区	·园区综合服务能力 ·园区可持续运营能力	·产供销一体化协同 ·园区智慧运营 ·产业综合服务
粮油集团	·多品种、多元化经营 ·集团一体化管控 ·市场占有率、经济效益、品牌影响	·业务运营：产供销协同、智能生产、智慧营销 ·集团管控：共享服务、数字化管控 ·战略决策：大数据分析、趋势预判、风险预警等

图 5 – 4　中粮集团数智化转型的着力点

资料来源：课题组根据企业档案材料、访谈一手资料整理所得。

（3）粮食贸易类企业侧重国内外粮食行情监测与准确研判，订单或仓单时机的精准把握以及粮权安全，关注采购库存周转率、产供销协同等。重点打造期货、进出口、粮食收购、粮食仓储（含代收代储）、粮食交易、电商等业务运营系统，打造包含行情大数据、购销风险、趋势预判的经营决策平台。

（4）粮食物流类企业侧重自有资源和第三方物流资源的有效整合，强化物流执行效率与过程透明监管，打造物流生态体系。重点从物流服务体系、物流过程透明监管、物流运营和物流服务等方面着手。

（5）粮食安全监管类主体涉及粮食集团风险控制部门、粮食供应链金融服务机构、粮食期货服务公司等，侧重从自身的监管诉求出发，对产业链各环节专业化企业从市场调控、应急保供、风险防控等方面进行安全监管。重点从云监管平台（远程监管、调控调度等）、风险防控中心（风险监测预警、决策预测预警）等方面着手。

（6）粮食产业园区侧重园区综合服务能力和园区可持续运营能力。重点从产供销一体化协同、园区智慧运营、产业综合服务等方面着手。

（7）中粮集团总部侧重多品种、多元化经营，重视集团一体化管控、市场占有率、经济效益和品牌影响。需要从业务运营、集团管控、战略决策三个层面推进数智化转型，业务运营层面重点从产供销协同、智能生产、智慧营销等方面着手；集团管控层面从共享服务、数智化管控等方面着手；战略决策层面从大数据分析、趋势预判、风险预警和自主决策着手。

综上所述，数智化转型的思路一定是根据企业实际业务的特点，选择权重更高、影响更广的核心项目优先实施，这决定着所响应的数智化升级改造方案的技术倾向及场景特征。

四、多元集成："数智中粮"战略框架的推进路径

以数智化转型带动的全面创新是粮食产业高质量发展的内生动力，是粮食产业走向集约化、绿色化、智能化的重要支撑。中粮集团在推进粮食产业数字化转型实践过程中，深度研判我国粮食行业的发展趋势和自身数智化转型的愿景、目标、方向，最终形成了一整套行之有效的多元集成的粮食产业数字化转型基本框架（见图5-5）。

图 5-5 中粮集团数智化转型总体框架

资料来源：课题组根据企业档案材料、访谈一手资料整理所得。

立足新形势、新起点、新阶段和新方向，中粮集团数智化转型框架核心内容包含转型愿景、转型目标、数智运营和数智能力，并从全方位、全角度、全链条科学有序地推进。

首先，树立清晰的转型愿景和目标。中粮集团的数智化转型愿景即通过数智化转型成就智慧企业、构筑粮食产业高质量发展新格局，数智化转型目标主要围绕重构价值体系、提升粮食品质和保障粮食安全。其次，强化运营与管理创新，提升数字运营能力。对于中粮集团来说，数智化转型的过程就是从业务发展、管理变革、人员赋能、业务创新的一次变革。集团总部及旗下各企业需要通过这次变革，具备全新的运营与管理能力，即数字运营能力。主要体现在共享化、柔性化和敏捷化的组织能力；基于新型 IT 基础设施、新型 IT 架构进行数智化创新应用的能力；将机器人作为企业的新员工，提升"人机协同"能力。再次，基于新一代 IT 基础设施和新型 IT 架构，构筑"数智化底座"。中粮集团借助云计算、物联网、边缘计算、人工智能等先进技术，构筑"云＋数＋AI"的新一代数智技术基础设施，包括云中心、智算中心和物联网中心。基于云原生、容器化、分布式、微服务架构打造企业数智化能力平台，具备敏捷业务响应和高配置中台能力。最后，"方法论＋持续迭代"，有序推进数智化转型。数智化转型是一个循序渐进的过程，需要企业在转型过程中，瞄准目标，按照数智化转型方法论，持续迭代，不断优化，最终实现企业的全面数智化。

（一）中粮集团推进数智化转型的路径分解

数智化转型意味着一系列组织、流程和技术的变革，涉及面宽、成本高、风险大，企业在启动数智化转型工作时必须做好充分的准备。粮食产业与其他产业相比，在数智化基础、转型特点、转型方向等方面存在较大差异，结合中粮集团在推动集团内部大量专业化粮食企业数智化转型的实践经验，总结了粮食产业数智化转型"顶层设计一开路筑基一效果评估"的三大阶段，包含评估数智化现状、识别转型切入点、勾画转型蓝图、构筑数智化平台、实践数智化场景和评估转型效果六个步骤（见图5－6）。

第一步，评估数智化现状。在数智化转型总体框架下，识别各专业化企业数智化转型的愿景和目标，对企业信息化、数智化建设已取得的成果、仍然存在的不足进行全面总结和分析，结合粮食行业发展方向和企业自身的发展诉求提出组织变革、管理变革、业务创新、数智化能力平台建设等方面需求。

第二步，识别转型切入点。在评估了企业数智化现状的基础上，针对各企业的特点，找准切入点。数智化转型的切入点分为技术切入和业务切入两个方向，但不论是技术切入还是业务切入，都需要保证在转型过程中将业务和技术进行充分融合，保证数智化转型与企业战略、数智化转型愿景、数智化转型目标相契合。通常采用以技术切入的方式进行数智化转型时，以信息化/数智化部门为主导，采用以业务切入的方式进行数智化转型时，则以业务部门为主导。不论是采用技术切入还是业务切入的方式，都需要业务部门和信息化/数智化部门密切配合，从业务模式、流程重塑、技术赋能等方面进行合作。

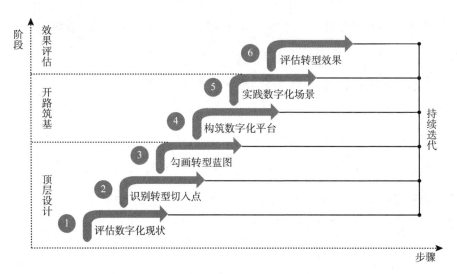

图 5-6 中粮集团数智化转型的路径通论

资料来源：课题组根据企业档案材料、访谈一手资料整理所得。

第三步，勾画转型蓝图。各类型企业应从自身出发，在识别数智化转型的切入点的基础上，进一步明确界定数智化转型的内容、目标，界定数智化转型的相关项目，并按照优先级、重要性进行排序，绘制企业数智化转型蓝图，统筹规划、有序推进数智化转型工作。

第四步，构筑数智化平台。企业在数智化转型过程中，构筑数智化平台（或称"数智化底座"）是关键。数智化平台主要包括新型 IT 基础设施平台和新型 IT 架构。新型基础设施平台包括公有云、私有云、分布式云等云平台建设提供基础设施即服务（IaaS）、平台即服务（PaaS）、数据即服务（DaaS）、软件即服务（SaaS）等云支撑能力，囊括高性能计算、边缘计算、AI 计算在内形成的智算中心，以及基于物联网的各类终端设备设施。新型 IT 架构采用云原生、容器化、分布式、微服务架构，提供中台支撑能力，具备多云部署、资源弹性伸缩、低代码、高控制力等特点，能够支撑企业数智化敏捷创新和持续演进。

第五步，实践数智化场景。基于数智化平台，结合管理创新与人员赋能，强化智能生产、智慧运营、智慧决策和生态协同，根据企业自身特点和条件，有序开展数智化转型的场景实践。

第六步，评估转型效果。根据数智化转型目标、评估办法，对已开展的数智化转型场景实践进行效果评估，总结经验、分析不足。根据效果评估，调整与优化数智化转型方案，并持续推进数智化场景实践，夯实数智化组织运营与演进能力，最终达成企业数智化转型升级的目标。

（二）中粮集团内部数智化转型的现实检视

中粮集团以农粮为核心业务，聚焦粮、油、糖、棉、肉、乳等品类，看似经营业态聚焦，但因粮油产业事关国家总体安全、关系国计民生和社会稳定，因此产业发育较为细致健全、吸纳就业庞大、产业链条绵长，所以中粮集团业务经营通常涉及收储、加工、贸易、物流、监管、食品、金融等多个细分领域，现已拥有上千家分子公司，十几家上市公司，同时为全球接近 1/4 的人口提供粮油食品。如何在多元业务中统一思想、触类旁通是考验中粮集团数智化转型的一大难点。

为此，经过充分评估数智化现状和识别转型切入点，中粮集团逐步确立了"前中期技术切入为主、业务切入为辅；中后期业务切入为主，技术切入为辅"的双轴步进的策略。这是因为如若没有前期高级数智技术的研发应用，业务转型就变成了无源之水、无本之木，只会停留在管理体系和运营流程的简单优化层面，而难以引发企业关于产品革新、服务升级的颠覆式创新潜能；反过来，如若没有业务数智化转型的后来居上，前期建立的数智技术优势同样变成"味同鸡肋"的"花架子"，难以真正创造财富和价值。

基于上述策略，在转型初期，以技术切入为主导的阶段，集团信息化管理部和中粮信科成为中粮集团数智化转型工作的核心推动部门，同时在"治理、数据、管控、业务、技术、基础"六个方面发力，全面推动了集团数智化转型。就具体的角色部署而言，一是作为全集团数智化工作的"统筹者"，发挥牵头作用；二是成为数据标准与规范的"制定者"，数据是企业的核心资产和生产力，所以标准必须统一，而不能形成信息时代的一根根烟囱，在集团层面搭建统一的数据中台，形成数据湖，持续强化数据治理；三是作为集团职能管控系统的"建设者"，中粮作为一个大型企业集团，包括综合办公、人力资源、战略投资、财务管理等在内的职能管控系统必须是统一的，要在集团层面统一建设、集中管理；四是成为共享业务应用的"集成者"，考虑到集团多元化业务背景，难以建设横跨多个专业化公司业务的大型系统，但可以在各类共性业务场景上集大家之所成，并在数智物流、数智营销、智能制造等新兴领域组织探索，不断总结形成标志性成果，逐步在集团内进行推广；五是成为新一代数智技术的"推广者"，IT技术飞速发展，各家公司独立研究无疑是重复工作和资源浪费，对于区块链、大数据、云计算、人工智能等关键技术，集团将紧跟技术发展趋势，统一组织研究，搭建统一的技术中台，形成成果储备并向专业化公司提供服务；六是作为集约化基础设施的"统建者"，基础设施、网络等具有较大的共通性，统一建设必然是成本效益最佳的，通过搭建"一云承载、一网通达、一端接入、一体安全"的集约化基础设施平台，有效降低建设成本，避免重复投资，更为集团数智化转型筑牢安全底座。

过渡到转型中期，进入以业务切入为主导的阶段。考虑到中粮集团多元化业务背景和"一企一策"的数智化转型现实，需要深度洞察不同类型粮食企业的核心业务转型需求，结合集团制定的总体转型框架和总体路径脉络，分类别剖析其具体的数智化转型路径及其过程机理，基本涵盖数智化转型蓝图勾画、数智化能力平台构筑和数智化场景实践等方面，力求全景呈现世界级粮食产业化龙头企业多元集成的数智化升级之路。

1. 中粮集团总部的数智化转型

中粮集团作为以粮油生产、加工、仓储、贸易及销售为一体的国际一流粮食企业，具备较完善的产业布局，具有组织机构多、单位分布广、多元化经营等特点，重视集团化管控、市场化经营和品牌化营销。从中粮集团管控模式的未来发展规划来看，逐渐通过管控上收，执行下放，将朝着"一级决策、二级管控、三级执行"的金字塔型的管控模转变，打造"一级强、二级专、三级活"的新型组织架构。

中粮集团的数智化转型（见图5-7）着重强化五大能力，一是强化基层单位的智能化生产能力；二是强化上级单位对下级单位的透明监管能力；三是强化集团整体的智慧运营能力；四是强化集团的智慧决策能力；五是强化集团内外的融合生态能力。为此，中粮集团依托新型IT基础设施和新型IT架构，构建智能作业平台、智慧运营平台、智慧决策平台和生态协同平台，支撑起粮油全产业链纵向一体化管控和横向一体化协同，实现多品种、多元化经营，不仅满足了基层单位智能生产敏捷创新需要，同时满足了集团智慧运营、智慧决策和生态协同需要。

案例表明，在以业务切入为主导的数智化转型阶段初期，中粮集团面临的现实情况是，旗下各级企业都建立了相对专业、独立的业务系统，集团管理者缺乏触及业务的入口，无法实时了解业务经营管理情况、防范风险并合理决策。面对系统分散、管控困难的现状，中粮集团逐步加大数智化的渗透力度，优化流程、集成大数据、促进信息共享，通过信息化建设加强财务业务、人力资源、食品质量、贸易流程、项目风险等的管控，在业务管理过程中慢慢减少人的参与，最终形成自动化的运营过程，实现集团综合信息化"一个平台，一个标准，数字自然生成"的建设目标。

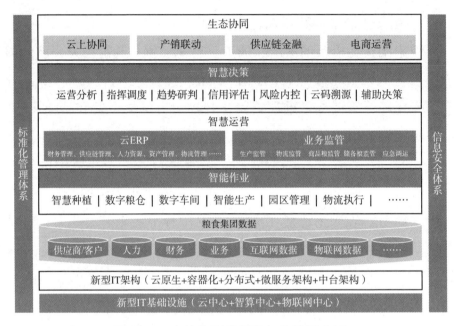

图 5 – 7　中粮集团总部数智化转型蓝图

资料来源：课题组根据企业档案材料、访谈一手资料整理所得。

围绕数智化五大能力有机整合的顶层设计，中粮集团梳理了 ERP、CRM、合同、采购、招投标、报表等多个系统，这些系统完成了某个特定业务的任务，但它们本身或之间缺乏流程的关联，自动化的业务运营过程需要让各系统流程的自动流转或自动执行成为可能，这就需要工作流的参与，以业务流程的参与实现各系统资源的协调运作。同时，为实现集团资源的一体化运作，中粮集团展开了涉及近二百个组织、约六万名员工的业务流程改造工程，围绕"粮、油、糖、棉"的核心业务，以致远互联智能 BPM 平台集成财务、供应链、采购、电商等业务流程，建设了一体化、可视化、数据化的"协同运营中枢",形成了集团内自上而下的全业务流程管理框架(见图5-8)。

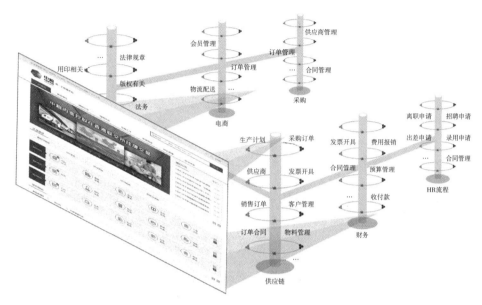

图5-8 中粮集团数智化协同运营中枢框架

资料来源:课题组根据企业档案材料、访谈一手资料整理所得。

就具体的数智化场景实践而言,中粮集团总部在全业务流程管理框架下重点推进了四大应用场景:一是智能作业系统。在基层作业环节,借助物联网、自动控制、人工智能等数智化技术,将生产、仓储、加工物流等各类生产作业进行数智化升级改造,实现作业设备的数智化感知、网络化传输、智能化控制,打造智慧生产数智粮仓、数字车间、智慧物流等数智化业态,提高全生产要素效率,释放数智化技术对生产作业的效力。

二是智慧运营平台。利用当前大数据、云计算、人工智能、区块链等数字技术,融合业务创新及管理创新,打造智慧运营平台。一方面建设云ERP,对集团内部进行转型变革,改变业务流程及管控模式,强化集团对"人、财、物"的垂直一体化管控和柔性共享，发挥 RPA 机器人、AI 等技术在生产运营中的作用，进一步强化人机协同能力；另一方面建设业务智能化应用，通过对业务数据通道的贯通融合，对集团"产、购、储、加、销"等业务进行全产业链的联动协同，实现集团业务模式的创新，达到降本增效、品牌与价值提升。

三是智慧决策平台。积极利用大数据、云计算、AI 智能等技术，通过对集团各种有效数据的分析应用内置数据模型进行分析，实现运营分析、指挥调度、趋势研判、信用评估、风险内控、云码溯源、辅助决策等内容。运营分析能够让集团决策层直观、动态地掌握集团的整体运转状态及未来一段时间的演变情况。指挥调度可建立纵向指挥有力、横向协作紧密的应急指挥调度体系，在各类突发事件面前，做到看得清、听得真、指挥准、行动快，能够高效有力地完成各项应急处置任务。趋势研判通过对市场进行研判，让集团决策层直观、动态地掌握集团的整体运转状态及未来一段时间的演变情况。信用评估能够对集团经营上下游企业的信用情况，支持集团运营决策。风险内控能够对风险进行研判预警，为领导层提供多方位业务主体分析及决策建议。云码溯源建立起全产业链可视化质量追溯体系，实现从田间到餐桌的数智化管理。辅助决策以决策主题为重心，以互联网搜索技术、信息智能处理技术和自然语言处理技术为基础，实现对集团全面、精准的决策分析，当好集团的"参谋"。

四是生态协同平台。打造集团粮油生态协同体系，使生态平台的支撑能力和生态系统的运作效率大幅提升，追求更加高效的价值创造。中粮集团生态体系包括云上协同、产销联动、供应链金融和电商运营等。云上协同借助云计算资源，实现产业生态协同办公。产销联动能够提升产销单位间信息传递效率、落实销售计划、调整产品和市场结构、优化存储结构。供应链金融能够将核心企业和上下游企业联系在一起，提供灵活运用的金融产品和服务的融资模式。电商运营能够统一运营集团旗下全部电商，同时，还具备市场分析、数据分析、店铺诊断、全店布局、全局把控和运营推广等能力。

至于最终的数智化转型成效鉴定，中粮集团总部的数智化转型是面向集团战略决策、集团管控和各项业务运营的全面数智化转型，企业数智化转型会按照"规划—建设—运行—评估"的过程持续迭代，一般是从基层运营的智能化程度、集团管控的先进性和战略决策的智慧化三个核心要素进行效果评估。

2. 粮食收储企业的数智化转型

收储企业主要从事国家定购粮、保护价粮、议购粮、储备粮及商品粮的购销、储存、轮换等业务并承担粮食应急供应任务，是粮食流通的关键一环。需要严格落实国家收储政策要求，确保粮食储存数量与质量安全，紧急情况下调得出、用得上。近年来，中粮集团旗下粮食收储类专业化企业在集团数智化全业务流程管理框架指导下，加快了智能化升级建设的步伐，在粮食出入库检斤、储存环境感知预警、仓储作业控制、安防等方面取得一定成效。但面对新形势下的粮食安全挑战，粮食收储工作需要更全面深入地推进数字技术融合应用，在"科技储粮、绿色储粮、安全储粮"方面不断开拓创新（见图5-9）。

当前，中粮旗下的粮食收储企业主要依托集团统一规划统一标准的新型IT基础设施和新型IT架构展开数智化转型工作。在收储作业环境布设完备的摄像头、温湿度传感器等各种物联网感知设备，实现每个粮仓、全库区、各类作业设施设备等的全要素感知，同时借助绿色科技储粮技术和数字技术，着力打造数智粮仓、智能作业平台和智慧运营平台等数智化应用场景，确保储粮安全。

图 5-9 中粮旗下粮食收储企业数智化转型蓝图

资料来源：课题组根据企业档案材料、访谈一手资料整理所得。

具体而言，一是打造数智粮仓平台。在仓房、厫间布设多要素数字感知网络，借助建筑物信息模型（BIM）、虚拟现实（VR）云图模拟等数智化技术，构建基于现实的虚拟"数智化粮仓"，打造"数字保管员"，实现粮食储存环境的精准感知风险预警与智能调节，以数字技术推进节粮减损，发挥科技储粮效能。二是打造专业化智能作业平台。强化物联网、自动控制、人工智能等数字技术与各类粮食作业流程的融合，打造智能作业平台，对各类作业实现动态监控和智能调度。以"仓储作业"为中心，贯通粮食的"收购—入库—仓储—搬倒出库"全作业过程，并可以联动巡检机器人、平仓机器人、无人机等"数字员工"，逐步实现粮食出入库、温湿度测控、通风、气调、控温、安防等作业智能化、无人化。三是打造专用性智慧运营平台。全面加强粮食收储企业各项业务的数智化管理能力和运营决策能力，构筑智慧运营平台整合数智粮仓、智能作业平台等现场源数据以及各类业务数据，支撑粮食购销、收储、轮换、安全生产、财务、人事等业务规范有序运行，并利用大数据智能挖掘技术为粮食收储企业塑造风险监控、运营决策、研判预测等新型运营管理能力，实现智慧收储。

3. 粮食加工企业的数智化转型

粮食加工作为粮食流通环节中的重要一环，当前产业界还普遍存在加工资源浪费、产线设备不先进、工艺配方靠经验、产品质量有隐患等问题。中粮集团旗下粮食加工企业为此专门基于工业互联网平台，加大了科技投入和产品创新，推进企业数智化转型，以满足精益生产、降本增效、品质提升、安全生产和智慧决策等要求，实现"优粮优加"、重塑企业价值体系的目标（见图5－10）。

图5－10　中粮旗下粮食加工企业数智化转型蓝图

资料来源：课题组根据企业档案材料、访谈一手资料整理所得。

中粮集团信息化管理部和中粮信科为旗下粮食加工企业擘画了数智化转型思路。各粮食加工企业进一步根据自身情况创新产品工艺路线，升级生产加工设备，在集团统一的数据中台、技术服务中台服务的基础上开发专用性粮食加工细分领域的数智化支撑能力工具包，创新网络化协同、个性化定制、服务化延伸和智能化生产等创新模式，开展数字车间、数字仓库、生产运营、智能预警、质量追溯、智慧决策等数智化场景实践，实现人、机、料、法、环全要素的实时感知、数据传输、数据计算和反馈控制。

其中，数智车间应用场景是为米、面、粮、油等各粮食加工车间加装工业传感器、工控网络、工业云服务、PLC 系统等，借助 AI 自我学习、自我纠偏等特点不断实现生产环节各设备参数的优化调整，借助虚拟现实技术打造 3D 可视化的"数智化车间"，推动从自动化、网络化到数智化和智能化的能力提升。数智仓库应用场景是借助数智化技术、绿色科技储粮技术，打造出的虚拟现实相结合的"数智化粮仓"，可以实现 3D 可视化监管实现原粮的智能通风、智能控温、智能杀虫等智能化作业，实现成品粮低温储存、自动码垛、自动出入库等，推动节粮减损，提升粮食品质和作业效率。生产运营数智平台应用场景是建立以生产为主线的端到端的生产运营平台，实现全局精益化控制与记录、个性化定制生产、订单驱动式生产、可预测性维修等，提升质量、提高效率，发挥人员、机器、物料、管理、环境的融合，形成的生产管控体系。快速检验数智平台应用场景是以"优质粮食工程"建设为契机，加强快速检验平台的建设，配置快速检测仪器设备，重点检测真菌毒素、重金属以及农药残留等食品安全指标，确保加工产品安全。质量追溯数智平台应用场景是在全面采集产线、仓库、垛位、托盘、包装等数据的基础上，实现仓房、垛位、托盘、产品的自动关联，结合赋码关联系统与追溯码完成绑定，实现产品的正向追溯和反向溯源。配方管理数智平台应用场景是要建立粮食加工配方管理平台，包括配方管理、材料管理、成本管理、AI 工艺模型和营养计算等功能。配方管理能够快速建立企业产品搭配模型，生成产品 BOM。材料管理提供多 BOM 管理机制，实现与 ERP 和 MES 的高度集成。成本管理通过 PDM 建立数据仓库，集中管理成本资料。AI 工艺模型能够根据大量生产及质量检验数据优化完善工艺配方，实现自我调优。营养计算通过规范的流程和设备，实现产品营养自动计算和统计。

4. 粮食贸易企业的数智化转型

粮食贸易企业以市场化运作为主，具有期货与现货市场联动、国际与国内市场联动、经营风险高、资金周转快等特点。作为中粮集团农粮业务的唯一海外统一采购、调配、投资和发展平台，中粮国际的数智化转型着重于打造囊括期货、进出口、粮食收购、粮食储存（含代收代储）、粮食拍卖等各类粮食贸易的业务运营平台，全面汇聚互联网市场行情数据、企业运营数据，形成粮食贸易大数据，利用大数据分析和人工智能技术，打造智慧决策平台，实现降低购销成本、缩短库存周转率、盘活现金流、提高企业利润、确保粮权安全等目标（见图5-11）。

图5-11 中粮旗下粮食贸易企业数智化转型蓝图

资料来源：课题组根据企业档案材料、访谈一手资料整理所得。

一般而言，大宗商品的价格在全球市场的波动性普遍很强，受天气、供需、政策、外汇、原油等各种因素的影响，交易员经常需要花费精力分析错综复杂的信息和数据，才能做出更好的交易决策。为提高工作效率和交易质量，中粮国际采取企业内部开发，以及外部投资的双重方式，加速推进各类型数字技术在国际农产品贸易领域的应用。2020年5月，中粮国际在阿根廷推出线上粮源交易平台 e – Market；8月，在巴西推出平台 My COFCO Portal。阿根廷和巴西的农民可在线上直接向公司报价卖货、执行合同、协调物流。中粮国际还与外部公司合作开发了卡车到港管理系统 Circular。卡车司机不需再前往办公室领取运粮任务，可通过手机 App 看到各自行程安排，提高了运输和粮食在港口的卸车效率。

此外，人工智能和机器人流程自动化（RPA）两项技术在农产品贸易领域也有很大的应用空间。中粮国际利用人工智能技术对实时变化的海量数据进行演算，从而为交易员提供更好的决策模型，提高了交易质量；通过 RPA 技术在电脑上自动完成标准化、重复性的工作，例如，登录系统、捕获数据、自动录入、检查文件、生成报告等。

鉴于贸易流程数智化将带来效率的提高，中粮国际当前正致力于努力实现全行业协作，创建全球农产品贸易新商业模式。中粮国际通过调研发现，全球粮食市场碎片化是农产品贸易数智化发展缓慢的重要原因，买家、卖家、航运公司、保险公司等几十万家市场主体相互配合但又存在"信任危机"，区块链恰为解决这些"信任危机"提供了技术上的可能性。为提高行业效率，减少人为失误和资源浪费，中粮国际决定联合 ADM、邦吉、嘉吉、路易达孚和维特拉五大国际粮商，正共同推动开发一个使用区块链技术的行业数字解决方案，通过加密技术和分布式共识机制使数据防篡改、可追溯，从而让数据更加安全和透明。正如中粮国际首席技术官安德烈·施耐德表示："20 年前 ERP 系统将人们从分散变成协同工作，现在我们在做同样的事情。但这次的规模更大，我们所做的不是一家公司的事，而是想要改变整个农粮行业。"①

5. 粮食物流企业的数智化转型

粮食物流包含了粮食运输、仓储、装卸、包装、配送和信息应用的一条完整的环节链，主要包括铁路、公路和水路等三种运输方式。粮食物流具备"四散化"的特点，即散装、散卸、散运、散存。目前，中粮集团旗下的粮食物流企业发展愈发显现出"两化"的趋势，即数智化趋势和标准化趋势。数字化趋势指粮食物流企业进行数智化改造，添置必要的软硬件设备，逐步形成信息主导型的粮食运输、调拨、加工、批发配送物流体系。标准化趋势是指中粮旗下粮食物流企业主导组建粮食物流联盟，实施粮食物流标准化建设，加快实现粮食物流仓储设施、运输工具、装卸机械、信息交换品质检测、商品编码、市场交易的标准化（见图 5 - 12）。

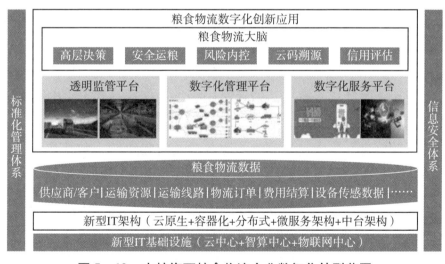

图 5 - 12　中粮旗下粮食物流企业数智化转型蓝图

资料来源：课题组根据企业档案材料、访谈一手资料整理所得。

---

① 中粮国际.2023 年可持续发展报告.2024 - 4 - 26，https：//www.cofcoint-ernational.com/sustainability/.

为保证物流服务的有效实现，中粮旗下粮食物流企业需要仔细评估和梳理形成更加完善的粮食物流服务体系，在顾客和中粮集团其他各业务部门之间形成一条"服务链"，集团的业务经营部门（企业）为顾客服务，而集团的功能支持部门（企业）为业务部门（企业）服务，这是数智化转型的基础。依托集团统一规划的新型 IT 基础设施和新型 IT 架构，构建专用型物流透明监管、粮食物流运营平台和粮食物流信息服务平台。在管理和运营数据的基础上，充分利用 AI 技术，形成粮食物流大脑，逐步实现从统计汇总、到一张图物流管理到多方联动智慧调度的物流模式创新。

就具体的数智化场景实践而言，中粮集团旗下粮食物流企业数智化转型专注于"三平台一大脑"建设。一是全过程可视化的监管平台建设。针对粮食"四散化"运输的特点，结合移动互联网、视频监控、GPS、GISRFID、二维码和视频智能分析等技术，充分利用车载摄像头、智能电子锁、GSP 追踪等数字化监管设备，实现粮食物流装、卸、运、存等各个环节进行全面感知、充分整合和智能处理；实现粮食物流可视化、移动化、多样化、智能化的监管。二是数智化管理平台的搭建。数智化管理平台的主要目标是提升配送网络的覆盖率，实现铁运、汽运、水运的有效整合和集成，达到物流服务的及时和快捷。数智化管理是把物流运营效率作为主要指标设计，建立覆盖储存、运输、整理、包装等系列物流活动的操作流程，实现物流运营无缝化，着力构建布局合理、功能完善、系统高效、衔接配套运行顺畅的现代粮食物流体系。三是数智化服务平台的打造。粮食物流企业最主要特点就是它确定了以物流服务为主要产品，确定了适应物流市场竞争的经营机制。打造粮食物流服务平台，旨在提供物流供需撮合、物流订单服务、物流过程查询、物流费用结算等服务，支撑企业有效的物流经营机制。四是粮食物流大脑的形成。粮食物流企业数智化转型，本质上是对围绕着物流产生的资源的有效整合。通过供应链、平台系统等数据的打通，为物流资源配置提供决策支持。对平台大量数据进行整理、分析，在数据建模的基础上建立的物流新消费业务，提供会员信用、物流价格指数、物流及商品流向与流量、物流设施资源等服务。至于最终的数智化转型成果考核，一般从企业对物流资源统筹效果和"服务链"建设效果两个角度来综合判断。

6. 粮食监管部门的数智化转型

粮食作为维护国家安全和社会稳定的战略物资，在产业化发展和市场化运行的同时，更需要对粮食的产、购、储、加、销等产业过程进行有效监管与科学调控，以保障国家总体粮食安全。国家大力推进粮食储备能力和应急供应能力建设，加快产业升级，需要粮食主管部门、储备责任单位、应急指挥机构等具备更高效的远程监管能力、调控调度能力、风险监测预警和决策预测能力以及高效应急调度能力等。伴随粮食产业经济转型升级，很多新商业模式在粮食企业出现，粮食贸易、供应链金融、期货交割、中转物流等市场化业务加速发展，粮食业务流与实物流必然需要跨地域、跨时空有机融合。比如，农发行等提供粮食融资服务的金融机构也需要实时、真实监控粮食安全，要求"货贷必相等"。因此，依托数智化技术，开展对粮食实物的数量、质量、物流、粮权、供求关系、市场价格等的有效监管是保障粮食安全、促进粮食产业高质量发展的关键任务，也是中粮集团作为中国农粮行业领军者应当承担的社会责任与义务（见图5-13）。

中粮集团内部涉及粮食安全监管职能的主体主要有集团风险控制部门、供应链金融服务部门和粮食期货服务公司等。依托集团总部的数智化能力支撑平台，各安全监管职能部门通过远程采集整合各类被监管对象源头数据，形成粮食监管大数据中心，并以此为支撑构建储备粮数量与质量安全监管、应急调运监管、安全作业监管、粮食市场动态监管等应用场景，同时理顺各场景的监管职能、监管流程和监管标准，逐步实现从统计汇总、到一张图动态监管、到多方联动智慧调度的闭环监管模式创新。

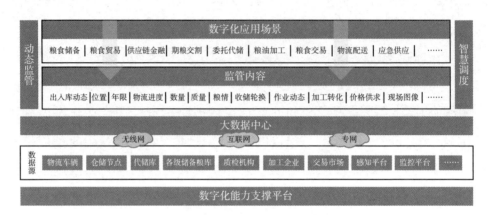

图 5 - 13　中粮旗下粮食安全监管部门数智化转型蓝图

资料来源：课题组根据企业档案材料、访谈一手资料整理所得。

就具体的数智化场景实践而言，一是推进监管数据互联互通建设。结合不同监管业务的需要，依据粮食（含成品粮油）库存数量、质量、粮情、视频、定位等各类监管数据接口标准，推进监管数据的互联互通和实时归集。二是推进监管平台和被监管主体的数智化建设。结合监管需要和数据接口规范来开发建设粮食监管平台，对基础薄弱的监管对象进行数智化升级改造，使其具备数智化条件，完善网络链路，按接口标准和技术规范实现监管数据的采集和传输。三是进行粮食监管接口联调联试。选择具备互联互通条件的单位和场景进行监管接口调试，确保监管需要的数据完整、有效地上传到粮食监管平台，可参考粮食安全省长责任制考核要求，对监管数据的对接上传情况进行评估分析，包括账实相符率、数据质量、数据完整性等，持续进行接口系统的优化完善。四是数字创新，实现智慧监管。强化数智技术与粮食监管工作的深度融合与创新应用，加强粮食监管的智能化、智慧化应用场景开发，融合人工智能技术，对储备粮、贸易粮、交割粮、抵押粮等的数量和质量安全、粮权变化、物流运输、应急调运以及市场波动等实现无人值守监测预警，以及智能研判和联动指挥等，由粮食监管平台帮人看、帮人管，打造数字经济时代、适应新形势需要的智慧监管能力。

7. 粮食产业园区的数智化转型

近年来，我国粮食产业集群化发展趋势明显，粮食企业逐步向区域性的产业园区集聚，配套粮食生产、仓储、加工、物流、贸易、质检、科研、电商等综合服务能力。粮食产业园区正成为我国粮食产业高质量发展的重要载体，在"三链"建设、优化粮食产业投资、提升粮食产业竞争力以及应急保障等方面发挥重要作用。物联网、工业互联网、5G、大数据、人工智能等新一代数智技术将支撑并加速粮食产业集群化发展，破解产业园区管理效率低下、配套支持薄弱、园区运营方式落后等问题，通过产业集聚效应，催生新兴业态与商业模式，打造具有标杆作用的粮食产业经济示范园区，为政府、上下游客户、消费者等提供更加丰富、优质的粮油产品供应服务，在更高层面保障粮食安全。

2010 年 11 月，中粮集团与北京市政府签订了《关于建设"中国北京农业生态谷"协议》，以打造"世界级水平的集现代都市农业、健康科技产业、田园养生于一体"的生态卫星城为目标，确立"整体开发，农业先行，产业引领，和谐宜居"的思路，重点建设"一场一园一镇"，即中粮智慧农场、健康生态科技园和智慧小镇。作为"中国北京农业生态谷"的重要组成部分，中粮智慧农场已于 2015 年 10 月开园，依托中粮集团"两链结合"的企业优势，实现"全产业链""全服务链"的覆盖，打造从田间到餐桌的一站式生态链条，目前已成为中国农业科技示范的窗口，获得良好的社会效益。中粮智慧农场始终以"农业科技高精尖、农业休闲高品位"为战略目标，着力打造世界领先的、有商业模式的、可复制的现代都市农业示范中心，打造中国第一个世界级生态农场。

中粮智慧农场地处北京市房山区南部琉璃河镇，位于中国北京农业生态谷中部。秉持"自然、生态、健康、绿色"的开发理念，通过"一心六园"的构建，创造了一个独具特色的农业科技高精尖与农业休闲高品位完美融合的智慧产业园区，肩负着为官产学研用多方主体探索"观农业之美、享农业之乐、探农业之妙"产业通路的重任。其中，"一心"是指智慧农业中心，由中粮生态谷公司与中国农科院共同开发，以现代化垂直农业为载体，以智能农业技术为核心，应用了7项世界领先技术，11项国内领先技术以及9项中国农科院专利技术，建设成全球第一个高度集成人工光植物工厂、食用菌工厂、多层叶菜工厂、新能源、节水农业、循环农业、智能化等技术的农业综合体。其中，垂直农业种植系统、漂浮栽培系统、自动苗床细叶菜种植系统、温室精准控制系统、人工补光系统达到国际领先水平。"六园"是指花田漫步、牧场悠歌、乡野记忆、田园拾萃、林间采薇、伊甸寻芳六个各具特色的主题区域，各区域相对独立又相互关联，不仅有效开发了包含粮食高效供给在内农业产业的多功能性，还引领着中国农业休闲主体乐园的发展方向。

同时，中粮智慧农场就园区内部数智化场景的实现，重点做了两方面工作：一是以数据共享推进园区产业协同。在园区各产业主体基本达成业务数智化转型目标之后，围绕园区核心产业单元进行上下游产业融合，开放数据链、打通产业链，向前后端延伸粮食等农产品生产、产后服务、物流配送、终端销售、产业服务等产业环节，以数据共享和创新应用有力支撑粮食及其他重要农产品产业链、价值链、供应链"三链协同"，打造迅速应变健康运行、高效服务的区域性农业产业集群。二是以数字赋能实现园区智慧运营。产业园区需要面向各粮食及重要农产品经营主体和服务单元拥有更具成效的运营管理能力。在核心业务和产业协同数智化进阶过程中，也同步在驱动园区运营由传统向智慧演进，依托园区全覆盖智能感知网络、大数据资源、人工智能技术等，建立产业园高能运营决策平台，做到仓储、加工、配送、财务等各类数据自动流转、智能运算和智慧研判，对园区运行状况、安全风险等进行实时动态监控预警，科学评估园区经营情况、更准确监测预测市场需求变化、更高效配置园区资源等，为园区各项事务的管理、决策调度等提供新动能，实现产业园和园区企业的"双赢"。

在此基础上，中粮智慧农场还能为有志于扎根田间、为实现农业现代化奋斗的数智农业创客们开辟广阔的施展空间，重点打造了"四大平台"，建立了全新的数智农业创业摇篮：即打造农业数智化创业平台，加强与中国农业大学及地方农业院校的合作，为大学生数智农业创业提供技术和渠道支持，促进数智农业产学研协同发展；打造数智化惠农利农平台，加强与地方政府合作，提供新品种及种植技术的数智平台支持，提高农民收入；打造数智化的销售推广平台，充分利用我买网、大悦城、中粮广场等商业平台，将新型的食品、花卉及家庭农业设施销售到千家万户，提高居民生活质量，将先进的都市农业技术及数智化设备普及全国各地；打造数智化农业交流研发平台，加强与专业科研机构合作，共同研发数智化农业技术及产品，并在国内进行推广及应用。

（三）中粮集团数智化转型成果持续迭代之"飞轮模型"

飞轮模型源于系统思考里面一个非常重要的概念——增长回路。增长回路就是关键要素组成一个相互促进的循环系统，也就是我们常说的良性循环。飞轮模型的动力机制，实质是构建了一个增强回路，因为各要素之间可以相互强化，就如同一个飞轮，然后持续推动关联飞轮的运转，因为速度具有可加性，会获得一个初始的初速度和后续的持续加速度，最终效果呈现出指数级增长态势。

由此，增长回路的打造成为实现粮食产业数智化转型成果持续迭代所迈出的关键一步。对粮食产业数智化转型而言，增长回路的设计可以不局限于经营或竞争的微观个体，而是站在行业整体或全产业链这个更高维的视角来建立。中粮集团的实践表明，粮食产业数智化生态的打造可以成为增长回路高效建立的一次有意义的尝试，粮食产业数智化生态系统能够从根本上改变各类粮食企业合作与竞争的关系与方式。在数智化生态系统中，许多高度独立的经济主体联合起来，创建了比单个企业的产品或服务更具价值的数字产品。中粮集团主导的粮食产业数智化生态聚焦于粮食产业链上下游全要素的数智化升级、转型再造和数据融合，借助大数据和区块链等技术打造产业生态平台，启动数据引擎，以数据链打通产业链，以数据平台加快粮食产业融合，产业增值价值又会推动数据平台的增能扩容，如此便能形成增强回路的正向循环，成为建成品牌共建、资源共享、优势互补、携手创新、协同发展新型粮食产业体系、实现"三链协同""五优联动"的粮食产业高质量发展目标的有效手段（见图5-14）。

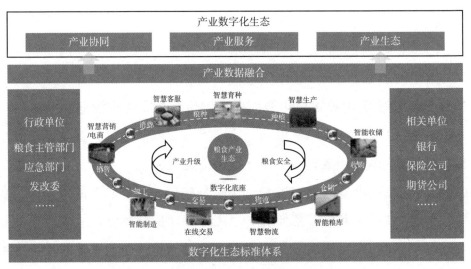

图5-14 粮食产业数智化转型增长回路的构建

资料来源：课题组根据企业档案材料、访谈一手资料整理所得。

其中，建立统一的行业化标准、数智化体系和规范是增长回路打造的重中之重。这一过程需要摒弃企业数智化转型的个体思维，上升到产业数智化转型的集体行动逻辑，打通产业间数据、应用壁垒，达到全产业链一体化协同的目标，最终才能实现真正意义上的产业数智化和数智产业化。为此，中粮集团联合产业联盟及产业生态参与主体结合粮食行业特点，整理出完整的管理和运营体系，尤其是生态衔接和数据共享的体系，编制了完备的数据互联互通技术标准规范，明确生产、交易、加工、收储、贸易、物流等业务的数据标准，以及远程调用接口技术规范，由此才筑牢覆盖粮食全产业链的数智化生态体系的根基。

至于如何驱动增长回路中飞轮的运转，基于中粮集团的成功实践经验，在此引入了三个机制概念，分别是数智化产业协同、数智化产业服务与数智化产业圈层优化。第一，以数智化为基础的产业协同发展可以促进协同系统内人、财、物、信息等各种要素的相互补偿、优化配置和高效整合，从而有助于产业间要素耦合效应、技术波及效应、产业关联效应和共生经济效应的发挥。数智化产业协同包括通过契约方式将农业生产与市场连接起来的订单农业，提升产销单位间信息传递效率、落实销售计划、调整产品和市场结构、优化存储结构的产销联动，融合物联网、可视化、实物标识、大数据等信息技术、实现全过程可视化的云码溯源等。第二，以数智化为基础的产业服务是建立在打通产业链、充分集中全产业链资源和数据的前提上的。数智化的产业服务包括以"惠三农"为中心的惠农服务，以"好粮油"为核心的电商服务，以"资金链安全"为核心的供应链金融服务，以"粮食质量安全"为核心的全产业链质量追溯服务等。第三，粮食产业生态圈层是指在一定区域内，以"产购储加销"为核心的、具备可持续发展特征的粮食产业多维网络体系，其数智化转型及迭代聚焦于整体协同、生态效益和耦合共生。数智化产业生态圈层优化的范畴包括以数据为关键要素、以价值释放为

215

核心、以数据赋能为主线的产业联盟，注重科技资源共享、公共服务平台和校企联盟的产学研合作，以链主或龙头企业为核心、充分调动上下游资源、共同维护生态品牌的平台化生态运营体系等。

综上所述，驱动飞轮运转的关键是要在粮食产业全链条数智化转型的基础上，以重塑产业价值为导向，生态圈或产业联盟内的各类企业优势互补、联合创新，打造新模式、新业态。同时，创新数智化产业协同、数智化产业服务和数智化产业生态圈层管理机制，使得粮食产业关联业务板块之间、官产学研用多方利益主体之间有机的互相推动，类似飞轮中的齿轮一般互相咬合、互相带动。当齿轮刚开始转动时，需要投入较大力气，但随着飞轮机构的平稳运转，会愈发省力且越转越快，最终粮食产业数智化生态系统得以不断的共生、互生与再生，并源源不断地产出数智化转型的新成果。

总之，作为数智化转型成果持续迭代的重要探索，中粮集团主导的数智化生态系统的构建与优化，不只是一种信息技术的变革创新，还代表着一种基于产业融合的商业模式的创新，远超出一般意义上的"互联网＋农粮""数字化＋农粮"。这种商业模式因为具有极高的渗透力和变革力，改变的不仅是农粮产业，而是整个社会领域的商业生态，因此，关于如何保证粮食产业数智化生态"飞轮模型"的可持续运转问题，我们需要从灵活的保障机制、敏捷的组织性结构和可靠的安全屏障等三方面来共同关注、并提炼中粮集团的成功经验与做法。具体如下：

首先是人员意识保障。一是数智化转型纳入经营主体发展战略。企业应将数智化转型工作纳入到企业战略中，为企业发展起到引领作用。企业必须深刻理解数智化转型与企业战略之间的互相促进、互相引领的关系，要将数智化转型作为企业战略的重要组成部分，将数智化转型视为新时期发展的核心动力。二是营造企业数智化转型的文化氛围。企业通过大力宣传、逐层学习等方式，营造数智化转型的数字文化创新文化等新文化氛围，提高企业全员对数智化转型的认识。三是形成领导主抓意识。数智化转型不再是以往的单项信息化系统的建设，不再是信息部门或少数一两个业务部门的事情，而是涉及企业各级组织、各项业务、整个企业的重要工作。必须要一把手负责主抓，统筹部署、总体协调、解决困难，并亲自参与调研、评估、方案研讨等相关工作，才能在企业营造出勇于、乐于、善于数智化转型的文化氛围，促进数智化转型成功。

其次是体制机制建设保障。一是建设适应数智化转型的组织机制。构建适应数智化转型的运行组织机制，创新企业组织管理机制，加快企业组织管理的数智化变革，能够为企业整体数智化转型提供组织运行保障。二是建立数智化转型的激励机制。建立转型激励机制，对数智化转型过程中涌现出的优秀单位、个人进行适当激励，才能充分调动企业整体的主观能动性，加速推动企业的数智化转型。

最后是技术创新发展保障。一是技术投资保障。加大企业技术资金投入，充分保障信息技术、加工工艺技术、绿色储粮技术等各类技术的创新与应用，为技术数智化转型提供充足的资金支撑。二是技术人才保障。数智化转型需要技术人才驱动，企业应重视人才的合理培养与利用。通过人才招聘、人才推荐、专家培训、专业技术培训等措施，形成一批高素质人才，满足企业数智化转型需求。三是技术创新保障。持续的技术创新是粮食企业数智化转型的长效动力，主要包括信息技术创新以及业务技术创新（如粮食加工工艺技术、绿色储粮技术等），通过技术创新，打造优质品牌，提高产品品质和效益，保障企业数智化转型成功。

五、总结及经验启示

民以食为天，食以安为先。14亿人的饭碗能否端得稳、端得好，对于人口大国来说是保民生、稳经济的重要基础。随着科技不断进步，人工智能、云计算、物联网、大数据、区块链等数字技术应用的不断深化，对粮食行业的发展提出了新要求：无论是粮食产业数智化转型生态的建设者、推动者还是践行者，都需要与粮食产业供给侧结构性改革相契合，创新业态模式，加强粮食生产能力、储备能力、流通能力建设，推动粮食产业高质量发展，提高国家粮食安全保障能力，为提升我国全球竞争力和抗风险能力奠定坚实根基。

中粮集团是与新中国同龄的中央直属大型国有企业，中国农粮行业领军者，全球布局、全产业链的国际化大粮商，集团的信息化管理部和旗下中粮信科企业专注于粮食产业信息化5年有余，现已成为国内领先的粮食全产业链数智化方案和产品供应商。其始终以推动中国粮食产业数智化转型升级为目标，依托强大的自主创新能力，提供基于云计算、大数据、物联网、人工智能的全产业链数智化产品和方案，建立全过程粮食质量安全保障体系，打造动态可视的监管调度平台，实现科学种植、智能储运精深加工和安全健康消费，帮助化解我国粮食产销矛盾，推动粮食行业供给侧结构性改革，全面提升我国粮食品牌影响力与国际竞争力，在更高水平上保障国家粮食安全。我们基于中粮集团典型案例的长期跟踪调研，系统性总结了针对国内粮食产业数智化转型的几点建议，主要包括：

粮食安全的根基是"能力安全"，包括国内可持续的生产能力、对国际粮食资源的掌控力以及必要的储备能力。在采取数智化转型行动之前，先对数智化能力和数智化资产进行全面的评估。数智化转型并不是一个简单的技术问题，需要从生产能力储备能力、变革意识等多方面进行综合分析，对我国粮食产业现状形成清晰的定位。粮食产业数智化转型涉及粮食全产业链流程和环节：生产、收购、储备、加工销售，需要针对整体产业链条的不同环节和发展目标，选择合适的数智化转型路径，确保数智化转型计划的落地性、可行性。同时，不同区域的粮食产业发展都有自己的特点，切忌"搬来主义"

粮食产业数智化转型不是某个区域或者某个环节的工作，只有调动产业内的全线支持和配合，才能取得最后的成功。可以是纵向一体化，即产业链上下游业务模式相整合，向上追溯到种植环节，向下延伸到百姓餐桌，整合资源、打通数据、贯通应用，完善链条内的数智技术体系建设；也可以是横向一体化，即不同区域间的同一链条环节要协同发展，注重区域间的数智化布局，建立战略合作伙伴关系，形成良好的产业生态环境，做强产业链的关键环节，加固强链，补足短链，数智化转型逐步渗透到全区域全产业链中。

最后，粮食产业数智化转型对于粮食行业来说是极具挑战的，道阻且长，但行则将至。基于国家粮食安全战略和"藏粮于地、藏粮于技"战略，坚定数智化转型的新发展理念，向粮食产业强国的目标迈进。

第三节 北大荒：现代农服的数智平台探索

北大荒农垦集团有限公司（以下简称"北大荒集团"）地处我国东北部小兴安岭南麓、松嫩平原和三江平原地区。北大荒集团作为我国农业先进生产力的代表，发展现代化大农业具有得天独厚的优势。土地资源富集，人均占有资源多，耕地集中连片，适宜大型机械化作业，一产从业人员人均占有耕地 104 亩。基础设施完备，基本建成防洪、除涝、灌溉和水土保持四大水利工程体系，有效灌溉面积 2 394 万亩，占耕地面积的 53.8%。建成生态高产标准农田 2 715 万亩，占耕地总面积的61%。主要农作物耕种收综合机械化水平达 99.9%。拥有农用飞机 100架，年航化作业能力 2 328 万亩。农业科技贡献率达 76.28%，科技成果转化率达 82%，居世界领先水平。

北大荒集团于 2018 年底成立"北大荒 SMART"数字农服平台，未来"北大荒 SMART"数字农服平台将成为北大荒集团作为农业领域航母的科技赋能载体，以北大荒 4 300 万亩耕地为内生市场，激发内生动力，逐步向外辐射，利用北大荒 71 年积累的生产管理经验及机械化、信息化、智能化能力，服务全国农业生产，以打造"中国数字农服第一平台"作为奋斗目标，为北大荒成为农垦国际新型粮商奠定坚实基础。

一、农业社会化服务市场发展现状及问题

农服市场，正在成为中国农业的新蓝海。农业服务的产生是经济社会发展到一定阶段的产物，也是生产力发展水平不断提高的结果。随着国家政策支持力度不断加大，农民创业热情空前高涨，农业生产规模化程度越来越高，对现代新型职业农民需求也日益迫切，这为农业社会化服务业带来了新的历史机遇。农业社会化服务的蓬勃发展，对推动农业生产要素流动和提高农产品竞争力具有重要意义，农业社会化服务正在迎来发展的黄金时期。

（一）全球农业社会化服务现状

1. 服务主体逐渐多元化

在早期，英格兰便出现了由大学支持的合作社，这些合作社致力于向农民传授科学知识与现代技术，多由农民自发集结而成，成员覆盖农民个体及家庭，也融合了由专家团队组建的力量。随着时间推移，这些

合作社逐步演变为全国性的农民协会，汇聚了知名专家，专注于农业技术革新与产量提升。其发展历程可追溯至小型农机经销公司，起初集生产资料供应与农产品加工销售于一体，随后扩展至构建信息服务网络，利用互联网触达全国农村，并配套建立了无偿的咨询与宣传系统，与政府机构、农业服务组织紧密合作，涵盖信贷支持、基础设施建设、科技推广等多个方面，形成了全方位、多层次的农业服务体系。基于此，众多发展中国家在推动农业社会服务时，强调政府引领与合作社辅助的双重策略，以促进农服的广泛覆盖。在我国北方，以农机作业合作社、家庭农场为主的多种经营主体并存的新型农业社会化服务体系已初具规模，为个体工商户参与农业活动提供了便利，展现了农业服务模式向多元化、综合化发展的鲜明趋势。

2. 科技服务占比上升

不论是发达国家还是发展中国家，均将科技服务视为提升社会整体服务的关键因素。各国对科技进步的重视程度及政府资源的投入力度各异，直接影响科技推广服务的多样性和深度。例如，广东省为支撑庞大的出口需求，积极构建了一个跨部门的合作网络，涵盖州政府、农业部门、研究机构、教育机构及地方咨询机构等，共同促进农业科技的发展与应用。此外，还成立了一系列专业化的技术服务企业，负责从技术普及到农业科研、技术应用评估、市场预测等全方位服务。由政府设立咨询站点，向农民提供个性化技术指导、信息咨询与决策辅助，还依托当地高等教育机构建立实验平台，进行技术试验与示范，以实践带动知识传播。这些咨询站点成为连接科技与田间地头的桥梁，有效响应了家庭农场、专业大户及普通农户等多元化农业生产主体对技术服务的迫切需求。

3. 服务内容日益广泛

在全球范围内，农业的社会化服务趋势日益显著，其服务范畴已不再局限于传统的农业生产环节，而是广泛扩展至产前阶段的生产资料供应、资金信贷以及保险服务等多个方面。特别是在发达国家，这一服务体系已经高度发达，展现出区域化、专业化、一体化及企业化的鲜明特征。它不仅涵盖了农产品的购销、运输、加工、储存及广告宣传等产后服务，还贯穿了从产前准备到产中管理直至产后的全链条服务，形成了一个完整的产品生命周期服务体系。

农业社会化服务体系的基本单元是农户，作为一种独特的农村社会经济组织形式，其目的旨在通过集体力量提升农业生产的效率与效益。在这一体系中，农业合作社扮演着重要角色，它们既可以是综合解决生产与生活多方面问题的综合性合作社，也可以是专注于某一特定产品生产的专门合作社。这些合作社在经营上享有一定的自主权，能够根据市场需求和成员意愿灵活调整经营策略。

美国作为农业社会化服务的典范，其农业部下属的社会服务部门汇聚了大量专业私营公司，同时也不乏农业综合企业的身影。这些公司，如农机、农化、种子等专业企业，为农业生产提供了从生产资料供应到田间作业、再到后期生产的全方位专业服务。而农业综合企业则更进一步，为农民、农场及政府机构提供综合性的技术咨询与服务，助力农业生产的科学化与现代化。此外，一体化企业在农业社会化服务中也占据一席之地。它们往往选择在原料产地附近建厂，通过直接承包给周边农民的方式，实现生产与服务的紧密结合。农场作为农业生产的基本单位，在农场主的经营管理下，不仅向企业提供农产品，还承担着一定的管理费和利润分享，同时也需应对如病虫害防治、种子处理等潜在风险。这种紧密的合作模式不仅促进了农业生产的规模化与专业化，也提高了农业生产的风险抵御能力。

（二）我国农业社会化服务现存问题

1. 以小农户为服务对象，农业社会化服务比较缺乏

当前，我国农业社会化服务的焦点主要集中于粮食及旱作作物的栽

培与丰收领域，但服务深度尚显不足，尤其是全程化服务在栽培过程中的占比不高，多以特定环节的服务为主。同时，在市场信息的高效收集、绿色技术的综合应用、农业废弃物的资源化利用、农产品加工销售的增值链构建，以及金融保险服务的全面覆盖等方面，仍面临显著的扶持短板。此外，农民的组织化程度相对较低，难以匹配现代农业发展的快节奏与高要求。

据第三次农业普查资料显示，我国农业领域内，超过 98% 的养殖户均为小农户，这一庞大的群体在农业生产中扮演着至关重要的角色。而当前我国农业社会化服务的主要受益者偏向于新型农业企业，对于占据我国农业生产主体的小农户群体，其服务的覆盖率和深度尚显不足。

2. 农业产业社会化管理落后

近年来，尽管各地为提升农民收入采取了诸多举措，但服务管理的短板依旧显著，尤以服务供给不足为甚。为应对此挑战，国家及省级层面已推出包括《农业社会化服务示范合同模板》与《农业生产信托服务标准》在内的一系列地方性服务规范，各地亦结合本地特色制定了相应的实施细则或策略导向。

在此基础上，行业协会如雨后春笋般涌现，致力于推动农业产业化经营的标准化进程，成为政府引导农民融入市场的重要桥梁。然而，从全国视角审视，大部分地区在行业管理的探索仍处于初级阶段，面临诸多挑战。主要表现在农业社会化服务体系存在服务范围局限性，过度集中于生产与种植环节，而忽视了产后加工、销售、市场对接等关键环节，难以满足农业现代化对全产业链条整合的需求。此外，农民的组织化程度偏低，以及专业技术人才的匮乏，也成为制约农业服务效能提升的关键因素。

3. 农村金融与农业保险服务落后

在当前复杂多变的经济环境中，农业产业化进程遭遇了一系列新兴挑战与困境，这些都对农村金融的深度介入与高效服务提出了更为迫切的需求。然而，我国农村金融市场架构尚不完善，金融服务工具和技术相对滞后，导致农业社会化组织面临资金瓶颈，限制了其进一步的发展与壮大。农业保险领域的问题尤为突出，其覆盖范围有限，补贴政策力度不足，保费补贴比例不高，与全球标准相比存在明显差距，难以有效缓冲农业发展中的风险与冲击，进而阻碍了农业社会化服务体系的全面升级与优化。

鉴于农业保险在农业社会服务体系中的不可或缺性，强化保险保障、拓宽覆盖范围、提升保额成为亟待解决的关键问题。

二、数智平台赋能农业社会化服务的实践

（一）SMART平台情况介绍

"北大荒算法＋数字农服"，是运用AI（人工智能）、大数据、云计算、区块链等信息化技术，对农业生产数据进行收集、整理、计算、分析，提供全面、准确、协同、高效的农业智能化解决方案，由产品思维向产业思维转变，提高全要素生产率，推动产业数字化、数字产业化，塑造北大荒新型商业模式，为中国农业赋能。

北大荒SMART数字农服平台是实现资源科学合理配置的手机移动端入口，通过"一种算法赋能、一个平台贯穿、两个先导并行、三大体系支撑、四项业务融合、云上农场落地"在种、管、收、储、运、加、销各环节形成闭环，引入保险、担保、基差贸易、期货套保、商业保理等模式，规避农业自然风险、市场价格波动风险，降低边际成本、生产成本，提高生产效率，构建农业标准化、产业规模化、模式数字化，供应可持续、品质可追溯、技术可叠加、共识可编程的农业供给侧云产业平台，形成北大荒在农业产业链上的绝对竞争优势，将质量最优、绿色

安全、价格合理的农产品摆到国人的餐桌上，成为最可信任的安全食品供应商和食品安全服务商（见图 5 - 15）。

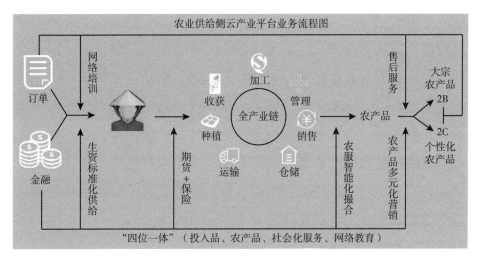

图 5 - 15　北大荒农业供给云产业平台业务流程

资料来源：北大荒 SMART。

（二）SMART 农服"生态化"运营模式

1. 订单服务：解决销售难

农业订单就是农户根据其本身或其所在组织同农产品的购买者之间所签订的订单，组织安排农产品生产的一种农业产销模式。订单中规定了农产品收购数量、质量和最低保护价等，使双方享有相应的权利、义务和约束力，不能单方面毁约。订单农业很好地适应了市场需要，让农户种地保底增收，卖粮不愁，既有了种地收入的保障，也避免了盲目生产而导致的售粮难问题。

北大荒 SMART 与大型企业签订有机订单和点对点定制化订单，约定好种植作物的品种、质量标准、面积和价格等内容，把高价订单放到平台上，平台会员用户就可以通过平台的抢单功能抢得农业订单，抢到订单的会员用户可提前锁定利润，无须担心粮食价格下跌，只需按照订单的要求进行种植，待秋收后平台回收种植的原粮，结清粮款。

2. 金融服务：解决贷款难

据中国社科院 2016 年 8 月发布的《"三农"互联网金融蓝皮书》显示，自 2014 年起，我国三农金融缺口超过 3 万亿元。过去，很多银行对种植户贷款持谨慎态度，使很多农民贷款面临各种困难，即使贷款成功，也存在贷款额度较低、放款慢等问题。面对这样的痛点，北大荒数字农服平台以订单和金融为抓手，提供农机共享、无人机撮合、智慧物流、农业保险等全程专业化服务的综合性云产业平台。

平台依托稳定的农产品收购订单，为订单农户提供生产所需的资金贷款，为用户提供无抵押、秒到账的贴心服务。农户可在手机端微信小程序快速登录平台，直接在线上点击"申请贷款"，进一步满足扩大种植规模所需资金。

平台贷款资金可在平台直接购买生资（种子、农药、化肥）或呼叫农服（农机收割、灭茬、翻地、耙地、起垄等作业服务及无人机飞防），使用起来方便快捷，灵活无忧。秋收后，农户通过订单交易进行履约，偿还贷款本金和利息即可。此外，平台还为会员提供增值服务，会员可以将资金放在平台上持续获取利息，平台在为会员控风险的同时，还能帮会员实现秋后二次增收。在平台点击钱包提现，还可享受随时随地到账服务。

3. 农资服务：解决采购贵

数字农服平台依托互联网连接特性，替代传统信息传递，打通农业种植、管理、收获、存储、运输、加工、销售全产业各个环节，让农户直接分享科技红利，降低种子、化肥、农药等农资采购成本。从生产环节来讲，就是通过对销售数据分析，让厂家实现零库存、零损耗生产，当厂家不需考虑风险损失时，就可以把这部分利润让给农户；从流通环节来讲，主要是压缩流通环节，降低流通成本，当厂家不需要在销区建立分销库存储农资时，就可以把这部分利润让给农户；从销售环节来讲，不需要二级、三级、末级经销商分红以后，产品就可以直接抵达农民，就可以把这部分利润让给农户。平台会员还可以享受"拼单"服务，买的人越多，价格越低（见图5-16）。

生资标准化供给
（Capital Goods Standardized Supply）

图5-16　北大荒SMART生资标准化供给

资料来源：北大荒SMART。

在价格优势的基础上，平台同样注重售后服务。在管理局分公司、农场子公司、管理区设立服务站，保障会员购买的产品质量绝对安全，切实保障会员利益。由订单和金融先导的全产业链种植体系还可以提供全天候的农业增值服务，以区块链技术为依托，可以让产品的生资使用可追溯，从而进一步增加农产品的附加值，农户可获得更高利润率。

4. 呼叫服务：解决服务难

北大荒数字农服"呼叫农服"版块，一端连接种植户，一端连接专业服务人员，为农户从种到收提供全程专业、高效、优质、便捷的农业服务。让千万种植户无需拥有农机便可坐享农业服务，同时让千万有机户能够借助平台优势，增加赚钱机会。

据《"十四五"全国农业机械化发展规划》显示，我国农作物耕种收综合机械化率达到71.25%，但随着土地规模化、集约化，以及农村空心化进程的加快，种植户对农业专业化服务的需求却越来越大。为了更好地为种植户服务，北大荒数字农服开设呼叫农服板块，为用户提供机耕、收割、无人机飞防等服务，利用互联网让信息直达、让服务高效、让合作便捷。

呼叫服务共有五项具体业务：一是无人机植保。为广大农户提供精准飞防服务，通过统一监管和调度，利用人工智能引擎，描绘农田杂草处方图，实施农药精准喷洒，可减少农药使用量，保护黑土地可持续发展，节本增效。二是无人机测绘。打造"无人操控多机自动飞防服务"示范田，建设无人化农情大数据中心。打造"北大荒植物医院"示范项目，为每一亩耕地建立"农田履历本""黑土地土壤资源库"。提供病虫害监测预测、长势产量预测、干旱预测、农田处方、喷洒指导等农作物整个生长周期解决方案。三是标准制定。植保无人机质量评价技术规范、农业无人机测绘企业标准、智慧农场项目标准申报、"北斗"项目应用标准。四是农机共享。提高农机利用率，提供多样化、专业化、标准化土地托管服务，让小户省工、大户省心，推动先进技术集成推广。五是智慧物流。充分利用垦区机场资源，与专业物流机构合作，推进智慧物流体系建设。

北大荒数字农服呼叫农服板块将依托农田地图、服务网络、管理调度中心，提供无人机植保、无人机测绘、土地托管、低空智慧物流等服务，实现规模化的外溢效益、数字化的精准效益、平台化的撮合效益。重新定义人们对农业的智能感知，助力农业向数字农业、智慧农业、共享农业方向提档升级，完善农业社会化服务体系，切实解决农服行业痛点。

5. 定制生产：解决价值低

9月25日，习近平总书记来到建三江管理局考察时，站在七星农场万亩大地号里，意味深长地说出了"中国粮食，中国饭碗"，[①] 怎样

---

① 资料来源：习近平在东北三省考察并主持召开深入推进东北振兴座谈会. 中国政府网，http://www.gov.cn/xinwen/2018-09/28/content_5326563.htm.

往中国饭碗源源不断地装上北大荒优质健康的粮食？怎样帮助农户依靠信息化、智能化、标准化的农业技术手段种出来的粮食卖出好价钱？北大荒数字农服依托平台和基地优势，高标准的审核机制，高效率的数据传递，高精度的专业权威，高评价的信誉体系来对接高端农产品的定制化营销渠道。

随着经济的飞速发展，人们的餐饮理念逐渐从满足温饱到追求口感，从追求口感到关注安全，最终要从安全食品到营养。越来越多大型企业、社区店、餐饮协会认准"北大荒"，更关注和青睐高端的有机农产品。他们可以在平台上发布产品订单，注明类别、数量、价格、标准，而平台可以从平台超级会员（农户）中筛选出符合这种高标准的种植地块，由专业的鉴定监管团队审核地块的地理认证信息、种子生资信息、种植过程信息等，客户可以拿到放心的农产品，农户也可以卖个好价钱。

目前，北大荒数字农服运营团队利用垦区特有的有机产业规模化优势，已经对接了不少 toB 端大客户，主要面向乳制品公司、饲料公司、食品加工企业、酿酒企业等，拥有有机订单 42.2 万亩以上。在 toC 端，北大荒数字农服与国内知名的大型企业、物业公司等合作，为专属用户共同打造联名农场，将高品质农产品由产地直供运送到住户的厨房。同时，还与集团大客户签订了团购合作协议，北大荒特色农产品将作为员工福利，出现在大集团的节日慰问中。在互联网交易平台及线下零售渠道的合作方面，北大荒数字农服利用平台优势、品牌优势、资源优势，已与阿里、京东集团建立合作关系，打造联名农场，源源不断产出符合电商渠道不同标准的多类别农产品，共建联名品牌，通过其现有的渠道，拉动平台特色农产品订单的持续增长。追求"优源配优品，优品觅优源"，产业互动，链式发展。

6. 农业保险：解决风险高

农业保险在稳定农业生产、促进农民增收方面能够发挥积极作用。北大荒数字农服从生产领域的自然灾害保险逐步向流通领域的市场风险探索延伸，提升农业保险办理效率，最大程度保障农户利益，为农户种粮保驾护航。

通过数字农服平台上的保险服务，能够让会员可以足不出户，就能购买到阳光农业相互保险，当遭遇自然灾害时，能够及时享受到高效率的理赔服务和售后保障服务，通过手机就能办理保险理赔业务。

其中，保险对象范围包括符合当地普遍采用的种植技术标准和管理要求的作物可作为本保险合同的保险标的，投保人应将符合投保条件的作物全部投保，不得选择性投保。保险期间包括水稻、玉米、大豆保险期间从正常播种（插秧）至收获期止。

7. 农技培训：解决技术弱

北大荒 SMART 数字农服平台中的农技培训分为新闻、科普、视频、农技、致富、补贴、政策法规七部分，为平台会员提供农业领域的新闻资讯、农业科学技术、作物病虫害科普知识、致富创业项目、年度粮食补贴政策信息等内容，并及时准确解读行业相关政策。随着服务的升级，北大荒 SMART 数字农服平台还将推出专家在线、线上诊断等板块，聘请农业各领域的实战专家讲师、农业科研工作者、基层农业技术人员组建农业专家团队，在线为会员解答难题。同时，在各农（牧）场设立线下综合服务站，在农业生产各个节点，指导农业技术生产相关工作，帮助农户解决生产生活遇到的各类难题。平台还将同步开展北大荒数字农服线下培训，围绕贷款申请、农资采购流程、农机服务等重点环节进行讲解。

（三）SMART 应用案例及运作逻辑

随着北大荒 SMART 平台的落地应用，为我国农业插上了科技的翅膀，本节将从大型企业以及农户角度分别阐述其具体运作方式和内在逻辑。

1. 应用案例

北大荒 SMART 平台运用大数据、云计算、区块链等信息化技术，对农业生产数据进行收集、整理、计算、分析，在种、管、收、储、运、加、销各环节形成闭环，引入保险、担保、基差贸易、期货套保、商业保理等金融模式，降低农业自然风险及市场风险，提高生产效率，让农业生产变得更加透明，北大荒 SMART 与大型企业签订有机订单和点对点定制化订单，约定好种植作物的品种、质量标准、面积和价格等内容，把高价订单放到平台上，用户通过平台的抢单功能抢得农业订单，抢到订单的会员用户可提前锁定利润，无须担心粮食价格下跌，结清粮款。实现中国饭碗中装上北大荒质量最优、绿色安全、价格合理的中国粮食，同时北大荒也成为最可信任的安全食品供应商和食品安全服务商。

互联网让信息直达、让服务高效、让合作便捷，重新定义人们对农业的智能感知，助力农业向数字农业、智慧农业、共享农业方向提档升级，完善农业社会化服务体系。随着种植户对农业专业化服务的需求越来越大，SMART 开通了金融贷款、生资购买、呼叫农服、农业保险、卖粮、农技培训等服务业务，一端连接种植户，另一端连接专业服务人员。为农户从种到收提供全程专业化、信息化、智能化的共享式服务。让千万种植户，无须拥有农机，便可坐享高效、优质、便捷的农业"保姆式"服务。让千万有机户，借助平台优势，增加赚钱机会。

2. 运作逻辑

"北大荒 SMART"数字农服就是对农业科技档案、农业大数据的应用。总的来讲，就是通过"双控一服务"、技物结合，巩固、提升北大荒现代化大农业生产的优势。

首先是控制投入品。即通过集团化采购降低成本、提供优质廉价的投入品，并根据生产端的海量种植业数据的反馈，了解每个田块、每种作物需要施多少肥、打多少农药。其次是控制农产品。即从消费端数据分析中得出农产品应该怎么销售、什么农产品最受欢迎等，便于开展定制式生产。最后是利用"北大荒 SMART"数字农服，对农业生产数据进行收集、整理、计算、分析，提供全面、准确、协同、高效的农业智能化解决方案，做好农业生产服务。

如何做好后端的农业生产服务？其运作核心在于三个"精准画像"。通过平台将所有家庭农场、农民的数据信息进行整合。首先为中国农民进行精准画像，围绕他所有的农业种植数据、健康状况、养老保险、银联消费等，建立一套信用评价体系。其次为所有的土地进行精准画像，将每一块土地的精准位置、日照、积温、水分、化肥施用量、粮食的产出量等数据全部整合。最后为生产资料进行精准画像，包括种子、农药、化肥、农机、汽柴油、金融、保险、行化作业等。

在生产力三要素全部进行精准画像、实现数字化之后，再把生产关系当中的所有交易行为，包括农民和土地的关系、农民和银行的关系、农民和农业保险的关系等全部线上化。系统为每一个农民提供一个授信体系，促进每个农民也能拥有属于自己的信用价值，并且通过数字系统精准快速地获得金融贷款，减少农民还款资金利息压力，真正解决融资难、融资贵的问题。

通过"北大荒 SMART"数字农服平台，能够让所有农机拥有者和土地、粮食收获的需求者之间建立起最佳撮合机制，提高农机的作业效率，降低农民的生产成本，最终在交易过程中为农民创造巨大的价值。

三、数智时代下北大荒的"三化三新"路径

2021 年 3 月，黑龙江省政府官网发布了《黑龙江省国民经济和社会发展第十四个五年规划和二〇三五年远景目标纲要》。其中，提出了"打造北大荒现代农业航母"的目标，还提出了北大荒现代农业航母发展重点"大航母""大基地""大企业""大产业"4 个领域，提升企业发展力，营业收入突破 2 000 亿元等目标。北大荒集团要实现这些目标，核心就是提高效率、降低成本，方法只能靠数字化，并且与京东、阿里、腾讯、华为等头部互联网公司加速数字化合作与融合。

如今，北大荒集团以先进的数字化战略引领现代化农业建设，农业物联网、3S 等领域的农业科技水平始终走在全国甚至世界前列，地理信息系统（GIS）及遥感技术（RS）实现全覆盖，监测精度达到 85%以上。

1. 以种植信息化开启数字农业新阶段

把农业物联网基础建设牢牢抓在手里，依托农业传感器核心技术的应用综合体，对农业生产全过程的数据进行归集、清洗、脱敏处理，充分运用产生的海量数据指导农业管理。全面推广和应用区块链技术，打造"双控一服务"，即针对农业生产重要环节资料的体系控制，金融产品、保险产品和"北大荒算法"叠加，前端控制生产资料，后端控制产成品，中端全面推广"北大荒 SMART"，推动现代农业高质量发展。

2. 以管控数据化开启企业管理新模式

要按照现代企业集团标准对人、财、物实施全面管控，全面推进 ERP 系统（enterprise resource planning，企业资源计划）建设，充分运用信息化手段，把企业各个环节信息集成起来，打造管控和决策信息平台，使集团管控最核心的人力资源、财务、法务、招标、采购、资产各

个业务单元一目了然，实现战略管控、运营管控、财务管控、资源管控、风险管控，为集团经营决策提供有效数据支撑，全面增强集团市场竞争力，进而实现集团重大组织变革，向现代企业集团迈进。

3. 以数据资产化开启数字农服新业态

北大荒集团将积极推动全国大数据交易中心黑龙江分中心落户垦区，加快建立北大荒云产业集团，加强农业大数据的开发利用，着力打造市场化经营、社会化分工、专业化服务、集团化管控、数字化经营的北大荒数字农服体系。建立生产者信用评价体系和农产品信誉评价体系，为广大农户提供低成本贷款、农资、保险和高利润订单的高效便捷"一站式""一条龙"服务，为广大消费者提供农产品全程质量追溯信息服务，把北大荒农业大数据变为推动北大荒发展质量变革、效率变革、动力变革的重要资本，成为北大荒集团的核心竞争力。

四、数字农服产业链群生态体系的构建

数字生态是数字时代下，政府、企业和个人等社会经济主体通过数字化、信息化和智能化等技术，进行连接、沟通、互动与交易等活动形成围绕数据流动循环、相互作用的社会经济生态系统。数字技术、数字产业、数字经济、数字文化和数字基础设施一起构成数字生态，它是新发展阶段内经济和产业高质量发展的新引擎和新平台。完整的数字生态包括创造用户价值所需要的基本业务活动和实现用户价值传递和维护的其他辅助性活动。数字技术是数字生态的核心，5G、人工智能、工业互联网和大数据等数字新技术的发展为数字生态的形成注入了动力和活力。数字技术支撑的新产品、新服务、新业态、新模式成为产业组织创新的主要推动力量，新型组织模式从消费领域向生产领域扩张，链接产业链、价值链、供应链和创新链，构成链群组织结构。

依托数字生态和链群组织结构，在数字技术驱动下，从事基本业务活动的核心企业逐步打通生产制造过程中的全要素、全环节、全流程数据链，通过在系统内部开放生产要素和知识产权等资源的方式建立合作关系，推动产品与服务、硬件与软件、应用与平台相互交融，促进产业链和供应链的各环节及不同产业链、价值链、供应链、创新链的跨界融合，搭建形成信息互通、资源共享、能力协同、开放合作、价值共创的产业链群生态体系。在链群生态体系内部，核心企业具有引导价值创造以及决定要素分配的主导地位，并且要承受生态体系运行中的各项风险，而辅助者则要遵循核心企业的引导、承担相应的业务职责，创造碎片化的价值。

北大荒 SMART 平台的数字农服探索体现了对产业链群生态体系的理论创新。构建了数字生态是基础，技术体系是动力，产业体系是支撑，企业群落是细胞，供应体系是经脉，价值体系的骨架是数字农服产业链群生态体系（见图 5 – 17）。

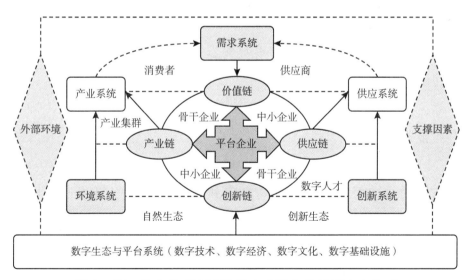

图 5 – 17 北大荒 SMART 数字农服产业链群生态体系

资料来源：课题组资料整理。

在数字生态领域，SMART平台将农业生产、信息传输、数据分析、决策支持等环节相互关联，形成一个相互依赖、互利共赢的生态系统。这个系统可以包含物联网设备、传感器、数据平台、云计算、人工智能等技术，用于实现农业生产全链条的数字化和智能化。

在技术体系方面，将物联网技术、大数据分析、人工智能、无人机、自动化机械等数字农业服务业中所应用的各种技术和工具的结合。通过技术体系，农业生产过程中的数据可以被采集、传输、处理和分析，从而实现精准农业、智慧农业和农业生产的优化。

在产业体系方面，SMART平台涉及各个环节的产业链和产业合作伙伴。这包括种子企业、农资企业、农机企业、农产品加工企业、数字农业服务提供商等。产业体系的协同作用能够促进资源共享、互利共赢，推动数字农业服务业的发展。

在企业群落方面，SMART平台致力于整合数字农服中的各个企业，特别是小型和中小型企业，共同参与数字农业生态系统，形成一个多元化的企业网络。这些企业可以提供不同的数字农业服务和解决方案，从而为农民和农业从业者提供更多选择和服务。

在供应体系方面，SMART平台构建了农服中的农业技术、产品和服务的供应链网络。这包括数字农业设备、农业物资、农业技术咨询和培训等。供应体系的建立和优化能够提高农业生产效率和质量，推动数字农业服务的可持续发展。

在价值体系方面，通过平台搭建为各方参与者创造的价值，其中包括农民通过数字农业技术提高收成和降低成本的经济价值，环境友好农业实践带来的生态价值，数字农业服务企业的商业价值等。通过建立完善的价值体系，数字农业服务业能够更好地服务于社会和农业生产。

五、总结及经验启示

北大荒SMART数字农服围绕"种、管、收、储、运、加、销"各环节形成闭环，构造农业订单服务、金融服务、农资服务、呼叫服务、定制生产、农业保险、技能培训等"生态化"农服运营模式，形成现代农服生态圈，为将农业变成有奔头的产业、助力农业强国建设做出巨大贡献。

（1）推动建立农业社会化服务信息平台，赋能农业社会化服务提档升级，解决农业社会化服务供需结构不平衡问题。依托农业社会化服务信息平台，将省、市、县、乡、村各级农业生产经营信息与各类农业社会化服务主体信息及时录入各级农业信息中心，农业社会化服务方式由线下服务拓展到线上、线下相结合，降低农业社会化服务供求双方信息不对称程度，提升服务效率与精准度，实现农业社会化服务供求双方有机衔接。同时，推进信息化、智能化同农业社会化服务深度融合，鼓励社会化服务主体充分利用大数据、云计算、区块链等信息技术和手段，推广应用遥感、航拍、定位系统等成熟的智能化设备和数据平台，对农业生产过程、生产环境和服务质量等进行精准监测，促进农业社会化服务提档升级。

（2）搭建农业社会化服务综合性数字平台，赋能农业社会化服务拓展延伸，解决农业社会化服务能力存在差异问题。首先，推进农业社会化服务数字化，不断提升农业产业链的精准化管理水平，实现"种、管、收、储、运、加、销"全过程专业化、社会化服务。其次，搭建农业社会化服务综合性数字平台，覆盖小农户农业生产的全过程，围绕产前、产中、产后各环节，实现一体化运营，全过程管理。最后，农业社会化服务综合性数字平台要向产前、产后等环节及金融保险等配套服务延伸，借助数字平台整合各方资源，着重围绕农产品贮藏、加工、物流、营销、金融服务等方面，构建具有竞争力的农业产后社会化服务，深化社会化服务对农业全产业链的支撑作用。

（3）创新数字化服务模式和组织机制，赋能农业社会化服务提质增效，解决农业社会化服务成本高的问题。在正确引导和规范管理下，鼓励各类服务主体协同创新数字化服务模式，因地制宜发展多样化农业社会化数字服务模式，围绕农业全产业链提供集成高效的服务，降低农业社会化服务组织的运营成本，提高服务质效。与此同时，创新农业社会化数字服务的组织机制，借助综合性数字服务平台，促进各类主体紧密联结，实现"优势互补、资源共享、风险共担、合作共赢"。小农户通过综合性数字服务平台，便捷使用覆盖农业生产全过程的农业社会化服务，共享产业增值收益，实现与现代农业的有机衔接。

（4）数字化信息基础设施的建设，保障农业社会化数字服务有效运营，是实现农业社会化数字服务的先决条件。加快农村地区数字信息基础设施建设，实现各地区、各主体间数据信息的互联互通，为农业社会化数字服务有效运营提供基础保障。同时，推动信息服务深入农村基层，并进一步提升农户对现代信息技术的应用能力。加快农村数字人才建设，为农业社会化数字服务有效运营提供人才保障。加快培育一批既懂农业又了解数字技术的实用型复合人才，并通过制定相应的优惠政策和激励机制，鼓励复合型人才扎根农村，结合当地农业产业特点创新数字化服务，带动小农户融入农业社会化数字服务，推动农业高质量发展。

第四节　牧原：畜牧龙头的全链条数智化升级

畜牧产业化龙头企业是引领行业高质量的先锋队，更是推进农业农村现代化的主力军。相比其他行业，作为现代农业产业体系的重要主体，农业产业化龙头企业肩负更多使命，不仅需要实现自身企业的发展，同时还要把促进农民增收作为重要目标，不离农、不弃农、不轻农，有效对接农户、家庭农场和农民合作社等新型经营主体，真正推动农村三产融合和农业发展方式的升级。然而，龙头企业受资源瓶颈约束、生产成本提升、市场竞争加剧等诸多因素的制约，目前面临产业链条短、技术水平低、经济效益弱、运营管理乱和环保问题大等突出问题，亟须龙头企业利用数智技术带领行业转型升级。

2020 年，国务院办公厅发布《关于促进畜牧业高质量发展的意见》中提出要加快构建现代加工流通体系，提升畜牧业信息化水平。尤其是要加强大数据、人工智能、云计算、物联网、移动互联网等技术在畜牧业的应用，提高圈舍环境调控、精准饲喂、动物疫病监测、畜禽产品追溯等智能化水平。近年来，牧原集团利用人工智能、大数据、5G、物联网等技术，将新一代信息技术与传统养殖业深度融合，以数智化带动农业现代化，实现传统养殖业的数智化转型升级。作为畜牧龙头，牧原利用数智技术改变企业生产模式、管理模式和经营模式，全面提升自身智慧养殖生产能力、数智供应链能力、数智营销能力、数智生态连接能力和数智运营能力，实现企业从低技术水平、低附加值向高技术水平、高附加值的演进，用科技赋能养猪，引领畜牧行业升级。

一、畜牧产业化龙头企业的发展困境

（一）产业链条短

2021 年 5 月，农业农村部正式发布了《关于加快农业全产业链培育发展的指导意见》，《意见》要求加快农业全产业链的培育，形成集生产、加工、仓储、物流销售于一体的完整农业产业链，而"链主"则正是在上、中下游具有核心凝聚力的农业产业化龙头企业。全产业链涵盖了从"从田间到餐桌"的所有环节，而我国农村分散化的小农经营模式存在着天然的缺陷，导致产业链中的信息流、资金流、物流和商流的流转受到阻滞，超越了传统家庭式经营模式的能力边界，意味着小农户在某种程度上已被排斥在外。根据监测数据发现，目前中国农业产业化龙头企业主要以种养殖业为主，其龙头企业数量为 29 492 家，占全国农业产业化龙头企业数量的 50%，中国加工业龙头企业数量 23 590 家，其比例为 40%，而其他流通业、休闲农业、生产性服务业和电商等龙头企业数量不足 10%。虽然我国产业化龙头企业的数量众多，但普遍产品单一、技术含量低、抗风险能力弱，缺乏具有广泛影响力的知名农产品品牌，因而严重制约了其辐射带动作用。

（二）技术水平低

我国农业发展具有悠久历史，但现代化水平低，农业经营组织中小农经营依旧是主体，龙头企业、家庭农场以及合作组织等发展较为滞后；农业产业化龙头企业起步较晚，发展缓慢，使得企业创新能力不足，产品技术水平落后。目前，多数农业企业产品的技术水平已达到国内领先水平，但能够达到国际先进水平的企业较少，而能达到国际领先水平的农业企业则更是少之甚少，多数农业企业产品的关键技术需要从国外引进。同时在研发投入的选择上，龙头企业大多倾向于选择"短、平、快"项目，且大多数省份农业产业化龙头企业的研发投入低于企业营收的 1%，个别省份甚至不到 0.5%。如此一来，造成了原创性成果匮乏，"卡脖子"现象屡现。

（三）经济效益弱

国内畜牧企业在取得营业收入不断增长的同时，农业产业化龙头企业净利润却处于较低水平。一方面，受技术的制约，生产效率一直处于较低水平。以生猪行业为例，虽然国内生猪养殖规模不断提升，但生猪平均酮体重基本没有增长，PSY 等生猪生产性能与世界先进水平仍有一定差距。另一方面，由于企业产业链条不长，产业链两端发展不够，因此出现了初级产品粗加工多，精细加工少，产品科技含量低，精品名牌少，市场占有率低，竞争力不强，经济效益差的恶性循环。

（四）运营管理乱

当前很多畜牧产业化龙头企业在经营管理方面存在问题和不足。一方面，农业产业化龙头企业以民营企业为主，而大多数民营企业采用家族式管理或家长式管理，企业老板成为实际上的唯一决策者，高管团队基本由企业老板的亲属、同学和同乡等组成，管理方法传统落后，难以作出民主科学的决策。即使一些企业老板意识到管理方面存在缺陷，继而雇佣职业经理人，但因为种种原因也没有真正将权力下放，因而难以形成包容性强的企业文化。另一方面，企业生产管理模式传统。如猪场虽然设施先进，但生产工艺流程还是"配种—妊娠—分娩—保育—生长—育成—销售"横向分段管理，由于养殖数量庞大，疫病风险饲养成本等核心指标难以精准监控，造成猪场养殖效率低下。

（五）环保问题大

畜牧规模养殖大多采用高密度的集约化养殖，大大增加了疫病发生的机会。同时大量兽药的使用也增加了环境污染风险。大多数养殖场在建场初期未考虑畜禽粪便处理，建有沼气、微生物发酵处理设施的使用率也不高，加之随地堆积粪便，任意排放污水，严重地污染了周边环境卫生。加之多数企业对病死动物的无害化处理采用深埋的方式处理，容易造成土壤和地下水的污染。除此之外，过量的碳排放也会造成环境污染。养殖业排放的大量温室气体（二氧化碳、甲烷和一氧化二氮）是导致温室效应的重要因素。联合国粮农组织（FAO）2006 年的报告指出，畜牧业的温室气体排放量占全球温室气体排放量的 18%。对于生猪养殖而言，猪呼吸道及肠道的碳排放；猪场保温、降温、通风、饲料加工等过程中产生的碳排放；大量粪便污水发酵及病尸无害化处理过程中产生的碳排放；运输相关物料（原料、产品、药品、生猪等）时，消耗能源引起的碳排放等均会造成大量的温室气体排放，严重危害环境。

二、全产业链数智化转型的实现路径

（一）自繁自养全链条数智化升级

牧原集团位于河南省南阳市，始创于 1992 年，历经三十余年发展，现已形成集饲料加工、生猪育种、生猪养殖、屠宰加工为一体的猪肉全产业链，龙头企业。

作为全球生猪出栏量第一的农牧企业，牧原始终秉承"让人们吃上放心猪肉"的美好愿景，致力于打造安全、美味、健康、环保的高品质猪肉，用科技赋能养猪产业，让人们享受丰盛人生。基于此，牧原集团于 2011 年便成立信息化团队，开启集团信息化建设篇章。成立初期，信息化团队主要负责集团基础网络、监控建设，满足员工日常办公需求。随着信息技术的不断创新与革命，信息化团队从零开始，自主研发生产管理系统，负责生猪批次管理，包含育种管理、饲料管理、兽医管理、生产管理、品控管理、批次管理、生产报表、系统管理等功能模块，支撑养猪生产管理精细化。

2023 年牧原出栏生猪 6 381 万头，随着养殖规模的不断扩大，传统养殖模式也亟须转变。基于此，牧原集团提出"全自养、全链条、智能化"的经营模式，为了满足数智化转型的迫切需求，公司在南阳、郑州、深圳三地设立以智能养猪为研究方向的全资子公司。

依托多年养猪的技术、数据方案积累，公司研发的设备涵盖生猪养殖、屠宰、食品等多个板块，实现 5 大类 30 余项产品和技术转化，累计服务猪群规模超 6 000 万，促进生猪产业智能化、信息化和数据化升级。在此基础上，公司依据生产场景，将平台与云计算、物联网、人工智能等新技术深度融合，通过开发信息化平台，将前端设备采集的数据统一汇总处理，建立大数据分析模型，实现养猪全场景数据高效管控，全面打造养猪业务的数字化场景，引领行业转型升级。目前公司的信息化平台管理着 300 多家子公司，15 万员工；200 多个饲料厂，1 600 多个养猪场，10 个屠宰厂；平台接入 190 万套智能设备，每天生成数据量达 10 亿条之多。数智技术赋能公司业务流程以及生产数据及时性、完整性、准确性不断提升，管理更高效、更科学，真正实现精细管理猪舍的每一个单元、每一台设备、每一头猪。

作为生产的核心，猪舍的智能化水平决定了养殖效率的高低。牧原利用智能环控、智能饲喂、智能养猪专家等先进的智能设备打造智能猪舍，通过科技创新提升生产效率的同时降低生物安全风险，实现经济效益、生态效益和社会效益同步提升。此外，牧原通过应用物联网、大数据、云计算等技术，搭建牧原智能养殖云平台，把养猪生产各环节采集的数据信息进行存储、分析和管理，实现养猪全场景数据高效管控和产业链智能化生产运营。依托"智能制造 + 人工智能"的"无人值守"理念，将技术创新应用于从饲料、养猪、屠宰、食品的全产业链，加快推动行业实现万物智联的步伐。

（二）自研自产全场景智能装备赋能

牧原以实现无人值守为主要方向，持续加大研发投入和高科技人才引进力度，大力开展科技创新，利用大数据、物联网、人工智能等前沿技术，针对畜牧养殖的具体场景自主研发智能环控、智能饲喂、智能养猪专家、智能健康管理系统、智能屠宰等智能产品，逐步向饲料智能化、养殖智能化、屠宰智能化迈进，推动生产效率不断提升，为大众生产安全健康的猪肉产品。

1. 智能环控系统

生猪养殖过程中，品种差异、环境条件、饲料品质、疫病等都会对生猪健康和最终的猪肉品质产生一定的影响，其中环境因素所起的作用占 20%～30%。生长环境影响因素主要有：空气温湿度、气体浓度、光照强度和噪声等。通过反复研究和生产实践表明，生长环境不佳会对养猪业生产的质量造成极大影响。公司基于物联网技术和节能环保设备，研发新型智能猪舍，实现新风过滤、独立通风和灭菌除臭，在此基础上创建智能环控系统，实现对猪舍环境的智能调控。

（1）智能环境控制器。智能环境控制器是新风喷淋系统大脑，具有根据内外环境温度湿度探头分析判断，控制通风风机、喷淋、照明、除臭系统的启停开关，设备状态的监测、上报管理平台、报警等功能；通过以上功能的智能控制，实现猪舍内的恒温恒湿，保障猪群健康生长。

（2）精准送风系统。在猪舍进风口设置全自动进风窗，在猪舍内部设置渐变风箱及风口，将空气精准送至猪群，满足猪群的日常呼吸及降温需求，在吊顶上方设置出风口，在猪舍末端设置动力装置风机，将猪舍内部的污浊空气排出。精准送风系统，结合基建铺设通风管道，直达单元内每个栏位，在每个栏位设置出风口，当系统工作时，通过管道直接将新鲜空气输送到每个栏位，实现精准通风。精准通风系统可实现育成猪的圈与圈之间空气独立不交叉；实现母猪头与头之间空气不交叉。

（3）喷淋系统。在猪舍内部设置喷淋系统，配备水管、电磁阀、喷淋头、流量计等装置。各猪舍对应不同类型的喷淋头，依据猪舍大小及猪群特性，选择不同类型的喷淋头，对猪舍增湿降温。

智能环控系统集成信息融合、神经网络及模糊控制等关键技术，通过配置猪舍自动化通风、温湿度控制、灯光控制和环境监测等设备，实现猪舍各环境因子的自动监测、数据采集和智能控制。借助环控系统，公司可以通过调控环境调控生猪生长速度、疾病和死亡发生率，进而提高生产效率，提升动物福利。

2. 智能饲喂系统

牧原的智能饲喂系统包括场外智能供料和场内精准饲喂。系统由管链输送系统、智能饲喂控制终端、料槽系统、饮水系统、食槽料位检测系统等分部件组成，集高温饲料灭菌、全程密闭输送、舍内精准投喂等功能为一体，由公司自主研发。其中，场外智能供料系统能通过云端实时监控养殖场的余料情况，及时把原粮补充至集中料罐，实现自动发料、无人发料。料罐内饲料通过管链输送到养殖场内，由智能饲喂装置进行饲料的下发，智能饲喂可以基于智能化硬件基础（控制器、下料装置、下水装置、各类型传感器等），通过大数据云平台，依据猪群生长曲线针对不同猪群建立精细饲喂模型，下发饲喂营养方案，来达到对猪群的智能化饲喂管控与数据管理，从而实现智能供料、精准饲喂相互融合，稳定运行，提高生产效率。

（1）管链系统。管链系统主体由管链系统电控柜、饲料输送管道、料罐系统、绞龙输送系统等分系统组成。系统逻辑就是在猪舍集中供料站采用中大型管链将饲料输送至各个猪舍前料罐，再由小型管链或绞龙将饲料输送至猪舍内。管链设备安装有机械行程传感器、电容传感器等，提供信号，有服务器进行智能化调度处理，实现全自动化智能供料。在封闭的供料输送管链中，依靠电机驱动塞盘带动饲料在管道内运动，进而输送饲料至各猪舍内。

（2）智能饲喂终端。智能饲喂终端集成了定积式下料、脉冲计量下水、料槽余料检测和猪采食触碰检测等模块，具备无线通信、屏幕按键指示灯人机交互、运行自诊断等功能，本地饲喂和联网饲喂两种工作方式可以保证精准饲喂。其中，联网饲喂方式可以实时收集猪群采食数据和调整下发饲喂参数，并结合物联网平台做好采食量和健康预警管理。智能饲喂以饲喂系统服务器平台进行整体信息数据交互服务为主，通过收集各单元、场段的采食数据、采食频率、饮水数据，实时调控饲料和水源配比，达到精准、优质、高效的饲喂，节省人力劳作，有效提升猪群饲喂管理效率。

智能饲喂系统将猪只整个生命周期中的饲喂、检疫、生病、用药等信息记录，建立生猪从出生到出栏全生产周期的智能监测体系，实现生猪从出生到出栏的全景化智能管理。系统的应用有效切断疫病的饲料传播途径，保证猪群健康。同时精准饲喂有效减少饲料浪费，降低头均饲料成本，在此基础上又能实现生猪的最佳营养，提高猪群出栏量，显著提高生产效率（见图 5 –18、图 5 –19）。

图 5 –18　智能供料系统展示

资料来源：牧原集团。

图 5 - 19 智能饲喂系统展示

资料来源：牧原集团。

3. 智能养猪专家

智能养猪专家集温度、湿度、二氧化碳浓度、卧姿等多种检查监测功能于一体，实现远程监控，通过人工智能技术对猪只健康实时诊断，实时预警，并调度其他机器人装备协同作业，提升猪群健康。作为智能化养猪的中枢大脑，智能养猪专家集成有可见光、红外、声音、气体检测、喇叭等各类传感器，利用巡检机器人，系统可完成温度、湿度、O_2、CO_2、NH_3、H_2S、咳嗽、发烧等多项功能指标的监测，并且能与其他智能设备联动/干预/控制。通过智能巡检自动识别现场猪群问题，发现异常及时预警，并推送至现场管理人员，让现场人员快速、全面了解单元情况，并根据问题及时对猪群采取治疗措施，降低损失。

巡检机器人搭载可见光摄像头、红外热像仪、气体传感器等多个传感器模块，能够实现对猪只情况、猪舍情况的监控预警。具体来看，可见光摄像头通过控制实现固定时间固定地点固定角度的拍摄，拍摄后的图片由机器通过内网 Wi - Fi 发送到服务器，再经过降噪、分割、旋转、拼接等多种处理手段处理后，进入不同算法模型，输出不同模型下的运算结果，如果结果异常或超出阈值，则通过钉钉/短信等多种手段发送至相应的接收人，由接收人进行处理。产品的红外热像仪在机器巡检过程中通过相同的巡检方案对猪只进行拍摄，通过提前标注的方式，找到要验证的猪只身体部位，之后验证拍摄后展示的温度及猪只之间的温度差，实现对发烧猪只的监控。气体传感器通过对单元氨气、硫化氢等有害气体的检测，如果发现气体浓度超过阈值，则进行预警，由人员进行排查、调整。

生猪养殖过程中一直存在猪只健康不明晰、猪舍气体含量不清楚、猪舍情况无监控等痛点问题。牧原利用数智技术自研巡检机器人化解以上难题，实现对猪舍环境的监控、猪只健康异常监控，将工业巡检机器人的概念应用于畜牧行业，补齐畜牧行业智能装备少、配套不完善的短板。同时巡检机器人能够采集多种数据，这些数据通过 AI 处理，能够自动发现猪只异常，自动进行预警推送减少人员的巡检次数，有效提升行业的智能化养殖水平（见图 5 – 20）。

图 5 – 20　牧原集团智能养猪平台

资料来源：牧原集团。

4. 智能作业装备

牧原目前生产和在研各种智能机器装备共5大类30余项。为实现养殖全场景的智能化应用，提高生产效率，公司还自主研发声音监控器、无针注射器、3D智能估重仪等智能作业装备。

（1）声音监控器。声音监控器实时采集单元内猪群声音，通过网络将声音数据及设备信息上传，在云端计算中心使用机器学习对声音数据进行处理，得到猪舍内所有声音的特征，如咳嗽、喷嚏等症状的严重程度。物联网平台负责对处理后的数据以报表形式，及时推送各前端饲养员、场长等。除此之外，研发人员可随时对存储在数据中台的所有历史数据进行查询分析，实现猪群咳嗽及时发现、早期预警、辅助分析、精准治疗，低成本防控疾病。

（2）无针注射器。公司自主研发"无针注射"，集"无针免疫、防疫监控、数据管理"于一体。在不借助传统针头的情况下，将药液直接"射入"猪只皮肤内，消毒、标记、注射一次完成，操作简单高效，降低劳动强度。同时对猪群免疫信息进行大数据分析，真实、准确、实时呈现猪群免疫状态，实现猪群免疫数字化管理，引领行业免疫方式变革，减小猪群应激和猪只肌肉损伤，提高动物福利。

（3）3D智能估重仪。3D智能估重仪利用3D相机，结合人工智能算法，实现猪只无接触快速准确估重，3秒即可完成一头猪只估重，估重误差在2千克以内。有效解决传统称重过程赶猪上称难、效率低下问题。通过体重管理平台，快速准确了解猪只及猪群生长情况，进行精准饲喂、健康管理。

三、龙头企业引领生猪行业高质量发展成效

（一）数智赋能提高生产效率

数智化生猪养殖能够大大提高生产效率。传统的生猪养殖方式依赖

人工，效率低下且容易受到人为因素影响。针对猪场生产和经营效率低等难题，牧原利用物联网、大数据等现代信息技术，开发了猪场信息化管理系统，研发了猪精准饲喂、声音识别、红外测温、自动巡检等智能关键技术，搭建了生猪生产全过程追溯技术体系。通过智能化设备，牧原股份实现对生猪养殖全过程的自动化监控和管理。例如，利用智能传感器实时监测猪舍的温度、湿度和空气质量，确保生猪生活在最适宜的环境中。同时，传感器还能监测生猪的健康状况，如食欲、体重、疾病发生率等，使养殖人员能够及时发现问题并采取相应措施，有效提高了生猪的存活率和产品质量。这些智能关键技术应用于生产实践后，提高劳动效率35%，1名饲养员年出栏商品猪达10 000头，远超行业平均水平，育肥猪达115千克，平均出栏日龄≤160d，母猪年提供断奶仔猪提高1.2头，促进了生猪产业转型升级。

牧原猪场信息化建设破解了制约生猪产业可持续发展的技术难题，推动了传统养猪业向信息化、智能化方向发展；构建立体式生物安全防控体系，减少用药，减少了人畜接触，有效阻断疫病传播途径，降低养殖过程中人对生猪的影响，可以实现病原零传播，对我国猪肉供应战略安全意义重大；智能装备的应用推动了生猪养殖技术进步，对于加快实现我国农业现代化、促进畜牧业可持续发展，具有重要的示范引领作用。

（二）全链联动降低生产成本

数智化生猪养殖能够大幅降低生产成本。一方面，"料养宰"精准匹配，提高养殖效率。牧原打造集饲料加工、生猪育种、生猪养殖、屠宰加工为一体的猪肉产业链。在此基础上，公司自研覆盖生猪饲料、养殖、屠宰等多个板块的智能化设备，并运用大数据、云计算等技术工具，打通饲料—养殖—屠宰的信息化系统，实现对生猪养殖的精准饲喂和饲料配比的动态调整。猪群的养殖智能化，提高了人工效率、减少了饲料浪费，数智养殖模式显著优化猪群生长性能，使得健仔率和生长速度显著提升，发病率及死亡率显著降低。数据显示，母猪年提供断奶仔猪提高 1.2 头，商品猪出栏率从 85% 提高到 90%；料肉比从 2.6 : 1 提高到 2.5 : 1，达 115 千克出栏日龄 ≤160d，显著提高养殖效率。

另一方面，"物联平台＋智能装备"有效联动，降低人工成本。传统的生猪养殖方式需要大量的人工劳动，如喂食、清洁、疾病治疗等，这不仅导致了高昂的生产成本，还可能由于人为疏忽或操作不当而造成损失。牧原借助智能化平台管理 300 多家子公司，15 万员工，200 多个饲料厂，1 600 多个养猪场，10 个屠宰厂，平台接入 190 万套智能设备。凭借智能化设备的运用，牧原股份完成养殖过程的自动化和标准化，实现对猪舍信息的采集、存储、分析、管理，大大降低了对人力的依赖。以年出栏 10 万头生猪养殖场为例，可以减少人员 40 人左右。技术应用后提高劳动效率 35%，1 名饲养员年饲养商品猪出栏达 10 000 头，是行业平均数的 2 倍。

（三）环境友好推动绿色发展

智能化生猪养殖能够实现可持续发展。传统的生猪养殖不仅对环境产生一定的污染，同时也消耗了大量的资源。牧原始终严以自律，从行业外提更高标准，以社会发展趋势，以畜禽养殖行业高质量发展为目标，提升自身环保标准，推动行业进步。借助数智技术，牧原推进环境友好和动物友好的经营方式，推行循环经济，施行绿色发展，减少大气危害，优化资源配置，减少环境污染实现经济效益、生态效益、社会效益同步提升。

氮减排—低蛋白日粮。牧原探索并不断完善牧原猪营养标准。当前已实现在养殖端通过变频混合技术将高浓度氨基酸日粮和低浓度氨基酸日粮按比例混合，可据猪群生长性能动态调整营养供给。2022 年减少氮排放 7.02 万吨，相当于减少 43.88 万吨蛋白使用，节省大豆约

126.47 万吨，节省土地 972.85 万亩，合计减排温室气体 12.99 万吨 $CO_2 - eq$。相较于行业，每头猪节省大豆 36.7 千克。若国内全面推广低豆日粮每年还可节省 2 000 万吨大豆，节省 1.5 亿亩的土地。2022 年 9 月，牧原低蛋白日粮实践被农业农村部作为典型案例在行业进行推广。

碳减排—无供热猪舍。牧原从全产业链进行数智升级优化，促进绿色低碳发展，目前已做到 1 公斤猪肉碳排放 1.05 千克 $CO_2 - eq$。其中，牧原着重打造无供热猪舍，在猪舍内部通过布风管将新风与待排放气体进行热量交换，再通过布风管传输至猪群活动区，增加废气排放中热量的回收，降低排风温度，减少猪舍热量散失。使猪舍在外界近 $-40℃$ 的极端环境且不直接消耗任何化石燃料的情况下，将猪舍内部温度保持在 $22 \sim 25℃$，让猪群生长在适宜的温度下，同时减少化石燃料产生的温室气体，相较于传统供热方式，2022 年减少煤炭使用 28.58 万吨，合计减排温室气体 76.02 万吨 $CO_2 - eq$。该工艺已在东北、中原等区域全面推广落地。

甲烷减排—粪水密闭输送系统。牧原采用干清粪工艺 + 密闭输送 + 固液分离 + 好氧堆肥 + 厌氧发酵处理 + 密闭储存，对畜禽粪污全链条密闭管控，使粪污从猪舍内部输送到后端处理时全程处于密封环境，减少甲烷的自然逸散，减少温室气体排放。当前所有场区已完成粪水密闭输送工艺升级改造。

氨减排—灭菌除臭系统。牧原在生产单元的出风端安装灭菌除臭系统，通过集气室将舍内出风统一收集，废气经过除臭墙循环装置后，达到出风洁净无臭的目的。灭菌除臭系统，对生产养殖过程中产生的废气进行管控，可达到氨气去除率 97.3%，2022 年相当于减排温室气体 11.1 万吨 $CO_2 - eq$。当前所有场区已完成灭菌除臭系统升级改造。

节能—无害化制处理热回收系统。病死畜禽无害化处理过程中，会通过蒸汽加热化制机加热隔板对内部病死畜禽进行高温灭菌，在灭菌的过程中，蒸汽随之冷凝成100°冷凝水，通过疏水阀隔断蒸汽过滤掉冷凝水，冷凝水通过回收管道及蒸汽回收机将冷凝水排入锅炉，回收冷凝水的热量。每处理1吨病死畜禽可以节约天然气8.3m³。除此之外，智能装备的应用大大提高了猪场的生产效率，节能节水。以板下清粪机器人为例，该设备充满一次电大概耗费2度电，能够持续运行6个小时，全程可节约一半的用水量。

（四）透明可溯保障食品安全

数智化养殖能够更好地保证食品安全。食品安全是消费者最为关注的问题之一。牧原通过信息化、数据化将标准嵌入流程，运用大数据、云计算等技术工具，打通饲料—养殖—屠宰信息平台，建立全产业链食品安全与质量大数据追溯系统，全程数字化品质管理，实现全产业链透明化溯源，用数字化保障食品安全与质量。通过智能化设备，牧原股份能够实现对生猪养殖全过程的追溯和监控，确保产品的质量安全。例如，利用物联网技术实现养殖过程的全程追踪，使消费者可以了解产品的详细信息，增加消费者对产品的信任度。同时，智能化设备能够及时发现并处理可能存在的问题，避免了问题产品流入市场，保障了消费者的权益。

四、"智改数转"数智赋能的理论分析

（一）全链条数字化助推产业升级的作用机理

1.提升产业链生产效率

全链条数字化使得"看不见的技术"与"看得见的产业链"深度结合，提升了全产业链的生产效率。围绕全产业链，数智赋能技术将供应、采购、物流、经营、管理、服务等关键环节串联起来，构建并优化了农产品全链条数字化运营体系。在供应端，农产品的生产、采摘、运输、销售、配送全链条过程数字化，有效实现了农产品全程追溯监管成本降低，以及全链条闭环式安全管控。在销售端，互联网平台将线上平台资源整合优势与线下客户渠道资源融合打通，增强了农产品与消费者偏好匹配度。这种依托互联网平台的数字化资源整合模式极大地促进了农业全产业链整体经营效率提升。

2. 促进产业链主体协同分工

良性的产业主体协同分工是产业链整体升级的基础，全链条数字化增强了产业链上各主体的联系与合作。全链条数字化通过聚焦全产业链发展，发挥各环节经营主体的比较优势，推动不同经营主体分工与合作。数字化的链式发展特征，使得各链条上的企业数字化改造既促进自身转型升级，又推动与其他关联企业主体的数字联动，最后产生集群成链数字化效应，农业产业链各主体的生产经营专业化、标准化和组织化程度得以提高。在农业全产业链数字化过程中，链主企业一般是产业集群中的龙头企业，在数字化转型中起到引领作用，形成"龙头企业数字化＋"合作分工模式，以整合各链条数字资源，取长补短、协同发展、共抗风险。

3. 拓展产业链产品市场

全链条数字化有利于打通农业全产业链条上生产、经营、管理、服务主要环节的信息壁垒，增加链条上的产品供需匹配度和交易互动频率。一方面，增强消费者与生产者的联系，拓展农业产业参与范围、产品种类和销售规模。特别是大电商平台和大物流体系的整合，发挥了"长尾效应"，使得地处偏远农村、品种独特、产量规模小、销售成本高的农产品有机会销售到城市大市场，有效拓展了小农户农业的发展机会和前景。另一方面，加速新技术与新产业融合，增加产品新销售渠道。例如，网络直播技术与网红产业结合，促使"农产品直播带货"成为农村产业开拓市场的新途径。这为高质量农产品被有心消费者发现和认可创造了机会，也为发展生态农业和品牌农业提供了新市场空间。此外，农业数字化也推动了我国农产品走向国际市场。跨境电商平台利用数据资源和数字技术挖掘消费者，在海外农产品推广、跨境支付、供应链管理与品牌建设等方面发挥了重要作用。全链条数字化有利于整合各方资源和缩短农产品从产地、加工、包装、运输、储藏、出口到海外消费者餐桌的时间。

（二）全链条数字化助推产业升级主要路径

1. 农业生产转型

数据驱动是农业转型升级的关键所在，全产业链数字化改造增强了数字农业平台的信息资源集成和农业生产全程控制，通过发挥技术创新、大数据分享的乘数效应和溢出效应，促进农业新旧动能转换，提升农业整体生产效率。

生产过程中不同阶段数智技术的应用增加农业生产科技含量。数智技术能够增加农业生产科技含量，有助于推动农业生产向机械化、自动化、智能化转型，加速农业现代化进程。现代科学技术在农业领域的应用提升了农业生产过程中产前、产中、产后不同阶段的数智化水平，推动了农业生产高质量发展。在产前阶段，运用遥感、云计算、大数据分析和机器学习等技术，科学分析并评估土壤成分和肥力，分析灌溉用水供求状况，鉴定种子品质，指导农民对土地、水资源、种子等生产要素进行科学配置，实现精准播种、合理施肥和高效灌溉，促进农业生产节本降耗提效、农产品优质高产、农业效益倍增。在产中阶段，生产者可用人工智能技术进行环境监测，借助传感器和图像识别技术远程查看农作物或畜产品生长信息，优化生产管理；农业物联网、智能农机装备的应用促进了精准高效农业发展。在产后阶段，可利用数智技术检测农产品售前品质，分析市场行情，优化物流配送路径。

数智技术应用推进智慧农业发展。数智技术在农业领域的推广运用，为智慧农场、智慧养殖、智能车间、智慧管理等智慧农业的创新发展提供了基础技术支撑和保障。数智技术的使用有利于提升农业资源利用效率、提高生产智能化和集约化水平。农业企业和农业科技公司作为农业数智化升级的重要载体，有利于推动农业数智技术研发和应用的发展。对于牧原等大型养殖企业来说，猪脸识别、红外线成像、体温监测追踪等技术的应用，能够实时获取猪只的健康、体重、饮食、体温等成长过程信息数据，并通过模型分析，优化养殖管理措施。此外，农业生产受到自然、市场和社会因素影响，存在诸多不确定性因素和信息不对称，农业生产者往往难以有效应对农业生产风险。随着农业生产要素数据流、信息流和资金流不断积累，大数据技术的应用和分析有助于降低农业生产中的信息不对称程度，提升风险控制效率。

2. 农业经营转型

数智技术具有高渗透性和倍增性，对传统产业进行多角度、全方位的全链条式改造，尤其对产业经营业态创新有着重要影响，通过赋能市场主体在生产、流通、服务等领域不断创新经营，形成多元开放的新经营业态。在改变农业经营理念和模式的同时，促生了一大批新型农业经营主体，以此提升农业经营的科技化、组织化和精细化水平。农业全链条数智化增强了数智技术从消费端向生产端延伸的渗透性，推动传统农业经营向智能化、网络化、信息化方向深度转型，为农业高质量发展奠定了基础。

新型农业经营主体数智化转型。信息资源和知识资源密集型的农业生产方式能够加深产业布局的组织化程度，畅通经营流通体系，提高农产品的数智化收益。互联网打破了时间和空间的限制，将产品信息传递给真正需要的消费者群体。农业全链条数智化通过市场传导机制和赋能，推动新型农业经营主体转变生产经营方式，由"生产导向"向"消费导向"转型。随着数智农业深度发展并应用于农业产业链全环节，生产者根据互联网数据反馈信息及时调整产品生产和供给计划，以适应市场需求变化，解决农业供给与需求不均衡不充分的问题。同时，农业生产者可借助智能技术全方位了解消费者，实现消费者个性化需求与农业供给精准、高效对接。消费者也可以借助数智化视频技术跟踪农业生产全过程，掌握农产品的品质信息，从而更好地推动农业生产者产品供给由"量"到"质"的转变。

数智技术应用促进农业经营生态集群化发展。全链条数智化改造加速了农业经营从传统的供应商模式转变为集生产者、消费者和经销商在内的生态集群，生产者和消费者在互动中增进利益联结，乃至建立利益共同体。互联网企业积极向线下渗透，传统农业企业也积极向线上转型。农业企业线上线下融合发展，进一步打破了产业边界和空间束缚，延伸了农业产业链。比如，农业企业在转型升级中往往涉及农业的生产、加工、运输、品牌设计、电商直播等多个产业环节。数智化营销模式加速了农产品信息在生产者和消费之间的传播速度，在时间和空间上降低了生产者与消费者的沟通成本，拓展了消费群体范围，拉动了潜在消费内需市场，拓宽了产品销售渠道。全链条数智化也促进了信息要素在城乡间流动，有助于推动建立良性互补的内循环式城乡市场。近年来，农村电商和直播平台的发展加速了"农产品进城、工业品下乡"。同时，强调消费者体验成为众多农业经营者所考虑的内容，生产者从中分享全产业链的增值收益，以扩大农业市场规模，助推农村第一、第二、第三产业融合发展。

数智化发展推动农业经营业态创新迭代。全链条数智化有利于农业生产和产品市场信息资源共享，推动农业经营业态不断创新迭代。近年来，数字经济经营业态创新呈现爆发式增长，"互联网＋"农业新业态不断出现，农业数智化发展孕育出订单农业、直播电商、网红带货、社区团购、订单众筹等新经营业态，丰富了创意农业、认养农业、功能农业、观光农业等新业态的经营模式和创新空间，延伸了农业产业链和价值链，推动了农村一二三产业融合发展。

3. 农业管理转型

农业全链条数智化推动农业数智管理系统发展为集信息化、数智化、网络化于一体的管理和应用系统，其中涉及种养殖、加工、流通、销售等诸多环节管理的数智化改造与升级。这主要体现在管理方式创新、优化供需联结和产品追溯体系创新等方面。

数智技术推动农业管理方式创新。农业管理数智系统构建有助于减少农业生产对劳动力和土地等传统生产要素的依赖。农业生产者利用现代化技术全面搜集病虫害、杂草、温度、光照强度以及土壤湿度等多方面的数据，通过分类整理、深入挖掘，为农业经济管理环节提供数据支持。农业管理人员可有针对性地制定相应策略，优化农业种植结构，科学分析农业要素配置，精准对接农作物生长，提升农业精细化管理水平，及时进行灾害预防，以形成有效的农业管理。同时，互联网平台将农业生产者、消费者和监管者等不同主体有效联结，有助于推动农产品产供销的通畅和建立快速响应机制，保障农业产业链各环节的有机衔接。政府部门则依托互联网平台提升管理和监管水平，有效应对农业领域的自然灾害、突发事件、疫病防控、质量安全等问题，保障农业安全。

数智技术应用优化供给与需求联结。农业全链条数智化释放了农业生产和消费的经济活力，增强了农产品供给端与需求端的联系，降低了产、运、供、销等环节的流通成本，这主要表现为减少流通环节、缩短流通时间、降低流通损耗。一是减少农产品流通环节。在农产品供需两端，互联网作为信息传播载体，有效发挥了供需匹配的集散功能。交易双方可依托电子商务平台降低信息不对称带来的信息搜寻成本，缩减中间商层级，减少农产品的流通环节。二是缩短农产品流通时间。农产品流通业全触点、全渠道、全场景、全客群的数智化转型极大缩短了农产品流通时间。经过数智化改造的仓储物流中心、农贸批发市场、农产品交易拍卖市场等，通过大数据和云计算功能提升了农产品流通效率。三是降低农产品流通损耗。农产品具有易变质和易腐坏特点，在储藏运输过程中容易发生腐烂，损耗极大，这与我国冷链仓储物流技术发展缓慢有关。而全链条数智化增强了冷链仓储物流与上下游产业的信息联结，有利于科学分析冷链物流的产品信息、冷库信息、车辆信息、路线信息等，实现农产品冷链物流供应链资源优化配置和一体化发展。

4. 农业服务转型

农业全链条数智化增强了不同农业服务主体之间的互联互通、协作共享、业务协同，为农业服务供给从封闭低效向跨部门、跨层级和跨区域的协同高效转变提供技术支持。农业服务数智化转型有利于打破"九龙治水"的服务格局，促进服务资源的整合和高效利用。

数智技术应用推动农业服务模式创新。农业全链条数智化增强了农业全产业链上的农业服务主体、服务对象、服务资源之间的联结，推动形成立体型、复合式、网络化的服务形态。特别是，农业大数据分析平台为农业的生产、经营、管理提供更方便快捷的信息服务支持。针对现阶段我国农业管理水平低、技术落后的状况，农业物联网智能服务平台为农业从业者提供了农作物科学种植、病虫害防治、远程管理等方面的数智化服务，极大地提高了农业生产效率和产品质量安全。

智慧农业系统提升农业生产数智化服务水平。随着智慧农业探索的不断深入，各种智能设备和数智技术也被不断应用到现代农业服务体系中，为农业生产者提供智慧化的农业社会化服务，进而帮助农民提升产品质量和增加收入。通过建立智能物联网设备网络，对管辖区域内的气象、病虫害、服务使用分布等情况进行实时监测，及时实现异常气象预警、病虫害暴发趋势预测。农业从业者可利用智能手机随时获取气象监测、病虫害识别、用药指导、个性化农技指导等服务，有效提升农业生产水平。同时，政府职能部门通过对农业生产服务数据进行统计分析，优化生产服务决策。

五、总结及经验启示

全链条数智化助推产业高质量发展的实质是以数智知识为关键生产要素、以信息网络为载体、以数智技术为推动力，实现农业生产、经营、管理和服务产业体系的组织变革、技术变革和效率变革。牧原的数智化转型就是利用数字经济理念，发挥数智技术在农业生产要素配置中的优化和集成作用，将大数据、物联网、人工智能等相关数智技术与土地、劳动力、资本、信息等资源要素以及动物医学、畜牧兽医学、饲料与动物营养学等基础学科知识有机结合，将形成的数字信息作为新生产要素与农业生产相融合，创新产业新发展模式。由此，基于农业数智化特征，数智技术与农业产业链上的生产、经营、管理和服务环节深度融合，推动全产业链转型升级，促进产业高质量发展。

探索建立产业链链长制，鼓励产业龙头企业通过构建农业数智化平台，实现从龙头企业到"链主"的蝶变，通过产业链关键节点向上、下游延伸，进一步拓展产业发展边界，强化产业链薄弱环节，提升价值链，进而实现产业链各个环节的有效衔接。作为兼具实体产业基础和数智技术能力的畜牧龙头企业，应充分利用海量数据和数智技术，通过产业融合与要素协同，促进产业链价值链的分解、重构和功能升级，率先进行产业数智化转型升级，发挥"以实助实"效能，激发数智化转型的"链式"效应，引领产业功能、形态、组织方式以及商业模式的变革和发展，实现产业链数智化，并推动产业链各个环节价值增值，助力产业链、供应链上下游企业高质量发展。

本章参考文献：

[1] 陈峰，张洋，李玉磊，等．数字农服的发展与应用探索 [J]．农场经济管理，2020 (10)：3-7.

[2] 陈玲，王晓飞，关婷，等．企业数字化路径：内部转型到外部赋能 [J]．科研管理，2023，44 (7)：11-20.

[3] 陈瑞剑，张陆彪，柏娜．海外并购推动农业走出去的思考 [J]．农业经济问题，2017，38 (10)：62-68.

[4] 陈志刚，闫立，王浩杰，等．大型企业双重预防机制建设研究与实践：以中粮集团为例 [J]．中国安全科学学报，2023，33 (3)：27-34.

[5] 程大为，樊倩，周旭海．数字经济与农业深度融合的格局构想及现实路径 [J]．兰州学刊，2022 (12)：131-143.

[6] 丁声俊．关于"节粮减损"行动的思考与政策建议 [J]．价格理论与实践，2022 (2)：5-11.

[7] 关于加快推进国有企业数字化转型工作的通知 [R]．国资委，2020.

[8] 国家统计局关于2020年粮食产量数据的公告 [R]．国家统计局，2020.

[9] 韩旭东，刘闯，刘合光．农业全链条数字化助推乡村产业转型的理论逻辑与实践路径 [J]．改革，2023 (3)：121-132.

[10] 郝爱民，谭家银．数字乡村建设对我国粮食体系韧性的影响 [J]．华南农业大学学报（社会科学版），2022，21 (3)：10-24.

[11] 刘婧元，刘洪银．数字化赋能农业强国建设的作用机理、现实困境和路径选择 [J]．西南金融，2023 (6)：82-94.

[12] 刘洋，陈秉谱，何兰兰．我国农业社会化服务的演变历程、

研究现状及展望［J］.中国农机化学报，2022，43（4）：229－236.

［13］刘云，蓝青，贾翔宇，等.全产业链践行ESG"中粮方案"［J］.企业管理，2023（5）：46－52.

［14］慕娟，马立平.中国农业农村数字经济发展指数测度与区域差异［J］.华南农业大学学报（社会科学版），2021，20（4）：90－98.

［15］穆娜娜，钟真.中国农业社会化服务体系构建的政策演化与发展趋势［J］.政治经济学评论，2022，13（5）：87－112.

［16］强化粮食根基［R］.国家粮食和物资储备局，2021.

［17］阮俊虎，刘天军，冯晓春，等.数字农业运营管理：关键问题、理论方法与示范工程［J］.管理世界，2020，36（8）：222－233.

［18］盛朝迅.产业生态主导企业培育的国际经验与中国路径［J］.改革，2022（10）：34－44.

［19］宋洁，张帆，王榕金子.新时期我国粮食安全管理的数字化研究［J］.粮油食品科技，2023，31（4）：36－41.

［20］苏勇，王芬芬，陈万思.宁高宁领导下的中粮集团战略变革实践［J］.管理学报，2021，18（2）：159－170.

［21］孙豹.大宗粮油供应链实现数字化的思考［J］.中国油脂，2021，46（9）：132－136.

［22］孙建强，吴晓梦.资本配置视角下国企混改作用机理——以中粮集团为例［J］.财会月刊，2019（7）：119－125.

［23］新形势下的国有企业数字化转型之路［R］.浪潮，2020.

［24］杨世龙，白雪，谭砚文，等.北大荒集团发展数字农业的主要做法、经验及启示［J］.中国农垦，2022（12）：41－43.

［25］易加斌，李霄，杨小平，等.创新生态系统理论视角下的农业数字化转型：驱动因素、战略框架与实施路径［J］.农业经济问题，2021（7）：101－116.

［26］余东华，李云汉．数字经济时代的产业组织创新——以数字技术驱动的产业链群生态体系为例［J］．改革，2021（7）：24－43．

［27］占晶晶，崔岩．数字技术重塑全球产业链群生态体系的创新路径［J］．经济体制改革，2022（1）：119－126．

［28］张红宇，胡凌啸．构建有中国特色的农业社会化服务体系［J］．行政管理改革，2021（10）：75－81．

［29］张延龙，王明哲，钱静斐，等．中国农业产业化龙头企业发展特点、问题及发展思路［J］．农业经济问题，2021（8）：135－144．

［30］郑博薇，李作麟，赵姜．农业产业化龙头企业科技创新的影响因素及对策研究［J］．中小企业管理与科技（中旬刊），2021（12）：100－102．

［31］中国粮食安全白皮书［R］．中华人民共和国国务院新闻办公室，2019．

［32］中国数字经济发展白皮书（2020年）［R］．中国信息通信研究院，2020．

［33］中国智慧企业发展报告（2022）［J］．企业管理，2023（1）：49－57．

［34］钟文晶，罗必良，谢琳．数字农业发展的国际经验及其启示［J］．改革，2021（5）：64－75．

［35］钟真，蒋维扬，李丁．社会化服务能推动农业高质量发展吗？——来自第三次全国农业普查中粮食生产的证据［J］．中国农村经济，2021（12）：109－130．

［36］钟真．社会化服务：新时代中国特色农业现代化的关键——基于理论与政策的梳理［J］．政治经济学评论，2019，10（2）：92－109．

第六章

数智企业的科技赋能

第一节　诺普信：打造数字农业综合服务平台"田田圈"

一、农业产业链多环节流程的衔接困境

（一）农资企业转型面对的产业链困境

农资产品服务为农业生产提供保障质量与产量的重要生产物资，于粮食安全意义重大，以农药、化肥为常见代表。其中，农药是指用于预防、控制危害农业、林业的病、虫、草、鼠和其他有害生物以及有目的地调节植物、昆虫生长的化学合成或者来源于生物、其他天然物质的一种物质或者几种物质的混合物及其制剂。作为重要的生产资料，农药广泛用于农业、林业、卫生等领域控制有害生物。在新时代，农业增长趋向生态、环保、绿色、健康，为保障粮食安全、农产品质量安全、生态环境安全发挥了重要作用。

农用化学品是最典型的农资产品之一。近十年来，全球农用化学品市场保持增长态势，但 2020 年以来增长率起伏较大，且专家预测波动

将越来越复杂。具体来看，根据 IHS Markit 农药市场分析数据（由 Phillips McDou-gall 公司提供技术支持），2020 年全球作物用农药销售额为 620.36 亿美元，同比增长 2.7%；包括非作物用农药在内的全球农药总销售额为 698.86 亿美元，同比增长 2.5%[①]。从农药市场规模区域分布情况来看，亚太地区仍为全球最大的作物用农药，据统计 2020 年亚太地区的农药规模达到 192.41 亿美元，同比增长 3.8%，约占全球作物用农药的 31%[②]。而根据英国农用化学品市场分析公司 AgbioInvestor 于 2024 年 3 月公布的数据表明，2023 年全球用于作物和非作物的农用化学品市场总额达到 828.45 亿美元，呈现年均增长率为 4.9% 的微弱增长趋势，在制造商层面只增长了 0.1%[③]。同时，AgbioInvestor 公司还预测 2024 年会迎来农用化学品市场销售额下降，原因包括农用化学品价格下调、厄尔尼诺现象导致亚太地区大部分地区出现干旱、大宗商品价格下跌、某些主要航运地点（如巴拿马运河、密西西比河、莱茵河）出现物流问题、天气影响等。可以看到，我国农资应用和产业发展的空间仍然很大，全球农资市场也有待我国产业主体投入参与竞争，但全球市场受气候等因素影响以及对科技含量的要求将会越来越高。因此，发展好我国独立自主的农资产业至关重要。

一方面，为了确保国家粮食安全，我国农业发展亟须农药的稳定供给。我国玉米和大豆对外依存度高，粮食安全是国家重要的宏观战略，《"十四五"全国农药产业发展规划》指出，"十四五"时期草地贪夜蛾、水稻"两迁"害虫、小麦条锈病和赤霉病等重大病虫害呈多发、

---

① 资料来源：全球农药行业 20 强发布，11 家中国公司入围 [J]. 中国农药，2022，18（1）：33 – 37.

② 资料来源：中研网. 水稻种质资源精准鉴定取得新进展 水稻种植行业市场深度调研. https://www. chinairn. com/scfx/20230423/111206250. shtml.

③ 资料来源：Agropages. 2023 Global Crop Protection Market Review and 2024 Outlook. https://news. agropages. com/News/NewsDetail—49338. htm.

重发态势，防控任务重，需要持续稳定的农药生产供应。加之林草、卫生等领域需求增加，农药市场空间进一步扩大。

另一方面，环保高压常态化，行业集中度进一步提升。由于农药制剂行业监管日趋严格，农业农村部一直在推动农药向高效、绿色、低毒、低残留方向发展，因此，农药制剂行业进入壁垒逐步提高，行业集中度不断提高。自新《农药管理条例》《农作物病虫害防治条例》对农作物病虫害防治工作在明确防治责任、健全防治制度、专业化防治服务、鼓励绿色防控等方面予以规范治理。系列的行业监管政策，推动农药制剂企业的优胜劣汰，利于领先的环保型、高科技农药制剂企业做大做强。2022年2月，农业农村部会同国家发展改革委、科技部、工业和信息化部、生态环境部、市场监管总局、国家粮食和物资储备局、国家林草局制定了《"十四五"全国农药产业发展规划》（以下简称《规划》）。《规划》指出现代农药产业要坚持安全发展，严把市场准入关，强化市场监管，推进科学安全用药；要坚持绿色发展，支持生物农药等绿色农药研发登记，推广绿色生产技术；要坚持高质量发展，开发推广高效低毒农药替代高毒高风险农药；要坚持创新发展。据中国农药工业协会，到2015年底，获得农药生产资质的企业有近2 000家，《规划》指出，2020年全国农药生产企业1 705家，其中规模以上企业693家，农药行业集中化趋势非常明显，对于未来发展规划，《规划》指出，要推进农药生产的集约化，推进农药生产企业兼并重组、转型升级、做大做强，培育一批竞争力强的大中型生产企业，预计2025年农药生产企业数量将减至少于1 600个，推进行业集中度进一步提升。可以看到，随着监管日趋严格，化学农药产量和农药使用量双双下降。2017年以来，随着监管政策日趋严格，我国化学农药产量和农药使用量出现明显下降。据国家统计局的数据，2017～2020年，全国化学农药产量从250.74万吨下降至214.80万吨，累计减少35.94万吨；2017～2019

年，我国农药使用量从 165.51 万吨下降至 139.17 万吨，累计减少 26.34 万吨，倒逼行业大浪淘沙，逐步淘汰尾部企业，利于头部企业的龙头效应。

但是，我国农业产业链存在上下游环节衔接困境，农资企业转型有痛点。

从生产环节看，农药按能否直接施用一般分为原药和制剂。原药是以石油化工等相关产品为主要原料，通过化学合成技术和工艺生产或生物工程而得到的农药，一般不能直接施用。农药制剂是指在农药原药中加入分散剂和助溶剂等原辅料后可以直接使用的农药药剂，包括乳油剂、水分散粒剂、悬浮剂、水乳剂、微胶囊剂等。上游加工生产商难以精准把握市场销售信息，更面临假冒伪劣等问题，从研制产品到应用于生产的环节太繁复。从经营环节看，下游销售主体往往需要布局复杂、高成本的销售网络，可以面对数量多、分布散的中小农户，但仍难以满足沟通对接需求。众多农户都曾表示，当前无论线上还是线下，各类农资品类、数量都很多，农资并不缺乏，购买、物流、配送等都不是最大的难题，而真正困扰他们的是购买农资后的服务和指导。因此，农资电商除了把互联网的元素加进去，让更多农户享受优惠、方便之外，配套的农技服务更不可缺失。

"发展农业生产资料电子商务，鼓励各类电商平台依托现有各部门的农村网络渠道、站点，开展化肥、种子、农药、农机等生产资料电子商务"。正如商务部等 19 部门联合印发的《关于加快发展农村电子商务的意见》所说，推动农资行业结合数智模式从而转型发展轨道是新时期农业现代化的一项重点任务。最新数据显示，目前国内种子、化肥、农药、农机等农资市场容量超过了 2 万亿元人民币。如此大的市场容量，在"互联网＋"战略的大背景下，农资电商正在开拓一片新的蓝海。

（二）农资企业"重仓密网"的运营痛点

相较于其他领域企业，农资企业在供应链领域面临着以下两方面独特问题。

一是农资供应链冗长，管理沟通成本昂贵。农资企业需要建立省级、市级、县（乡、镇）级等代理与分销体系网络才能触及身处农村地区的终端消费者。但是，由于链条流程长、涉及面积广，导致了上下层级、网点之间在沟通、管理与协调等方面的低下效率。随着农业生产规模的逐渐扩大和农业产业化的迅速发展，农资供应链管理日益被重视。农资供应链是指从生产基地经过生产、加工、运输、销售等多个环节，最终到达农户手中的供应链。农资供应链管理的目的是优化各环节的协调与流程，提高供应链的效率和质量，从而更好地服务于农业生产和农民群众。一般来说，农资供应链可以分为农资生产、物流和销售三个环节。农资生产环节包括种子、化肥、农药等农业生产要素的生产过程。物流环节主要是将农资产品从生产基地运输到销售点或农户手中，包括汽车运输、铁路运输、水路运输等多种运输方式。销售环节则是将农资产品销售给农户或农业企业，其中包括批发市场、零售店、电商平台等多种销售渠道。农资供应链管理的关键在于协调各环节之间的合作与协同。一方面，农资生产、物流和销售环节之间需要建立有效的合作关系，通过信息共享、协商决策等方式实现各方的利益最大化。另一方面，各环节之间的流程和操作需要进行统一规划和管理，以确保整个供应链的效率和质量。这就需要农资供应链管理者具备完善的管理技能与专业知识，运用各种信息技术手段加强供应链的协调与控制。对于农资企业，农资供应链管理意味着要加强内部流程优化和交叉组织协调。通过建立信息化管理系统和物流决策支持系统等，可以实现对生产、物流和销售等环节的优化和控制。同时，企业还需加强与供应商和客户的合作、沟通和协调，打造一个高效、安全、可靠的供应链网络，为客户提供更优质的服务和产品。对于政府部门和社会组织，农资供应链管理意味着要加强监管和服务。通过建立行业标准、监管制度和信息公开系统等，可以完善农资市场监管和服务体系，保障农民利益和粮食安全。同时，政府还应该加强对农业科技创新和人才培养的支持和引导，推动农业生产和农资供应链的高质量发展。总之，农资供应链管理是一个系统性、综合性和复杂性很强的课题，需要各方共同努力。只有通过加强协调与合作，优化各环节管理和流程，才能更好地服务于农业生产和农民群众。

二是产销协同性差，"不足""过量"共存。从短期事件来看，一方面病虫灾害具有不确定性，企业产销协同未能快速响应突发需求，就意味着错失机遇；另一方面农业生产具有周期性，旺季未能销售的农资产品往往需要长期保存。加之，相对于一般化工领域企业，中小农户的需求更具"离散型""急迫性"等特征，需要预先在县、乡镇一级的网点进行预先铺货。因此，大量产品冗积于各级经销商，导致产品、仓储浪费严重。从长期趋势来看，农资企业的研发必须自行捕捉发展方向，这对需要控制成本的中小型农资企业来说比较困难，将新产品推广给惯性更强的农户也需要花费很高的成本；而土壤板结、环境污染等议题往往是长期积累性的，农资企业和农户出于盈利目的也缺乏主动性。但是近年来，在全球变化背景下农业土地集约化导致的频繁耕作、农药和肥料的过量使用造成土地出现了严重的问题。土壤酸化、板结、中微量元素缺失、重金属超标等一系列问题，抑制了土壤有益菌的繁殖，致使土壤自我调节能力下降，营养缺失。另外由于人类活动和环境变化等因素引起的土壤物理、化学或生物学特性的改变，直接导致土壤动物群落的变化，进而降低了土壤动物多样性进而威胁土壤健康状况以及生态系统。因此，生态环保的农资成为新潮流和盈利方向，转型企业需要说服农户启用新产品，而难以把握趋势的企业就面临了高环保成本和淘汰的风险。

2015年5月，诺普信倾力孵化了"田田圈"农业综合服务平台，率行业之先，全面发力农业社会化服务。"田田圈"通过结盟国内各区域优秀经销商，引领他们成为区域的变革领导者，共同打造农资分销和农业服务平台，通过控参股、强化控后赋能合作经营、发展作物专业服务和产业链经营等战略性创新创业探索和实践，在中国不同的区域（如大田区、经作区等）创新打磨出了多个本地化的发展模式。

二、"信息入圈，服务出圈"：诺普信"田田圈"方案

（一）诺普信"田田圈"方案[①]

1. 诺普信的农资发展历程

深圳诺普信农化股份有限公司于 1999 年 9 月成立，2008 年 A 股上市，注册资本为 9.83 亿元，是一家以研发、生产、销售农业投入品并提供专业化综合农业服务的国家级高新技术企业，经营内容以农药制剂和植物营养相关的农资产品服务为主。

诺普信在农药行业有二十余年的深耕经验，其"三证"产品数、发明专利数等指标多年来位居行业榜首。深耕农药行业二十余年，诺普信持续专注于技术研发创新和产品开发储备，在农药制剂"三证"产品数、发明专利数、国标/行标/企标数、环境友好型农药制剂销售占比等方面多年处于行业第一。十余年来，诺普信一直稳居中国农药制剂50 强榜首。据诺普信公告，2019～2020 年，诺普信在农药制剂市场所占据份额大于4%，近两年维持在4.5% 左右，诺普信在2021 年的全国市场份额约为4.5%[②]。据中国农药工业协会，2021 年诺普信以32.49 亿元的销售额蝉联国内农药制剂行业销售榜第一[③]。截至2021 年12 月

---

① "诺普信'田田圈'方案"内容为课题组根据企业资料整理所得。
② 资料来源：课题组根据诺普信企业公告整理所得。
③ 资料来源：中国农药工业协会.2022 全国农药行业制剂销售 TOP100 揭晓. https：//mp. weixin. qq. com/s？ ＿＿biz ＝ MzA5MDM1MTkwMw ＝ ＝ &mid ＝ 2654572780&idx ＝ 1&sn ＝ 64e9554791caa357d6bcba6c89cd6372&chksm ＝ 8bc1c09cbcb6498a278efb6511ceafe51ff7132fb84e0af5035e9231c425a709057fe3a3c682&scene ＝ 27.

31 日，诺普信拥有杀虫剂产能 2.6 万吨/年，产能利用率达到 73.70%，另外还有 1 900 吨/年的产能正在建设中；拥有杀菌剂产能 1.8 万吨/年，产能利用率达 72.90%；拥有除草剂产能 2.5 万吨/年，产能利用率达 65.20%；拥有植物营养产能 1.1 万吨/年，产能利用率达 66.00%；拥有助剂产能 400 吨/年，产能利用率达 66.50%①。

诺普信的另一个发展优势表现在诺普信环保型制剂占比高，契合农药绿色发展主流。目前，发达国家农药剂型基本实现了水基化。传统乳油剂型产品由于需要添加大量的苯、二甲苯等有机溶剂，存在毒性大、破坏生态环境、影响食品安全、易燃易爆等问题；可溶性粉剂在生成和使用过程中易造成粉尘污染，影响人体健康和环境。水基化环保型农药制剂用水代替有机溶剂作为分散介质，较乳油和可湿性粉剂等传统剂型，具有节约资源、降低成本、减少污染、保护环境等优点，有利于提高食品安全性，是国家倡导的发展品种，前景广阔。诺普信一直专注于农药制剂研发、生产与销售，主要以原药为主要原材料，加上分散剂和助溶剂等原辅料，依托植物保护技术和生物测定，经研制、调配、加工、生产出制剂产品，生产过程中一般无化学合成反应，不发生环境污染。产品主要适用于蔬菜、果树、花卉等经济作物及大田作物，无高毒和高残留品种，以生物、仿生、新型杂环类和高效低毒低残留品种为主，其中水基化环保型农药制剂所占比重远远领先于国内同行。目前诺普信环保型农药制剂占比达 70% 以上，居国内领先水平，在农药制剂细分行业内排名第一。

第三个优势，表现为行业资源配置丰富、制剂研发体系国内领先的全领域科技优势。诺普信坚持短中长期兼顾策略，紧紧围绕市场和用户需求，紧盯政策和技术发展方向，保持国内领先、高效、务实的制剂研

---

① 资料来源：课题组根据诺普信企业资料整理所得。

发体系，累计获得 300 多项发明专利，公司农药制剂"三证"产品数、发明专利数、国标/行标/企标数、环境友好型农药制剂销售占比等持续多年位列国内制剂行业第一。与此同时，公司积极争取政府支持和加强外部合作。保持与跨国公司和国内新农药创制单位在专利农药品种方面的合作研发，保持与巴斯夫、拜耳、科迪华、富美实等公司深度合作关系，特别强化在专利化合物联合研发登记和产品代理销售等方面的全方位合作，发挥各自优势，共同推广适合中国市场特点的高技术高价值产品。在产学研合作上，公司一直保持与中国农业大学、华南农业大学、华南理工大学等院校的深度合作关系，与多家农业新型组织结盟合作，为广大农户提供配套的技术研究、智能农事以及信息化等多项综合服务。

2. 诺普信的"田田圈"方案

伴随着在农资领域的数智化创新尝试，通过三年多的创新变革与探索实践，诺普信形成了"农资研产销、农业综合服务与特色作物产业链"三大战略三块业务齐头并进的发展格局。一是继续发扬工匠精神打磨研制高品质的农药制剂、植物营养等产品，使其保持全国的领先地位，并整合全球优质资源，多方位地满足农业种植的市场需求；二是全力培灌"田田圈"（诺普信全资农业服务子公司）的发展，通过控参股各地优秀经销商，打造出一个个区域性领先的农业综合服务平台；三是积极探索单一特色作物产业链经营，将一种作物视为一个产业，创新建立了"公司＋政府＋农户（合作社）＋合作伙伴"的产业园发展新模式，大幅提升农业产业效率，帮助农民增收致富。诺普信还设立了"特色作物产业科技研究院""致良知农学院"配称支撑特色作物产业链的科研和新农人培训，并通过公司较为成熟的"产业科技示范园"模式将选定的特色作物逐一落地实施。

详细来说，"田田圈"是一个集合了供应商、运营商、种植户、涉农服务商以及农村金融机构的开放式的互联网联盟，是国内农业服务领域分销能力领先品种多样、优质低价的互联网综合平台。它将诺普信在互联网和农资方面的经营成果集成成为一个开放的互联网时代新生态系统，通过县域综合服务中心和数万家的田田圈店，以田田圈（O2O）服务平台、田田圈·农集网（B2B）电商平台、田田圈·农发贷（P2P）金融服务平台、作物圈社群，以及正在建设的农村物流、农产品销售等平台，形成其独有的"互联网＋"发展模式，构建田田圈在国家大三农背景下最完善的农业互联网生态圈。搭上"互联网＋"农业的快车，田田圈发展成为一个整合了上游农资厂商、中游经销零售商、提供下游消费者入口，并开发 PCA 和农业金融的线上线下一体化的 O2O 服务平台。高峰期，田田圈在全国有 300 家一级经销商加盟，发展了 4 000 家加盟店，并依托这些门店开发和培训作物专家和作物达人（PCA）近10 万人，服务农户超过 1 000 万。

随着诺普信宣布全面实施互联网发展战略，利用其长期以来销售农药制剂的经销商渠道推广"田田圈"。以其在广东省推广的服务情形来看，种植户可以在包括 PC 端的农产品电商网站农集网、移动端的 App"田田圈"获得平台服务，也可以去线下的农业服务中心店等求助，从而解决农户的产品、技术、金融、农产品销售等需求。一方面，诺普信通过集中采购和管理，减少了流通环节，能为农户节省 20%～30% 的农资产品费用。对价格控制力更强是诺普信平台下厂商联盟一体化的一大特点，也是吸引农民的最大优势，让农民享受了看得见的实惠。另一方面，农业互联网离不开技术服务。田田圈大力培训作物专家和作物达人，指导农户上网，并提供技术服务。田田圈经过筛选与培训构建 PCA团队，建设拥有丰富种植经验、能帮助当地农民触网的种植能手、基层"土专家"团队，即"田哥""田姐"们。

以一名广东茂名香蕉种植户的经验来看，以往其 50 亩香蕉每年光买农药、化肥就要花费近 10 万元，而在手机装上"田田圈"App 后，网购一年下来节省了差不多 2.5 万元，1 年下来节省了 1/4 左右的农资成本。同时，农户通过田田圈可以与很多种香蕉的同行和专家沟通，随时可以和他们微信交流种植问题，有时间他们还会下地指导，开农民技术会。

除了对农户们的服务，"田田圈"也为农资专业经营者们提供了一条针对痛点的运营之路。例如，客户高度分散、离不开服务、赊销严重等问题一直都是农资经销商所面对的"痛点"，对一些农资店铺老板来说，赊销、激烈竞争、恶意杀价等都是影响经营状况的常见风险。此外，在买好农资、用好农资之后，有志于做大做强的经销商、零售商、种植大户往往面临资金短缺的难题。有专业人士分析，在农村信贷方面，银行往往不了解也不敢给农民轻易放贷，而农资行业长期都是赊账销售，可以通过经销商担保、土地质押等多种方式在保证资金安全的前提下满足农民的资金需求。而这一领域，是传统电商很难涉足的。一位农资老板曾这样说："年年都有欠款，最高峰时赊销有 100 多万元，去年还有 50 万元没有收回，每年底都有几十万元库存。"

田田圈则尝试破解这一难题，既多渠道解决融资难题，又破解农资经销商赊销问题。田田圈采用厂商一体化模式，坚持正品、实惠、技术、服务的理念。加入田田圈之后，农资店铺可以全面接入互联网系统，化肥、农药全部明码标价。为了更好地为农业从事者提供起步资金和发展资金，田田圈还通过金融平台农泰金融、农发贷为经销商、零售商、种植大户提供贷款，助力其发展壮大。比如，维民农资销售有限公司农资年销量达 8 000 万，总经理管延沪为当地 10 位大规模农场种植户提供担保，通过担保的方式，为本来赊欠农资款项的种植户获得了农泰金融的贷款，从而使企业能够提前收回资金进行周转。借助市场化信息、赊销服务和一体化经营的成本优势，店主和消费者可以进行手机下订单、现款交易、电脑直接入账，方便、清晰、优惠，还可以通过发展会员等模式，显著改善经营风险、提高销售额。

（二）"农业 + 互联网产业链"

深圳诺普信农化股份有限公司是国家高新技术企业，自 1999 年成立以来，致力于研发、生产、销售农业投入品并提供综合农业服务。随着"三农"领域互联网时代的到来，"互联网 + 农业产业链"成为新的蓝海市场。2013 年，诺普信成立子公司深圳田田圈农业服务有限公司（以下简称"田田圈"），"田田圈"是一个整合了上游农资厂商、中游经销零售商、下游消费者入口，并开发专业种植指导人和农村金融服务的线上线下一体化服务平台，由"田田圈""田田商城""农金圈"三大互联网平台和众多线下运营中心组成，致力于打造农村互联网生态圈，运作模式如图 6 - 1 所示。

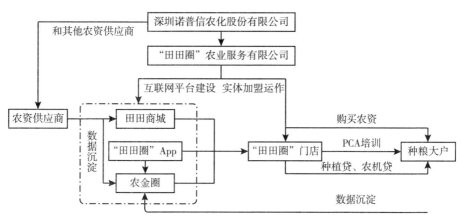

图 6 - 1　"田田圈""农业 + 互联网产业链"模式

资料来源：诺普信。

在产业链上游的农资交易环节，"田田商城"作为农资销售的 M2B 平台，使得"经销商 + 零售店"等社交分销群体（小 B）能联合起来向各大农资生产商（大 M）为农户争取齐全的产品和最优惠的价格。种植户通过线下门店购买所需的农业投入品。在产业链中游的种植环节，"田田圈"在线上和线下两端布局农业植保服务，一方面，通过经销商、零售店构建以 PCA 为主体的线下植保基层服务网络；另一方面，通过"田田圈"App 提供远程服务，农户可以将需求发布到"田田圈"App，专家将为农户提供专业的技术咨询与解决方案。此外，"田田圈"App 还将记录用户整个种植过程的情况，从而形成农户种植大数据。

（三）"田田圈"场景化服务的实施路径

"田田圈"除了通过构建生产、经销、零售和农户的产业链条销售农资产品外，还整合开发了专业种植指导人（PCA）和农业金融的线上、线下一体化的 O2O 服务平台，为终端生产者（包括规模农户和小散农户）提供种植技术指导、金融贷款服务、病虫害专家服务、农资产品购销和生活服务等多项涉农专业化业务（见图 6 - 2）。

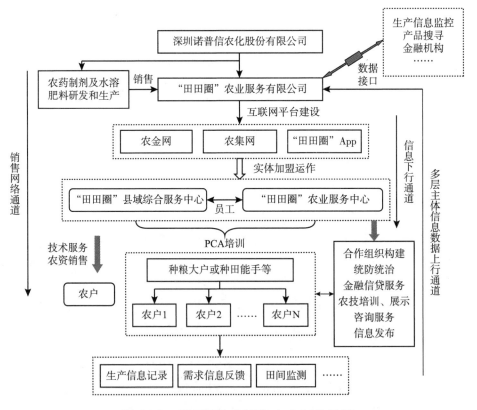

图 6 - 2　田田圈农业服务中心运作机制

资料来源：诺普信。

　　梳理"田田圈"的产业链运作能够发现，依附于组织结构存在着两条传递通道：（1）生产、经销、零售与农户的产品销售通道。产品销售通道的组织内部化及结构扁平化，降低了终端农户购进农资产品的价格，也有效保障了农资产品的质量。（2）信息数据传递的上、下行通道。目前，依托产业链运行的信息数据下行通道保持畅通，诸如生产技术、农情农事监测和市场动态资讯等农业生产信息，可通过互联网平台传递到村镇服务中心或以短消息推送给农户。但受限于线下的互联网及移动终端平台的开发进度，各链节点的信息数据上行通道还处于调试阶段。可以预见，未来"田田圈"将形成农集网（PC端）和"田田圈"App（移动端）两个运营平台，全方位且及时提供农业生产信息（如推送农事操作提醒、提醒农情监测、灾害预警与指导用药等）、发布农业资讯（如最新农业资讯、技术文章与市场动态信息）和搭建朋友圈交流平台（如畅聊农技心得与分享种田经验等），减少耽误农时所带来的损失，并构建新型的互联网农业生态系统。

三、"田田圈"场景服务的社会效益

　　从十九大报告提出乡村振兴战略之后，中央经济工作会议和中央农村工作会议先后再次将乡村振兴战略摆到重要位置，是确保"三农"在全面建成小康社会、全面建设社会主义现代化国家征程中不掉队的重要保证，从媒体报道和会议文件表述我们判断乡村振兴战略将成为未来农村工作的主要内容。会议指出加快推进农业农村现代化，让农业成为有奔头的产业，让农民成为有吸引力的职业，让农村成为安居乐业的美丽家园。我们认为乡村振兴战略的核心仍需以经济建设为基础，着力提升农业农村的现代化水平。而农业现代化的基础是规模化，只有实现适度规模经营才能推进农业机械化、信息化，提升农业生产效率，实现农业增收和农民脱贫致富，在土地集中和中国农业从小农经济向适度规模经营的转型过程中，适应新型农业生产关系的生产服务型企业将大幅受益。

诺普信从2014年开始前瞻性地打造田田圈农业综合服务平台，通过数年几十种模式的迭代试错，明确了通过控股结盟区域优秀经销商的方式转型农业服务的道路，坚定了转型以适应新时代农业生产关系的决心，并已经在山东、河南、海南、四川等地打造出一批成功的试点，帮助农资渠道商转型农业服务商。乡村振兴战略的提出更加明确了公司战略转型契合未来农村农业的发展方向，前瞻性打造田田圈农业综合服务平台，使得企业将显著受益于乡村振兴战略，随着后续更多支持政策的落地，田田圈农业综合服务平台能够探索更广阔的业务空间和数智领域产品服务的快速发展。

总的来说，诺普信"田田圈"综合服务平台从以下几点改变了农业农资生态，服务了农户日常经营：

（1）从源头规范农资市场。田田圈服务平台所有的农药、肥料、种子采购均严格按照国家标准，从业人员经过严格的专业培训和政府考核，从生产厂家到采购、销售的过程均透明化，所有的产品都会放到手机App上展示销售，通过产品所带的二维码可以查到和产品有关的生产厂家、经销商、零售店的信息，从而保障农产品的质量安全。

（2）提升农业生产水平和农产品品质控制力度。服务平台经常组织农作物种植培训会、研讨会等活动，帮助农民提高种植技术，为农民提供科学的技术方案、环保高效的农资产品，帮助农户监管农作物整个生育周期生长情况，提高产品品质，让农户的种植更科学、更轻松。

（3）增加农村创业机会。服务平台是农村能人、返乡农民工、退役军人和大学生村官创业的最优平台，利用田田圈农业服务平台的优势，可以帮助他们利用互联网创业，提供技术和资金支持，提升农民全体创业创新的积极性，提高农民素质，吸引更多人才来农村创业发展。

（4）加快农村信息化建设和"互联网＋"农业发展。服务平台利用自身的互联网技术，引导农民接触和使用互联网，增进"互联网＋农业电商"发展速度，让农民能享受到互联网带来的便利，改善了农民的生活质量。

（5）提供贴心的农业服务，提高了政府服务的满意度和公信力。服务平台作为政府和农户贴身接触的直接媒介，可以宣传政策方针，以及政策落实反馈情况，拉近农户和政府的距离，帮助农民增产增收，提高农户对政府服务的满意度和公信力。

四、信息畅通下农业数字化服务的核心模式

（一）以客户为中心的创新方向

一种经营模式的成功需要供需的双重支持。在诺普信"田田圈"成型过程中，一方面，农户对农资的需求迎来了新的转型点，现有用户的需求无法通过单一产品得到满足，农资品类内的多种产品相互割裂，彼此没有支撑。另一方面，农资龙头企业率先开始创新，但市场风口难以捉摸，新技术产品化为企业带来较高的经营风险。因此，对诺普信而言，其战略思路锁定"从用户出发"，将深入洞察用户需求作为战略基础，通过找准自身核心能力，联合周边资源，集中打造一款超级产品。

诺普信服务的核心用户，毫无疑问是农户。而涉及诺普信经营范围的基层农户的核心需求常常表现为农产品卖不上价、农资赊销、人工价格太高、希望能有保底价格收购农产品、没有 PCA 去店里问、不会网购、不会代购等。田田圈团队选取不同经济作物的农户代表，进行深入的用户洞察后发现，农户所有的诉求的隐藏逻辑都是：提高收入。通过分析人工、市场行情、品质、化肥、天气、防治技术等因素对农户收入

的影响性，可将这些因素分为两大类：强需求（农业技术、销售渠道）和长期需求（品牌、人工）。并且在探访中，众多农户纷纷表示，其实无论线上还是线下，各类农资品类、数量都很多，农资并不缺乏，购买、物流、配送等都不是最大的难题，而真正困扰他们的是购买农资后的服务和指导。

当时，诺普信已经构建了完整的科研、教育、组织体系，拥有丰富的资源配置和低成本高效率的供应链能力。因此，结合诺普信的优势和用户的核心需求，其将产品服务创新方向定位为有强需求（农业技术、销售渠道）的较高经济价值作物的农户，将该类型用户作为核心用户，从而建立以服务和指导其购买农资为抓手、构建商业生态闭环的发展战略。

（二）以技术为中心的平台整合

诺普信"田田圈"发展之初，主营业务是为客户提供专业化的农业综合服务，同时从事研发、生产和销售环境友好的农药制剂、植物营养剂等农业投入品。基于自营产品和深耕服务的优势，诺普信构建了辐射全国的营销渠道网络、植保技术服务网络。一方面，诺普信为农户提供深度服务并提供对口农用产品，能够实现物流快速到货、精准解决病虫草害问题；另一方面，基于与农户的深度合作，诺普信能够及时准确地洞察农户的需求变化，从而创造了丰富的产品结构、全天候的产品供应体系，能够满足全国不同地域、不同季节、不同作物的制剂用药需求。通过精准把控服务品质、产品品类和企业品牌，诺普信"田田圈"实现了农资稳定分销以及农业综合服务平台的健康发展，让农户们能在第一时间获取到一流产品和一流技术服务，这促使诺普信农业制剂巩固了在国内的龙头地位。

产品是一切业务的根本。为使优质的农资产品质量得以保持，诺普信始终坚持与国内优秀原药供应商进行长期深度合作，将建设产量充足、品质优秀的原药产品供应体系视为产业发展的核心。这体现了两个优势：一是可以应对原药价格起伏，保障公司的经营安全和盈利空间；二是可以确保产品供应充足，维持其市场竞争优势。公司在东莞大岭山、陕西渭南、山东济南设立三大生产基地和物流配送中心，并面向全国范围建立完善的网格化物流布局，与"数字化诺普信"的智能客户管理系统相融合，从而在品质、价值、速度上综合提升了诺普信用户的使用感。基于上述体系，诺普信在大多数区域基本实现了让农户在两天时间内收到货物，初步建成了面向农村的农资高效物流供应运营体系。

围绕技术服务达成品牌战略是诺普信的业务核心。诺普信坚定地把研发重心放在主要作物上，将研发落地和系统营销作为核心策略，在地理上划分各大片区，有针对地实现品牌战略突破。在新技术突破方面，诺普信从农民的需求出发，结合内外部科技资源，分析挖掘作物生产经营中的技术痛点和痒点，研发设计高价值产品和服务方案，并通过与种植达人合作实现反复验证，创造样板产品、拳头产品。在划区经营方面，诺普信集中精力干成样板片区，从优秀经验中总结营销体系、复制成功模式。可以说，诺普信能够在农资服务相关赛道上实现突破，就是将锚定主攻作物和攻下样板市场两手抓好，形成了相互配合、共同促进的优秀生态。此外，诺普信"田田圈"推动内外科技融合发展和跨区交流合作，推动合作区域内诺普信品牌在合作农户中的长期沉淀。这主要体现在诺普信一抓质量经营，二来持续强化应收，三是吸取行业教训、持续加强库存管理，通过上述三点努力降低农资企业的经营风险。

（三）以服务为中心的经营链条

围绕战略目标，田田圈打通了整个服务链条。其策略主要表现为以下几点：（1）整合资源优势与渠道优势。田田圈参控股当地优质经销商，构建下沉式的技术服务网络和产品网络，并通过不断模式复制，形成稳步的销售矩阵和团队。（2）专业技术服务优势。组建专业 PCA 团队，为农户提供优质的作物解决方案，帮助农户提质增产。（3）线上商城产品保障。"田田圈"线上商城，农药产品极为丰富，该平台出售的货品有三个来源：一是诺普信生产，直接在平台上出售；二是诺普信购买，在平台上转卖；三是经销商在商城开设店铺、兜售产品。（4）线下跨界生态联盟。田田圈联盟零售店不但可以出售农资产品，还可以出售手机和大家电设备等生活物资，通过田田圈联盟的力量撬动行业。（5）完善的配套服务。架设互联网金融服务平台，通过互联网＋金融的杠杆让经销商可以不断地放大生意规模。（6）快速的物流系统。在东莞、广州、西安、昆明、济南设立了五大物流配送中心，保证多数区域 48 小时到货。有效地应对了农药使用的季节性、周期性强等特点，满足了农户的用药需求。

基于以上策略，经过几年的发展，"田田圈"的路径越发清晰，建成了一个以作物为中心，与经销商合作，汇聚大批作物专家和作物达人线上线下为农户服务，还可全方位满足农户产品、技术、金融、销售等需求的农业服务商品牌和大三农互联网生态圈。最终，2016 年、2017 年田田圈蝉联"中国农民喜爱的农化服务品牌"榜榜首；2018 年被推选为中国农业生产性服务业联盟联合理事长单位；2019 年中国三农发展大会上，诺普信以田田圈农业服务平台作为唯一的企业代表光荣当选"中国三农创新十大榜样"。

五、总结及经验启示

根据国家统计局数据：2022 年，我国粮食播种面积达到 118 332 千公顷，同比增长 0.59%；果园种植面积达到 13 010 千公顷，同比增长 5.77%；年底生猪养殖规模达到 45 255.7 万头，同比增长 0.74%；全国农林牧渔业总产值达到 156 065.9 亿元，同比增长 4.6%[①]。为保障国家粮食供应安全，长期以来，我国不断加大对农业生产的技术研究，不断扩大粮食种植及牲畜养殖规模，全国农作物生产总量呈现稳步增长态势。农业生产劳动力缺口大，产业智能化升级迫在眉睫。

随着国家农作业耕作面积及养殖规模日益扩大，我国农业生产所需的劳动力也越来越多。数据显示，2022 年，我国第一产业就业人数由 2018 年的 19 515 万人逐年下降至 17 663 万人左右，累计减少了 1 852 万人[②]。这意味着，相较于其他职业，人民对更为辛苦的农业劳动选择概率直线下降。面对日益扩大的农业生产规模，国民农业生产意愿持续下滑导致我国农业生产人力劳动缺口不断减少，无法满足农业生产活动劳动力增长需求，机械覆盖成为解决我国农业生产劳动力矛盾的最优选。另外，据统计，2022 年，我国 15～64 岁的人口数量为 96 289 万人，同比下降 0.1%，较 2018 年累计下降了 3%；全国人口老龄化率高达 14.9%，同比增加了 0.7%[③]。近年来，我国人口老龄化程度持续加深，农业生产可用的青壮年劳动力不断减少，农业生产成本持续上涨。叠加全国人口出生率呈现持续下滑态势，导致我国农业劳动力缺口呈持续扩大趋势，产业劳动力供需矛盾持续加深，将持续影响我国农产品生产、制约国内农业经济增长，农业生产数字化、智能化升级需求日益急迫。

面对农业生产日益增长的数字智能化升级发展需求，在中央的研究指导下，农业现代化已经成为我国农业发展升级的重要目标，在新技术迭代加速背景下，全国以农业信息化建设为中心的农业变革正在持续深入推进中。国家各级政府加大数字农用技术和装备推广力度，积极引进社会资本投资，加速数字乡村、数字农业、农村电商等经济形态建设，

---

①②③　资料来源：国家统计局．中国统计年鉴 2023.

持续推动农业农村信息化网络构建，助力智慧农业生态链发展。

在政策及市场的双重引领下，我国现代化农业生产企业对智慧农业领域市场关注度不断提升，将智慧农业列为业务升级发展重要方向。大部分有条件的企业均加紧研发或引入智慧农业生产设备及系统，建立智慧农业先行示范区，全力推动无人化农业生产模式实现，企业智慧农业投资不断增加。据统计，2022 年，全国县域农业农村信息化建设社会资本投入达 1 000 亿元左右①。另外，企查查查询信息显示，2018 年以来，我国智慧农业领域新增注册企业数量呈持续增长态势。这意味着，其他行业资本对智慧农业的投资热情也呈持续上涨趋势，将持续推动我国农业农村信息化建设，助力农业数字智慧化升级提速，加速完善智慧农业产业链发展，为国家现代农业经济建设起到积极推动作用。

目前，全球新一轮科技革命和产业变革持续推进，国家经济发展方式亟待转变，产业信息化效果持续凸显，数字经济成为我国经济进一步发展的重大机遇。而农业作为我国国民经济支柱产业，其产业数字经济的发展成为影响我国经济进一步增长的重要影响因素，市场对农业数字化转型重要性认知持续加深。因此，近年来，我国政府经济引进社会投资，持续推动国内智慧农业经济发展。

智慧农业是指通过集成应用计算机与网络技术、物联网技术、音视频技术等现代信息技术成果，实现农业的精准、高效、信息化生产，是一种无人化、自动化、智能化的创新型农业生产管理模式，包含了农业电子商务、食品溯源防伪、农业休闲旅游、农业信息服务等方面的内容。在政策支持及市场资金推动下，我国农业信息化建设力度不断提升，数字农业经济加速渗透市场，全国智慧农业市场规模加速扩容。据统计，2022 年，我国农业数字经济渗透率达 10.5%，同比增加了 0.4

---

① 资料来源：中研网. 智慧农业经济发展水平日益提升 中国智慧农业行业发展现状 2023. https：//www.chinairn.com/hyzx/20230725/151435626.shtml.

个百分点；全国智慧农业经济规模达 9 721.11 亿元，同比增长 10.9%①。

随着国内智慧农业经济建设推进，我国农业生产加速精准化、科学化、便捷化发展，农业生产成本不断下降、生产作业效率不断提升，智慧农业成为推动我国农业经济增长的主要市场，持续推动给国民经济发展，保障国家农业供给安全。值得注意的是，相较于工业、服务业等产业数字经济发展水平而言，我国农业数字化转型仍相对滞后。未来，随着智能农用装备创新推广政策效能进一步释放，市场资本支持力度持续增强，农业对机器人、物联网、人工智能等技术的应用率将进一步提升，持续推动智慧农业市场发展。

整体来看，为降低农业生产劳动成本，提高农业生产效率，促进农业生产高质量发展，我国借鉴国外农业发展升级经验，提出加强 5G、大数据、物联网、AI 等新一代高新技术与产业的融合发展，提高农用机械装备在我国农业生产中的推广应用率，推动农业生产机械化、智能化升级。因此，近年来，在政策推动下，互联网、大数据、遥感、云计算等信息手段在我国农业生产中得到有效提升，产业农业智能装备应用率明显提高，全国智慧农业改革发展进程加速推进，持续拉动农业经济发展。2023 年 1 ~ 3 月，我国农林牧渔业生产现价总值达 12 257 亿元，同比增长 3.8%②。

在农业全领域、我国全方位发展数智化的新形势下，农资行业也面临四大挑战：一是保障国家粮食安全给农资产业带来新挑战。粮食安全是"国之大者"，是国家经济社会发展的"压舱石"。近年来，农资价

---

① 资料来源：数字乡村建设是推动乡村全面振兴的重要突破口. 农民日报，2024 - 4 - 16，https：//www.thepaper.cn/newsDetail_forward_27048679.

② 资料来源：央广网. 国家统计局十位司局长解读 2023 年"一季报". https：// news.cnr.cn/native/gd/20230419/t20230419_526223187.shtml.

格持续上涨，增加了粮食生产成本，影响了农民种粮积极性。国务院和有关部委出台措施，加大农资补贴力度，同时要求农资行业保供稳价，农资行业面临着巨大的压力。二是农业绿色高质量发展使农资产业面临新挑战。近年来，国家深入推进化肥农药减量增效行动，也要求农资行业优化产业布局、提高产业集中度、调整产品结构、提高化肥农药利用率，同时还要求加大环境保护和执法监管力度。农资行业抓生产、保安全责任重大，绝不可掉以轻心。三是现代农业发展给农资产业提出新要求和新挑战。党中央强调，要坚定不移加快转变农业生产方式，从过去拼资源消耗、拼农资投入、拼生态环境，转变到数量质量效益并重的轨道上来，走产出高效、产品安全、资源节约、环境友好的现代农业发展道路。这需要农资行业主动作为、敢于担当、创新产品、优化服务。四是加快建设农业强国给农资产业带来新挑战。习近平总书记在党的二十大报告中强调，全面推进乡村振兴，坚持农业农村优先发展，加快建设农业强国[①]。这个战略部署，吹响了加快建设农业强国的新号角。为此，必须提高农业供给保障能力、科技创新能力、现代服务能力、市场竞争能力、持续发展能力，通过提升产业素质和主体实力，实现从规模到效益、从数量到质量的全面跨越。

与此同时，农资行业也迎来了四大机遇：其一，国家高度重视农业，不断优化政策环境，持续加大支持力度，大幅增加农资补贴资金。其二，农资市场需求稳定。2022 年，我国农用化肥施用量增长至5 079.2 万吨[②]。随着种植效益增加，农民对农业投入的积极性提高。其三，新型农资受到青睐。新型绿色、高效、安全的农资产品受到农民欢迎，市场前景广阔。其四，农业服务快速发展。截至 2020 年底，全

---

① 引自：加快建设农业强国. 人民日报, 2022 – 11 – 2（01）版.
② 资料来源：国家统计局. 中国统计年鉴 2023.

国农业社会化服务主体超过 90 万个，服务面积超过 16 亿亩次[①]。其中，很多农资生产企业和农资经销商向农业服务商转型，为农民提供全产业链服务，促进了农资营销和产业发展。

新形势下，保障粮安任务越发艰巨，现代化进程加速，要求农资企业转变思维，利用和发展好数智技术，参与搭建农资领域数智体系，更进一步地投身到农业数智化的广大浪潮中来。通过正确应对挑战，变压力为动力，在挑战中抓住机遇，把挑战化为机遇，练好内功，合理利用手中资源，提升自身综合竞争力，才能更好地服务农业，助推行业实现健康有序可持续发展。

第二节　农信互联："猪联网 5.0"开启数智养殖服务新生态

在全球经济仍处于脆弱复苏的背景下，数字经济已经成为实现经济复苏、推动可持续发展的关键之举，成为有效推动经济高质量发展的新动能和新引擎，中国在奔向数字化时代的最前列。国家互联网信息办公室联合有关方面编制形成的《数字中国发展报告（2022）》显示，2022年，我国数字经济规模达 50.2 万亿元，总量稳居世界第二，同比名义增长 10.3%，占国内生产总值比重提升至 41.5%。

自"十四五"规划实施以来，中央"一号文件"明确提出要全面推进乡村振兴，加快农业农村现代化。其中，强调了坚持农业科技自立自强，用科技赋能，推进农业绿色发展等农业农村现代化发展方向。因此，农业领域数字化、智能化、生态化，将成为推动农业绿色发展的重

---

① 资料来源：中国政府网．截至 2020 年底，全国农业社会化服务组织数量超 90 万个．https：//www.gov.cn/xinwen/2021－02/08/content_5585835.htm.

要引擎，更好地推动农业现代化发展，促进农业的新循环、国内经济的大循环。同时，在我国生猪产能逐步恢复，生猪养殖开始在数智化阶段摸索前行的今天，原料价格和生猪价格的不确定性，生物安全风险的增加，使生猪行业面临着更大的挑战。如何在盈亏之间适应和把握行业变化方向；如何响应"保供给、促生产"等关键政策指示；如何抓住互联网、物联网、人工智能、新技术融入生猪养殖的机遇等，将是生猪企业提高综合生产能力和核心竞争力的关键。

特别是2022年10月以来猪价持续走低，伴随着生猪存栏的进一步恢复，我国生猪产业进入微利期甚至亏损期。国家对数字化基础设施的扶持力度进一步加大，传统产业的数字化转型进入升级期。我国生猪产业经历环保、非洲猪瘟、猪周期的洗礼后，生猪产业数字化将进入快速发展期、数字化机遇期。由此，中国农牧行业正处在百年未有之大变局的关键时期，非洲猪瘟疫情常态化、行业低周期下，猪价跌宕起伏，农牧企业从传统经营过渡到数智化经营，搭建统一的数据中台，形成数据核心能力发挥并实现数智价值，实现成本效率领先，是当下度过行业周期低谷、迎来绝处逢生的机会。

中国正在步入数智养猪发展机遇期的具有四个鲜明特征，即数智养猪打破行业边界，促进产业转型升级；数智技术成为构建养猪产业新格局的重要支撑；数智养猪加快实现养猪产业供需均衡；数智养猪支撑中国养猪企业国际化。鉴于此，北京农信互联科技集团有限公司于2015年成立，针对我国生猪养殖存在的问题，农信互联大力推动人工智能、移动互联网、物联网、云计算、大数据等信息技术手段与传统生猪养殖深度融合，创建了生猪产业链大数据智能服务平台——"猪联网"，打造了集管理、服务、财务、资讯、教育、电子商务、金融等为一体的养猪综合服务平台，依托网络开展猪服务、猪交易、猪金融三大核心业务，贯穿整个生猪产业链的各个环节，开创了"互联网＋"时代的数智养猪服务新模式和平台新生态。

一、生猪养殖数智化的发展历程与产业图谱

自 2015 年"数智化"的概念提出以来，对于数字化、数智化的定义和说法不一，在此不做理论探索，只根据产业现状，将生猪养殖数智化的范畴定义为：在以互联网、物联网、人工智能、大数据、云计算、区块链等为代表的数智技术支持下，充分发挥数智化基础设施信息收集、状态感知、实时分析、自我决策、精准执行、集成优化的功能，实现生猪养殖中猪场生产管理、交易、金融等多场景多应用流程的在线化、数字化、智能化与精准化，推动生产力提升和产业结构优化调整。

（一）生猪养殖数智化的政策演变

2019 年 9 月，国务院办公厅发布《关于稳定生猪生产促进转型升级的意见》（国办发〔2019〕44 号）明确指出需调整优化农机购置补贴机具种类范围，支持养猪场（户）购置自动饲喂、环境控制、疫病防控、废弃物处理等农机装备。同时，推动生猪生产科技进步，加快推进生猪全产业链信息化，推广普及智能养猪装备，提高生产经营效率。

2020 年 1 月 20 日，农业农村部、中央网络安全和信息化委员会办公室发布的《数字农业农村发展规划（2019～2025 年）》明确提出需加快畜牧业生产经营数字化、智能化改造，如建设数字养殖牧场、投入智能检测技术、构建数据联通库、搭建大数据建设等项目。

2020 年 2 月 17 日，农业农村部在《关于加快畜牧业机械化发展的意见》（农机发〔2019〕6 号）中强调推进机械化信息化融合，推进"互联网＋"畜牧业机械化，支持在畜禽养殖各环节重点装备上应用实时准确的信息采集和智能管控系统，支持鼓励养殖企业进行物联化、智

能化设施与装备升级改造，促进畜牧设施装备使用、管理与信息化技术深度融合。鼓励、支持和引导畜牧养殖和装备生产骨干企业建立畜禽养殖机械化、信息化融合示范场，支持有条件的地方建设自动化、信息化养殖示范基地，推进智能畜牧机械装备与智慧牧场建设融合发展。推动畜牧业机械化大数据开发应用，为畜牧机械装备研发、试验鉴定、推广应用和社会化服务提供支持。

2020年9月27日，中共中央、国务院在《关于促进畜牧业高质量发展的意见》（国办发〔2020〕31号）明确提出要提升畜牧业信息化水平，加强大数据、人工智能、云计算、物联网、移动互联网等技术在畜牧业中的应用，提高圈舍环境调控、精准饲喂、动物疫病监测、畜禽产品追溯等智能化水平。加快畜牧业信息资源整合，推进畜禽养殖档案电子化，全面实行生产经营信息直联直报，实现全产业链信息化闭环管理。支持第三方机构以信息数据为基础，为养殖场（户）提供技术、营销和金融等服务。

2021年2月21日，《中共中央、国务院关于全面推进乡村振兴加快农业农村现代化的意见》（2021年中央"一号文件"）中提到要依托乡村特色优势资源，打造农业全产业链，推进现代农业经营体系建设。

2021年7月7日，《农业农村部关于加快发展农业社会化服务的指导意见》（农经发〔2021〕2号）强调需要充分发挥农业社会化服务中先进适用技术和现代物质装备的重要作用，鼓励服务主体充分利用互联网、大数据、云计算、区块链、人工智能等信息技术和手段，对农牧业生产过程、生产环境、服务质量等进行精准监测，提升农业的信息化、智能化水平。

2021年8月7日，农业农村部、国家发展改革委、财政部等发布了《关于促进生猪产业持续健康发展的意见》（农牧发〔2021〕24号）强调建立生猪产业综合信息平台，并依托生猪规模养殖场监测系统，对各地规模猪场（户）数量进行动态监测，重点监测其生产经营变化情况，同时需要持续推进生猪产业现代化。协同推进规模养殖场和中小养殖场（户）的发展，建设现代生猪种业。该意见还着重明确需要稳定生猪生产长效性支持政策，包括稳定生猪贷款政策、完善生猪政策性保险等，并主张发挥企业主体作用，大力支持养殖企业转型升级，特别是要加强信息服务和技术指导推动龙头企业以大带小、协同发展。鼓励各类市场主体面向中小养殖户加快建立现代化的生猪养殖体系、疫病防控体系和加工流通体系，促进绿色循环发展，提高产业发展质量水平，推进生猪产业现代化。这点与 2021 年 10 月 22 日农业农村部发布的《关于促进农业产业化龙头企业做大做强的意见》（农产发〔2021〕5 号）中的核心内容相呼应。

（二）生猪养殖数智化的发展历程

受上游饲料企业的带动，我国生猪养殖最早的数智化体现在生产流程的在线化，最初的产品是猪场的在线化管理软件，包括猪场生产管理和猪场财务管理两部分。猪场员工通过生产管理软件输入种猪、育肥猪在配种、妊娠、分娩、断奶、免疫、保育等方面的信息，软件能够进行生产提示与警告，并形成生产报表。同时，基于生产数据，对猪场 PSY、毛利和成本等进行数据分析。发展至今，猪场的在线化管理软件可实现生产、进销存、财务等一体化、数字化管理。

中游猪场生产管理实现数字化后，为了使养殖户不仅能养好猪还能卖好猪，行业开始探索线上生猪销售。在 2016 年，农信互联打造的生猪交易平台——国家生猪市场（statepig E – market，SPEM）应运而生，开创了我国生猪活体网市。

解决了卖猪难题后，2017 年，行业开始探索面向养殖场销售料、药、苗和耗材等的农牧电商平台，以解决中小散户购买养殖投入品链条长、成本高、质量无保障等问题。这类行业电商平台汇集了大量农牧投入品生产商、经销商和海量优质商品，能够为养殖户提供一站式采购服务，大大缩短了中间环节，降低了厂家与养殖户双方的交易成本。

生产管理、交易的在线化和数字化为金融服务提供了数据和场景，适配生猪产业的金融服务逐渐发展起来，针对生猪产业的信贷、保险、金融科技也发展起来了。

随着人工智能（AI）与物联网（IOT）术的发展，以及非洲猪瘟在我国的传播，行业对生物安全的要求骤然提高，2018 年，生猪养殖产业开始布局智能化养猪。一方面，不断有科技初创型企业将物联网、人工智能、算法等技术与猪产业结合，陆续推出猪场智能化解决方案，如智能饲喂、智能环控。另一方面，产业互联网平台企业，则致力于打造智慧养猪生态路由系统，即云平台。用平台的方式融合搭载、兼容行业中所有优秀的智能设备及人工智能算法，为养殖户提供系统的智能养猪解决方案。

环保压力、非洲猪瘟、新冠疫情、猪周期等使生猪行业近年来几经动荡，产业从业者越发认识到数智化升级是必经之路。为了避免行业外部因素的冲击和竞争对手的掣肘，越来越多养猪企业和提供生猪养殖数智化服务的公司不断延伸数智化在深度和广度的应用。一方面，有实力的产业主体争相布局全产业链；另一方面，全产业链一体化数智升级解决方案逐渐成熟。同时，针对中小规模主体的线上营销、在线订货、店铺管理等轻量化应用也在普及推广，使其能更好地融入产业链。

（三）生猪养殖数智化的产业图谱

随着新一代信息技术的发展和应用，参与数智化升级的企业越来越多，数智技术应用成本在降低，但这一过程也是市场洗牌、行业调整的过程。事实证明每一次技术革命都带给企业前所未有的挑战。根据标普的数据显示，1958 年企业的平均寿命为 61 年，1980 年为 25 年，2011

年仅为 18 年，这与每一次新型技术升级时间相吻合。

我们归纳了畜牧养殖主体（规模畜场、农牧企业）数智化转型需要完成的六个模块：战略调整实时化、客户决策智能化、生产流通自动化、组织架构高效化、技术研发创新化、数据与分析精准化。并不是每一个模块都需要养殖主体进行开发和使用，例如，一家小型养猪企业因担心运营账目杂乱，它只需要引入一套进销存系统，就可以完成对企业的管理。

一是战略调整实时化。结合数字产业的发展调整养殖主体的发展战略。拥有数智技术的主体通过数智技术平台，评估自身的业务和市场变化，及时更新发展战略。例如，牧原集团在疫情防控期间实行云办公，保证了集团业务的正常进行。

二是客户决策智能化。疫情改变了消费观念，如何能够获取消费者的需求数据并进行分析以此生产出最优的产品和服务是当前养殖主体面临的困难和挑战。养殖主体通过数智技术，对客户数据进行分析、研究、预测，养殖主体领导者能够更好地进行市场细分，将养殖主体有限的资源进行合理分配，实现资源精准覆盖目标客户群体。例如：饲料厂通过数据分析某猪场母猪料使用量，推断猪场生猪量，并结合料肉比制定该猪场整体饲料解决方案，帮助猪场提高产量，最终实现自身效益。研究表明，快速响应客户需求能为公司带来更大的利润，客户满意度提升 20%，企业收入将提高 10%～15%。

三是生产流程自动化。近年来，我国人力成本、运营成本、土地成本等相较于之前均有上涨，这直接增加了养殖主体的经营成本。养殖主体借助数智技术实现生产流程的自动化，将大大降低养殖主体生产成本，提高养殖主体生产效率，并减少生产浪费。例如，有分析指出，数智技术在养猪产业的应用能够提升母猪 PSY 至 24.86。

四是组织架构高效化。当前我国农牧养殖主体僵化的组织架构是制约其发展的又一挑战，面临挑战，养殖主体应建立一套灵活、高效协作的组织架构，以此保证业务顺畅地运行。优秀的养殖主体领导者通过不断地探索优化组织架构，并根据业务的开展进行适当的调整，但不是每一位养殖主体领导者能做到人尽其才。养殖主体领导者借助数智技术对每一个员工进行数据分析，最大限度地挖掘每一位员工的潜力，并结合公司发展战略，合理分配员工。

五是技术研发创新化。疫情之前，我国大多数农牧养殖主体都经历了"互联网＋"浪潮，并且深刻感受到新技术对产业具有颠覆性，然而当数智化转型再一次冲击当前养殖主体的时候，多数仍在观望。由于互联网给了中国养殖主体一个漫长的转型阶段，导致部分养殖主体还认为数字时代有足够的时间来逐渐转型。二十年前互联网技术到来的时候，传统行业变化较慢，而当今市场瞬息万变，产品迭代、创新较快，转型窗口时间较短，因此养殖主体数智化势在必行。养殖主体数智化转型必然面临技术研发问题，意味着养殖主体需要投入研发成本快速迭代以完成数智化转型，而我国大部分农牧养殖主体刚刚完成了互联网转型，正在享受红利，部分养殖主体基于此原因，在突然面临数智化转型的冲击时停滞不前。然而，不转型会被市场淘汰，转型成本压力大，面对这种情况，养殖主体可以借助行业平台养殖主体的资源和技术优势，以较低的成本实现自身数智化转型。例如，养殖主体可以依托数字平台，借助其底层架构进行升级改造，或者与平台进行合作，降低养殖主体研发成本，最终实现养殖主体的数智化转型。

六是数据分析精准化。随着物联网、云计算、大数据和人工智能等新一代信息技术的发展，数据分析将为企业发展打开新的大门，使用数据分析的公司比传统公司能够更快速地获取市场动态、客户需求。例如，保险公司结合生猪企业的猪舍实时监控数据、猪只动态数据、猪场管理数据等，对生猪企业进行评估，制定猪场保险方案。在数据指导下的场景保险的运用，一方面帮助生猪企业获得经营保障，增加了企业的抗风险能力；另一方面保险公司借助该方案在保障企业利益的情况下，迅速开展业务，占领市场。

基于上述生猪养殖主体的数智化转型的六大基本需求模块，当下生猪养殖数智化的服务供给也在快速迭代，各类应用、方案层出不穷。为深度洞察行业现状，我们在此将数智养猪产品或服务聚类，最终呈现出生猪产业互联网服务平台、生猪养殖物联网平台与设备、人工智能落地方案和其他共四大领域，并绘制出了生猪养殖数智化供给侧的详细产业图谱，如表6-1所示。

表6-1　　　　　　　　　生猪养殖数智化供给侧产业图谱

数智养猪产业图谱			
领域	类别	主要产品及功能	典型企业
猪业互联网服务平台	猪场综合服务平台	提供猪场管理、投入品和活猪交易、供应链金融、多元社会化服务等	农信互联集团、不愁网……
	猪场管理软件	PC端软件和手机App，帮助猪场实现数据电子化及数据分析等增值服务	北京农信数智、微猪科技、上海麦汇信息、爱思农-银合、荷德曼、嘉吉、河南牧巢科技、天邦股份、渑池鑫地牧业、挺好农牧、小龙潜行、影子科技、铁骑力士、厦门物通博联、不愁网……
	涉猪电子商务平台	猪场投入品、活体生猪/白条/仔猪等在线交易平台	北京农信数智、不愁网……
猪场物联网平台与设备	物联网平台	智能硬件与软件服务、AI算法的集成，专注于养猪业，提供全套的智能猪场解决方案	北京农信数智、爱思农-银合、睿畜科技、富华科技、荷德曼、小龙潜行、河南讯飞、影子科技……
		智能硬件与软件服务的集成，在泛农业领域为客户提供综合性解决方案	挺好农牧、京鹏畜牧、普惠农牧、青岛小巨人、上海润牧、鲸洋畜牧、南商科技、云浮市物联网研究院……

数智养猪产业图谱			
领域	类别	主要产品及功能	典型企业
猪场物联网平台与设备	智能饲喂设备	各类猪群的自动饲喂设备，能够实现个体或小群的精准饲喂	深圳慧农科技、润农科技、京鹏畜牧、荷德曼、华丽科技、河南讯飞、智农农科、瑙昂畜牧、河南河顺、华诚智能、英孚克斯……
	智能环控设备	全套的智能环境监测、控制设备	科创信达、普立兹、荷德曼、爱思农－银合、智农农科、斯维垦、山东众润、美特亚、辽宁省鑫源温控、云浮市物联网研究院……
	智能穿戴设备	电子耳标、植入式芯片、电子医生等，识别猪只ID，并监测猪只运动量、体温、健康状况和行为	富华科技、默沙东动保、影子科技、遨科智能……
	智能监测设备	猪场巡检机器人，集成多种传感器、探测器、生物雷达，做猪舍智能巡检	北京农信数智、睿畜科技、河南讯飞、烟台艾睿光电、沈阳西牧……
		便携式监测设备，如发情、膘情、精子质量、谷物成分监测设备等	北京深牧科技、烟台艾睿光电……
	传感器等其他设备	智能摄像头，帮助用户随时随地查看视频监控	睿畜科技、普立兹，海康威视、博诚鑫创、青岛联海兴业、智维电子……
		传感器，如各类温度、湿度、光学、力学、气体、指纹、磁场、位置传感器	富华科技、普立兹……
		智能网关，边缘计算、管理设备	富华科技、米文动力……
人工智能方案	整体解决方案	开源平台、深度学习算法、图片识别、机器翻译、语音识别、生物特征识别等AI算法整体解决方案	北京农信数智、爱思农－银合、睿畜科技、富华科技、小龙潜行、青岛联海兴业、北京深牧科技、艾佩克科技……

续表

数智养猪产业图谱			
领域	类别	主要产品及功能	典型企业
人工智能方案	视觉识别	利用视觉识别技术进行猪只计数；估算体长、体重、背膘等指标，猪只估重	北京农信数智、睿畜科技、云浮市物联网研究院、青岛联海兴业、PIC、河南讯飞、挺好农牧……
		利用视觉识别技术智能疾病诊断，监测猪只行为，结合行为学判断猪只健康状况	PIC、挺好农牧……
		监测猪场内的人、车、场、舍等，保障猪场安全	北京农信数智、荷德曼、青岛联海兴业……
	声音识别	结合动物行为学，利用声音识别技术判断动物生长和健康状况	河南讯飞、勃林格……
	人机交互	通过智能音箱实现人与设备的交互	北京农信数智……
其他领域	食品溯源平台	记录食品各个环节的食品质量安全	北京农信数智、天邦股份、河南讯飞……
	区块链技术	将区块链应用到食品溯源领域	北京农信数智、影子科技……
		将区块链应用到供应链金融	农信互联集团……
	粪污资源化利用	智能清粪、废弃物无害化处理及资源化利用	中农创达、智农农科、齐尚盛祥、斯维垦……
	其他	智慧能耗、车辆洗消、血液疫病检测等	青岛德兴源、慧怡科技、力之天、中正惠测、康尚生物、卡尤迪、山东施密特……

资料来源：课题组根据百度热词、行研报告整理所得。

二、生猪养殖数智化的场景解析与趋势判断

在互联网形态与产业形态的巨变中，数字经济时代到来。对中国的

养猪业来说，作为第一大猪肉生产国和第一大猪肉消费国，中国猪肉市场规模早已超过万亿。但历年来，中国的养猪市场却呈现着小规模、分散化的特点，与欧美那些大型养猪场相比，我国的大部分猪场仍然属于个体养殖户或小型猪舍，问题颇多。具体来说，当前中国的养猪业主要存在三个难题亟须解决：一是管理水平落后。中国的养猪业已有几千年的历史，与悠久历史一起的，还有落后的养殖管理观念与技术，猪场管理水平落后，生产效率低下；二是交易效率低下。绝大多数养殖场与外界沟通不畅，交易渠道仅仅局限于周围的环境，只与几个相熟的猪经纪联系，再加上对猪价波动、市场行情不清楚、不了解，生猪交易效率受到了很大的影响。而且，投入品交易中间过程过多，成本居高不下；三是金融资源匮乏。农业金融发展缓慢，农民、养殖户还没有建立系统的信用体系，很难享受到完善的金融服务，养殖户没有任何的风险应对能力，资金回笼难、贷款难也严重阻碍了中小型养殖企业的规模化发展。

在数字经济时代下，解决这三个难题需要借助互联网、大数据的力量。中国养猪业需要插上互联网、大数据的翅膀，以重新开始的气魄，打破空间限制，不再局限于长久以来的固定场所，进行一场基因突变式的变革，才能在时代的巨变中生存下来，实现长远发展。

（一）生猪养殖数智化落地的应用场景

生猪养殖数智化的具体应用场景，从狭义来讲，是指数字化、智能化在生猪养殖环节或场所的应用，特别是生猪生产过程中的应用，而从产业链角度来讲，还涉及交易、物流、产业金融和社会化服务等场景。

1. 生猪生产管理

生猪生产管理环节的数智化应用，即狭义的生猪养殖数智化，随着越来越多的物联网设备、AI算法的应用，以及数字化管理产品的优化升级，目前主要集中在养殖管理、巡检预警、环境控制、精准饲喂、盘点估重、远程卖猪、洗消监管、疫病监管、环保管理、能耗管理、代养管理、远程风控管理等方面。

养殖管理主要采用智能终端（智能背膘仪、智能 B 超、耳标读取器、智能卡钳等）对猪场生产数据进行采集和分析、任务派发与执行、事件预警与处理、场内巡检与通信、设备监测与管理等实现对猪场日常生产的全流程管理，有效提升猪场管理水平。

巡检预警通过 AI 视觉算法引擎，为猪场提供视觉监控、智能分析、数据预警、任务调度等数字化能力，基于生物安全和猪场物资安全，实现人、猪、车、物、场、设备等猪场智能巡检预警解决方案。

环境控制通过传感芯片对猪舍温度、湿度、光照、氨气、二氧化碳、硫化氢等环境指标进行实时监测，根据栋舍环控曲线，下发控制指令，准确调控风机、水帘等设备，为猪只生长打造健康舒适的环境。

精准饲喂通过制定精准饲喂曲线与采食计划，指导智能饲喂器，开启分餐模式、智能饮水、按阶段饲喂等功能，实现精准下料与数据采集。通过 AI 估重与采食数据计算肥猪料肉比，寻找最佳绩效。根据母猪不同背膘数据，提高猪只采食适口性和饲料最大利用率，实现母猪精准调膘。

盘点估重以摄像头、地磅、过道秤等物联数据为基础，通过 AI 算法，采取非接触式影像采集，对猪只数量、生长状态、售猪磅重等进行实时监测，掌握猪场经营动态，减少人为盘点，杜绝猪只应激反应，解决数据采集不及时和不准确等问题。

远程卖猪依托于猪场出猪流程，结合 AI 算法，通过 AI 摄像头和传感芯片，对出猪数量进行 AI 盘点、精准称重、猪只回流监测、行为异常预警、车辆轨迹追踪、车辆洗消监管，实现卖猪的远程化智能监控。

洗消监管依托于猪场生物安全防控建设方案，结合 AI 算法，通过摄像头、智能门禁、智能淋浴及其他专业设备，对车辆、人员、物资、设备进行清洗、消毒、烘干处理，并结合智能预警规则有效保障猪场内外生物安全。

疫病监管主要是根据猪只个体信息、采食、饮水、体温、防疫、免疫等核心数据，通过 AI 算法，结合集数据统计、分析、预警、防治于一体的猪只健康管理能力，实现猪只健康全天候立体化管理，有效控制猪场疫病风险，提高安全生产管理效率。

环保管理是采用环境监测技术、信息化平台架构能力以及成熟的业务应用经验，通过低成本、高密度布点实现对死猪无害化处理、污水及对沼气及气体排放等进行监测，实时采集环境质量、环境风险、污染源等信息，实现环境监管精准化、环保决策科学化，为企业构建全方位、多层次、全覆盖的智能环保管理平台，为环境管理主管部门打赢三大污染防治攻坚战提供强有力的技术支撑。

能耗管理通过利用智能水表、电表等设备对猪场进行能耗数据监测，可生成水电的日、月、年度运行报表，有效实时掌握猪场内设备能耗数据，便于猪场进一步强化监督管理，建立和完善能效测评、能耗统计、节能管理等各项制度，帮助猪场管理者实现降低运行能耗、提高收益的目标。

代养管理通过全流程生物安全监控预警、工作任务派发，实现猪只的日常盘点、饲喂、防疫出猪、死淘等监管。有效解决生物安全管控、生产流程管理、物资供应保障、生物资产监管、无害化处理等。

远程风控管理主要是协同银行及类金融机构接入猪场养殖场景、生猪档案、进出栏监测、生物资产盘点、疫病监测、无害化处理等产业数据，建立风控模型和决策机制，从而达到最优的风控结果。

这一部分的典型案例有农信互联、扬翔集团、小龙潜行等。农信互联提供的猪小智系统集猪场任务、事件、巡检及数据可视化于一体，猪场员工可查看需完成的任务并进行操作。根据猪场生产业务环节，设置免疫、防治、采精、配种等 12 种事件，支持设备巡检、巡夜及突发报备，对巡检异常及时记录。通过连接智能设备进行人、猪、车等行为数据采集分析，可视化呈现，有效助力猪场过程化、精细化管理，提升生产效率。扬翔集团的智能化养猪通过数据智能采集、设备智能控制和行业平台运作打造 FPF 养猪场，用互联网的技术和手段，连接人、猪、物、场，配套智能设备产生数据，计算、分析、决策、控制，从而实现智能协同管理，提升养猪效率，降低养猪成本。小龙潜行采用先进的人工智能技术解决了养猪行业饲喂、管理过程关键指标的无接触、无应激测量问题研发的牧场守望者机器人和爱猪盒子，通过深度学习和计算机视觉技术，可实现非接触、无应激智能测重、测膘、盘点四大功能，智能采集、分析相关数据，形成精准营养系统解决方案。

2. 生猪关联交易

生猪养殖主体与上下游之间的采购与销售同样是支撑生猪养殖数智化应用场景落地的基柱之一。数智化在交易环节中的应用，一方面解决交易链条长、交易信息不对称等生猪养殖业的交易问题，另一方面也在极大程度上降低了中小养殖户的投入品成本。

我国的养殖模式呈现多样化，有以牧原为代表的垂直一体化模式、以温氏集团为代表的公司＋家庭农场模式、以双汇集团为代表的公司＋农户模式、以得利斯集团为代表的公司＋合作组织＋农户模式等。不同的养殖模式对应不同的供应链体系，个体经销商、门店、品牌企业、龙头企业等多类型供应链主体间均存在诸多交易环节，交易问题多、成本高。为实现对交易过程的强管控，提高交易效率，部分龙头企业选择自建企业商城，打造自营渠道，如牧原、温氏等。温氏股份与金蝶集团共同设立的广东欣农互联科技有限公司，充分利用各自资源优势，搭建农牧行业数智化平台即"温氏—金蝶云·苍穹平台"，打通温氏及产业链上下游合作伙伴与农户。借助外部平台，供应链上的中小型主体加强与其上下游更紧密的连接，降低交易成本，从而掌握更大的市场，触及更终端的客群，推行更规范的交易，建立了稳定的、可持续盈利的商业模式。

另一种数智化在交易场景中的应用是农牧业媒体利用自身的用户网络效应和资源所开展的电商业务平台，如猪 e 网的"猪易商城"、搜猪网的"金猪商城"等。

而平台型企业农信互联的交易平台则基于农信生态大数据和智能算法，为猪场提供专家式服务和大数据精准应用的交易方式。同时结合遍及全国的运营中心和农信小站，为猪场提供便利的面对面服务。这种"线上＋线下"结合的交易模式更为符合生猪养殖产业的交易需求与特征，即强调"服务属性"，通过线上线下融合，更精准满足猪场的需求。农信互联围绕产业链布局数字供应链，为产业链中各主体提供线上、线下全场景的招标、竞价、营销、推广及市场业务管理产品服务，并以农信 TAAS 产品为基础，连接财务系统、生产系统、物流系统、三方交易平台、金融服务等，建设企业"全产业链在线交易"中台，包含"农信商城""国家生猪市场"和"农信直选"三大产业链交易平台。"国家生猪市场"是国内功能较完备应用面较广的生猪现货电子交易市场。"农信直选"通过高标准、高要求、高规格严选原材料和供应商，严控生产加工流程、物流运输、销售渠道，实现在销农产品的全程可追溯，同时创新农信创客推广方式，将互联网与社交关系链紧密结合，实现营销的裂变式增长。

3. 金融及社会化服务

金融和社会服务平台能有效促进养殖户、贸易商等多个产业链主体的稳定经营，促进产业发展。在生猪养殖数智化领域，金融和社会化服务得益于养猪大数据。

金融方面比较典型的案例有农信互联的"农信金服"和新希望集团的"希望金融"。其借助自身在业内多年积累的供应链优势，通过大数据建立农户信用风险管理体系，以"互联网＋"为依托实现平台化。以"农信金服"为例：以养猪数智化管理系统获取的生产经营数据和生猪养殖产业关联交易数据形成养猪大脑，与银行、保险公司、担保公司等金融机构合作开发出符合生猪养殖关联场景和需求的信贷保险、保理、融资租赁等多元金融服务和产品。同时，结合线下业务人员获取的信息，利用大数据技术建立资信模型，形成较强的信贷风险控制力，联合金融机构为符合条件的生猪养殖关联主体提供不同层次的金融产品和服务。

在社会化服务方面，生猪养殖数智化转型开发主体也在积极探索。农信互联为涉农企业及农户打造数智生态管理平台，借助养猪大脑提供"行情宝""猪病通""猪学堂""猪友圈""猪托管"等社会化服务。牧原搭建了集食品安全、行情分析、兽医服务、车辆管理、智能饲喂等环节于一体的产业数字化平台。温氏集团搭建的农牧行业数字化平台，推动农业产业价值链数字化、签约合同智能化、供应销售场景化。

4. 生猪食品溯源

依托生猪养殖数智化的发展，通过一物一码、RFID 等技术，按批次记录育肥全过程，精细到饲喂用药、免疫、消毒等各环节的追溯。消费者手机扫描二维码，可以查询生猪养殖管理方式，包括生猪出栏上市依次经历猪场兽医检验、畜牧站出栏检疫、屠宰检疫和猪肉化验等信息，确保所购买的是安全健康的猪肉。如农信互联打造爱迪（ID）猪，通过猪企网、国家生猪市场、农信货联三大系统的无缝对接，实现猪生产、交易、运输的全程溯源。天邦股份、河南讯飞搭建全供应链的养猪平台，打造自有品牌，促进食品安全管理。创"蛋白质含量最高的猪肉"记录的"吕粮山猪"，实现每头猪都安全可追溯。通过互联网、物联网和二维码技术对养殖、屠宰、运输、包装、销售等信息进行数字化管理，形成"生产者—经营者—消费者—监管机构"可追溯数据链，实现了生猪养殖生长过程有记录、记录信息可查询、流通去向可跟踪、主体责任可追究、问题产品能召回、质量安全有保障。

（二）生猪养殖数智化转型的发展趋势

数智化，即数字化与智能化的融合赋能，持续引领着畜牧业发展的走向。从技术层面看，未来将以智能传感器、区块链技术为依托，逐步构建包括养殖环境感知、个体信息监测、养殖流程数据收集、物流运输和产品质量安全信息采集的畜牧产品全产业链信息非接触原位感知技术；将以数据挖掘、融合分析和人工智能技术为手段，统一接口标准协议、汇聚分散异构数据、整合多源信息系统，研发海量数据挖掘模型，实现数据智能分析决策、产业服务和业务管理；将围绕种畜禽监督管理与遗传评估、饲料行业管理、畜禽生产监测预警、奶业质量安全追溯、产品交易流通等日常业务办理的电子化、高效化，建立和完善畜牧业监测预警公共信息平台。除了能改变生产养殖主体的生产方式或技术模式，实现降本增效外，还能对养殖主体的经营方式带来变革，构筑核心竞争力。

1. 生猪养殖数智化向一体化发展

2018年，随着猪脸识别刷爆朋友圈，生猪养殖数智化开始在这一年迎来了蓬勃发展。养殖主体管理系统、生产管理系统、自动盘估、精准饲喂、智能环控等各种适用于数智养猪的软件和硬件百花齐放。以农信互联为代表的生猪产业综合服务平台，致力于整合、集成行业内一切优秀的智能硬件、技术和算法，打造了生猪产业数智化生态平台"猪联网"；以阿里、京东为代表的传统互联网巨头，相继联手养殖企业和科研院所，开发了各自的"养猪大脑"；以扬翔为代表的优秀养殖企业，由养殖向服务转型，推出了"FPF猪场"；以普立兹、睿畜科技、小龙潜行为代表的技术服务商，从猪场的关键痛点出发，提出各自的解决方案；以温氏、牧原为代表的传统养殖集团，也在联合外部力量做出自己的探索。

数智技术的繁荣发展给猪场带来经济效益的同时，数智产品品类繁杂、入口不一致、数据孤立的问题让生猪养殖主体的管理者不堪重负。生猪养殖数智化的软硬智、育繁养、管学防、人畜物、业财人、自繁代养、供产销融、全产业链一体化建设成为新的发展趋势。一体化不只是简单地将所有应用集成，更是打通生猪养殖主体的管理流程和后台数据，实现经营在线化、生产智能化、数据驱动化、决策智能化。

（1）软硬智一体化。将数智猪场的生产管理平台与智能硬件设备平台进行有效连接，建立属于猪场的数据中心，把生产数据、设备数据汇总，以形成猪场大数据，并通过算法系统，结合大数据分析，形成猪场生产经营最优解决方案。在生猪养殖主体生产管理、采购物资、交易销售等关键环节，智能推荐最优采购方案、生产方案、猪只销售方案，提质降本增效，从简单的报表分析到数据分析预测，最大化数据价值。

（2）育繁养一体化。以猪场数据为基础，结合科学算法，从品系选择、育种目标、育种评估、综合育种等关键环节进行优化，探索大数据育种新方向。对母猪进行全面管理和分析，通过数据报表，对母猪生产性能进行全面把握，并结合后续肥猪生长情况，进行反向评估母猪性能及育种效率，从而将育种、繁育、育肥变成一个整体，打通数据流动，提升育种效率与生产效率。

（3）管学防一体化。通过对猪场的数据服务，形成适合大、中、小不同规模的猪场管理标准并将管理标准应用到系统中，指导猪场企业规范化，"防非"精准化，生产高效化，并结合养猪线上学习系统（如农信互联 X 课堂），将数智养猪在猪场中的管理实践、优秀行业经验与分享、政策与规定等与养猪息息相关的内容有机整合。如果在生产中遇到问题，可在线上课堂中找到答案，并在学习后应用到实际的生产管理过程中。同时结合 AI 算法和管理经验，提前预警生猪养殖中的问题实现防重于治。

（4）人畜物一体化。将猪场中的猪、人、物资进行有效串联，人通过平台标准化养猪，猪用的每一件物资都清晰记录在案，物资的每一次领用，都与人关联在一起，每个人，用了多少物资，养了多少猪，最终成绩如何，一目了然，形成标准化的千头母猪所需人数、物资模型，并围绕模型不断优化人、畜、物的最优配比，不但提升了猪场精细化管理水平，还能为人员绩效核算提供有效支撑。

（5）业财人一体化。全面打通经营主体的业务数据和财务数据，从业务发生，到业务审批，再到财务付款，账务生成，以及企业人力资源管理，全面实现在线化和自动化，真正做到了业务、财务、人力的一体化管理，彻底解决经营的数据孤岛问题，形成经营大数据。

（6）自繁代养一体化。针对现阶段产业发展趋势，需要自繁自养及"公司＋农户"两种方式的数智养猪系统，通过系统，将生猪从引种到出栏、从物资领用到销售进行全过程管理，并对两种方式提供专属的财务核算模式，支持养殖企业灵活设置，满足多元化管理需求。并且能够在一个平台同时支持两种模式，使养殖主体的发展不受软件系统制约。

（7）供产销融一体化。将养殖主体生产管理过程中建场、引种、繁育、育肥、出栏等全部关键环节进行数智化，形成生猪数字资产，并与金融机构合作，将生猪的数字资产转换成猪场的经营信用，针对不同的养猪场景，提供建场融资租赁、引种融资租赁、养殖贷款、仔猪保险、价格保险等一系列服务，以生猪产业为基础，连接采购、生产、销售经营全过程，并与金融深度结合促进多元经营主体发展。

（8）全产业链一体化。将生猪产业全链条数据化，从饲料企业的生产加工到"料药苗"流通猪场种配繁育、生猪销售、屠宰加工、冷链物流、肉食店零售全部环节数智化打通。从一粒玉米到一块猪肉，数据流转、信息共享、产融结合、商业贯通，形成一体化的生猪产业链数智化解决方案，共同促进生猪产业发展。

2. 生猪产业供应链向数字化发展

生猪养殖主体要从根本上提升数智竞争力，大型农牧企业可以投巨资重新规划，对于中小规模主体，直接利用成熟的产业供应链平台，是当前最稳妥的解决方案。

产业供应链平台纵向联结生猪产业的上游与下游，实现业务一体化管理，从饲料—养殖—屠宰—门店，数据全面流通，实现产业链追溯。提升产品附加值，增强品牌竞争力。产业供应链平台赋予养殖主体连接能力，帮助其与上游供应商及下游客户建立连接，借助规模优势，实现上游原料采集，下游客户渠道分销，改变传统供应链的单一模式，建立产业共生关系。比较成熟的生猪全产业链交易平台如农信互联"猪联网"，基于农信商城、国家生猪市场和农信直选产业交易平台，围绕规模猪场，依托农信商城，连接饲料、动保等投入品企业，通过农信集采与农信优选等服务，为猪场提供质优价廉的投入品，降低采购成本。依托国家生猪市场为猪场提供生猪活体线上销售、物流服务，实现养猪人买好料、卖好猪的经营目标。基于农信商城，依托数智基础及供应链金融优势，农信围绕生猪产业链建立了一套品牌厂商严选体系和涵盖质量保障、交易模式、在线结算、运营促销、仓储物流等标准化的在线交易系统，形成了从料药苗供应、生猪活体交易到白条及肉制品销售全供应链的线上交易模式。此外，农信互联针对生猪产业链局部的供应链数据平台进行布局，如不愁网的"生猪交易平台"，生猪交易平台主要解决市场普遍存在的区域垄断、信息不对称、信息不及时等问题，帮助养殖主体更快、更高效地进行生猪交易，实现生猪交易的跨区域和在线交易。

产业供应链平台也涉及横向的商流、物流、信息流、资金流，还涉及标准、市场监管等生态场景。结合供应链数据和现代先进的生产管理理念生成农业风控大脑，从信用、资金、结算、保险等层面解决供应链两端的金融问题。例如，农信互联的猪联网涵盖贷款、保险、支付、理财、保理、融资租赁等多种形式的金融服务。河南科大讯飞、睿畜科技、小龙潜行也纷纷布局生猪保险理赔方案。

3. 生猪产业人工智能广泛化应用

人工智能（AI）应用泛化指的是 AI 在数智猪场中应用基础化和全场景化。现阶段 AI 已经被应用于猪场巡检、自动盘估、精准饲喂、智能环控等方面，AI 为猪场带来极大效益的同时，高昂的成本也让众多中小猪场在数智养猪面前望而却步。吉林精气神有机农业 CEO 孙延纯曾表示："目前来看 AI 的应用会增加猪场硬件和软件设施的投资，大概增加 20%～25% 的资金投入。"[①] 精气神每年出栏 5 万头猪的猪场，需要 8 年时才能达到 AI 建设的"盈亏平衡点"。但是，我们也看到随着生猪养殖数智化产业逐步走向成熟，AI 芯片制造企业实现芯片产品的规模销售、算法研发及数智化应用开发企业的产品及解决方案的标准化，AI 技术落地应用场景的深化与客户核心痛点触达，成本降低是必然趋势，同时市场竞争因素也将进一步拉低 AI 产品的售价。随着 AI 建设成本下降，AI 将被更多生猪企业接受，像网络、电力的基础服务设施一样，向生猪行业全产业链提供通用的 AI 能力，为产业转型打下数智化底座。

AI 在生猪产业应用向着全场景化发展，部分数智猪场 AI 设备在实验室中效果令人惊叹，但是在生猪养殖实际应用却不太顺利。首先，耳标是猪场中使用频率最高的物资，它是戴在猪身上的耳标芯片，经常会因其他猪咬掉或蹭掉而损坏，二维码识别耳标易被脏污附着，以及耳标

---

① 黄蕾. 吉林精气神有机农业 CEO 孙延纯：AI 智能养猪绝不仅是猪脸识别［N］. 经济观察报，2019－11－28，https：//www.eeo.com.cn/2019/1128/370553.shtml.

自身的老化褪色，诸如此类由于猪场环境复杂导致识别产生较大误差甚至失去识别功能。不过安乐福研发的可视耳标可以实现户外佩戴 8 年以上不掉标，激光印制编号 10 年不褪色。PIC 研发的 HogMax 工业耳标可以实现 80 万差异人体识别，并且通过深度视觉网络模型解决耳标二维码沾污或拍照角度的问题。这些新型科技产品可以有效改善原 AI 设备应用中遇到的难题。其次，猪脸识别也是一款一度成为数智养猪"冠军产品"的技术，但是由于实际饲养中经常选用同一品种或近亲繁殖的原因，导致畜舍中猪脸近似率很高，猪脸识别经常出现错误，同时由于生猪的管理配合度低、难以拍摄到猪脸、育肥猪生长周期短、面部特点变化大等原因，均造成系统录入工作的繁杂、难以为继。况且，实际生产中母猪因与限位栏一一对应，往往根据限位栏就可以实现母猪的个体识别与管理，而无需采纳猪脸识别的新技术。最后，在同一圈舍的肥猪的生长环境相同，采用同样的喂养方式，通过 AI 摄像头进行简单的盘点、估重和批量管理会比猪脸识别技术效率更高，成本更低。

尽管 AI 技术在猪场应用中会遇到或多或少的问题，但我们相信"问题即答案"。随着 AI 场景化研究快速发展，AI 对使用环境的要求会逐渐放宽，AI 在猪场的应用场景会越来越全面，猪场数据采集将更加精确，猪场决策将更加智能。

4. 技术助力要素配置帕累托优化

数智技术在生猪养殖领域的应用可以有效提高猪场用地的土地利用率和节能减排效果。土地资源是生猪养殖必须面临的问题，人多地少是中国的基本国情，中国人口密度约为世界平均水平的 2.5 倍，人均耕地面积约为世界耕地面积平均水平的 1/2，我国以占全球不到 10% 的耕地养活了近 20% 的人口。与此同时我国也是猪肉消费大国，平均一年消费 7 亿头猪，猪肉消费占肉类消费的 62%；中国猪肉消费占世界猪肉消费的 50%。2019 年国务院办公厅和自然资源部办公厅先后发布《关于稳定生猪生产促进转型升级的意见》和《关于保障生猪养殖用地有关问题的通知》，允许生猪养殖占用一般耕地，保障生猪养殖用地。国家政策在一定程度上缓解了生猪养殖用地紧迫问题，同时我们也应看到数智养猪对于生猪养殖在提高土地利用率和降低污染方面的成效。与生猪养殖数智化配套的楼房式养猪厂房在土地利用和节能减排方面优势显著，普通养猪方式年出栏 10 万头生猪需要 700 亩养殖场地，而齐全农牧集团在采用农信互联新型智能化工艺流程系统后，10 万头生猪场占地不足 100 亩，同时工艺改良使得污水排量减少了 70%，在结合粉碎后的秸秆加微生物进行发酵后制成有机肥，直接投放到周边市场，实现了种养结合，真正地达到了污染零排放。

数智技术在生猪养殖领域的应用也带来行业从业者的变革。一方面，智能饲喂、自动盘估、AI 巡检等智能设备的应用极大地提高了养殖人员的工作效率和管理精细化水平，降低了人力资源成本。以常州市枫华牧业有限公司为例，劳动生产效率提升，从每养 1 万头猪需 16 人降到只需 1 人。无论对于当下国内人口增长率逐年降低，劳动力成本持续上升的基本国情还是对于降低猪场人力成本来说都具有重大意义。另一方面，数智化技术研发及应用对从业人员的知识广度和技能水平也带来更高的要求。数智养猪的发展不仅需要畜牧业专业人员，同时数智软件开发需要物联网、人工智能、云计算、大数据等新一代信息技术开发人员的加入。数智硬件的更新换代也需要投入更多新技术、新工艺、新材料、新设备领域研发人员。数据供应链的发展也为众多电商运营、保险、保理、期货等方面金融专业人才提供了发展平台。数智养猪模式的建设对于猪场管理者也提出了更高的要求，未来的猪场管理者既要熟知畜牧兽医知识、猪场生产工艺，又要精通计算机操作、智能设备使用技能。数智技术在生猪养殖领域的广泛应用推动了生猪养殖业从劳动力密集型向科技密集型转变。

数智技术在生猪养殖领域的应用盘活了生猪行业的金融资源。生猪保险是政策性农业保险之一，是党中央、国务院推行的一项强农惠农举措，提高了养殖户抵御风险的能力。但是传统养猪方式中生物资产无法监管。养殖户通过虚投、虚赔，骗取政策性生猪保险财政补贴资金的情况屡见不鲜。无独有偶，养猪户以养猪名义将贷款挪作他用、伪造材料骗贷等问题也层出不穷，这导致传统养猪户征信难、贷款可得率低、信贷成本高。数智技术的应用能准确标记生物资产，依托生态圈数据准确地评价农业客户，运用领先的模型优化与深度学习能力输出更贴近行业的模型策略，建立猪场经营信用体系，从而提高金融机构服务农业的质量和效率。2021 年 9 月 5 日，大连商品交易所顺利完成首次生猪期货交割，睿畜科技的智能设备自动获取交割过程中的关于猪只数量及体重数据，有效改善了以往生猪交割工作中人工盘点的效率及准确性，提高了期货交割管理效率，并对未交割流程中的责任判定提供依据。数智技术还为贷款、保险、支付、理财、保理、融资租赁等多种形式的金融资源落地提供更加切实的抓手，总体来说，金融资源的配置为生猪行业发展注入新的活力。

数据作为新型生产要素在生猪产业发展中发挥着越来越重要的作用，数智技术在生猪养殖领域的应用与发展为政府和产业界完成数据资产沉淀、深度挖掘数据价值提供了强有力的工具。2021 年 4 月 18 日，全国畜牧总站与重庆市荣昌区正式签署战略合作框架协议，共建国家级生猪大数据中心，力争对生猪全产业链实现信息化监测，助力监管监测一体化。生猪大数据中心有利于汇聚数据资源，深化生猪单品种大数据的应用发展。实现生猪数据的共享交换，以及农业大数据的应用落地。通过大数据技术挖掘生猪价格周期波动规律，构建生猪全产业链数据监测体系，服务政府对生猪产业的监管及国民经济的宏观调控。通过对产业主体的数据服务、金融服务，提升生产经营效率，协力改善养殖主体的融资难问题。数智技术帮助生猪企业以数字形式将企业运营、管理、交易等信息沉淀到数据平台，形成以服务为中心、由业务中台和数据中台联合构建起数据闭环运转的运营体系，以供农牧企业更高效地进行业务探索，实现以数字化资产的形态构建企业核心差异化竞争力的创新态势。

三、"五大核心"变革成就领袖级数智养殖服务平台

农信互联是国内致力于生猪养殖数智化服务平台建设实践最早，也是当前平台生态构建最完整的行业领袖级企业，由大北农孵化而来。在大北农担任过二十多年高管的薛素文，对农牧行业有深刻的理解，也有深厚的情怀。他本身是财务出身，深耕农业企业二十年，又常驻中关村，积淀了互联网资源优势，因此这个复合型人物聚集起了农信互联这个复合型团队。志同道合的一群人决心在一起做一件事。大北农的核心业务在饲料产业上，其中最核心的又是猪饲料，与生猪产业渊源颇深。伴随着生猪产业规模化、标准化和数字化的发展，农信互联越飞越高。这大概是因为农信互联一开始就选择了一条不那么好走但是风光无限的路——做"猪联网"。猪联网，是一个生猪产业数智生态服务平台，是以物联网、智联网、云计算、大数据等集成应用为方向，利用现代管理理念，联合生猪产业上中下游养殖户、生产商、经销商等，打造农业大数据共享平台，用于解决传统生猪产业经营效率低、交易成本高、金融资源匮乏等问题。

农信互联负责人介绍说："现在产业互联网变成了一个非常具象的增长点，但是2014年国家刚提出'智慧农业''互联网＋农业'时，进入这一领域落脚的很多企业还在做电商和交易，而农信互联却扎根产业去做服务，从生产管理到交易和金融，用创新的模式去解决传统的痛

点。"目标很明确，立足点却不简单。想入局者既要有关于行业痛点和需求的认知储备，也要有将互联网的创新模式在农业上结合应用的技术能力。来源于服务生猪行业的创始团队，又长期在中关村建立了互联网创新思维。于是 2015 年农信互联正式成立，带着做产业互联网的优势，从生猪这个极佳的切入口出发了。猪联网 1.0 诞生，依托 SaaS 云系统帮助猪场实现数据在线化管理。随着服务的猪头数越来越多，它将全国的猪场网联在一起，"变万家猪场为一家猪场"。

大量的数据累积创造了做产业服务的可能性。农信互联通过猪联网掌握猪场数据，以此做征信，从而给猪场一定的授信额度贷款。猪场凭借该额度可以购买平台上的产品，反推了一批猪场上线猪联网。同年，"互联网 + 农业"势头正猛，不少企业开始做农资电商、农产品电商、农村金融等，一时之间百花齐放。不过实际落地过程中困难重重，到 2016 年其中一些企业开始面临发展上的难关。农信互联得益于最初的扎根农业痛点做服务，又具有互联网基因，尽管早期猪联网免费，但是通过金融工具打通了一个盈利渠道。农信互联负责人说："农信互联成功迈出第一步，解决了猪场管理的痛点，下一步要帮助猪场把猪卖出去。"机缘之下，时任国务院副总理汪洋和时任农业农村部部长韩长赋莅临农信互联参观指导，并促成了和国家生猪市场的合作落地。

2017 年，猪交易产品正式上线，从河南试点到全国推广，生猪交易体量越来越大，猪产业服务也随之增长。由此，同年，农信互联的"管理 + 交易 + 金融"的猪联网 3.0 模式初步走通。但是农信互联的目标是搭建完整的产业互联网平台。于是，2018 年，农信互联开辟了生猪交易的左端市场——畜牧市场，拓展饲料、玉米等大宗原材料品类的交易，针对投入品收取平台服务费或者会员费。生猪交易和投入品交易体量增大对大宗车辆产生了极大的需求，农信互联还申请了货运牌照，打造农信货联，通过货运版"滴滴打车"解决物流短缺的问题。也是这一年，非洲猪瘟暴发，猪脸识别一下爆火，AI养猪十分诱人。但农信互联通过冷静判断，认为产业尚未进入到跨越式发展阶段，还是选择将重点放在了智能猪场的整合研发上。一年后，猪企网（猪场SaaS）成为行业爆品，以更经济有效的方式为非洲猪瘟之后存活下来的规模化、体系化的养猪企业提供猪场、人才、财务等管理服务。同时，猪小智也在酝酿当中。农信互联与智能化设备和硬件厂商广泛合作，通过技术打通连接，完成了猪场智能化管理平台的技术集成。2020年，猪小智（猪场AIoT）成为后非瘟时代的爆款。"之前没有专门去定每年的关键词，我们所做的就是一年踩出一个扎实的脚印。"农信互联负责人如是说。

（一）农信互联秉持的数智化转型价值判断

自经历非洲猪瘟与环保高压双重挑战后，国内生猪存栏和能繁母猪存栏双双大幅下降，猪价过山车式波动让业界直呼"太惊险"。而后国家推出生猪稳产保供系列举措和关于促进畜牧业高质量发展的相关意见，鼓励规模养殖场和牧原、温氏、新希望、大北农等集团化企业趁势扩张，使得生猪存栏量在2020年得到快速恢复，加速规模化、标准化成为当时业界的主流观点。然而，突如其来的新冠疫情再次打破了生猪养殖主体的经营习惯，远程化、无人化的猪场管理模式成为必选项，传统行业以一种意想不到的方式被迫加速了数智化的升级的步伐，尽管前期成本投入巨大，但很快数智化转型所带来降本增效的积极影响也愈发凸显。由此，随着两次疫情叠加和数字化和智能化在生猪产业应用的推进，产业规模化将得以快速提升，产业数智化革命已经到来。农信互联认为，生猪产业迎来了三个确定性的变化。

一是产业经营模式的数智化。首先，目前处于"人+流程+管理"到"数字+智能"、从精细化管理到数智化经营过渡阶段。过去生猪养殖行业的核心优势是管理的精细化，其经营模式通常是以"人+流程+

管理"为核心，带来了成本的降低和经营效率的提升，这也是养猪集团能够胜出的主要原因。到了数字经济时代，随着大数据、5G、物联网等技术的发展，"数字＋智能"化经营，即数智化经营，逐渐成为集团企业的核心竞争力。其次，数智最关键的是数字与智能的相互打通。数字经济核心是数字本身，但是在农业尤其在养猪行业里，数字化与智能设备和物联网息息相关，纯粹的数字化或智能化都不能解决养猪业面临的实际问题，而是要将数字与智能全面打通，智能化设备技术或系统与数字化技术和企业管理相融合，真正将智能设备、系统、数字技术等全面应用于猪场或集团企业。再次，企业正在从 ERP 中走出来，基于组织的业务重构，推动业务的在线化。ERP 解决管理问题，使管理效率提升，而数智化则提高了企业的竞争力。数字经济时代，企业逐渐从 ERP 中走出来，其生产经营方式从以管理驱动转变成数智驱动。企业所有的经营活动全部在线化，同时这也是衡量企业数智化程度的重要因素。最后，以数据驱动为核心，突出数据中台的价值，实现决策去中心化。在这种情况下，企业经营决策不再以领导审批为核心，而是以数智为核心，将数据作为决策依据，弱化管理中层的作用，而突出数据中台的价值，实现了管理决策的去中心化。

二是企业边界突破形成集团化。首先，猪场规模从过去的单场为主变为多场管控模式。国内养猪业受"环保＋非瘟"的影响，很多中小散养殖户被迫退出了市场，养猪行业正处于重要的蜕变期，规模化水平得以长足提升。大企业纷纷扩张，小企业被大企业"包养"，中小散养猪场基本很难存活，要么以"公司＋农户"的方式，要么被大企业吞并，被集团化企业组织化，成为大集团的重要组成部分，从过去的单场为主变为多场管控模式。其次，集团化养猪模式开始成为行业重要的竞争形态。集团化是企业边界的延伸，过去养猪业排名靠前的养猪集团养猪数量占比不高，但近两年来，集团化养猪企业开始大幅度扩张，其生产效率和成本优势明显，成为行业重要的风向标，开始成为行业重要的竞争形态。最后，跨组织、事业部、部门边界、产业形态、全程供应链的在线、数字化运营中台成为刚需。在集团化企业崛起的情况下，给企业的管理与经营带来巨大挑战。过去只需考虑一个猪场的经营管理，现在企业业务扩张非常快，需要多个类型猪场甚至饲料厂、屠宰场集中进行管理经营，而这些平台如何进行融合和链接，如何变万家企业为一家，成为企业急需解决的重要问题。跨组织、事业部、部门边界、产业形态、全程供应链的在线、数字化运营中台成为刚需。

三是产业形态嬗变形成生态化。首先，大多数企业要生存就要进行内联外合、重构秩序、共建生态。集团化是养猪业发展的重要趋势，但也一定还有许许多多中小规模的企业，这些中小规模企业想要存活，想要抱团取暖，就需要内联外合、重构秩序、共建生态，不断融合、共享、共生、共荣、共进退，将万家企业变成一家。在这种情况下，企业的发展逐渐从企业闭环到生态闭环，从经营产品、产业链到产业网，从物理空间到网络空间。其次，内部自循环生态和行业外循环生态将会成为未来养猪业的两种主流模式。内部自循环生态是集团化养猪的主要模式，集团内部自成生态，在生态内进行自我循环。行业外循环生态是平台化 C2C 模式，以平台为核心，一边链接投入品企业和养猪服务提供商，另一边链接中小养殖企业，形成产业生态。这两种生态将成为未来养猪业的两种主流模式。

（二）猪联网 5.0 领袖级平台的框架开发准则

基于此，农信互联推出了猪联网 5.0，为养猪数智化、集团化、生态化而来，不仅为 C2C 小企业的"行业外循环生态"提供平台化服务，还为集团化大企业"内部自循环生态"提供数智化升级服务。猪联网 1.0 到 3.0，农信互联主要从猪场 SaaS 及信息化等方面进行更新和升级。随着 5G、大数据、人工智能等数智化技术的发展，农信互联在猪联网中引入智能设备和系统，将原有的"管理 + 交易 + 金融"三大板块进行了更新和升级，融合"猪小智 + 猪管理 + 猪交易 + 猪金融 + 猪服务"的五大板块的猪联网4.0应运而生。其中，在2018年初与普利兹等智能系统领域的龙头企业联合，不断加强在物联网、人工智能等智能设备领域的研发，使农信互联猪场AI硬件、AI视频、AI语音等方面取得重大突破；2018年8月，与京东云合作，形成混合云计算平台，增强农信云的数据基础能力。有AI和农信互联混合云加持的猪联网在数据收集和处理上更加智能，使传统养猪业踏入了智慧养猪时代。而此次更新的猪联网5.0是4.0的升级版和强化版，将数字化板块"猪企网"与智能化板块"猪小智"进行了全面融合打通，并且基于中央处理器——养猪大脑，为农牧企业提供交易、金融、猪服务等平台生态服务体系，满足不同类型农牧企业不同数智化生产、管理、交易、金融及服务需求，为养猪业的数智化、智能化、生态化而来（见图6-3）。

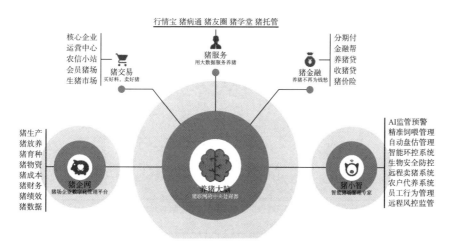

图6-3　猪联网——构建生猪产业数智化生态服务平台

资料来源：课题组根据企业档案材料、访谈一手资料整理所得。

1. 猪小智：以系统为要，提供全景智能养殖管理整体方案

猪联网5.0的核心智能板块——猪小智（猪场AIoT），其八大核心功能（见图6-4）进行了全面升级，AI核心算法系统实现全面自研，九大产品系统完整打造智能养猪数字化能力的底座，实现了生猪从出生到出栏的全景化智能管理。其一，八大核心功能全面升级。涉及智能监控、智能饲喂、智能盘估、智能测温、智能环控、智能洗消、智能料塔、智能水电，能够实现多维度、多层级预警以及智能化、可视化任务管理。其二，AI核心算法系统全面自研。基于两项核心技术的突破——LoKi Ai平台，基于猪联网大数据，核心算法全面自研和农芯IOT边缘计算网关的标准化能力提升，软硬结合，构建"端—边—云"智能猪场架构。其三，十二大产品系统，打造智能养猪数字化能力的底座。即生产管理系统、AI巡检预警、精准饲喂管理、自动盘估管理、智能环控系统、智能能耗系统、疫病监管系统、洗消监管系统、远程卖猪系统、农户代

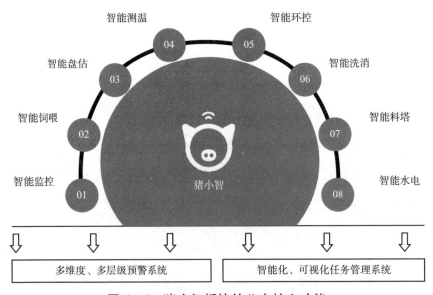

图6-4 猪小智板块的八大核心功能

资料来源：课题组根据企业档案材料、访谈一手资料整理所得。

养系统、员工行为管理和远程风控监管，实现生猪从出生到出栏的全景化智能管理。例如，生产管理系统是采用智能终端（智能背膘仪、智能B超、耳标读取器、智能卡钳等）对猪场生产数据进行采集、任务派发与执行、事件预警与处理、场内巡检与通信、设备监测与管理等，实现对猪场日常生产的全流程管理，有效提升猪场管理水平。

就实际应用场景而言，猪小智基于"云—端—边"多频交互的智能架构，通过 AI 摄像头对猪场内的人、车、猪、物、场、舍六个维度的行为情况进行采集，根据入侵监测算法、活动侦测算法、人脸识别算法、猪只打架算法、猪只打堆算法、形体姿态算法、车牌识别算法等全方位 AI 算法的分析，为猪场的管理和经营决策提供指导，极大地推动了生猪的科学养殖。同时，猪联网 5.0 通过"猪小智"与"猪企网"的打通，使得养猪大脑高效连接"猪联网"平台上每一个规模化猪场的环控、饲喂等自动化设备，实时监控生产状况和设备运行状态，降低人员投入和人力资本；同时基于深度图像与三维重建技术为每头猪建立档案，构建生猪体尺和体重非接触高通量测量系统，实现精准饲喂与日增重的关联，甚至还能通过生猪养殖环境和生长状况多因素的耦合分析和智能管理，提升母猪产仔数，减少母猪头数；顺带减少了粪污排放，降低生猪成本。截至 2024 年 5 月，平台累计服务的猪场超过 6 万个，为 6 000 多万头生猪提供信息化服务，大幅提升了猪场生产效率。[①] 据系统大数据平台实时数据显示，全程使用此解决方案的生猪养殖企业，其 PSY（每年每头母猪提供的断奶仔猪数）可提升至 25 头，相比全国平均水平高出 3.98头，断奶前成活率可达到 94.75%。综合测算，每头生猪可为养殖户增收 151 元，每头母猪平均可节省 900 元/年，千头母猪场可降低成本 90万元/年。同时，在该系统支持下的猪场，每头母猪平均可向社会多提

---

① 构建数智平台 为生猪产业提供数字化服务［N］.农民日报，2024 - 5 - 09.

供 5 头/年左右商品猪，合计近 50 千克猪肉，可减少母猪养殖 20% 。以每头母猪每年产粪量 3 833 千克计算，在保障全国人民猪肉消费需求的前提下，该产品可促进每年减少类污排放约 268 万吨。[①]

2. 猪企网：以服务为先，赋能赋智养殖企业的数智化跨越

猪联网 5.0 面向集团化猪场及产业链企业的"猪企网"（猪场 SaaS）板块，能够协助实现跨单位、跨组织、跨上下游的数字管理模式，适应"公司 + 农户"等不同代养模式，满足年出栏百万头猪场的经营需求，提供个性化的日常管理决策支持。其在帮助集团企业进行数字化升级领域进行了以下几个方面的更新：一是全新的技术架构。在技术层面上，猪联网采用了过去传统的 ERP 不会用到的微服务系统架构，可支撑千万头猪场同时在线。二是全新的业务架构。猪联网 5.0 中猪企网模块采用了中台架构思想，将整个架构分为前、中、后台三层业务结构，针对各种生产环节，构建体系化、在线化的系统平台，实现生猪产业链的数据打通，使企业能够沉淀中后台的生产管理数据，为前台应用获得支撑，用中后台的能力赋能前台，让集团化企业在发展过程中获得更快的反应速度。三是全新的操作体验，简单、直接、可定制。猪联网 5.0 的猪企网板块非常关注用户体验，在用户交互及使用效率等方面进行了提升，操作简单、直接、可定制，大大提高了单据输入效率。四是跨组织边界。猪企网通过数字化技术，可以通过多维度设置集团组织，可以跨猪场、跨核算单元、跨企业、跨产业进行组织架构设置，解决未来企业的集团化发展和多元化发展的架构问题。五是业财一体化。过去很多企业的业务和财务使用不同软件，造成数据不打通，而猪企网板块从业务申请、审批、发生、结算、财务处理全程在线化，并且将业务和财务的数据全部打通，实现业财一体化。同时，猪企网板块支持育种、

[①] 农业农村部办公厅关于推介全国农业社会化服务典型案例的通知. 农业农村部，2019 – 9 – 18，https：//www. moa. gov. cn/gk/tzgg_1/tfw/201909/t20190918_6328226. htm.

自繁自养、育肥、公司＋农户等多种饲养模式；支持任务管理、多屏互动；支持阶段成本核算、批次日龄成本核算、放养模式成本核算等多成本管理模式；支持生产成绩排名、成本绩效排名、销售利润排名等多绩效管理模式。六是全面的生产预算管理。猪联网板块强化了预算管理功能，科学有效地规划企业生产经营，打破了过去农牧企业以产定销的生产模式，提前制定生产计划和出栏计划，生产与销售全面协同，可以有效利用资源，降低农牧企业的生产经营风险。七是开发超级报表定制平台。不同企业的报表需求不同，猪企网模块开创了报表定制平台，可以适应多种猪场经营模式，包含企业版、集团版、代养版、育种版、国际版，满足不同场景、不同背景的个性化报表需求。八是无缝对接第三方系统。一个平台很难满足所有的应用场景，通过数据中台的模式，猪企网板块可以集成很多合作伙伴或其他企业的先进的管理模式，将企业现有第三方应用系统与猪联网 5.0 实现无缝对接（见图 6－5），解决信息孤岛问题，变万家系统为一个平台。

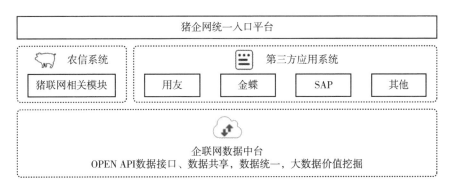

图 6－5　猪企网板块无缝对接第三方系统的实现

资料来源：课题组根据企业档案材料、访谈一手资料整理所得。

以猪场日常积累的数据为基础，猪联网 5.0 中猪企网板块可以自动形成猪场的猪只毛利分析、成本分析、生产力分析，"PSY 红绿灯"更是以十分直观形象的画面提醒养殖户注意自己的生产管理行为，养猪课堂还能指导猪场接下来的生产。而"一键测猪"功能，更是让养殖户点击一下，就能知道自己猪场存在哪些问题。以整个养猪行业的大数据为基础，还能让猪场清楚地了解自己的生产能力在整个行业处在什么样的位置。

3. 猪交易：以电商为本，搭建生产经营主体网络交易平台

解决了猪场的管理问题，猪联网为解决养猪行业的交易效率低下的问题同样提供了完整的解决方案。"猪交易"是面向生猪产业链中生产资料生产企业、农资经销商、猪场、猪贸易商、屠宰场等各个生产经营主体提供交易的电商平台，包括农信商城和国家级生猪交易市场两部分。养殖户可从农信商城购买饲料、兽药、疫苗等投入品，国家级生猪交易市场可帮助用户进行生猪交易。一是通过农信商城，为养殖户提供一站式采购服务。根据用户采购记录和浏览记录，推荐质优价廉的"优选商品"，实现就近撮合，减少了中间环节和物流成本。同时，为规模化猪场、运营中心和核心企业三大客户群体提供集采服务。平台通过收取保证金的措施，保障交易双方合法权益，保证商品质量，平摊物流费用，让小企业也能享受大企业的特权。农信商城现在已经与众多知名企业达成商城入驻协议，包括安琪酵母股份有限公司、山东宝来利来生物工程股份有限公司、四川恒通动保生物科技有限公司、山东沃兴畜牧机械有限公司、普立兹智能系统有限公司、北京索诺普科技有限公司等。

二是通过国家级生猪交易市场（猪交所）实现无缝衔接。用户可以在国家生猪市场上便捷卖猪买猪，不再受到地域的限制，畅通买全国卖全国。在重庆荣昌区政府支持下，投资建设运营国家级重庆（荣昌）生猪交易市场，成功建立中国生猪网络市场，实现生猪活体"线上＋线下"交易。截至2023年10月，平台累计交易生猪高达8 000万余头，

实现的累计交易额超过 1 200 亿元。① 此外，国家生猪市场全新推出了一款新产品——爱迪猪（ID - PIG），通过生猪产业上下游产生的各方面数据，爱迪猪可以实现对猪生产—交易—运输的全程来源追溯。同时，检疫检测认证源于"官方 + 第三方权威"，应用数据区块链技术，生猪数据可以永续安全存储，责任到人到点。SPEM + PICC 品牌背书更是让爱迪猪成为让消费者放心的品牌猪。在当前消费者日渐关注猪肉品质问题的环境下，爱迪猪的产生无疑会提升养殖企业的品牌竞争力和议价能力。现在，国家生猪市场已经与四川御咖食品有限公司、贵州富之源农业发展有限公司、河南省黄泛区鑫欣牧业有限公司、海南农数信息科技有限公司等知名企业达成合作，共同打造可追溯的爱迪猪产品（ID - PIG）（见图 6 - 6）。

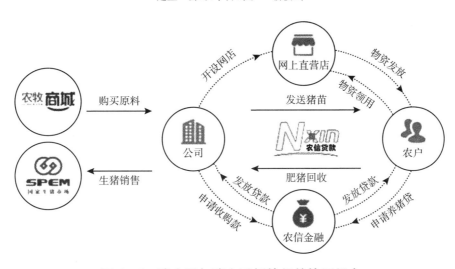

图 6 - 6　猪交易与猪金融板块间的协同耦合

资料来源：课题组根据企业档案材料、访谈一手资料整理所得。

---

① 山东省畜牧兽司局 . 国家生猪市均前三季度交易额达 118 亿元 . 2023 - 10 - 12, xm. shandong. gov. cn/art/2023/10/12/art_24614_10329330. html.

4. 猪金融：以金融为基，建立行业可持续的金融服务体系

至于如何解决生猪养殖业金融资源匮乏问题，从而让企业、养殖户、经销商、贸易商、屠宰场享受到更好的金融服务，猪联网 5.0 中"猪金融"业务板块就是为了解决上述痛点而推出的。农业金融服务发展缓慢的一个很重要的原因是缺乏信用系统的支持。农业从业者没有信用，自然在贷款、融资等金融服务前受到限制。"猪金融"板块通过平台获取的生产经营数据和农信商城获取的交易数据，利用大数据技术建立资信模型和用户完整的信用档案，从而实现了"用户能享受到怎样的金融服务，信用说了算，而有多少信用，数据说了算"，进而为银行、保险、基金、担保公司提供信贷风险参考。

其中，"猪金融"服务体系涵盖了征信、支付、理财、借贷、保险、融资租赁、保理等多种产品。例如，农信贷、农信保、农信租等金融产品帮助养殖户、饲料厂等生猪相关企业解决了资金短缺、流动困难等问题，有了充足的资金，小型猪场、养殖企业可以引入更好的设备、更优秀的人才，扩大自身的养殖规模，实现降本增效。农富宝则帮助养殖户解决在线支付难的问题，还能在线理财，提高养殖户收益。农信险帮助用户降低养殖交易风险，极大地提高了养殖户的抗风险能力。特别是与 PICC 合作推出的生猪价格保险，在当前猪价持续下跌的行情下，为众多养殖户、猪场保驾护航，减少了他们的损失，帮助其平稳度过猪周期。截至 2019 年 9 月，农富宝累计理财金额超过 506 亿元，帮助用户实现的理财收益高达 1 亿元；农村通各支付类型累计支付总额已超过 1 730 亿元；农信险发放的贷款额累计超过 125 亿元；农信保实现的累计保理金额超过 8 694 万元；农信租借款金额已超过 1 亿元。①

上述完善的金融产品服务，都是以海量的数据为基础，只要用户有

---

① 农业农村部. 农业农村部办公厅关于推介全国农业社会化服务典型案例的通知 . 2019 – 9 – 18，https：//www. moa. gov. cn/gk/tzgg_1/tfw/201909/t20190918_6328226. htm.

信用，都可以享受得到。这极大地降低了农业金融服务的门槛。并且，互联网线上操作，减少了中间的各种办理环节，实现了便捷与快速服务。现在猪联网5.0通过与知名银行、保险、基金、担保公司、第三方支付等众多金融机构合作，为农业产业的持续发展赋能。

5. 猪服务：以数据为王，打造数智养殖衍生服务产品矩阵

猪联网5.0在打造融合物联网、智能设备、大数据、人工智能等新技术的"猪小智"智能养殖管理平台的基础上，还在数字养殖协同配套服务体系上发力，建立了覆盖范围更广泛、内容涵盖更多元的"猪服务"板块，通过数智化管理和交易积累的生猪行业大数据，立足涉猪产业主体需求，提供网络化的周边内容服务。"猪服务"模块可以在线上对用户提供生猪智能养殖管理、财务分析、生产管理、行情监测、猪病诊断、养猪知识学习等知识培训和答疑的同时，实现在线下由服务人员对用户进行手把手的指导，帮助养殖户高效解决养殖过程中面临的各方面问题，真正成为养殖户的贴心参谋。具体而言。

一是用户可以通过猪病通远程服务系统有效解决生猪养殖疫病。"猪病通"平台面向行业人员提供猪病远程诊断服务及交流学习机会，从而减轻生猪养殖行业疫病的危害，提升从业者养殖水平。目前，平台主要包括猪病远程自动诊断、兽医在线问答、猪病预警、智农通课堂及检测平台五大系统。

二是用户可以通过行情宝猪价跟踪系统灵敏反映生猪市场行情。行情宝是农信互联自主研发产品，为养殖户及猪产业链相关主体提供生猪及大宗原材料价格跟踪和行情分析。在此基础上，农信互联与重庆农信生猪交易有限公司共同发布了生猪市场（交易）价格指数，反映我国生猪交易价格整体水平与变化。

三是600名农信专职地面服务铁军与6 000名注册服务专家将生猪产业的线上线下服务全部涵盖。用户既可以面对面与农信线下服务团队

进行沟通合作，有问题直接解决。也可以在线上便捷地享受到各位专家的精准一对一服务，与生产管理专家、职业兽医师、猪场管理专家等进行直接交流。甚至还有猪学堂（在线培训课堂）和猪友圈（养猪社群）等新内容层出不穷。

与此同时，农信互联猪联网5.0已在全国各地建立百余家农信互联运营中心，从生猪交易、原料设备采购、金融贷款、物流仓储各个方面为养殖户提供全品类一站式服务，运营中心以猪为核心，完美连接了生猪产业的上下游各环节，农信有的服务，运营中心都可以提供，还能解决农村"最后一公里"落地的问题。这样，猪联网5.0将天网（平台的智能推荐与网络协同能力）、人网（线上线下服务团队）、地网（农信互联运营中心等到场落地服务）三网结合，逐步拼齐生猪养殖数智化产业大生态平台的完整版图。

四、"以网带面"开拓产业互联网平台运营全新生态

农信互联的猪联网项目贯穿生产饲料企业到养殖企业、屠宰场、经销商、生鲜店铺的整个产业链，不仅为超过6万家专业化养猪场提供在线化、智能化服务，覆盖生猪超过6 100万头，也为623万专业生猪关联产业人群提供金融、交易、行情资讯、专家问诊等多重服务，开创了数字经济时代的数智养猪新模式。该项目通过线上线下联合推广，为四川天王集团等集团型农牧企业的"内部自循环生态"提供了从饲料生产、交易，到生猪生产、流通，再到屠宰加工的全产业链数字化解决方案，实现集团企业全产业链条在线化、数智化升级，同时为众多中小养殖户提供"助养"服务，使中小农户在"行业外循环生态"中实现轻松创业。具体而言，猪联网5.0从生产、管理、交易、金融、服务五个方面，将猪场、贸易商、屠宰企业、饲料厂等生猪产业上下游企业全部

打穿，用这五板斧形成了猪产业的大数据。大数据可以对生猪产业的发展产生十分强大的推动作用，用大数据重塑产业，帮助中国养猪业形成自己的数据竞争力，进而让中国的养猪业开始从依靠人工管理向依靠数据和人工智能技术转变，使养猪业的生产、管理、交易、金融、服务五方面都得到赋能，其效率及水平再次有了质的飞跃。最终，农信互联通过与猪产业相关企业进行紧密合作，以猪联网 5.0 为平台与桥梁，塑造形成了"猪产业关联主体 + 猪联网 5.0 服务平台 + 养猪场"的新商业生态，为中国养猪业的发展带来了全新且强大的力量源泉。

在此模式和技术的基础上，该项目还与重庆忠县政府合作成立"柑橘联网"，为杞县政府开发"大蒜联网"，为东阿阿胶开发"驴联网"，为北大荒垦丰种业开发"玉米联网"，与天津奥群牧业合作"羊联网"，以及内蒙古"土豆联网"、东北"狐狸联网"等 X 联网项目，打通了不同生态之间互联互通壁垒，促使创新主体间的知识分享和合作更加高效，产品和服务创新更加灵活，将会创造出更多新的商业模式和业态，让所有参与者都能公平地享受到经济高质量发展带来的几何式增长收益与红利。

（一）做平台不一定成功，不做大概率会失败

我们归纳总结农信互联成功开启数智养殖服务新生态的经验得出，第一步就是做"真"平台。平台是指一种可用于衍生其他产品、服务的环境或者可以为其他产品、服务提供基础的环境。我们认为一个合格的平台应该具备三项核心要素：承载、链接和赋能。如果将平台比作社区的话，社区地面上坐落了一栋栋建筑物，体现了承载要素；社区里纵横的道路让建筑物之间有了交流的可能，体现了链接要素；社区里有卫生室、保安室、物业中心等公共设施为全社区居民提供服务，体现了赋能要素。由此，判定是不是"真"平台的标准就是平台能否同时兼备这三种要素。农信互联在核心产品猪联网基础上，面向 5 000 头母猪以上大型养殖企

业农牧产业链中的企业或企业集团，针对性推出数智企业模式，为农牧企业提供数智化升级整体解决方案；针对 500~5 000 头母猪的中型猪场，专门推出数智猪场模式，为猪场提供猪企网＋猪小智＋猪交易＋猪金融等定制化服务；针对 500 头母猪以下中小猪场及散户，推出会员企业模式，为其提供猪企网的闭环运营服务。农信互联打造的猪联网 5.0 平台在业务创新层面所展现出的个性化、定制化和专用性特点，与承载、联结和赋能"三位一体"的要素功能紧密契合，所以可以判定为是一个"真"平台（见图 6-7）。

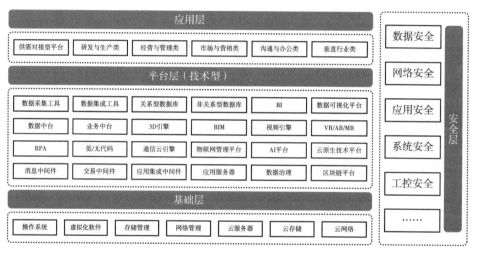

图 6-7　平台分类以及在企业数智服务矩阵中的位势

资料来源：课题组根据行业研究报告、访谈一手资料整理所得。

　　而站在企业数字服务的角度看，平台也可以分为供需对接型平台和技术型平台。平台不单是一种产品，也是一种企业主导的商业模式。供需对接型平台的核心价值是实现供需双方的高效对接，对接的内容包括产品、服务、信息等，如淘宝电商平台是消费品对接平台，找钢网是工业品对接平台，猪联网 5.0 中的猪交易板块是生猪及其投入品对接平台。当前业内经常提及的产业互联网平台也更多归属于供需对接型平台。而技术型平台的核心价值是以产品或服务为媒介实现技术的对外输出，降低技术的使用门槛，如低代码/无代码、中台、云原生技术平台等。当前在数智化转型领域流行"数字化底座"一词，和技术型平台容易产生混淆。我们认为，数字化底座和技术型平台本质相同，数字化底座是从企业用户需求角度进行抽象的结果，技术型平台是从厂商供给角度进行抽象的结果。由此来看，农信互联的猪联网 5.0 平台属于供需对接与技术开发兼顾的一种更趋向于平衡和包容的平台类型，尽管追求平衡，但也并非完全中立。农信互联的平台建设理念非常灵活，始终紧跟市场需求和政府激励的变化，把握产业变革和升级的节奏，前期重供需对接，中期重技术兼容，至于后期，"追求平衡"的建设风格会愈发明朗。

另一条我们总结的关于数字时代企业做好数智服务供应的经验教训是做平台不一定会成功，但不做大概率会失败。从早期的阿里、腾讯等互联网巨头，到用友、金蝶、致远互联等老牌软件厂商，再到农信互联、纷享销客、北森等细分领域 SaaS 新贵，能看到近五年领先的数智化服务商们无一例外选择了走平台路线。这也引发行业的思考：是否在数智化时代，厂商们一定要做平台？我们认为：答案是一定的。数智化时代厂商做平台，既能满足客户的需求，又对自身有帮助。一方面，进入数智化时代，数智化转型再也不是互联网、金融等前沿行业的专利，而是各行各业的必答题。客户群体的扩充直接带来多元化的需求，标准产品已不能满足所有行业的需求。只有通过平台提供定制化功能，才能满足各细分行业客户的个性化需求。另一方面，借助平台，厂商自身也可以沉淀技术以及项目经验，促使自身的产品、解决方案更快、更优地迭代升级。农信互联因为得益于大北农集团的孵化，资金实力和资源禀赋丰厚，且创始人战略切入得足够理性和精准，使得猪联网平台自诞生之日起就跻身农牧养殖行业前列。然而，就整个数智服务行业来看，目前内卷得非常厉害，无疑会使得技术、资金本不占优的小厂商们处境更加困窘，不得不跟上步伐上平台。此时，对于小厂商们来说，一定要想清楚两点：所提供的平台仅仅为客户、为自身服务，还是要通过平台构建生态？是自身搭建平台还是依附于所处赛道领头羊们的平台进行定制化开发？但毋庸置疑的是，当平台成为必备品时，也意味着厂商们做平台不一定成功，但不做大概率要失败。

（二）自用还是他用，伴随行业发展阶段而动

至于平台建设的最终目的是自用还是他用，农信互联的实践经验表明，应该基于企业的核心能力、行业属性以及企业不同发展阶段来确定，以使用范围为划分，平台使用对象可从自用开始，逐步拓展到他用，进而服务整个生态。在建设自用平台之初，平台提供商首先需要判断自身业务及未来布局是否具有共性支撑需求，有需求、有战略就可以采取行动，盲目跟风去建设平台的做法，并不可取，特别是一众小厂商。而平台向他用的拓展是厂商实现"平台＋生态"必不可少的一步。当然，平台需要兼顾主攻与协作。没有主攻方向，平台提供商在市场竞争中缺乏个性，难以形成业务流量入口；没有协作与配合，即便拿下业务也很难实现持续输出产品或服务，客户/用户满意度难以提升。如何把技术能力、知识经验、科学管理等能力赋能给生态伙伴，是平台厂商在他用过程中必须逾越的门槛。若能拓展成功，依托平台他用、生态用，在平台上的生态伙伴企业将会出现轻量化、专业化、精进化的趋势，将重塑完整的数智化服务商业流程。此时，平台提供商只要抓住客户需求，围绕宣传营销、商务对接、产品提供、定制开发、实施交付、服务运维等核心环节中的一到两个，剩下的都可以交付给生态伙伴来实现，共同为客户提供高品质体验。由此，平台提供商则可以持续聚焦，不断优化，做成数智时代的轻资产、强创新，以协同共建、价值创新为驱动力，使平台不仅成为数智化提供商发展战略的品牌体现，也成为厂商们盘活周边资源、降本增效的强大抓手。

平台的使用对象，既然可以从自己开始，逐步拓展到其他人，当然也可以供生态用。那么生态是什么呢？和平台的关系又是什么呢？生态本来是生物学概念，指生物（原核生物、原生生物、动物、真菌、植物五大类）之间和生物与周围环境之间的相互联系、相互作用。后来这一概念使用范围逐渐扩大，被引用到了社会、政治、商业等其他领域。我们认为，在现代商业的语境中，生态的本质是商业协同网络，在这个网络之中，成员可以共享商业线索，降低商业成本，并在内部形成价值传递以及通过协作产生新的价值。既然平台是一种企业主导的商业模式，生态是基于这个商业模式而产生的商业协同网络。那么两者之间的关系可以理解为：平台是通往生态的桥梁，平台是生态的必要条件，是建立生态的前期工作。由此，回归生态的本质，形成价值传递和产生新价值是生态的本质追求，有了价值的滋养，生态内的企业可以获得源源不断的生命力，并反哺生态本身，形成正向循环。有的"生态"不能为内部的企业提供价值，反而不断攫取压榨相关企业，这类"生态"难以长久存在。具体而言，一个能持续、健康发展的数智化生态应该包括五个核心要素：核心产品、海量用户、开放平台、众多伙伴、治理制度。换言之，一个厂商要发展生态，需要有一个具备独特竞争优势的核心产品，通过该产品来吸引至少百万级的企业用户；在此基础上，厂商建立自己的开放平台，并通过开放平台吸引众多的合作伙伴。只有拥有这四个核心，再加上建立科学的生态治理制度，便能实现一个持续、健康发展的数智化生态。

（三）做强真平台互通真生态，决胜千里之外

决胜企业级市场的关键在于企业的生态布局，尤其是业务入口。在此背景下，包括阿里、腾讯、字节跳动等在内的互联网大厂，均依托各自的优势，纷纷开启了生态布局之路。阿里通过阿里云、支付宝、淘宝等平台不断将各种生态日益发展壮大，拓展商业边界；腾讯通过微信、云计算等平台，为生态中的合作伙伴提供基础的互联网设置和服务。字节跳动正在依托飞书、火山引擎等建立自己的生态；华为以华为云、智能终端、开源 OS 和数据库等建立生态，实现与合作伙伴的深度合作。以应用为牵引的用友、金蝶、浪潮、销售易等也在大力打造生态。用友着力打造"以客户为中心，综合型、融合化、生态型的商业创新平台（BIP）"，将生态伙伴的企业 SaaS 服务与用友自身的 SaaS 服务相互融合。浪潮早在 2018 年就推出"平台＋生态"的战略，推动和加速企业的数智化转型。然而，我们调查发现，各自为政的生态虽然呈现"百花齐放"，却存在一个重要的问题：未做到真正意义上的互通。这种互通表现在两个方面：一是生态内部不同厂商、不同产品之间数据、业务流程的互联互通；二是不同生态之间的互联互通。这种不互通的状态，给生态的持续、健康发展带来了一定的障碍。这对于加入某个生态的产品厂商来说，会面临选择站队、价值传递不畅、增值价值不高等诸多问题。对于产品或其他生态伙伴而言，加入生态与不加入生态，并没有太大的不同。加入生态，并没有给生态伙伴带来明显的增值。由此看来，生态的互通势在必行，也是未来发展的趋势所在。

农信互联在生态互通方面做出了深度探索和行业表率。一方面实现了不同生态板块之间的互联互通。在成功打造猪联网基础上，持续发力田联网、渔联网、蛋联网，将产业互联网的触角不断延伸到涉农各产业。截至目前，农信互联已与重庆忠县政府合作成立柑橘联网，为杞县政府开发"大蒜联网"，为东阿阿胶开发"驴联网"，为北大荒垦丰种业开发"玉米联网"，以及内蒙古"土豆联网"、东北"狐狸联网"等 X 联网项目，持续输出成熟的技术规范与产业模式，大幅降低组织沟通协调成本，打破了传统产业的内涵边界，甚至催生出产业组织的虚拟集聚和网络化发展，实现全新的产业协同价值增值和价值创造。在此过程中，农信互联还针对一些优质企业直接进行创投孵化，让越来越多的农牧创业者与传统创新主体一起参与到数智农业高质量发展的建设过程中，这将使他们在更大区域范围内享受到数字农业高质量发展的红利，真正促进农牧行业大众创业、万众创新良好氛围的形成，引发高质量发展溢出效应的动态演变。另一方面实现了生态内部不同主体间业务流程的互联互通。农信互联的负责人介绍说："X 联网的拓展只是一方面，农信互联的战略核心始终在于打造整个生猪产业链的相关产品，深耕平台服务。即便在猪价飞涨的时候，农信互联也没有选择下场养猪。在猪周期的低谷，农信互联更会选择和生猪产业的合作伙伴共克时艰。现在，农信互联覆盖了全产业链的养殖企业，为从上游的饲料企业到下游的屠宰企业，甚至生鲜店铺，都在提供数智化服务，提升全产业链的数字化运营效率。"[1] 可以说，农信互联塑造生态的战略定力始终来源于其对整个行业的长期洞察（见图 6-8）。

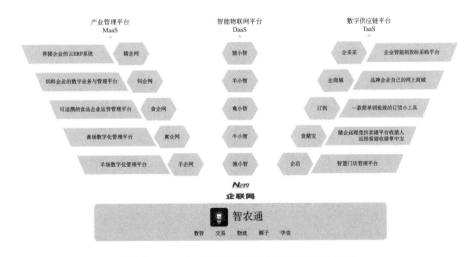

图 6-8　农信互联生态互通的链接矩阵

资料来源：课题组根据企业档案材料、访谈一手资料整理所得。

---

① 课题组根据 2023 年 4 月实地调研访谈记录整理所得。

农信互联的实践表明，生态开放将愈发有利于跨平台大闭环的形成。打破各个生态之间的"篱笆墙"，进入统一生态的体系中，在互联互通的生态中促进厂商的跨平台、跨生态的流动，通过各种形式实现用户商业价值转化。此外，生态的互通在不断提升企业品牌价值的同时，也能进一步实现引流获客。通过产品和技术的共享，进一步提升企业用户的黏性，助力打造更加深度的场景应用。正如阿里 CEO 张勇所言："开放互通生态之间的大循环能产生的社会价值，一定远远大过在单一平台内的小循环。"如此，"做强平台、互动生态"已经成为业界的共识，也愈发成为数智产业发展的一条重要路径和通道。只有跨越这条通道，数字经济中的"梅特卡夫法则"和网络溢出效应才会伴随着数智技术的成熟与数智场景的拓展而越来越明显。

五、总结及经验启示

在巨头自养、公司＋农户之外，猪联网5.0走出了"数据竞争力＋生态运营能力"这一新的道路，让数据为生猪产业服务，并通过构建大生态运营平台在生产、管理、交易、金融、服务五个方面为生猪产业的发展赋能。随着资本进入越来越多，这个赛道的想象空间会更大，技术推动农牧产业革新是必然。在后非洲猪瘟时代，数智化的防控成为必须。只不过，当前产业数智化还处于研发和技术提升阶段，这将是一个不断演化的过程。可喜的是，随着技术的进步，企业研发成本在进一步下降，资本对待遵循"大数据＋生态运营"模式的产业互联网创新企业也更加趋于理性。从国家政策角度而言，从扶贫攻坚走向乡村振兴，农村由输血变造血，亟须一些龙头企业或创新主体予以推动。农村自我造血需要受教育程度较高、有创新意识的人群应用数智化工具，这为农信互联一类的企业提供了一个天然的土壤。但是，挑战同样存在，农业长期靠天吃饭，短期内难以实现完全颠覆传统，因此尚处于产业提升阶段。要解决信息不对称和周期性的问题，还有很长的路要走。

尽管传统行业的创新突破任重而道远，但是现在的数智化机遇也给中国创造了一个弯道超车的机会。行业但凡有变化，就会有机遇。但是这个过程中有诸多不确定因素，创新主体的资源整合能力和战略定力十分重要。一些互联网大厂和 ICT 头部企业，具有品牌效应，它们进入产业互联网领域，也给产业带来了很多的热点和关注。于它们而言，关键挑战是行业服务的专业性和持续性。如猪脸识别，概念可以昙花一现，但产业的落地应用才是根本。传统农牧企业，在经历过非洲猪瘟之后表现出极强的对抗风险能力，并且通过大规模数智化去进行一些新的探索。鉴于农牧行业基因优势，可以研发符合特定养殖模式需求的定制数智化产品，但投入较大，且未来较难突破企业自身核心业务限制。此外，还有一些中小型的创业型科技企业和"互联网＋"企业涌现出来，它们往往更加灵活。部分已经拿到了融资，在机遇期具备了一定的发展能力。但是这类企业往往人员、资本和产业资源有限，是否孕育出持续的运营和拓新能力决定着它们未来能走多远。纵观全局，农信互联与上述企业相比较，各有优势。但是随着农信互联在生猪养殖数智化领域的覆盖效应日渐明显，已经跟不少大的农牧标杆企业建立了落地合作，也与更多互联网大厂和创业企业建立了生态合作，未来发展非常可观。农信互联从生猪产业互联网出发，到延伸布局的农业"X 联网"合作，以及创投孵化等都致力于打造一个更大的农业数智化生态平台。农信互联的八年，也是农业产业互联网大发展的八年。在产业互联网发展的大背景下，农信互联勇立潮头，成为行业变革的实践者、推动者和受益者。目前，农信互联已成为行业内的独角兽企业，而下一步农信互联将继续坚持"用互联网改变农业"的使命，以平台筑生态，以合作促发展，以数智化带动中国农牧业的弯道超车。

行文至此，当然也要给当前数智化发展趋势下生猪养殖及其关联行业提出一些发展建议。不光要在品牌打造、多元化发展，打通消费侧与供给侧数据，使其更加贴近消费市场等方面下功夫；同时，也应坚持绿色发展和长期主义，积极在人才、技术等方面布局。

首先是人才发展方面，随着数智养猪技术越来越密集，企业的人才管理体系建设也越来越重要。生猪养殖主体可通过与高校加强通过人才定向培养、联合培养等多种形式的合作培养产业技术人才和产业金融人才。数智养猪的建设对于猪场管理者提出了更高的要求，未来的猪场管理者既要熟知畜牧兽医知识、猪场生产工艺，又要精通计算机操作、智能设备使用、数据管理技能，因此应鼓励自动化、人工智能学科与动物科学、动物医学等专业的融合互动，培养产业技术人才。同时，鉴于生猪产业是大进大出的资金密集型行业，在允满不确定的行业周期下，养殖主体继续生存下去的决定性因素在于有没有持续的现金流，因此应鼓励金融学科与农学专业的融合发展，着重培养一批产业金融人才。

其次是技术发展方面，数智化硬件设备与软件平台研发企业需要深入猪场生产，了解猪场生产中的难点痛点，深度挖掘猪场真实需求，开发适配场景的数智解决方案，为猪场生产降本增效。同时不断进行技术创新，降低数智产品的成本，提高数智产品稳定性与实用性，让更多猪场用得上、用得起数智产品。此外，数智化硬件设备与服务平台开发领军企业也要加快农业物联网、智能化相关标准体系的研究与编制，围绕当前阶段的技术发展、融合创新和应用推广的需求，率先开展关键技术和领域的标准规范研究制定工作，尽快统一猪场物联网、智能化技术和接口标准，以避免养殖数智化服务行业各自为政、重复建设所造成的社会资源浪费和创新实践迟滞。

最后是政策发展方面，国家可以进一步支持信息技术在畜牧养殖业乃至农业中的应用。在畜牧养殖业中应用的信息技术在技术领域或许不是最前沿的，但一定是最适配场景的。对于畜牧养殖业的发展来说，重点鼓励支持场景适配性和成本合理的信息技术研发应用或许比支持引导前沿信息技术研发应用更有价值。

至于农信互联带给我们农牧行业最宝贵的启示，我们认为还是那三句话，即"做平台不一定成功，不做大概率会失败""自用还是他用，伴随行业发展阶段而动""做强真平台互通真生态，决胜千里之外"。我们相信，未来30年将是数智化的时代，数智生态也将成为产业发展的重要期待。所以，相信"相信"的力量，选择"做强平台、拥抱生态"或许能为农牧行业创造出一个更为广阔和璀璨的新未来。

第三节　小龙潜行：打造数智养殖超级大脑培育新质生产力

中国是一个农业大国，畜牧业养殖作为农业领域的重要组成部分，对于国民经济和食品供应具有重要意义，产业的健康发展与否受到了各级政府的高度重视和社会各界的广泛关注。随着我国畜牧业的快速发展，养殖技术也在发生变革，传统的养殖模式正在不断地向现代化、集约化和智能化的方向发展。然而，受生物特质、行业特性等诸多因素的限制和影响，畜牧业仍然面临许多行业痛点问题，阻碍畜牧业高质量发展。

以数智技术改造传统畜牧业，将数据要素与畜牧业全过程、全产业链有机融合，实现劳动替代、精准投入、环境监测、智能决策等，正驱动传统畜牧向智慧畜牧转型升级。加快数字技术在畜牧业中推广应用，顺应世界畜牧业科技进步前沿，符合畜牧业转型升级的现实需求，也得到了国家政策的持续关注和支持。近年来，我国陆续出台《数字农业农村发展规划（2019—2025年）》《数字乡村发展行动计划（2022—2025

年)》《数字乡村建设指南2.0》等，对推进畜牧业数字化转型、加快智慧畜牧发展、提升畜禽养殖数字化水平等作出明确的目标安排和任务部署，未来数字技术与畜牧业深度融合的前景广阔。

小龙潜行致力于以科技改变畜牧业，作为一家数智科技领域的国家高新技术企业，小龙潜行利用人工智能、机器学习、图像及视频识别、声音识别、智能终端、云服务等技术自主研发智能养殖装备及全场景智慧畜牧解决方案，切实使用数智科技打造智慧养殖"超级大脑"，进而解放发展数字化生产力，改变传统生产关系，构建产业生态圈，有效化解传统畜牧养殖的难点堵点，为培育农业新质生产力推进畜牧业高质量发展实现畜牧业现代化提出"小龙"方案。

一、传统畜牧养殖业面临的挑战

（一）生物安全问题突出

"家有万贯，带毛的不算"。生物的特殊性导致畜牧养殖面临生物资产由1变0的风险。生物安全体系的建设既事关畜牧产业的根本，也牵动着老百姓的"菜篮子"。其中疫病防控是重点，动物疫病的发生流行对畜牧养殖业构成的威胁巨大，一旦暴发就会造成不可挽回的经济损失。为了更好地推动畜牧养殖业的健康发展，降低各类传染性疾病发生流行所造成的经济损失，国家出台了一系列的动物疫病防控措施，严格落实重大动物疫病集中免疫接种制度，保证重大动物疫病的免疫接种密度达到100%，抗体水平合格率能达到70%以上。但近年来随着动物养殖规模不断扩大，动物引种频率显著增强，动物的交易日益频繁，这就给外来疫病的传入提供了条件，疫病的传播风险显著增强。2018年8月，非洲猪瘟在国内暴发后迅速通过交通运输、市场交易等途径向非疫地区蔓延，严重危及整个产业的发展。

养殖环境管理是基础。养殖环境质量的好坏，会对动物的健康及病原体的传播流行产生至关重要的影响。较好的养殖场卫生环境可以有效降低养殖场内病原微生物的数量，能进而有效减少各种病原微生物的入侵，显著降低发病率。从当前养殖产业发展情况来看，基层地区集约化规模化养殖得到了不同程度的发展，但是在广大农村地区，很多农牧民一直坚持传统的中小规模养殖模式，养殖较为分散，养殖数量相对较少，圈舍建设比较简易，卫生条件普遍较差。不少养殖户看到动物养殖有利可图，盲目地扩大养殖规模，随意从外地引种，引种质量普遍较差，养殖规模已经超出了环境的承载能力，导致动物疫病发生的概率显著提高。

（二）生产管理水平落后

在现代畜牧业养殖场的发展中，实施科学管理非常重要。科学有效的生产管理可以提升养殖场的运营水平，满足人们对于畜牧产品的差异需求，拉动经济发展。传统的畜牧养殖多以散户养殖为主，每家每户的饲养方式不同，对于疾病的预防控制能力也不同。养殖管理水平的差异，不仅影响畜牧产品的品质，更影响农民实际收益。随着农业结构的不断调整，畜牧业的发展更加规模化、标准化及示范化，大型养殖企业不断涌现，但是在实际的运营过程中仍存在着一些问题，"重规模，轻管理"的现状仍未改变，严重制约了现代化畜牧养殖场的发展。

在很多地区，由于缺少完善的管理体系和监管手段，很多养殖场仍是以粗犷的传统方式进行管理，在畜牧养殖中很容易出现纰漏。如疫病发生时，不少养殖场都没有应对的紧急预案，导致疫情扩散。同时，由于在养殖过程中缺少生产档案的建立和管理，使得养殖过程中饲料、添加剂和药物的使用都没有明确的数据依据和记录，还有一些养殖户对疾病类型不够理解，在用药上出现不合理的情况，大量使用抗生素、兽药等，导致动物体内药品残留，从而出现病情传播甚至死亡的情况。除此之外，由于部分养殖场对员工的分工不明确，造成无人承担责任的局面，致使矛盾问题突出，员工监守自盗等现象频发。

（三）金融支持力度不足

行业的发展离不开资金的支持，只有雄厚的资本力量作为支撑，才能吸引更多的社会资源注入，促进行业发展。现代畜牧业开始向集约化、规模化和产业化的方向发展。但在发展过程中，畜牧业受金融支持的力度较小，行业仍面临融资难、资产无担保、资金投入不足等问题，严重制约畜牧业的发展。

相较于龙头企业和大规模养殖场，中小养殖户的窘境尤为明显。正规金融机构为了有效防范信贷风险，往往要求养殖户抵押担保，但是生物资产的不确定性，导致养殖户缺乏符合正规金融机构要求的担保物、抵押物以及质押物，其不动产通常只有住房，达不到正规金融机构设置的贷款办理门槛。同时生产规模小、整体收益低、资产不充裕和行业波动较大等众多因素加剧了养殖户和正规金融机构之间的信息不对称现象，促使养殖户在信贷市场中长期处于弱势地位。

在畜牧业保险方面，存在"养殖户不愿保，保险公司不敢保"的两难处境。一方面，畜牧业保险工作要通过政府部门、保险机构、兽医部门、基层畜牧站以及农牧民等多个参与方的协调与配合才能完成，在具体的理赔工作过程中，因各个参与方的利益协调十分困难，致使整个赔付的流程复杂，赔付周期漫长，养殖户常常收不到赔付资金，促使养殖户不愿保。另一方面，由于养殖户生产过程缺乏实时监管，养殖户和保险公司存在严重信息不对称，因此养殖场常常出现"畜禽假死、假丢"等骗保现象，致使保险公司不敢保。

二、数智方案解决行业痛点难题

（一）小龙潜行构建智慧畜牧解决方案

北京小龙潜行科技有限公司（简称"小龙潜行"）于 2018 年 3 月

成立，总部位于北京市，在哈尔滨、成都分别设有研发中心，拥有知识产权 200＋，研发团队 80＋，技术服务团队 50＋，是农牧行业领先的生猪智能养殖一线生产数据实时、精准采集及分析专业服务商。作为业内率先完整提出智能养殖综合解决方案并实现落地应用的数智科技企业，小龙潜行通过数智化技术解决行业痛点问题，探索数智养猪新模式，进而改造传统畜牧养殖业，促进行业高质量发展。目前已经为正大、温氏、新希望等超大型猪企，广东农垦、禾丰牧业、天兆猪业、唐人神等区域性龙头猪企实现猪场智能化升级，为默沙东、帝斯曼、PIC 等产业供应链企业的客户价值可视提供了完整的、可落地的解决方案。累计参与完成了国内生猪养殖企业 10 余个生猪智能养殖示范场的建设，项目价值覆盖存栏种猪 10 余万头、育肥猪 800 余万头。除此之外，小龙潜行积极出海，目前已经出口日本、新西兰等发达国家及越南等发展中国家。

　　基于畜牧养殖行业的痛点问题，小龙潜行率先提出并自主研发生猪智能养殖系统。系统采用先进的人工智能技术解决了养猪行业饲喂、管理过程关键指标的无接触、无应激测量问题。如图 6-9 所示，该系统基础层由核心智能功能模块、智能终端（可视耳标系统、牧场守望者）设备及与智能终端适配的饲喂、饮水等生产终端设备组成。其上层由适合猪场实际应用场景的智能应用系统组成，比较完整的涵盖了种猪及育肥猪各生产阶段。信息流层将应用系统采集到的数据传输至云平台，打通了种猪各生产阶段及种猪与育肥猪之间的信息流，实现了信息溯源。云平台结合边缘算力对数据进行分析，为猪企提供生产管理决策的高效辅助，并向生产终端设备层发出控制指令，从而实现智能决策与控制。

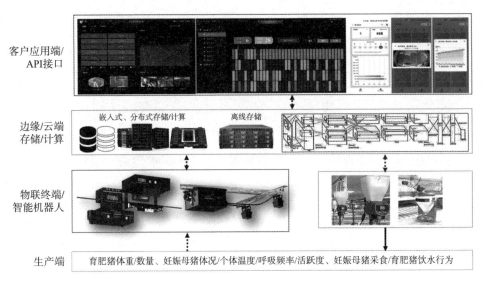

图 6 - 9　生猪智能养殖系统的技术架构图

资料来源：小龙潜行。

　　生猪智能养殖系统利用智能测重技术、智能测膘技术、智能盘点方法、声音监测技术、猪只跟踪方法、精准饲喂方案等数智关键技术，通过对猪只个体识别、体重、背膘、生物资产动态数量、体温、声音等关键生产数据大群体、实时、精准的智能采集，结合动物营养、遗传育种等养殖生产目标设定，实现智能化管理策略制定和实施，使精准饲喂、生物资产动态管理、数字育种和全域生物安全等一系列智能养殖系统得以应用落地、实施（见图 6 - 10）。

　　生猪智能养殖系统项目推动了从猪场的数字化到猪场智能化，再到智慧猪场的转变——通过生物安全流程智能管控系统和动态生物资产智能管控系统实现生产数据的自主采集和治理，完成各个业务场景的闭环，实现了猪场数字化，即业务数据化；进一步地，通过包含精准饲喂、PSY 管理等在内的种猪精准管理系统、包含 FCR 管理、分级销售等在内的育肥猪精准管理系统以及异常行为预警的群体健康评估系统实现生产辅助决策，构建物联网，实现了猪场智能化。最终，基于多维数据的采集和治理实现数据自主管理能力，形成智慧猪场（见图6-11）。

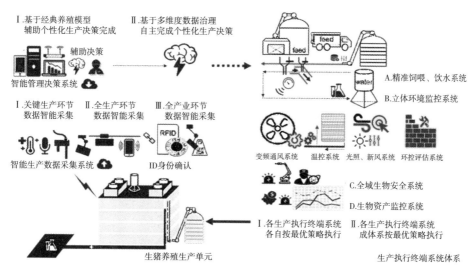

图6-10　生猪智能养殖系统的技术实现示意图

资料来源：小龙潜行。

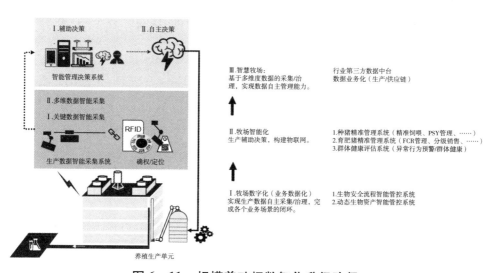

图6-11　规模养殖场数智化升级路径

资料来源：小龙潜行。

（二）生物安全管理：一切卓越养殖规划实现的前提

生物安全管理是国家战略，生物安全法的发布也要求各个行业更加注重生物安全的管理，生物安全体系作为现代规模化猪场疫病防控的第一道防线，是保障生产安全、提高经济效益的主要手段。从产业角度来说，当前养猪产业的生物安全管理仍然是重中之重，提升数字化能力从而提高人工效率是市场发展科技进步的必经之路。有条件的猪场往往会安装全套监控系统，但是，传统监控没有专人值班时基本等于摆设，专人值班依靠人力去监视大量的监控画面也不切实际，很难实现有效监管和及时预警，异常行为被忽略是时有之事，往往仍然是"事后追责"而不是"事前预警"。

生物安全智能防控系统实现了 AI 行为技术的落地，让监控系统拥有自主识别能力，用计算机取代人的工作去监视并在海量的视频数据中快速检索识别异常，提前预警，主动防御、高效处理。小龙潜行自主研发的生物安全智能防控系统具备对猪场电子围栏、车牌识别、人员识别、设定洗消状态识别、工服识别、换鞋动作识别、猪只识别等关键核心算法技术。与同行业相比无论是从系统的架构分析、功能分析，还是使用方面进行分析，都具备很强的亮点——它是一套 AI 架构为主导的视频监控，并且可以通过视频分析出"人""猪""物""料""车"的各种动作行为，还可以提前预警，主动防御，及时发现问题。AI 行为技术的落地，让监控系统拥有了自主识别能力，把 99% 的正常视频过滤，把 1% 的异常视频抓拍出来，让监控变得更加简单和高效。从根本上解决了传统监控依靠人力去监视大量视频画面而无法及时有效的发现问题的弊端，让监控中心更及时发现问题，自动存储异常视频让事后取证更高效。

小龙潜行生物安全流程智能管控系统的核心理念包括流程过程管控、违规实时预警和动态数据治理，能够实现生物安全流程实时熔断、精准执行，实现养殖单元生物安全精准追溯、动态评估以及生物安全流程管控高频优化、低人力成本实施（见图6-12）。

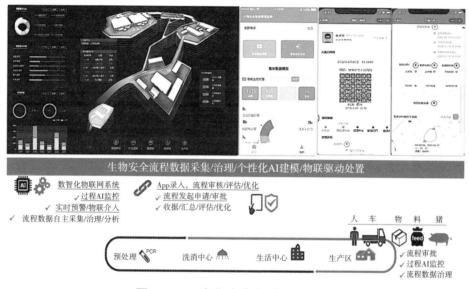

生物安全流程数据采集/治理/个性化AI建模/物联驱动处置

图6-12　生物安全智能解决方案

资料来源：小龙潜行。

此外，小龙潜行开发了多个智能传感/物联终端。以智能花洒这一人员洗消非视觉智能传感/物联终端为例，该产品在正常使用花洒沐浴的基础上，通过非视觉技术，有效监测洗澡人员头部、躯干在水中的沐浴时间，洗发液是否接到人员手中等关键数据，通过实时语音提醒辅助用户确保能够以符合猪场要求的时间、方式进行规范的洗澡，系统对洗澡状态进行实时监测，包括人员洗澡状态、水温、用水量等，并将信息实时通知管理人员，该系统配套以多种身份识别方案进行联动操作，如数字ID识别或智能门禁等方式实现对洗澡人员的身份识别，洗澡违规提醒及指导，确保未按照要求进行洗消的人员得到及时纠正，实现洗浴消毒的流程自动化、数据化、人性化管理，进一步保障了猪场生物安全（见图6-13）。

✓ App便捷操作管控
✓ 身份ID识别，支持访客
✓ 智能语音提示流程规范
✓ 支持多模通信，数据断点续传

✓ 多点定位各种身高，精准定位人体是否与水流叠合
✓ 人体定位结合流量计/温度数据，管控有效沐浴时长
✓ 支持洗发液/沐浴露感应接取与消耗数据获取

✓ 发起门禁/生物识别物联，实现物联闭环

图 6 – 13　小龙潜行智能花洒

资料来源：小龙潜行。

　　猪场生物安全是猪场生物健康的一个重要部分，其核心是通过对猪场及猪场外围的人流、物流、车流进行规范性的流程管理，通过隔离、消毒等措施尽最大可能阻断病毒传播路径。非洲猪瘟疫情的暴发更加凸显了生物安全的重要性，从牧场到餐桌的生物安全管理、可视化管理、生物食品溯源能力也将成为企业未来发展的重要因素，养殖企业生物安全环节管理的严格化、透明化、数字化管理也必将会成为刚需。小龙潜行的生物安全流程智能管控系统是卓越养殖规划实现的前提，对于保障猪场生物安全具有重要意义，目前公司已经实现100多家覆盖各个省市的国内大中小猪场的生物安全智能监控系统落地，客户范围涵盖正大集团、温氏集团、广西农垦、福建永城等知名农牧企业。

（三）生物资产动态监管：动态生物资产保值增值的保障

　　小龙潜行利用自主研发的智能轨道机器人和商品猪销售一体机对生

物资产进行全流程监控，在此基础上利用"智慧大脑"——生物资产动态智能物联网监管系统进行过程管理，实现动态生物资产的保值增值。如图6-14、图6-15所示，在入场阶段，设备通过精准采集青年母猪与育肥猪的体重、数量等信息，确保了生物资产的完整性，为资产管理奠定了坚实基础（资产入库）；在存栏阶段，系统调度智能机器人实时采集猪只生长过程中的关键数据，不仅可以有效对生物资产精确定位和确权，与此同时采集到的关键数据还可以辅助养殖场对养殖环节进行精细化与智能化管理，增强决策与财务的合规性，显著提高养殖阶段的资金流动效率（资产变动）；在销售和死淘的第一阶段，通过精确记录销售猪只的体重、数量以及淘汰猪只的体长、数量，确保了猪场生物资产数据的完整性与准确性，为资产变现提供了有力数据支持，有效盘活销售与淘汰渠道的现金流（资产变现），在第二阶段，通过对待销生猪的宰前定级及生物肥料的评定和再利用，进一步拓宽了生物资产的增收渠道，提升整体的运营效率与效益。

图6-14　商品猪销售一体机与牧场守望者轨道机器人

资料来源：小龙潜行。

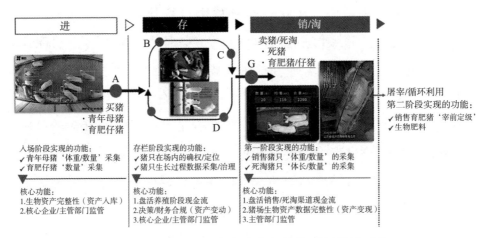

图 6 – 15　猪场生物资产动态智能物联网管控系统

资料来源：小龙潜行。

1. 生物资产实时盘点/巡检，杜绝生物资产管理漏洞

在栏/出栏盘点：自定义时间巡视，对限位栏、群养栏及出栏猪只数量动态状况完成盘点提请生产核销，录入及检索；财务审计：财务人员远程基于自定义统计单位、统计时间实施审计，审计结论作为生物资产集团财务管理的重要依据；远程巡检：管理人员可远程通过客户端控制守望者在限位栏或群养栏进行自定义模式巡检，查看每一个巡视单元猪只的实时状态，对疑似问题单元标定，发起现场人员、物联设备实施处置。

2. 基于体重持续监管，实现育肥猪动态生产过程评估

生长异常监测：生长异常评估，超体重、低体重监测单位自动预警，实现精准及时的生产处置；均匀度评估：基于体重，监测超出自定义阈值时自动预警，实现有效的批次管理；出栏预测：基于自定义出栏体重、生长状况，设定各单位出栏时间，实现生产与销售的高效协同；料肉比计算：基于猪场设备配置，完成不同粒度、各单位料肉比评估，实现各生产单位可量化的过程管理及财务审计；精准换料：

基于体重动态变化,自定义设置个性化换料阶段,实现精准适配猪只生长需求。

3. 基于体况持续监管,实现母猪动态生产过程精准调控

当前,母猪饲喂和生产过程存在着妊娠母猪饲喂策略单一,无法适应各类猪群;人工评定妊娠母猪体况效率低,一人一标准,同时存在生物安全风险;母猪饲喂量难以做到及时调整等问题。小龙潜行以牧场守望者轨道机器人为生猪智能养殖系统的产品载体,采用人工智能技术以"非接触、零应激"方式解决生猪养殖过程关键指标的实时精准采集问题。基于采集到的数据,针对不同阶段的经产母猪与头胎母猪体况,设置个性饲喂方案;实时零接触式采集母猪体况数据,异常预警;指导饲喂器下料,随时精准饲喂,减少饲料浪费。通过生物资产动态监管系统,实现了母猪健康程度和生产性能的提升。如图 6 – 16 所示。

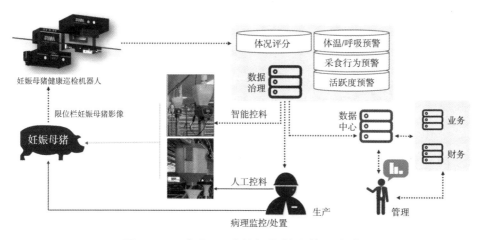

图 6 – 16 妊娠母猪数智化健康管理方案

资料来源:小龙潜行。

生物资产动态过程监管系统具有极高的应用价值。第一,系统通过对生物资产的实时精确管理实现了生物资产的保值与增值,为企业的长

期发展奠定了坚实基础。第二，智能设备的运用显著降低了现场巡检的频度与强度，大幅减轻了生物资产盘点的工作负担，显著提升盘点的效率与准确性。这种优化不仅减少了人力资源的浪费，还提高了整体运营的人效比，为企业带来了更高的运营效率。第三，监管系统对生物资产全场景全闭环的实时检测，为金融机构及审计机构提供了可靠的数据支持，不仅能够提升债权融资审批、生物资产监管审计的效率，更有利于构建全新的生物资产管理公信力，让金融更好为畜牧产业赋能。

三、数智技术构建养殖新生态

（一）改造传统养殖模式

作为"国家高新技术企业""北京市专精特新中小企业"，小龙潜行秉承"每一块肉因我们而安全、美味、价优"的美好愿景，坚守"正直、信任、开放"的价值观，全力以赴"科技改变畜牧业"的使命，持续围绕农牧领域攻关科研创新，与客户、合作伙伴形成健康良性的产业生态系统，共同扩大产业价值、推动数字化农业的转型发展，目前已主导多项数智养殖领域团体标准和行业标准的制定，参与"十四五"国家重点研发计划重点项目引导改造传统养殖模式。

小龙潜行利用人工智能、机器学习、图像及视频识别、声音识别、智能终端、云服务等技术打造智慧畜牧解决方案，为畜牧养殖企业提供具有竞争力、安全可靠的产品、解决方案与服务。公司利用"非接触、零应激"式 AI 养猪模式，通过 AI 技术实现养殖一线生产数据实时采集与智能分析决策，基于图像视频技术实现的测重、测膘、生物资产盘点等功能模块，监测猪只关键指标，彻底改造传统养殖模式，实现猪场精准营养、精准饲喂的生产目标，大幅度提升猪场管理水平及经济效益，降低人力成本、减少生物资产的安全风险。同时，智能养殖系统也将为饲料、动保、屠宰加工、物流、销售等产业链各个环节及金融、保险、政府职能部门提供高质量的数据支撑，促进产业链协调发展。

（二）提升畜牧企业经济效益

1. 提高生猪养殖效率

生猪养殖过程中体重、背膘等关键指标的准确测量可以有效提高养殖管理水平，提升经济效益。但这些关键指标的传统测量方法会对猪只造成较大应激反应，所以实际生猪养殖过程中，相关指标数据无法实时获取。而生猪智能养殖系统使用视频、图像、声音采集设备，结合温湿度传感器、近红外等技术对生猪养殖过程中的猪体数据、环境数据等进行非接触、零应激的自动化测量，可以实时获取，不会对猪只产生副作用，影响猪的健康生长，在不增加母猪数量的情况下，提高 PSY 和 MSY 指标，提高了生猪养殖效率。

2. 节约养殖成本

通过人工智能技术对生猪生长数据进行智能化采集，实时精准采集日增重信息、母猪背膘实时监测，依据精准数据进行精准管理和精准营养，及时更换饲料，避免饲料浪费，降低饲料成本。同时借助数字平台，减少猪场的人员配置，极大地节约了人力成本。

3. 降低病死率

受人力资源约束、内受降本增效驱动，养猪产业经济效益仍然有待提升。通过智能养猪能够对生猪养殖全过程进行实时监测，比传统养猪能够在防疫治疗、科学养殖、环境监测等方面更有优势，有利于及时发现异常情况，有利于降低病死率。

（三）解决行业关键难题

1. 降低生物资产安全风险

生猪疫病防控效果如何，是决定生猪产业能否健康发展的重要因素，同时也是考核一个地区畜牧养殖行业发展水平的重要指标，既事关畜牧产业的根本，也牵动着老百姓的"菜篮子"。数据显示，100多家养殖企业中，有93.9%的企业对自己的生物安全感到焦虑；43.4%的企业经常发现生物安全违规；53%的企业认为自己存在生物安全违规问题；79.5%的企业认为生物安全问题回溯艰难；95.2%的企业生物安全的提升主要靠不断的员工培训。这些数据都表明，生物安全是许多养殖企业面临的一大难题。生物安全的根本保障在于"心病"与"未病"同治。

小龙潜行秉承科技改变畜牧的使命，持续场景更新，围绕解决问题为目标，坚持用特定的技术在特定的场景，提供特定的解决方案，在生物安全方面，利用机器视觉的生物安全智能化优势，该系统可以通过智能算法实现车辆识别、非视觉肢体动作识别、消洗动作识别、工服识别、换鞋识别、电子围栏、猪只检测等功能，从场外到场内，从看得见到看不见，逐级深入的生物安全防护体系，切实保证生物资产的安全。除此之外，数智技术的应用还有效避免了企业"人盯人"的高成本低效益的监控管理，大大降低监管的人力成本，

2. 解决猪场科学管理难题

智能养殖产品采用先进的人工智能技术解决了养猪行业饲喂、管理过程关键指标的无接触、无应激测量问题，基于图像视频技术的猪只盘点、背膘测量等产品已在多家猪场进行示范建设，产品应用效果良好，极大地解决了猪场科学管理难题、提升了管理效率，受到用户的一致好评。智能养殖产品系列形成大数据平台，相当于为畜牧企业安装上智能大脑，同时还为饲料、添加剂、屠宰、肉制品销售等上下游产业链企业提供高质量数据服务，为政府职能部门决策支持提供强有力的数据支撑。

3. "串链融金"打造产业生态，推动行业高质量发展

生猪养殖是民生产业，体量巨大。生猪智能养殖系统的大数据获取及分析功能，首先为饲料、屠宰、物流、销售等上下游产业链提供实时、精准、系统的数据供应，有助于企业实现精准、高效的管理与决策，准确把握行业脉搏，促进产业链各环节的高效互动，有效加速行业发展。其次生猪智能养殖系统也能为保险、金融、碳交易提供数据支撑，供应链金融的接入反向推动保险和金融服务行业为养猪产业链条提供精准的服务。最后也为国家制定科学的生猪产业政策、猪肉食品安全溯源提供了数据支撑。通过对整个生猪产业链及行业相关部门提供从猪场采集端到决策端的实时、精准的生产数据，带动养猪行业整个产业链技术升级和效益提升，最终促进整个产业链条健康、高效、均衡发展。

四、数智养殖推动畜牧新质生产力发展

（一）数智技术引致生产力跃迁

科学技术的发展总是会引发生产力的变化，重大科学技术创新将使社会生产力产生质的飞跃。从技术发展史角度看，人类自近代以来先后经历机器技术体系、电器技术体系以及数字技术体系三个阶段。与前两种体系相比，数字技术体系通过对数据的收集和传递、计算和分析、管理和使用，使数据全空域、社会化的流通和共享成为可能。在畜牧业中，数智技术与畜牧业的深度结合使得畜牧业的劳动者、劳动资料和劳动对象发生巨大改变，进而引致传统生产力跃迁，推动畜牧新质生产力的发展（见图6-17）。

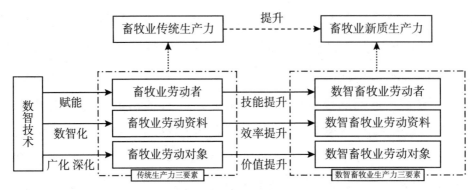

图 6 −17　数智技术推动生产力跃迁路径图

资料来源：课题组资料整理。

劳动者能力显著提高。更高素质的劳动者是新质生产力的第一要素。人是生产力中最活跃、最具决定意义的因素，新质生产力对劳动者的知识和技能提出更高要求。数字技术的使用可以显著提高劳动者数字素养，因此相比于传统劳动者，数字技术赋能下的劳动者具备多维知识结构，能够熟练使用新质劳动资料，促进生产力的提升。以一个万头的猪场来说，过去猪场的管理和运营需要 35 ~ 40 人，现在拥有数字素养的新型劳动者借助 AI 机器人等数智劳动工具，只需要 5 个人，即可完成对猪场的运营管理。

劳动资料日益数字化。更高技术含量的劳动资料是新质生产力的动力源泉。生产工具的科技属性强弱是辨别新质生产力和传统生产力的显著标志。新一代信息技术与传统生产资料的深度融合，孕育出一大批更智能、更高效、更低碳、更安全的新型生产工具，具体来看，一是生产工具日益智能化，借助于智能化设备，畜牧养殖部分生产活动实现自动化和智能化，进一步解放了劳动者，削弱了自然条件对生产活动的限制，极大地拓展了生产空间，为形成新质生产力提供了物质条件；二是虚拟化的数字生产要素和数字平台异军突起，前者使养殖场的生产数据成为价值深化和再创造的基础，后者强大的枢纽功能使不同生产主体之间跨行业、跨地区甚至全球范围的大规模信息交换和数据共享成为常态，产业链、供应链的融合进一步凸显。

劳动对象广延深拓。劳动对象是生产活动的基础和前提。范围更广、程度更深的劳动对象是新质生产力的物质基础。得益于科技创新的广度延伸、深度拓展、精度提高和速度加快，劳动对象的开发程度大大拓展。在实践中，小龙潜行利用数智技术改变传统畜牧业生产力三要素，进而改造传统畜牧业，最终提升传统生产力。具体来看，养殖场通过使用智能化机器设备和全场景解决方案提升了生产效率，其本质是，数字畜牧业劳动者通过使用数字畜牧业劳动资料作用于畜牧业农业劳动对象上，虽然数字农业劳动对象与传统农业劳动对象相比并无差别，但由于数字技术的应用，使传统畜牧业劳动对象的广度和深度大幅提高，进而促使生产力发生质的飞跃。

（二）数智技术改变传统生产关系

数智技术在生产过程中的应用，使得数智生产力形成并发展，其结果必然是生产关系发生相应变化。一方面，劳动分工与产品分工开始融合。在传统生产过程中，劳动者与消费者的界限大体是清晰的。劳动者是生产过程的主体，也是价值创造的主体；劳动分工与产品分工彼此界限分明，表现在时序上是两者处于前后衔接的不同阶段。数字技术的使用特别是数字生产力的形成，彻底模糊了生产过程中劳动与消费活动在时间上的界限，价值创造主体由传统的劳动者扩展为生产—消费合二为一"者"。消费者可以直接向数字企业发送个性化产品需求的信息，数字企业则可以通过研发、设计、生产及时灵活地回应消费者的需求。由此，消费者实质上参与了数字企业的生产过程和价值创造，生产和消费的一体化，表现在时序上是劳动分工与产品分工的融合。这种状态重塑了再生产过程。

另一方面，企业生产模式发生重大改变。随着数字技术的发展和应用，与刚性生产相对应的"柔性生产"模式应运而生。由技术主导型企业对全部生产过程作更为细致的划分，打破既有的中心化、科层化组织结构，组建管理结构扁平化、竞争与合作相结合的动态产业联盟，成员企业基于自身比较优势、围绕各自核心竞争力开展联合生产活动，由此形成一种有别于以往"行业间分工"的"生产环节分工"，新型垂直分工体系由此形成。柔性生产模式使得企业能够及时有效地回应市场需求，以个性化定制的按需生产模式取代以往那种大规模的集中生产模式，从而化解工业化、规模化与个性化、多样化的突出矛盾，增强了企业的敏捷性、开放性，改变了企业内部和企业间的互动方式。

（三）数智技术提升农业金融效能

丰富数据，提升风险评估准确性。信息不对称是道德风险和机会主义存在的前提，也是信任困境产生的根源。与传统农业相比，数智技术的使用能自动采集和储存多维度的丰富数据，这些数据既可以向贷方展示农业实时的地理空间信息，也能可视化呈现农业生产与管理各环节，还可以远程实时把握物流与运输状态，市场购销及价格动态等在线数据可以帮助贷方评估投资项目的预期收益及市场风险。因此，这些丰富的数据作为透明的农业信息流便捷地在相关利益主体之间传递和共享，不仅减少了借方生产管理中的隐匿信息和行为，也大幅降低了贷方信息搜集的成本，贷方收集到信用记录在内的多维度数据，有利于对借方及其投资项目进行精准画像，提升风险评估准确性，降低逆向选择，提升了农业决策的科学性和智能性。

技术配置提高资产净值，缓解逆向选择。数智农业高度依赖数字技术支撑，数智技术的实现需要配置相应的软硬件，这增加了农业的资本配置，提高了农业的资本密集程度。假设其他条件相同，相较传统农业经营主体，智慧农业经营主体有更高的资产净值，有助于缓解逆向选择，促进智慧农业经营主体与贷方之间的信任。

数字科技强化监督机制，降低道德风险。无论是显性合约通过强化监督实现担保品替代的机制，还是限制性合约条款的执行，都离不开便捷且高效的监督。依托小龙潜行的数字技术及系统解决方案，养殖场可以自动采集和分析多维度数据，接入监控电脑、智能手机等多个远程终端，并向多个主体呈现农业价值链各场景的实时状态，这使资金提供方、资金使用方、仓储管理方、物流运输方、交易伙伴等相关利益主体之间的互相监督十分便利。因此，智慧农业强化了相关利益主体对农业价值的形成、管理、流动及转移等环节的监督，方便了有关限制性条款的执行，能促进互信。

五、总结及经验启示

畜牧业数智化转型正在成为养殖行业构建新发展格局、推动高质量发展和抢占未来发展战略制高点的重要举措。数字经济与畜牧业深度融合为畜牧业发展提供了新动力，对助力畜牧业生产实现精细化管理，成为高质量发展新亮点，推动国家乡村振兴、农业农村现代化有着积极作用。综合来看，数智技术提高畜牧业生产效率。通过数字技术与畜牧业深度融合，系统化整合畜牧业生产流程，实现了畜牧业生产智能化，降低了畜牧业生产经营成本，提高了畜牧业经济效益，农民经营性收入不断增加。数智技术改变畜牧业经营方式。农村电商可突破时空限制，产地直发取代传统的层层分销，重塑了畜产品供应链、价值链，实现了经营网络化。通过对消费端大数据的研发应用，及时调整畜牧业产业结构，实现了畜产品供需精准匹配。数智技术激活畜牧业要素资源。随着数字技术在畜牧业生产、经营领域的嵌入和应用，逐步实现了以信息流带动资金流、技术流、人才流、物资流等向农业集聚。通过重组畜牧业生产要素，推动传统畜牧向智慧畜牧、数字畜牧转变。

积极推进畜牧业全产业链数字化，构建数字化生态体系，推动畜牧业产供销协同机制形成。产业链的关联性特征决定了数字化转型不是畜牧业产业链上单个经营主体的行为，需要从整个生态系统的角度看待和实施这种经济活动。畜牧业产业链上各经营主体需要通过资源互补建立持续的合作关系，利用数据资源推动研发、生产、流通、服务、消费全价值链协同，进而实现多主体协同创新、资源共享和产业共生，解决农业数字化转型过程中的协调问题和转型面临的人力资源瓶颈。一方面，构建内部产业链信息共享平台。畜牧龙头企业应当联合生物技术、畜禽养殖、屠宰加工、乳制品加工、畜牧器械装备制造等相关企业，共建畜牧产业链信息共享平台。畜牧企业可借助这一平台推动畜牧基础信息数据的整合共享，实现畜牧产业数据互联互通，以内部产业链组织筑牢乡村振兴的基础组织支撑。政府部门可以引导龙头企业将广大中小畜牧企业纳入产业链信息共享平台，通过前沿信息共享带动中小畜牧企业协同发展，使其充分享受数字化转型所衍生的技术红利。另一方面，建构外部供应链数字协同平台。地方政府应当发挥指导作用，协同畜牧企业共同建构外部主体数字协同平台，形成服务合力。数字协同平台可通过技术链接数字企业、金融机构及电商企业等组织，为畜牧企业提供技术、金融、营销等多元化服务，助力产业发展。

本章参考文献：

［1］本刊讯．引领养猪智能时代开创猪业财富梦想——养猪智能化高科技产品"PSY＋资源云1.0"新闻发布会在京举行［J］．中国饲料，2015（14）：1－2.

［2］冯泽猛，张云华，贺玉敏，等．智能养殖：生猪行为研究及其应用［J］．农业现代化研究，2021，42（1）：1－9.

［3］郭永田．充分利用信息技术推动现代农业发展——澳大利亚

农业信息化及其对我国的启示［J］．华中农业大学学报（社会科学版），2016（2）：1－8＋134.

［4］胡明宝．智能养殖——生猪产业变革催生数智化升级［J］．猪业观察，2020（6）：9－11.

［5］黄卓，王萍萍．数字普惠金融在数字农业发展中的作用［J］．农业经济问题，2022（5）：27－36.

［6］金建东，徐旭初．数字农业的实践逻辑、现实挑战与推进策略［J］．农业现代化研究，2022，43（1）：1－10.

［7］鞠铁柱．"智能＋"畜牧时代背后的思考与技术演变［J］．畜牧产业，2020（1）：35－37.

［8］李朝云．非瘟倒逼猪业升级，智能化是转型也是赋能——访北京农信互联科技集团有限公司副总裁/研究院院长于莹［J］．广东饲料，2020，29（6）：8－11.

［9］李凌汉，刘金凤．政策—技术双元驱动：数字农业生成路径及其内在逻辑探究——基于山东省30个典型案例的定性比较分析［J］．公共治理研究，2023，35（3）：68－77.

［10］刘丽伟，高中理．美国发展"智慧农业"促进农业产业链变革的做法及启示［J］．经济纵横，2016（12）：120－124.

［11］马红坤，毛世平，陈雪．小农生产条件下智慧农业发展的路径选择——基于中日两国的比较分析［J］．农业经济问题，2020（12）：87－98.

［12］马述忠，贺歌，郭继文．数字农业的福利效应——基于价值再创造与再分配视角的解构［J］．农业经济问题，2022（5）：10－26.

［13］阮俊虎，刘天军，冯晓春，等．数字农业运营管理：关键问题、理论方法与示范工程［J］．管理世界，2020，36（8）：222－233.

［14］汪旭晖，赵博，王新．数字农业模式创新研究——基于网易

味央猪的案例［J］. 农业经济问题，2020（8）：115 – 130.

［15］王存刚. 数字技术发展、生产方式变迁与国际体系转型——一个初步的分析［J］. 人民论坛·学术前沿，2023（4）：12 – 24.

［16］王永红. 基于中间件的数字化养殖实验平台研究与设计［J］. 实验室研究与探索，2010，29（10）：191 – 194.

［17］吴画斌，毛薇，金伟林，等. 畜禽养殖产业生态园的数字智能化建设途径及对策研究［J/OL］. 中国畜牧杂志：1 – 6［2023 – 08 – 21］.

［18］严劲涛. 计算机视觉技术在智能养猪中的研究进展［J］. 中国畜牧杂志，2019，55（12）：38 – 42.

［19］杨飞云，曾雅琼，冯泽猛，等. 畜禽养殖环境调控与智能养殖装备技术研究进展［J］. 中国科学院院刊，2019，34（2）：163 – 173.

［20］杨军鸽，王琴梅. 数字技术与农业高质量发展——基于数字生产力的视角［J］. 山西财经大学学报，2023，45（4）：47 – 63.

［21］杨亮，王辉，陈睿鹏，等. 智能养猪工厂的研究进展与展望［J］. 华南农业大学学报，2023，44（1）：13 – 23.

［22］殷浩栋，霍鹏，肖荣美，等. 智慧农业发展的底层逻辑、现实约束与突破路径［J］. 改革，2021（11）：95 – 103.

［23］钟文晶，罗必良，谢琳. 数字农业发展的国际经验及其启示［J］. 改革，2021（5）：64 – 75.

［24］周斌. 我国智慧农业的发展现状、问题及战略对策［J］. 农业经济，2018（1）：6 – 8.

［25］周晓霞，赵德安，刘叶飞. 一种新型二维条码电子耳标在商品猪数字化养殖中的应用［J］. 安徽农业科学，2008（21）：8916 – 8918.

［26］朱军，麻硕士，毕玉革，等. 种猪数字化养殖平台的构建［J］. 农业工程学报，2010，26（4）：215 – 219.

第七章

平台企业的万物互联

第一节 京东农场：农产品质量安全的数智化保障

农产品作为人们日常生活中的常见食物，其质量安全会直接影响消费者的生命健康，对于社会的平稳发展也有较大的影响。近年来，我国政府高度关注农产品质量安全，不仅要让人们吃得好，还要吃得健康、吃得安心。因此，如何做好农产品质量管理，确保我国居民的食品安全，是当前急需解决的重要问题。京东农场作为京东集团重要战略之一，通过运用人工智能、大数据分析、物联网等前沿技术，通过品种、品控、品质、品牌化"四品联动"创新模式，进一步推动农业科技与生产实践的融合，实现农产品提质增效。

一、我国农产品质量安全现状及问题

（一）农产品质量安全现状

随着当前人们生活水平的不断提升，人们的农产品质量安全意识得到了明显的提升，越来越重视农产品质量安全问题。为满足消费者对农产品的高质量需求，农产品生产者逐渐加强了对农产品的生产管理工作。农产品质量安全水平比过去显著提升，这在很大程度上得益于监管部门对农产品质量安全监管力度的加强。

此外，近年来各类绿色优质农产品生产基地建设步伐加快，通过建设绿色优质农产品标准化生产示范基地，提高农业标准化生产水平，有助于带动农产品质量安全水平的提升。同时绿色、有机农产品认证工作的稳步推进，为现代农业绿色化发展奠定了有利的基础。相关体系建立健全方面，农产品质量安全追溯体系逐步健全，农产品质量安全追溯平台的建立，为农产品生产者生产信息提供了统一平台，为消费者查询农产品相关信息提供了窗口；农产品质量安全检测体系的日益健全，以及各类农产品检测设施设备的不断完善，有效保障了农产品质量安全。

目前，全国农产品质检机构实现了市、县基本覆盖，并且随着时代的不断发展和进步逐渐实现全国范围内农产品质量检测的一系列体系，整体向现代化、体制化、系统化的方向改进。

（二）农产品质量安全现存问题

1. 我国农产品安全标准有待完善

农产品安全标准在农产品安全监管中扮演着至关重要的角色，判断一种食物是否安全，是否有风险，能否被生产销售，最终取决于标准如何制定。因此，标准要根据当代社会的发展、公众对于农产品质量安全的理解和认知以及技术水平而不断更新。现阶段我国农产品安全标准还存在些许不足，许多迫切需要制定的标准缺失或者相对滞后，已经出台的标准无法满足日新月异的农产品安全需求；我国农产品质量安全标准与国际标准不接轨且普遍低于国际标准，导致我国农产品出口受到阻碍。

2. 农产品质量安全监测监管质效需进一步提升

农产品质量安全问题在我国仍较为突出，上市的农产品以传统种植模式为主要方式，使用化学农药量多、面广，规模较小的生产经营主体缺乏规范管理和自律诚信意识，农产品在种植、初加工、深加工和市场销售等环节依然存在把关不严等问题，质量安全监测监管体制、标准、法制等方面设置庞杂，有待协调统一，导致有法不依、执法不严、监管不力、违法不究、地方保护现象时有发生。这些问题和弊端，导致了农产品质量安全事件的频繁发生。

3. 农产品质量安全追溯体系有待完善

农畜产品质量安全追溯体系，主要是对农产品生产、加工、运输以及销售等各个环节相关信息进行跟踪和记录的信息网络，有助于推动农畜产品生产经营的规范化、制度化发展，也可以为农畜产品质量安全检测和监管工作提供可靠的参考数据，对农畜产品生产经营以及质量安全监管工作的规范化发展有着积极的推动作用。目前我国农产品质量安全追溯体系还存在一些不足。虽然国家已在部分省市设立了追溯试点，但我国目前还没有统一的农产品质量安全追溯体系标准，各地根据实际自行建设，追溯信息系统功能难以做到无缝对接，造成农产品质量安全追溯难；依据新的食品安全监管职能，实行分段管理，这就造成各部门推行的追溯平台不能有效衔接，导致从田间到餐桌完整追溯链条没有最终形成，而且有效的市场准入倒逼机制有待建立和完善；农产品质量安全追溯尚缺乏强有力的法律法规支撑及相关配套资金保障，应用追溯系统过程中，企业需投入一定的人力和物力成本，导致农牧业生产经营主体参与的主动性不足。

4. 检验检测水平有待提升

质量检测工作是确保农产品质量安全的重要手段，目前部分地区农产品质量检测工作仍然存在一些不足，主要体现在以下几个方面：责任划分不明确、多头监管、管理成本高，管理层次多，检测效率低；农产品质量安全检验检测工作程序繁杂，抽样、制样、检测需要不同部门和监管机构相互配合才能做好，而我国农产品质量检测体系尚未完全建立，部门间相互协调困难，上下联动，形成工作整体合力难以实现；农产品检验检测技术得不到及时更新，检测仪器设备老旧，灵敏程度不高，与检测方法的要求匹配程度低，检验检测能力与国外相比相对不足；部分检测机构对专业检测人员的素质要求逐渐降低、培训力度不断下降，对国内外食品安全检测的新技术、新仪器的更新和学习进度滞后，导致检测人员专业知识不够全面，专业素养覆盖面不广，检测机构秩序涣散，难以及时发现问题产品；我国西部地区有些检测机构的人员配比不足，高素质人才较少，引不进来，留不住，许多高素质的人才向国家中心和发达城市集中，人才流失情况日益严重，无法满足繁重的检验检测任务需求；基层的检验检测机构检测类别和检测项目不够全面，检测机构认证的项目和服务的范围覆盖面不广，许多农产品需要检测的指标或项目有限，致使部分关键性指标未能检测，食品安全隐患不断增加，大大降低了检测的准确度和检测结果的可靠性。

5. 农业生产经营者安全生产意识有待提高

农业生产经营者法律意识淡薄、生产管理方法不当、安全生产意识水平落后是制约我国农产品质量安全的主要因素。生产主体责任意识不够强，虽积极提升了自用食品安全意识，但公共安全意识滞后薄弱，农产品从田间地头到千家万户的全过程中，在质量保证、监测、标准等各方面得不到有力的人才和技术支撑。有些生产主体为了追求产量而忽视质量安全，不严格按照标准组织生产，不能自觉依法使用杀虫剂、农药、化肥等投入品和灌溉、加工用水，造成农产品有毒有害物质残留超标。目前，各国在检测农产品中发现的农药残留都是杀虫剂、农药和化肥的不规范使用导致的，如给药途径、用药部位、用药剂量等不符合用药标准，用药时间不合适，休药期用药等都会造成农药残留超标问题。由于部分监管单位对农产品质量安全监管措施技术支撑薄弱、可操作性不强，质量安全信息发布不对称、不全面、不规范，导致公众知晓率较低，标准化生产和市场准入等相关知识普及不够，消费者容易因虚假信息形成片面认识，阻碍了农产品质量安全的发展。

二、数智化保障农产品质量安全的京东实践

（一）京东农场情况介绍

京东农场项目的出发点是解决当前农产品生产者和消费者之间存在的痛点。对于消费者来说，在消费升级的趋势下，大家对购买高品质且安全的产品的需求越来越高，可是反观到生产端，生产经营的主体小且分散，关键是存在生产方式粗放、社会化诚信体系不健全等问题。此外，生产的管理水平普遍不高，质量安全意识比较淡薄，所以在生产方面出现了问题，造成了生产者和消费者之间的矛盾。这一矛盾也直接导致农产品的质量安全问题受到了影响，加重了生产者跟消费者之间的不信任，导致农产品销售难，重要的是造成了环境污染问题，直接影响了农业的可持续发展。

基于以上原因，2018 年 4 月，京东集团正式启动京东农场项目，以积极践行国家乡村振兴战略，助推农业高质量发展要求为宗旨，坚持质量兴农、绿色兴农、品牌强农部署路线。同时，设立京东农业研究院和京东数字农业共同体，以"农业生态餐桌健康"为使命，着手数字农业发展之路。借助京东集团在电商、物流、营销、品牌等多方面的资源优势，依托物联网、区块链、人工智能、大数据等技术能力，深入到农业生产前端，全面解决农产品产供销供应链能力建设问题。致力于通过农产品品质提升，品牌创建的模式，引领农业高质量发展，推动乡村振兴战略实施。

（二）京东农场"五位一体"运营模式

"食品包装袋上印着二维码，扫一扫就能获得有关农产品产地、质

量的重要信息"。这些在过去看来完全不可能实现的事情，京东农场正在一步一步使其变成现实。近年来，搭乘着新基建的快车，京东集团深耕农业领域数字化，如火如荼地探索"数字农业发展新引擎"，为助力中国农业数字化转型贡献着自己的一份力量。

在具体运营方面，京东通过与实力雄厚的合作企业联手，实现对农作物耕种管收全过程的实时监控与数据管理，并对整个产业链条上的信息进行公开，以现代化、智慧化、标准化、数字化、产业化为主要特点，创造出信任树立、标准建立、技术输出、品牌赋能和销售驱动"五位一体"的运营模式。

1. 信任建立

通过全程可视化溯源体系，深入农业生产种植和加工仓储环节，针对农业自然环境、农事行为和农业投入品进行监控和监管，让农场生产过程透明化，数据化，并把所有种植关键环节完全呈现给消费者，让消费者明白消费，放心消费。消费者信任的建立来自对产品质量的放心，京东农场深入种植前端开展生产标准化和规范化探索，搭建从田间到餐桌，涵盖农产品种养殖、农产品加工、农产品平台销售、仓储运输物流、餐桌食品安全五个流程的全程可视化溯源体系。实现从生产端到消费端全程监控，最大程度上保证农产品品质与质量。

2. 标准建立

作为实力雄厚的大型生鲜电商巨头，京东农场产业链上的每一环节都关乎着居民的身体健康。京东农场的使命一直是"餐桌上的健康，农业中的生态"，注重产品安全，质量达标，更是京东农场的建厂宗旨。

标准的建立主要包括生产技术标准体系与产品质量标准体系的搭建。而生产技术标准体系又可以细化为特色农产品生产加工技术规范、农产品病虫害和疫情疫病防治、农药使用技术规范、禽类饲料质量要求，以及生产过程中涉及的设备相关技术规范；农产品质量标准则可按不同阶段划分为加工原料质量标准、加工产品质量标准、成品产品质量标准三方面。

按照这一思路,京东农场规范养殖环境,种子育苗,化肥农药使用,加工仓储包装等生产全流程。首先,邀请各地农业生产专家或经验丰富的农场主,一同制定出一套适用于所有农场的产品质量管理标准体系。在此标准基础上,扩大产地,针对不同地区不同产品,因地制宜的构建具有地区特色,安全健康、优质高效的京东生产基地。

3. 技术输出

具体来说,京东农场主要依靠物联网、区块链、人工智能等现代信息技术设备,达到精准施肥施药以及科学种植管理的目标,并降低农场各类生产成本,提升整体经济效益。如将遥感、地理信息系统、计算机技术、通信和网络技术、自动化技术等高新技术与地理学、农学、生态学、植物生理学、土壤学等基础学科有机地结合起来,实现在农业生产过程中对农作物、土壤从宏观到微观的实时监测,以实现对农作物生长、发育状况、病虫害、水肥状况以及相应的环境进行定期信息获取,生成动态空间信息系统,对农业生产中的现象、过程进行模拟,达到合理利用农业资源,降低生产成本,改善生态环境,提高农作物产量和质量的目的。

4. 品牌赋能

在品牌赋能方面,针对京东农场刚起步,农产品品牌知名度低,品牌推广和营销能力弱等问题,京东一方面将注意力放在品牌赋合作农场上,另一方面依靠其自身在营销、金融和大数据等方面的能力,依托已有品牌实力及物流基础,扶持农场进行品牌包装,推广和营销提升。具体来说,利用已经搭建起来的京东仓储物流运输基础来缩短农产品流通环节,尽可能减少中间环节及运输步骤,实现直接从田间直达餐桌的"京造"模式。通过京东在产品销售、京东金融、广告宣传等方式实现京东派品牌的市场效应及规模扩张。

5. 销售驱动

为了能够帮助京东农场合作的农业产品更好地进行线上销售，京东建立起专属线上销售平台。依托京东购物已有的技术与客户群体，连接京东农场与京东购物，针对不同需求群体，开展农产品定制、限量消费以及专属售后等特色服务。有效地解决了当前电商品牌在农产品市场中缺乏顾客信任、规范标准、生产技术、品牌声誉、市场销路等问题，有效带动了当地农民增收致富、助力乡村振兴。

（三）京东农场应用案例及运作逻辑

近年来，京东农场在各地区遍地开花，迅猛发展。本节以京东农场江苏润果基地与武乡小米产业扶贫数字农业示范基地为例，简要阐述其运作逻辑。

1. 典型案例之京东农场江苏润果基地

2018 年 6 月 7 日，京东与江苏润果农业发展有限公司签订合作协议，以期通过搭建无人机监控系统、智慧农场管理系统，构建起全面的智慧农业全程监管体系，打造高科技的大田作物生态种植示范基地，真正意义上实现农作物全过程的生态种植。

以无人机植保切入农业全产业链，实现对长时间天气情况的精准预报，以及预测未来一到两周的时间周期里可能发生的病虫害问题，并根据具体情况派出作业无人机进行精准撒药或者施肥处理，使"源头可追溯、质量有保障、食用可放心"成为现实。这也是京东农场充分整合和激活现有资源，打造一批示范样本面向全国推广，开辟优质农产品上行通道，打造京东农场品牌，以消费推动农业产业的转型升级，实现全社会"餐桌健康"道路上的一次成功案例。

2. 典型案例之武乡小米产业扶贫数字农业示范基地

2020 年突如其来的新冠疫情，深刻打击了本就不健全的农业供应链体系，使传统农业仓储运输环节薄弱、品牌化意识不强、销售渠道单一等问题暴露无遗。也让本就缺少农产品销售途径、在市场中处于弱势地位的农户再一次面临了农产品滞销的难题。为了助力武乡县农业生产打赢这场春季"双线战役"，实现挑战到机遇的扭转变化。更为了贯彻乡村振兴发展的战略要求，助推县域层面农产品品牌建设及产业转型升级进程，2020年，山西省首家"京东农场"落地武乡县，武乡小米数字农业产业扶贫示范基地正式成立。在基地建立之前，五常县的水稻通常由当地农民以相对传统的方式种植和收割。成品被大量出售，并由中间商交给批发商，平均价格为每公斤8~10元，最终到达农户手中的收益在扣除成本后微乎其微。而京东农场的介入，从生产端和销售端双管齐下，切实解决了农户生产繁杂、销售困难等问题。

具体来说，在生产端，京东依托稳定的人工智能、区块链、物联网等技术支持疫情期间农产品生产端的顺利进行，并通过全流程可追溯以及智能化标准管理等科技手段，全面提升产品品质。在销售端，京东农场通过高科技信息技术，做大做强三线及以下城市和乡村的下沉市场，并利用强大的物流供应链体系及多样化的电商销售渠道，为农户提供流通途径与销售平台，让产品得以应对疫情的冲击，让农民得以增收。京东借助京东商城的线上旗舰店京品源打响五常大米口碑，在质量与品牌的共同作用下，武乡县的五常大米销售额持续攀升。相比于京东农场合作前的销量，大米销量几乎翻了3倍，通过与京东农场合作，农民实现了利润的持续增长，享受到了科技带来的福利。京东也因五常大米优质且稳定的品质取得了消费者的信任，实现了收益的大幅增加。京东农场也通过产业扶贫的方式，帮助农户变"输血"为"造血"，履行作为一家大型电商龙头企业的社会责任，实现了企业的价值共创。

3. 运作逻辑：从品种、品控、品质到品牌化的全面升级

在品种选择方面，优地优企优品是首要标准。首先，京东农场致力

于农业的生态可持续发展，提倡遵循自然，注重生态平衡，优选生态环境好的地区的优秀企业的优质农产品。京东制定了地标优品的计划，针对全国的地标性产品提出了一些良好的扶持政策，帮助优质的农产品快速纳入到京东农场里。其次，适度规模生产。京东农场鼓励发展优品、高效的规模化产业模式，以保障农产品质量安全为首要目标，优先与规模化生产的企业/组织建立合作。最后，长期诚信经营。京东农场在为合作提供品牌升级及销售助力的同时，优先与经营状况良好、信用评价高的企业合作，重塑生产者到消费者之间的信任通道。第四，体系能力健全。京东农场要求合作者在具备生产能力的基础上，一方面需具备匹配生产能力的健全的制度体系，另一方面还需具备一定产品营销推广能力。

在产品品控方面，首先，运用溯源系统透明监控。进行品控的主要抓手为区块链全程溯源。京东农场的全程溯源有两个特点：审美上，京东呈现给消费者信息的出发点是更好地卖产品；追溯深度上，决定农品质关键的条件还是在前端，所以在种植前端京东强调能够实现对农产品的耕种稳收这些环节溯源，让消费者可以明白、放心地消费。其次，专家/技术的支持指导。从耕种到消费者使用通过京东大数据、京东云计算、京东区块链、人工智能以及机器人等技术，运用农场智能监控系统、智能农仓系统、千里眼系统、青龙系统等溯源手段，达到全程可视化。在谷语数字农业管理平台中不仅可以实现溯源数据搜集及农场智能化管理，同时引入专家资源实现对农事活动指导和支持，进一步加强了对农产品的品控。

在品质提升方面，严格贯彻标准规范。关于进一步提升品质，京东制定了严格的生产和管理标准，并在合作农场内进行推广和应用，从农场环境、种子育苗、化肥农药使用、加工仓储以及包装等全流程进行规范和标准，以期保证农产品的安全和品质。如何证明农产品好？京东农场用数据、视频说话，消费者用手机扫一扫或者打开京东 App，在产品标签上一贴，每个信息的溯源体系全部都出来了，通过这种方式让消费者知道，原来好产品可以这样呈现。此外还有第三方 SGS 检测背书。京东联合世界先进的质量检验第三方机构 SGS 对京东农产食品等类目进行检测，提供从最初的供应商实地认证到神秘抽检、自愿性认证等全方位合作。专业检测背书，让产品质量更有保障，消费者更安心。

在品牌提升方面，第一，京东与合作农场双品牌背书。现在农企普遍面临的问题就是，农产品品牌影响力不够。京东希望通过这十几年的品牌建设，直接与合作的农场把品牌嫁接起来。京东在社会上的认知度比较高，能够快速助推农产品从商品变成品牌。与京东合作后农场拥有多重背书，身份为京东农场合作伙伴，农场为挂牌京东农场合作基地，包装上使用京品源 logo 及一物一码。第二，线上线下多渠道助力销售提升。很多品牌后期会在京东专属的线上平台京品源上进行产品销售，目前京品源的活跃用户有几千万人。京品源的销售模式为去中间化，实现了从农场到家庭一站式销售，有利于提升农产品品牌，把让利空间转移到生产端，让生产端直接受益。除了线上通道，京东农场也拓展多种渠道帮助农产品进行销售提升，如开发星级餐厅、高端便利店、大型企业食堂以及其他 B 端等渠道。

三、京东农场 "一体化供应链" 助推乡村振兴

2021 年，伴随着脱贫攻坚及全面建成小康社会任务的圆满完成，我国在 "三农" 领域的工作重心也开始了向加快推进脱贫攻坚与乡村振兴的有效衔接上来。近年来，我国农业农村数字经济的蓬勃发展为农业农村现代化的逐步推进提供巨大的发展空间与坚实的发展基础，相关数字技术也将为乡村振兴提供着有效引擎与持续动力。作为市场经济体

系中的关键一环，企业扮演着创新技术、满足需求、价值转换的重要角色，京东作为全国具有代表性的，以供应链为基础的数字化龙头企业，其近些年来带动农村产值增长、农民收入增加、社会效益提升的成长目标计划已有显著成效。基于对京东农场的案例总结，将其在实现产业效益与助力乡村振兴中的主要方式进行概括（见图 7-1）。

图 7-1　京东农场"一体化供应链"模式

资料来源：京东农场官网。

（一）物流设施打基础，深耕"最先"一公里

2021 年中央"一号文件"中明确提出，要在"十四五"期间重点推进小型仓储保鲜冷链设施、产地低温直销配送中心、国家骨干冷链物流基地的建设。这些部署和动向，充分体现了"最先"一公里在乡村产业创新建设中的重要作用与关键地位。相比于做好农产品的"最后"一公里，"最先"一公里强调的是从农产品采摘下来的一刻算起，用强大且完备的农产品仓储运输物流体系将新鲜农产品向外输送出去，避免新鲜农产品滞留在生产端，为后续运输、销售节省时间、提高效率，实现新鲜农产品的良性循环。

而京东的模式就是在农产品生产端保持与个体农户及规模化农场的

紧密联系，及时获取关于产量、品质及需求信息，利用自身已具备的庞大生鲜冷链仓储体系，设置农产品产地供应链前置仓，在距离农产品最近的地方实现农产品的快速汇集与分类，打破"最先"一公里瓶颈，实现"千县万镇 24 小时达"的目标，从源头解决农产品出村进城问题，快马加鞭地将农产品分散到全国农产品市场中去。

（二）政策支持做保障，多项举措齐运用

思路决定出路，观念决定方向。京东农场业务落地以来，受到了来自各地政府及各行各业的关注与支持，在京东农场通过数字化、智能化、标准化、电商化、品牌化等方式支持县域特色农业产业发展过程中，各地政府积极响应，出台一系列支持企业发展与农户参与的市场、技术、资金优惠政策，打造以县为指导单位，以乡村为生产基地，以特色产业高质量发展为基础，县域政府、龙头企业、京东农场深度合作的"三轮驱动"服务模式，推进各类农产品销售项目实施。

（三）生态农业成效显，数字科技在赋能

自改革开放以来，我国农业生产中的农药与化肥施用量不断增长，导致土壤沙化、酸化、板结等问题日益严重，耕地面积显著下降，耕地质量恶化明显，资源约束进一步趋紧，农业可持续生产面临较大挑战。新时代下，贯彻"绿水青山就是金山银山"理念，要着力寻求"绿水青山"转化为"金山银山"的有效途径。以数字经济赋能高效生态农业发展是有效的举措，有助于实现现代农业的经济、社会和生态价值。为改变以往农业发展模式，寻找到可持续的发展路径。

京东农场依托现代数字技术为农业赋能，以综合、全局、可持续的思维带动农业提质增效。具体来说，第一是构建数字生态农业技术体系：以遥感、全球定位系统、计算机技术、网络技术、自动化控制等高新技术为依托，实现生产、养殖、加工及销售全过程的清洁化、生态化、高效化；第二是构建完善的数据动态管理系统：生态农业发展成效的一大体现就在于农产品的质量的优质性稳定性。京东农场通过搭建从前期规划到生产过程再到销售流通，从宏观调控到中观规划再到微观实时监测的全生产链数字化体系，形成农业海量数据库，实现对农产品质量的实时监督，从而更好地为进一步发展生态种植养殖，绿色产出投入提供技术支持。

四、"四品联动"下的价值链理论构建与创新

品种、品控、品质和品牌化与价值链理论密切相关。其中，品种选择和品控措施有助于优化价值链中的生产环节，品质的提升和品牌化可以在销售与营销环节实现竞争优势，增加产品的附加值。这些因素相互联动，共同推动农产品在整个价值链中实现提质增效、增强市场竞争力。

价值链理论是由迈克尔·波特（Michael Porter）教授于 1985 年提出的管理学理论，用于分析和描述企业在生产和提供产品或服务过程中创造价值的过程。该理论帮助企业识别和理解其内部活动，从而优化业务流程和增加竞争优势。

价值链理论将企业的主要活动划分为主要活动和支持活动两类。其中，主要活动（primary activities）：这些活动直接与产品或服务的生产、销售、交付以及客户服务等关键过程有关。主要活动包括：采购（inbound logistics）：获取原材料、零部件和其他资源的过程。生产（operations）：将原材料转化为最终产品或提供服务的过程。销售与营销（outbound logistics）：将产品推向市场并促销，吸引客户购买的过程。服务（service）：提供售后服务、客户支持和保修等过程。

以及为主要活动提供支持和增强竞争优势的支持活动（support activities），包括企业基础设施（firm infrastructure）：管理、财务、法务和企业规划等基本管理活动。人力资源管理（human resource management）：

招聘、培训、员工激励和绩效管理等人力资源相关活动。技术开发（technology development）：研发新技术、新产品或服务，并将其应用于生产中。采购（procurement）：获取企业所需的各类资源、设备和服务。

基于此，京东农场通过品种、品控、品质和品牌化相结合，围绕价值链在数字化介入农产品提质增效的理论边界实现进一步创新。具体表现在：

（一）主要活动与品种选择

价值链的主要活动包括采购、生产、销售与营销以及服务。在采购阶段，选择适合当地环境和市场需求的优质品种，有助于提高农产品的质量和产量，降低生产成本。合适的品种选择有助于优化生产过程（生产主要活动），增加农产品的产量和品质，从而增加供应链中的价值。

（二）主要活动与品质提升

主要活动中的销售与营销阶段，农产品的品质成为吸引消费者的关键。优质的农产品能够在市场上取得竞争优势，提高产品的附加值。服务环节中，提供优质的售后服务也是品质的体现，能够赢得客户忠诚度和口碑。

（三）支持活动与品控把握

支持活动中的技术开发和采购环节对品控至关重要。技术开发可以帮助改进农产品生产工艺和加工方法，提高产品质量。采购优质原材料和设备，保证农产品加工过程的品质和效率。品控活动涉及技能培训与标准设定，如培训员工提高技能、制定质量标准、执行质量检验等，从而确保农产品质量稳定和符合市场需求。

（四）支持活动与品牌化建设

支持活动中的企业基础设施和技术开发环节，为农产品的品牌化提供支持。这些环节帮助企业塑造品牌形象，增强品牌价值。品牌化可以增加消费者对农产品的认知度和忠诚度，有助于推动销售与营销活动的有效开展，进而增加销售渠道的拓展和销售额。

五、总结及经验启示

从京东农场数智化保障农产品质量安全的运营模式及特点中可以看出，促进农产品提质增效离不开品种、品控、品质、品牌化"四品"联动作用的发挥。"四品"之间彼此关联，互相作用。品种是品质的起点，品控是品质的保障，品质是品牌的基础，品牌促进品种培优、品控管理、品质提升。

（一）以高科技化种植方式为依托，现代农业种养殖活动

随着科技水平的发展和市场不确定性的增加，仅仅依赖传统种养殖技术发展农业已经远远不够。未来我国农业的发展，必然要走科技化、信息化、数字化的发展道路，探索数字化下的农业发展新动能。从而最大程度上克服自然条件对农业生产的季节性、周期性、地理性限制，为农作物提供优质的生长环境。为生产计划安排、生产过程管理、销售渠道管理提供依据，达到合理利用农业资源、降低生产成本、改善生态环境，提高农业产出数量和产品质量的目的。

（二）搭建可视化溯源管控体系，生产环节都有迹可循

随着经济社会的不断发展，人们的生活质量有了显著提高，对农产品的需求不再局限于"吃饱"，更多开始追求"吃好"。消费者在农产品市场中的话语权也在不断增强，希望能够获得更多关于农产品质量的信息，以作为购买决策时的重要参考依据。因此，农业龙头企业有必要将可视化溯源管控体系作为企业框架中必不可少的部分，从而加快实现增强消费者信任，提升重复购买率；农产品溢价；为知名农产品品牌正源等多重目标，达到平台农产品"源头可追溯、质量可把控，食用可安心"的产品预想。

（三）规范质量安全管理标准，农产品品质全面提升

农产品生产商想要在市场竞争中站稳脚跟，最终还是要把自身产品做好，赢得消费者信赖，以获得稳定客源。因此，农产品生产商应制定一套完整的农产品质量标准体系，对产品准入、产地环境质量、投入品、农事行为、加工仓储、物流配送等全过程进行规范管理，通过科学种植，减少人为干预，最大程度保证农产品的安全和质量，同时还可以提升农产品的品牌价值，增加经济效益的同时促进农业绿色发展。

（四）精准定位打响品牌名号，全面开展市场营销

我国农产品当前存在一个很大的困境就是有品类无品牌的问题，全国仅有为数不多的几家农产品品牌深入人心，这也就导致我国农产品的品牌效应无法很好地发挥出来，更无法进一步提升我国农产品竞争力。京东农场的做法就是依托已有市场份额较大的企业，站在巨人的肩膀上前进。因此，品牌的打造既要求自身有过硬的实力，也需要灵活的市场营销策略，从而加快消费者积累与市场的拓展速度，对市场进行更为深层次的挖掘与开发。

第二节　拼多多："腿上有泥"新电商的"农云行动"

我国作为农业大国，在乡村振兴的战略背景下，农产品的产量与品质虽在不断提升，但农业产业仍然存在规模小且产业带分散、品牌缺失、品控不佳等问题，阻碍了我国农业的现代化发展进程。对于农户而言，只有为产品找对销路并以优势价格卖出，将产量转化为销量，农民的辛苦劳作才算有了收获。对于消费者而言，随着居民消费结构不断升级，消费者对于农产品的品质和口感要求不断提升，并且更加关心品种

与产地，希望能够拥有更优的价格和更多的选择。

与此同时，电子商务的兴起带来了"大众创业、万众创新"的新局面，近年来，农村电商也呈现出快速发展的新态势。农村电子商务的发展不仅受到国家高度重视，具有巨大的市场消费潜力，也成为不少地方拉动区域经济发展的重要引力。农村电商既是众多电商巨头眼中的下一块蛋糕，也是县域经济转型升级的突破口。然而，在农村电商快速布局、高速增长的同时，在信息基础设施、物流体系和专业队伍等多个方面依然面临诸多挑战，且电商对于农产品的覆盖范围不充分，这和农产品难以标准化，供应链不够完备，农村务农人口缺乏电商相关从业知识都有关系。

但是自 2015 年起，拼多多的崛起为消费者带来了不一样的农产品零售，让中小农户和消费者都体验到了农产品上行带来的实实在在的好处。拼多多作为农业电商平台的代表之一，通过各种方式有效连接了产地和消费者，打通了农产品上行通道。目前，拼多多已成为我国最大的农产品上行平台，首创"农地云拼"模式，并进一步开启"农云行动"助力农产品上行，惠及农产品的生产端和消费端。北京青年报显示，自 2015 年成立以来，拼多多已连接 1 600 万农户以及逾 8 亿消费者。据《科创版日报》报道，2021 年一年平台累计产生了 610 亿件订单，同比增长 59%；在农产品"零佣金"以及重投农业策略下，平台涉农订单的增幅尤为显著；报告显示，2021 年拼多多农产品订单的 GMV 超过人民币 2 700 亿元，同比涨超 100%，高出公司的指引上限 2 500 亿元人民币。据拼多多发布的《2021 新新农人成长报告》显示，截至 2021 年 10 月，平台"新新农人"数量已超过 12.6 万人，在涉农商家中的占比超过 13%。其中，女性占比超过 31%，达到 39 060 人；00 后占比超过 16%，达到 20 160 人。

拼多多联席 CEO 赵佳臻表示，拼多多起家于农业，拼多多的发展也离不开国内农产品上行的发展大势。未来，拼多多将继续立足农业，在农产品上行、农业科技、农业人才培育等领域推动数字农业现代化升级，助力构建和发展现代乡村产业体系。以"农地云拼""百亿农研专项"等作为抓手，坚持以科技赋农，对农业科技长期进行投入，引导农产品供应链的持续优化，助力农业供给侧升级和农业现代化发展，积极参与中国农业的高质量发展。通过不断实践，经过在原产地、产业带的摸爬滚打后，拼多多在农业电商上再出发，将"农云行动"制定为最新的兴农战略。

一、中国农产品销售的传统难题

（一）产销难以有效匹配

我国传统的农产品流通模式，一般是农产品经纪人或收购商到田间进行收购，然后运输到产地批发市场或者加工企业，再由批发商运输到销地批发市场，最终经由农贸市场、超市和其他零售商销售给个人消费者和团体消费者。同时，我国农产品的生产仍主要是采取以家庭为主体的分散经营方式，农业的组织化程度不高，普遍存在着"小生产"与"大市场"的矛盾，农民生产者"卖难"和消费者"买贵"现象有时会同步发生，且农产品市场价格波动较大。其中的主要原因为农产品流通环节冗长、流通不顺畅、流通过程中的成本过高等，从而挤占了生产者和消费者双方的利益。

在产销对接模式中，一般会省去农产品流通中间环节的农产品经纪人和批发商等冗余环节，实现农产品生产经营主体与销售终端或消费者直接进行对接。通过搭建农产品的产销对接平台、创新对接模式和机制，有利于减少流通环节、实现生产与消费的有效联结，从而降低流通成本、提升农产品流通效率，并实现农产品市场供应均衡和价格平稳。然而，我国农产品产销对接模式的发展仍不够成熟规范，目前的产销对接还主要是短期行为，缺乏长期有效的合作机制。产销两端的合作关系不够稳定，主要局限于农产品的采购和销售环节，鲜少延伸到农产品的整个生产过程。政府行为方面也存在着类似问题，当农产品面临大量滞销的困境时，政府可能会采取短期救助的应急促销措施，临时搭建产销对接平台，帮助农民寻找到销售渠道，或者对农业生产活动直接进行补贴。尽管这种暂时性的手段可以暂时性地为农民解决销售难题，但由于其未能从源头上解决农产品滞销的根本问题，因此尚不具备可持续性。这就需要将更多的举措转移到帮助农产品产销主体建立长期稳定的产销对接关系，平衡农产品市场供求，通过建立长期合作关系，促使农产品生产者建立标准化的生产基地，严格按照市场需求进行专业化生产。这不仅有利于实现农产品的高价销售，促进农民收入增加、为消费者提供安全高品质的产品，还有助于提升农产品生产过程的专业化和标准化程度，从根本上解决农产品"卖难"和"买贵"的问题。

此外，信息化程度不高也是导致农产品经常存在滞销问题的重要原因，这主要是由于农产品生产过程存在滞后性和长周期性，导致生产者较难改变其生产计划。因此，如果生产者想要准确把握产品需求，则需要在投入生产时充分获取市场信息和全国范围内的生产情况，以制定出最好的生产计划。但现实情况是，农民获取信息的途径较为缺乏，挖掘、分析和利用信息的能力不强，因此其生产过程中常常无法充分考虑到现实需求，存在盲目或滞后于需求进行生产的现象。同时，由于分散的农户在销售农产品时，主要是靠收购商或农产品经纪人到田间地头收购，若处于中间的收购商缺失，则当地大多数农户的农产品很可能将面临滞销问题。如果农产品生产经营者能获取到充分的市场信息和价格行情信息，将有利于其寻找到合适的销售渠道并提高议价能力，还可以利用网络平台等信息化手段发布农产品供应情况，从而增大建立产销对接的机会。

（二）农业电商人才匮乏

农业电商人才的极度匮乏也是当前农村电子商务市场体系建设未能

达到预期效果的原因之一。电商人才的缺口在不断增大，特别是缺少懂种植、会经营，并且了解电商的复合型人才。农产品电商的发展离不开一批创业能人发挥企业家精神和创造力，这些创业能人呈现出与传统农民明显不同的特征，因此被称为"新农人"，新农人群体是引领农村电商发展的核心力量，其主要特征包括年轻化、文化素质较高、拥有互联网基因等。然而，目前的农村恰恰缺乏这样一个锻炼人才的平台，各类人才在整个农村电商产业中都是极度缺乏的。根据中国农业大学2020年的数据统计，全国农村电商的人才缺口高达350万，运营推广、美工设计等技术类人才的缺口极大，在目前的农村电商人才中，人才梯队也偏向于低学历、低技术储备的初级人才，农业电商实际应用场景中的需求比数据统计的情况更紧缺。

农村电商人才缺乏，除了受电商行业自身的门槛影响外，主要是因为当前的农村电商发展仍然处于初级阶段，商品的范围小、利润低、层次差，很多农村企业面临着产品不聚焦、品牌和品质难有保障等问题，电商人员因此难以得到满意的工资水平和较好的发展前景，从事农村电商活动对于高级电商人才的薪资和就业机会的激励不大，从而降低了高级电商人才的从业意愿。同时，由于农村电商的先天弱势条件，农村电商人才缺乏有效的技能培训，自身的文化素质不高，不少人没有接受过系统、正式的教育和培训。农村电商从业人员的综合素质没有提升的机会，在没有得到锻炼的情况下便要应对愈加复杂的市场环境，甚至一些农业电商人才对此不以为意，缺乏从业耐心，主观上放弃了技能提升机会，从而造成了人才的缺失。城市与农村的经济发展、公共服务、基础设施、优惠政策的差异比较大，人才越来越多地选择留在城市发展，即便是有相关能力的人也不愿意选择继续留在农村，这就造成了农村电商人才的短缺。因此，需要大力培养电商人才，增加对农村电商的支持，并且引入社会力量支持地方经济的发展。

二、"农云行动"打造农产品上行新路径

作为腿上有泥的新电商，拼多多的发展充分得益于中国农业的发展，并反过来深入作用到农业基础产业带以及最基层村庄，始终与中国农民、农业共同成长。作为全国大型的农产品上行平台，为了进一步为乡村振兴服务，响应"数商兴农"的号召，拼多多不断集中投入优势资源，助力解决农产品上行过程中的痛点和难点问题。拼多多开创了以拼为特色的"农地云拼"模式，并于2023年2月正式启动"农云行动"，为农产品上行搭建起一条快车道，有力推动了农民致富增收。"农云行动"作为拼多多近期的重点项目，计划通过"农地云拼"模式打造全新的农产品供应链，致力于将拼多多打造成国内最大的农产品上行平台。该项目基本逻辑是通过科技化、数字化的手段，应用拼多多的特色模式，对产地农产品、新农人培育、农业科技研发等众多板块进行改造升级，集中推动全国100个农产品产业带"拼上云端"，打造更加具有韧性和竞争力的数字化农产品产业带。

（一）产消直连：两端发力实现时空多维集单

拼多多在创始之初，就打破了传统电商的商家推销模式，它是利用社交拼单这种全新的带有温度的商业模式和自身科技优势，通过社交圈人与人的信任以极低的裂变成本，将创新的"拼"模式快速推广。"拼"模式将时间、空间上极度分散的零散农产品交易汇聚成为短期内的同质化需求，从而突破农产品成熟周期短的时间限制和地理销售半径有限的空间限制。平台的规模优势和科技优势是拼多多实现创新"拼"模式的基础，拼多多利用自身的独特优势开拓了农产品上行之路。拼多多通过"农地云拼＋产地直发"取代了层层分销的模式，以稳定的需求重塑了农产品流通链条，从而为农货上行搭建起一条高速通路。

早在"百亿农研"时期，拼多多 CEO 陈磊就曾表示拼多多将通过数字化和互联网技术，让农产品从"产供销"向"销供产"演进。在多为初级产品的农业领域，从货找人变革到人找货绝非易事。通过反复探索与实践，拼多多针对我国农产品分散且小规模种植的特点，利用平台自身拼单特性，找到了因地制宜的解决途径。拼多多的一大创举就是建立了"农地云拼"模式，简单来说，"农地云拼"的操作模式是吸引消费者在拼多多平台发起拼单，根据地域和时间节点对消费者进行区分，最后统一汇总至产地，基于此解决了个体农户产品难以直接对接全国终端消费者的问题。具体来讲，就是通过拼单，拼多多从时间和空间上激发并聚集大量分散的需求，同时对接千家万户的小规模供应商，将原本高度分散的消费需求整合"集单"，在云端构筑起了一个规模化的消费团。而现实中碎片化的同类目小农场，同样被"拼"成了一个虚拟大农场，拼多多通过多年深耕供应链条，最终实现农产品供给侧线上精准匹配的目的。

我国基础农业整体存在着产量大但集中性不强，产地资源丰富但农产品品牌化较低等问题，而"农地云拼"恰恰对应了全国分散性的农产品需求，运用"小规模生产"与"多对多"云拼相匹配的逻辑解决了这一难题。换言之，在农产品产业链真正全面实现机械化和规模化大生产之前，"农地云拼"正是拼多多提出的过渡时期新解法。拼多多副总裁侯凯笛表示，"农地云拼"是在提高农产品订单的集中程度和确定性，从而使得农产品从生产端就能够更加有的放矢和精准地进行种植。同时，"通过更加准确的供需匹配以及对物流的优化，能够大大减少物流运输的环节和时间，提高它的效率，同时也能够更加节能"。综上分析，基于独创的"农地云拼"模式，拼多多近年来将分散度高的农业产能和农产品需求在云端"拼"成了一个农产品产销直联的大市场，极大地提升了农产品的流通效率。

在消费者层面，拼多多也发起了一系列的营销活动，促进农产品从

"产供销"向"销供产"演进，推动地缘特色农副产品成为"新网红"。例如，在春节期间，拼多多平台特别上线了"多人团"玩法，三五亲友即可开团。在春节不打烊活动中，拼多多平台特别开启了"百亿补贴"专场，重点对丹东草莓、内蒙古羊肉、金华火腿等国内优质年货以及车厘子、黑虎虾等进口生鲜进行倾斜，从而让消费者能够以更加实惠的价格筹备一桌更丰盛的年夜饭。

同时，在产销两端发力的基础上，拼多多"农云行动"还通过数字化的方式，助力农产品产业带解决了品控和品牌的两大难题。在品控方面，自然成熟的农产品想要商品化，需要解决的主要难题在于标准化的品控。在过去，对于自然初级农产品的挑选大多是由地方商家自发进行，品控模糊不清，无法进行标准化管理，这就导致农产品产业带与品牌口碑一直难以建立。而现在，拼多多通过对源头产户的云端联络管理，对商家在产品品质上提出了规范，与政府部门共同促进农业高品质转型前路。与政府侧的措施相呼应，"农云行动"负责人表示，平台将通过不断优化抽检、店铺评分、售后监测和消费反馈等系列措施保障平台农产品品质。在品牌方面，拼多多鼓励商家在品质的基础上，尽快形成自己的品牌。通过"农云行动"，秒杀和百亿补贴的"多人团"补贴额度仍将不断加大，从而让农产品产业带品牌直接呈现在 9 亿消费者面前，在全国提升知名度和品牌影响力。拼多多"农云行动"负责人表示："我们将更敏锐地把握今年农产品产'消'新形势，通过'农云行动'，让更多农产区跑出植根本地的"领头羊"，带来整个产业链的数字化发展，跑出更多全国性的农业品牌。"

通过大力推行"农地云拼"模式，将消费端分散、临时的需求，在时间上和空间上形成归集效应，有利于为农业经营者提供长期稳定的订单，从而减小销售市场的波动性，为整个产业链提供相对的确定性，进而促进产品链的延伸。同时，稳定的需求又将重塑农副产品流通链条，产地直发取代层层分销，成为农副产品上行的主流，让农田直连消费者，实现农副产品由"产销对接"升级为"产消对接"。"销"意味着销售，"消"则表示消费，从销到消，虽仅是一字之差，含义却完全不同，它指向的是流通环节的供给侧结构性改革与创新。"农地云拼"使得原先分散的种植户在云端拼聚成为超级农场，通过互联网在云端实现了集约化和规模化，在消费者和生产者之间实现了有效对接。并通过大数据、云计算和人工智能技术等，将分散的农业产能和分散的农产品需求在"云端"拼一起。基于开拓性的"农地云拼"体系，带动农副产品大规模上行，让当地的特色农副产品突破传统流通模式的局限，直连全国消费者，最终形成农户增收、消费者获得实惠的双赢效应。

（二）人才赋能：新农人培育赋能农村电商发展

在如何落地推广并真正教会农户通过农村电商受益方面，拼多多同样制定了详备的计划。拼多多也在持续培养新农人。在为新农人赋能方面，拼多多认为，授人以鱼不如授人以渔，最好的"扶持"不是直接给钱，而是建立一整套激励新农人能跨越式发展的平台机制，做数字农业的放大器。因此，拼多多的重点举措是以培训农产品产业带的本地新农人为抓手，授之以渔。拼多多副总裁侯凯笛在接受《联合国新闻》专访时就强调，在整个农业生产链路当中，对于"新农人"的培养是拼多多非常重视的一环。因为他们更加贴近一线，能够根据消费者的需求深入到生产端实施优化，并对整个供应链进行一个整体把控。侯凯笛认为，很多时候我们也发现，他们的制度也是非常新的，有很多用的这种合伙人的制度。他们还擅长去整合产业链的上下游，这样就让整个农业的附加值会变得更高。我们也通过一些田野调查发现，我们现在的这些年轻的"新农人"平均都可以带动 5 位到 10 位"95 后"参与到电商创业当中，而且每一个这样的一个小小的团队也能够带动当地的就业岗位至少超过 50 个。

2023年2月起，拼多多加速推进农产区的"数实融合""农云行动"的一大重点，就是深入各地为新农人提供专场甚至一对一的电商运营指导。在当地涉农部门和商务部门的指导下，批量对接当地优质供应链"上云"，展开专场招商培训，通过为新农人拆解、介绍平台最新运营逻辑，帮助当地农产品产业带商家顺利入驻平台，结合自身优势开展运营。

在新农人培育过程中，拼多多还带动了大量"新农人""新新农人"返乡创业。与此同时，拼多多还提出了"人才本地化、产业本地化、利益本地化"的策略，通过创立"多多大学"，结合农村生产者的知识结构，设立了专业农产品上行与互联网运营课程，帮助农村地区培养了本地人才。经过两年的发展，多多大学已经总结完善了一套量全面有效的农产品上行课程。多多大学提供了丰富的培训内容和学习资源，包括线上培训课程、文章、视频、案例分析等。这些资源涵盖了电商运营、营销策略、产品选品、店铺管理、客户服务等多个方面的知识和技巧。在多多大学中，卖家可以通过学习课程来深入了解电商行业的基础知识和实践经验。课程内容包括电商市场分析、产品定位、运营策略、社交媒体推广、粉丝运营等内容，能够为卖家提供具体的操作方法和实操技巧。此外，多多大学还提供了一系列的线下培训活动和讲座，邀请行业专家和成功卖家分享他们的经验和心得。这些线下活动不仅为卖家提供了学习的机会，还促进了卖家之间的交流与合作。

作为国内最大的农产品上行平台，目前，拼多多平台已经直连全国超过1 000多个农产区，带动1 600多万农业生产者参与到数字经济中，以市场化及科技普惠引导农业现代化升级，培养新农人，有效赋能农业，助力农副产品出村进城及农民增产增收。到目前为止，拼多多助农专项小组已经先后奔赴云南、山东、福建、河北、湖北、广西、安徽、海南、广东、山西、四川等十几个省份调研。从瓜果蔬菜到水产茶饮，只要农户有需要，小组都会为其提供从平台开店、优化经营到最终产销直连的技术帮助。

（三）科研支撑：农研活动助力农产品品质提升

除了强调人力资本以外，粮农组织还在其《2022－2031年战略框架》中把技术和创新列为推动农业粮食体系转型的"加速因素"。在幅员辽阔的中华大地上，不同气候、不同特性的农业生态需要的绝非唯一解。作为"腿上有泥"的新电商平台，拼多多始终将实现农业高质量发展作为重要立足点。因此，拼多多一直将研发作为优先战略，加快培育农业科技人才，积极提升农产品的标化程度和生产技术，持续推进乡村数字经济发展。近年来，更是不断加码在研发上的人力、物力重投入，坚持对农业科技领域长期投入。在2021年8月，拼多多就设立了"百亿农研专项"，由董事长兼CEO陈磊担任一号位。"百亿农研专项"不以商业价值和盈利为目的，而是面向农业及乡村的重大发展需求，致力于推动农业科技进步、科技普惠，将农业科技工作者和劳动者进一步有动力和获得感作为目标。平台自成立以来一直积极参与前端的农业科技创新，在2021年喊出"百亿农研"口号后，拼多多扎扎实实从农业源头出发，将科技助农、电商兴业的发展思路贯彻到产、供、销的全流程中。拼多多以"百亿农研"为抓手，持续举办了多届"多多农研科技大赛""拼多多杯"科技小院大赛、全球农创客大赛等赛事，旨在以竞赛促进创新，以技术进步助力乡村产业高质量发展。

其中，拼多多与中国农业大学、浙江大学和全球其他一些顶尖高校联合举办的"多多农研科技大赛"自2020年首次举办以来，便吸引了众多国内外优秀青年和数字农业科研团队，以及众多顶尖种植好手参与其中，通过科学手段挑战高效种植、高质量培育，对推动农业的生产减排和农业的可持续发展做一些前沿的探索和尝试，共同探索农业数字化技术的应用方式和农技推广的可能性。2020年，在拼多多牵头举办的第一届"多多农研科技大赛"中，众多青年科学家、顶尖农人齐聚云南，开展人工和 AI 种植草莓比拼。2021 年，第二届"多多农研科技大赛"中，来自全球的顶尖农研团队利用跨学科的种植、计算机等技术，依照可持续的种植实践，种植出兼顾高品质和高产量的樱桃番茄。2023 年，第三届大赛将场馆搬到了上海崇明的集装箱农场里，这届比赛是一次"向设施农业要食物"的尝试。在没有土壤与日照的条件下，来自国内外的顶尖农业科研团队一起，需要在集装箱垂直农场场景内，利用 LED 照明、室内环境控制技术、营养模型、算法等远程控制作物生产所需的"温、光、水、肥、气"等要素，挑战以更低的能耗，种植出产量更高、品质更好的生菜，设计产品最终形态，并验证商业化可行性。同时，拼多多积极推动全球农创客大赛，涌现出诸多用科技解决农业痛点的创新设计，帮助农户精准施肥的机器人"Mr. N"已在浙江农科院批准下投入生产；在云贵高原、川渝地区等广阔的农业场景中，拼多多助推落地的"科技小院""智慧农业"已经切实为农户带来了莫大的帮助。此外，拼多多在不久前向中国农业大学捐资 1 亿元成立研究基金，旨在助力科学家攻关全球农业前沿科技，为我国农业基础研究和"卡脖子"技术攻关方面提供探索环境。这并不是拼多多第一次帮助前沿科技进入千万农田（见图 7-2）。

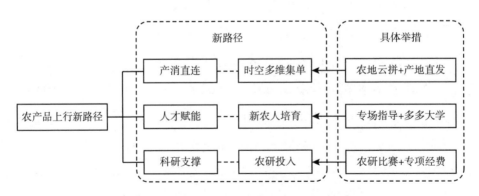

图 7-2　拼多多助力农产品上行的新路径

资料来源：课题组根据拼多多官网资料整理。

三、拼多多助力农产品上行的三大成效

（一）产消直连两端发力，产品销量持续提升

在农产品上行方面，2016 年和 2017 年，云南的雪莲果、人参果等小众水果，就是通过拼多多最先卖爆，从而晋升成为网红水果的。据网易科技报道，2019 年，拼多多农产品及农副产品交易额高达 1 364 亿元，直连农业生产者超过 1 200 万人，是国内最大的农产品上行平台。据新京报报道，在"农地云拼"模式的持续带动下，截至 2021 年 12 月 1 日，拼多多平台上单品销量超 10 万单的农产品达到 6 000 余款，同比增长 43%。单品销量超 100 万单的农产品达到 50 余款。盐源苹果、会理石榴、赣南脐橙、武鸣沃柑、固城湖大闸蟹等地标农产品订单量实现 180%～200% 不同幅度的同比增长。目前，拼多多平台直连了 1 000 多个农场区，已有逾 1 600 万农户通过拼多多直接对接消费者。此外，拼多多"百亿补贴""限时秒杀"等将为时令水果及生鲜提供巨额补贴优惠。据北青网报道，在早期的"冬令生鲜万人团"中，10 000 件赣南脐橙被拼光，万人团农产品日销量超过 66 000 件。

"农云行动"启动以来，拼多多专项小组已先后深入调研了云南鲜花、蓝莓和土豆产业带，并展开专项培训，目的是在 2023 年与云南商家共同努力，推出更多的网红农产品。拼多多将继续集中投入优势资源，助力产地解决人才、品控和品牌三大难点，推动全国 100 个农产区更快"拼上云端"，从而打造出更具韧性和竞争力的数字化农产品产业带。此外，拼多多通过发起"家乡好物直播"乡村产业振兴计划活动，通过直播模式带货，很大程度上解决了各地农产品产量大、上行困难的困局。拼多多直播间先后走进安徽、湖北、广西等地，有记录显示，在不到三小时内，近 500 万来自全国各地的消费者涌入直播间点赞评论、

选购下单。通过直播活动，"好物推荐官"把秭归脐橙、来凤藤茶、荔浦芋头、福建好茶、响水大米、湖南米线等多地好农货推介给全国消费者，带动了农产品销量的提升。

（二）新农人持续涌现，助推农村电商发展

放眼全中国，"新农人"的成长的确呈现出"四处开花"的势头，这也引起了一些农产品上行头部平台的关注，尤其是以农起家的拼多多。在新农人培育方面，拼多多发布的《2021新新农人成长报告》数据显示，在拼多多平台上，1995年之后出生的"新新农人"现已成为推动农产品上行的新力量。该平台上仅95后"新新农人"的数量就从2019年的2.97万人增长到了2021年的12.6万多人，在涉农商家中的占比超13%。这类人群普遍具备本科、大专学历，并且其中不乏名校毕业生、海外留学生，其在知识储备和对市场的敏感度方面更易与电商、直播等互联网创新模式相融合。拼多多培育这些新农人参与农产品产业带升级，正是"授人以渔"，从而为创造更多增量价值提供了更多可能。举例来说，据经济参考报报道，1996年出生的"新新农人"李诗宣来自山西省吕梁市文水县刘胡兰镇，是当地第一个从事电商创业的年轻人。过去两年，李诗宣在拼多多平台销售当地肉牛、贡梨等特产超过2亿3000万，并先后带动当地多家养殖场、屠宰场、加工厂、经销商，以及超过100位95后参与到电商产业中，成为刘胡兰镇的电商产业带头人。在带领小农户发展地方特色农业和打造农产品品牌方面，这个群体已成为一支不可或缺的力量。利用新技术和新平台创新创业，渐渐成为新青年奋斗的主流途径，新农人也为农产品的高质量销售实现了有效赋能。

拼多多还积极从农村落后和小农户致富难的源头出发，为了改善农村务农人口新知识匮乏的现状，拼多多提出了"平台＋新农人"的"地网"模式。通过市场机制，引导受过高等教育，了解互联网的新型职业人才返乡创业，正因为拼多多不断助力科技农业转型升级，带动了大量 90 后、00 后返乡创业，成为"新农人"，累计已带动了 86 000 余人新农人返乡。以新农人为分布式节点，拼多多对农产区的产品聚集、分级、加工、包装等生产和流通环节进行梳理整合，有效推动区域农产品上行。

整体来看，农业电商平台与新农人、农户通力合作，从"最后一公里"的农产品上行与消费者需求，到"原产地直发"的农产品流通，再到"最初一公里"的新农人建设，离不开授人以渔、痛点疏通、资源扶持等策略多管齐下。拼多多相关人员表示，今年将会继续扶持更多标杆新农人成长，使其形成推动农产区数字化的内生力量。

（三）农研成果广泛应用，科技赋能品质提升

在农研方面，拼多多通过举办"全球农创客大赛""多多农研科技大赛"等赛事来提升农产品产量和品质，解决农业发展的"卡脖子"难题，让农业不再只能"靠天吃饭"。拼多多现已经连续举办了三届"多多农研科技大赛"，促进了农业领域的技术交流、创新和发展，推动了我国农业技术的高质量发展。首届"多多农研科技大赛"的获奖团队"智多莓"在比赛过程中看到了技术产品化广阔的市场前景，决定成立智多莓公司，将科研成果应用于广袤的田间地头，帮助中小种植者提升了效益。目前，"智多莓"已形成智能灌溉系统、智能温室环境控制系统等硬件、软件和算法产品。据新民网报道，截至 2023 年第一季度，该团队在全国总计提供了 40 套系统，客户分布于辽宁、云南、安徽、上海、北京、内蒙古等省区，主要集中于草莓、蓝莓领域，同时也逐渐进入咖啡、花卉、小番茄与柑橘种植市场。在乡村振兴重点帮扶地云南省怒江州老窝村，智多莓团队通过在当地搭建数字化草莓生产体系，使得老窝村草莓产业常用工成本下降 30% 以上，包括肥料支出减少 2 500 元/亩、植保支出减少 1 000 元/亩，而草莓产量增加 30%。种

植草莓成本的下降和产量的上升，有效助力了当地的农民增收与产业发展。而"赛博农人"团队在此前赛事中积累了营养液配方动态调整技术经验，目前已被写成科普论文，所有数据也已嵌入模型，形成了标准算法，正在北京小汤山基地应用。

拼多多在农研方面的重点投入和长期布局获得了粮农组织的肯定。2022年12月，拼多多荣获2022年度联合国粮农组织创新奖。粮农组织总干事屈冬玉在颁奖仪式上特别强调，拼多多在耕作管理和减排技术方面有很多很好的创新实践，为全球农业可持续发展和全球粮食安全作出了重大贡献。

四、农产品电商供应链运作模式分析及优化

传统的农副产品流通模式，因为供需双方间信息不透明，存在着较大的不确定性，而且农户处于定价劣势，增产不增收的局面一定程度上削弱了农户的生产积极性。当前，乡村发展进入了一个崭新阶段，在互联网、移动互联网、智能手机普及的同时，我国农业正在从传统农业向现代农业转变。高铁高速纵横、政策利好、互联网及数字基础设施加持，使得"三农"迎来了史无前例的光明前景，农村电商也在此背景下应运而生，并不断改善传统农产品供应链流通中存在的问题。

（一）农产品电商供应链运作模式及特点

农产品电商供应链主要包括供应端、平台端和消费端三个端口，涉及的主体包含电商企业、农产品生产者（农户、农民合作社、农业企业等）、不同类型服务的提供商和消费者等多方主体。供应端在农产品电商供应链模式下主要发挥向平台端提供农产品信息，并向消费端进行物流的职能；平台端主要是由提供电商服务的一系列线上平台主体组成，通过网页、社交媒体等载体的形式，将所有的农产品进行展示，平台端

还设置了交易渠道，消费者通过支付即可实现交易；消费端则主要包括潜在消费者和实际消费者两类。农产品电商供应链以电商平台或企业作为供应链核心，通过整合 IT 服务、物流服务、金融服务、市场营销服务，实现了农产品从生产源头到消费者的有效流动（见图 7-3）。

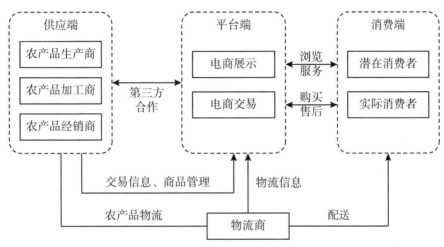

图 7-3 农产品电商供应链运作模式示意图

资料来源：知网文献（赵捷和谭琳元，2022）。

与传统的农产品供应链相比，农产品电商供应链呈现出以下特点：

（1）可以实现由生产者直接联结消费者的去中介化效应。在传统的农产品供应链中，农产品从生产到消费的过程往往要经历农产品经纪人、批发市场、零售终端等多个冗余环节，这样的长链条不仅扭曲了信息、提高了成本，也带来了农产品损耗过大等问题。而基于互联网的农产品电商可以通过农产品生产经营者的自我传播直接接触到充足的消费者群体，可以减少甚至消除农产品供应链中的中间环节，从而实现农产品流通的"点对点"直连。去中介化的过程可以提高农产品供应链的运行效率，解决由于供应链流通环节过多造成的市场需求信息扭曲、供应链主体间利益冲突、农产品损耗大、流通成本高等难点。同时，可以改变农产品供应链的收益分配，传统的中间商对于农产品供应链的收益权有所下降，农户和消费者的供应链收益权得到提升，有利于维护顾客价值和促进农民增收。

（2）农产品供应链的效率能够得到改进。由于农产品的生产周期较长，市场需求信息在农产品供应链的传递中容易被扭曲，从而造成农产品供需不匹配，一方面农产品生产者可能存在农产品滞销的问题，另一方面消费者则会面临结构性短缺及农产品价格的剧烈调整。而农村电商企业可以通过使用先进的信息技术强化供应链成员间的信息透明和共享，提升供应链的协同效率及对市场需求的响应效果；同时，电商企业可以通过大数据有效收集消费者购买行为的数据，通过大数据分析对消费者购买趋势做出更为准确的预测。

（3）与物流过程的紧密程度提升。无论是与其他线上交易的商品比较，还是与通过线下渠道流通的农产品比较，农产品电商供应链对物流的要求均更高。从消费者的角度而言，高效的物流配送是农产品电商便利性实现的关键，物流过程是农产品电商与顾客接触的重要环节，物流服务质量的好坏直接影响消费者对于本次线上购物的体验。从农产品电商供应链主体看，物流过程不但是影响农产品质量的重要因素，也是电商经营成本的重要组成部分。由于农产品的易腐性和顾客对农产品新鲜程度的要求，农产品电商的物流成本要远远高出其他线上交易的商品。如何实现物流服务质量、物流效率与物流成本之间的平衡，对于农产品电商供应链来说非常关键。

（二）农产品电商供应链存在的难点

传统农产品供应链冗长的流通链条与不稳定性是制约我国农产品上行的短板。过去十多年，电商推动了各类商品流通的数字化，大幅降低了流通成本。而中国农产品流通的数字化改造起步时间相对更晚，农产品的流通损耗大、成本高。同时，农产品的品牌化、定制化，生产的智能化、规模化趋势，也影响着农产品供应链体系的升级再造。在农产品电商供应链的发展过程中，主要存在着以下难点问题：

（1）农业电商配送体系不完善。农村居民，特别是山区等交通不便地区的农村居民居住和生产较为分散，加之网购订单的密度不高，农产品的利润偏低，导致大多数电商企业不愿意花费资金和时间在农村建设过多的电商配送网点，进而导致了农村居民收发快递的不便性、电商企业物流配送成本高、电商网点工作人员二次收费、返程的运输车辆空载严重等众多问题。农村电商配送体系存在的问题限制了农业电商的进一步发展，并且这个问题在生鲜农业电商表现尤为突出——生鲜农产品电商对于生鲜农产品的包装、从生产地到物流节点的配送时间、预加工和处理要求都较为严格，高效电商配送体系的缺乏无疑会阻碍生鲜农产品电商的进一步发展。

（2）电商人才匮乏。在乡、镇、县从业的电商人员大多是农民或者教育水平不高的人员，没有进行过系统完整的电商知识学习，对于电商的认识较为浅显，基本只能做到接单、简单包装和发货等工作，在接受一定培训的基础上，可以进行简单的电商直播，但是，在提升生鲜农产品电商品质方面，如开展中高端电商直播，大多数的农村电商从业人员则缺乏相应的专业知识技能。农村电商人才缺乏的问题无论从发展理念更新还是农业电商运作等方面，均对农业电商，尤其是农产品上行电商的发展产生了较为严重的限制。

（3）农产品销售渠道少。虽然网络运营商的无线信号及其他基本的数字基础设施在农村地区覆盖已经比较全面，但是在家务农的大多是中年人和老年人，他们对网络环境仍然相对陌生，利用网络来售卖农产品的村民非常少见，大多是将农产品运送至城镇进行售卖，但偏远地区路程遥远且路况不便利，农产品在运输过程中极易受到破坏，造成浪费，导致农民收入进一步降低。虽然一些电商平台会去农产品基地收货，但是由于种植分散，农户的获益面仍然会受一定程度的局限。

（4）缺乏流量支持。电商对于工业品上行的成功改造，曾经也让农业寄予厚望，但是由于农产品供应链更为复杂、利润微薄、品牌缺乏且品质参差不齐，致使传统电商在进行收入产出衡量之后，不愿意把"昂贵"的流量导向农产品，使得农产品往往很难有最优的流量呈现在消费者面前，从而与其他商品相对比，其营销效果大大减弱。

（三）拼多多对于农产品电商供应链模式的应用及优化

拼多多创立之初，便提出了"平台＋新农人＋农户"的上行理念，将传统农产品流通需要6~8个的环节精简为2~3个环节，从而大幅降低供应链的复杂性，提高销售者的利润同时也让消费者买得便宜。拼多多通过原产地直发的农产品上行模式，极大地缩短了流通供应链条，推动农产品从田间地头"最初一公里"直连餐厅厨房"最后一公里"，大幅降低了产品销售成本，致力于破解农产品流通过程中的层层加价问题。在此过程中，拼多多作为电商平台，不仅发挥了其在平台端电商展示和电商交易的作用，也嵌入了供应端和消费端，促进两端同时发力。

在供应端，拼多多开启的"农云行动"广泛深入全国各大农产区，在区域联合、直播推广、原产地建设、公用品牌打造等领域展开合作，在重塑农产品供应链的同时，发掘更多原产地的优质产品，助力部分地区的小产品发展成大产业，批量对接当地优质农产品产业带"上云"。并通过对优秀新农人持续进行针对性辅导，为农产品的供应端带来持续发力的新动能。具体而言，一是对于已经起步且具备良好供应链的商家，帮助其完成"从1到100"的跨越；二是鼓励和培训农产品产业带的年轻新农人上平台开店，完成"从0到1"的起步。

在销售端，拼多多通过拼单模式汇集消费需求，提高农产品订单的集中程度和确定性，从而使得农产品从供应端就能够更加有的放矢和精准地进行种植，在贯穿生产、供应链、流通和消费的农业全链路当中加强供需匹配，促进农产品的生产端和消费端持续地向可持续发展的方向转型。同时，拼多多加大农产品补贴力度，通过"百亿补贴""限时秒杀"等核心资源为时令水果及生鲜提供源源不断的需求。

人民网电商研究发布的《农村电商发展趋势报告》指出，拼多多基于创新的"拼农货"体系，帮助千万级小农户和4.932亿消费者，打造出农业"超短链"，这种模式不仅解决了消费者出高价、生产者不赚钱的难题，更让中国农业突破土地分散化的制约，在此基础上形成了全新的生产要素和价值分配机制。同时，在缩短供应链的基础上，拼多多还正式提出了"新物流"技术平台，目前，拼多多正在联合物流生态的合作伙伴，对农产品物流和普通包裹进行区分，重新规划和整合农产品上行的物流资源和节点，以进一步改善分散和低效的农产品供应链（见图7-4）。

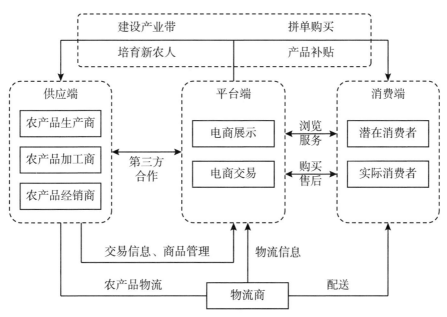

图7-4　农产品电商供应链优化示意图

资料来源：课题组整理。

五、总结及经验启示

作为中国最大的农产品上行平台之一的拼多多，始终致力于推动国际一流数字农业解决方案在国内的落地应用，这体现了拼多多的深远谋划，也彰显着其沉甸甸的社会责任。可以看出，拼多多从产业链的多个维度推动了农产品供应链创新升级，抓住了一条兼顾市场效益与社会效益双重发展的曲线。拼多多的竞争力在于，拼多多基本形成了基于产品、人才和渠道三个重点环节的高质量组合方案，与传统的基地直采等溯源方案相比较来说，更加具有竞争优势。上述优势既可以帮助拼多多拓展和获取在产业链上下游中的诸多机会点，使其在电商平台竞争中抢占先机和市场份额，同时，也能突破外界对拼多多平台商品的刻板印象，强化其差异化竞争力。

"农云行动"这一农产品上行的新解法也对拼多多提出了更具综合性的要求，涉及产能梳理、农户培育、技术指导、销售渠道搭建等方方面面。当前，零售终端仅关注终端销售的态度已经不能够应对整体变化，唯有联通产业链上下游，共同做大蛋糕，才有可能穿越周期。拼多多的这一方案正是通过模式创新激发农户活力，进而提升整体配合度，推动产业链升级的有效打法。

"农云行动"的关键，是拼多多需要同时从产地和消费者两端发力，跳开中间环节，改善产业链流通条线冗长、中间环节众多造成的成本高等问题。在此过程中，"农云行动"提供了五个具有借鉴意义的主要举措：第一，保持"零佣金"，助力农产品产业带由"产销对接"升级为"产消直连"，不断优化中间、补足两端，为农业生产者和消费者双双让利；第二，集中投入优势资源，大面积推广"多人团"限时秒杀、强化运用百亿补贴，积极对接农货节、年货节等大型节日活动，从而实现大流量支持，激发需求侧的消费意愿，重点助力 100 个农产品产业带建设的"数字化新供给"；第三，批量对接当地优质供应链"上云"，在当地涉农部门和电商部门的指导下，举办专场招商培训，对优秀新农人进行小规模和针对性辅导，并计划孕育出 1 000 个成功典范；第四，为农产品产业带的商家对接仓储、冷链等专用农货物流体系提供全通道的农产品上行基础设施服务；第五，通过平台不断强化曝光及全渠道推广，助力打造 100 个农特产的区域和全国性品牌，推动农特产品向标准化、品牌化和数字化方向发展。

本次"农云行动"的落地，是拼多多助推农产品标准化、品牌化和数字化发展的关键一步，也意味着拼多多在"务农"道路上已经具备了可复制、可推广的"农云经验"。而且，农业产业带升级改造并非一日之功，拼多多所做的是长线投入，这体现出了拼多多扎根农业的战略定位，"腿上有泥"正是拼多多区别于其他电商平台的差异化竞争力。尤其是在当前流通产业链不断变革背景下，抓住产业链源头，意味着未来有机会把握核心产区的商品，进而提升平台活性。这也意味着，拼多多希望成为一家"新型农业科技企业"的价值判断，正在逐步落地。

第三节　阿里巴巴：从"餐桌"到"土地"的 农业全链条数智化升级

新时代是数字的时代。近年来，我国农业与数字新技术加快融合，农业数字化愈发呈现出不可阻挡的蓬勃发展态势。受销售渠道单一、物流体系落后、品牌优势薄弱等多方面影响，农产品的产量与质量均容易出现波动。如何构建标准化、常态化、精细化的供应链体系与稳定的销售渠道，提高农产品附加值，是农业现代化亟须解决的问题。

阿里在数字农业方面耕耘数年，在全国建立 1 000 多个数字农业基地，集合数字经济体之力助力农业"产、供、销、服"全产业链数智化升级，助农增收。其中，"盒马村"是阿里数字农业基地的典型代表，该模式运用数字技术打通农业上下游产业链，指导农业生产、加工、运输、销售等全链路以需定产，与盒马形成稳定的供应关系。以阿里数字农业为代表的新产业、新业态、新模式依托数字经济发展带来的创新动能提升产业链现代化水平，对维护农产品供应链畅通、促进供给与需求良性联动和稳定国民经济全局中农业的"压舱石"地位发挥了重要作用。阿里数字农业实践探索启示我们，农业数字化不仅给我国农业技术带来革命式的进步，还带来经营理念的革新和消费观念的深刻变化，极大地促进了我国农业生产流程再造、产业生态再造和市场格局再造，对促进农产品高质量发展、推动农村产业兴旺、助力小农户和现代农业发展具有一定实践意义。

一、顺应大数据发展趋势引领驱动农业现代化发展

在大数据时代，数字技术嵌入乡村产业发展是农业现代化发展的必然趋势，农业现代化既是推进经济社会现代化进程的重要一环，也是中国构建现代化经济体系的有机组成部分，推动数字经济与实体农业融合发展，对完善农业产业链、推动乡村产业振兴、促进农民农村共同富裕、构建城乡融合发展的新格局具有重要意义。

"人均不过一亩三分地，户均不过十亩田"是我国现代农业建设绕不开的必解之题，因其"小而散"的特点，农民组织化程度不高，对接市场难度大，农民只能获得微薄的初级农产品收益，很难分享到农业产业链的增值红利，不仅限制了农民收入的提高，也影响了新技术的推广运用，不利于农业生产力进步和现代农业发展。为了更好地推进乡村

振兴，在农业专业合作社基础之上，各种不同层次的供应链也开始出现在农业生产中，但从实际运行效果来看，供应链各环节之间利益联结十分松散，产销各方权责不清，缺乏契约意识，违约成本低，导致我国农业产业链矛盾突出，进而影响农产品增值水平和农民收入水平，并带来农村青壮年劳动力等优质资源要素外流等问题。

面对"农业生产效益低、市场对接难、未来谁来种地"的三大难题，如何突破？阿里巴巴发挥科技助力创新和平台链接市场两大核心优势，在中国农业生产数智化转型方面进行积极的探索和尝试，以县域为中心，在产业、人才、组织、文化、生态领域的多个场景进行整体谋划，聚焦产业数字化，加强数字技术深度应用，提升农业生产经营数字化水平，以"工业思维＋数字农业"的模式指导农业技术创新和生产，把数字技术嵌入到从供给端到消费终端的农业供应链管理全过程，通过践行品牌化提升乡村价值、互联网化助力农文旅融合、数智化畅通产供销全链路、实训化促进乡村就业创业四个路径，带动和提升县域农业农村现代化发展，为全国县域提供综合可持续的数字乡村解决方案。

二、"从田头到餐桌" 以数智科技赋能产业全链条

一个高质量、有效率的农业供给体系，不仅取决于生产环节质量和效率的提升，更取决于产业链各环节的协同和整个产业链效率的提升。阿里通过搭建供应链环节的数字化基础设施、供应链环节的数智化、生产环节数智化、订单数智化、供需关系数智化五个环节可以实现农产品从田头到餐桌的整个产业链路被打通，实现各环节协同创新、共同发力，从而构建现代农业高质量发展的新格局（见图 7 - 5）。

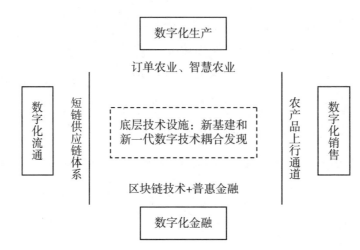

图 7 - 5　数字化打通农业"产供销服"全链条

资料来源：农业全产业链数字化转型的底层逻辑及推进策略.

（一）农业生产链数智化提高农产品生产效率

农业生产链分为产前（农资供应）、产中（农产品种植/养殖）、产后环节（农副产品加工、农产品交易），流程冗长且复杂。进入农业生产4.0时代，为解决传统农业生产中数字化精准种植技术不够普及、单位面积农药化肥使用量高以及资源利用率、土地产出率、劳动生产率仍然偏低的状况，阿里从以农产品电商为代表的销售领域向农业产前、产中、产后的全产业链升级延伸，布局全产业链的农业数字化应用，充分调动数字技术资源，从传统的互联网技术运用，加快转向大数据、物联网、人工智能、区块链、云计算等多种数字技术的产业嵌入。

在生产环节，以平台建设为突破口，打造数字农业智脑。整合打造农业大数据平台，推进农业行政监管、农业综合服务、农业政务信息三大平台融合，将耕地、生物资源、产地环境等农业资源环境数据以及农产品质量监管、农业投入品全程监管数据纳入农业大数据平台，形成覆盖全区、业务协同、上下联动、数据共享的农业大数据综合体系。通过电子农情监测、传感和数据分析等智能手段，辅助进行科学决策，以及农业投入品精准投放、生产过程精准控制、农产品全程可追溯和全环节精益化管理，实现标准化生产、集约化经营和资源高效利用，促进农业全要素生产率提升。在产后环节，从提升农产品收储加工能力进行突破，在此基础上打通产品的保鲜、贮藏、分级、包装等环节，延长农业产品的流通价值和货架期；"农业云仓"将直接建立从工厂到 C 端消费者的物流配送模型，通过"区域配送＋社区配送"的方式完成对物流效率的最大化运算；"智慧小站"是在分布式小仓储的基础上，开辟出"加工场＋市场"的模式，既能直接对农产品进行售卖，也能在现场对农产品进行第一步的加工，对农产品进行保鲜保质。通过数字体系的完善和万物互联的实现，让农业产业出现全新的社会产—供—销关系。

（二）数智化物流体系提升农产品物流服务效率

物流既是衔接供需两端的最直接的作业链条，又是联动产业、协同产业的核心基础，在农产品供应链体系中承担着重要的支撑和服务保障作用。我国传统的农产品流通产业链由上游（参与主体为专业合作社、农场、农产品生产基地）、中游（农产品批发市场等）以及下游（零售终端：线下渠道与线上渠道）组成。实践中，存在于流通领域中的高额流通成本映射出国内农业产业链效率低下的痛点，而碎片化的供需信息是我国农产品流通高成本（供需信息匹配成本、供需信息错配成本）的核心来源，叠加冷链物流技术水平不足，这些因素的存在都加剧了国内农产品流通链条的短板。阿里的"短链"物流体系（见图 7－6），通过构建"产地仓＋销地仓"模式，打通农产品上行通道，在供给端，阿里通过打通"最先一公里"，在全国 100 多个县域布局以"产地仓"为代表的"百县进盒马"行动，与当地政府共同推动农业产业产—供—销全链路数智化，建设标准规范的数字农业基地，以最大限度地缓解订单和采摘在时间、数量上的错配压力，降低农产品采摘、贮存、运输环节的损耗，将产值更大程度地留在原产地。在销售端，阿里的 1 000

多个数字农业基地、670 多个菜鸟县域物流共配中心、5 大产地仓和全国各地的销地仓构成"数字化流通"网络，联动淘宝、天猫以及盒马、大润发门店、社区团购等线上线下销售网络共同构建的"数字化销售"矩阵和分销网络将有利于升级全国农产品数智化供应链。

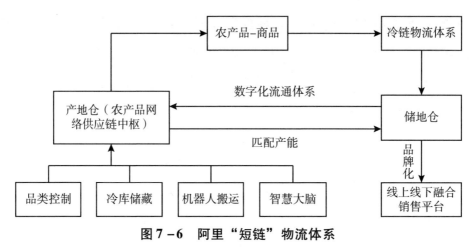

图 7-6 阿里"短链"物流体系

资料来源：农业全产业链数字化转型的底层逻辑及推进策略。

（三）供需环节数智化实现"产供销"全链路贯通

数智农业与平台经济是农业产业链条上的两个核心部分。数智农业的主要价值在于降低农业生产风险、保证农业生产质量、提升农业生产效率，有效贯通农产品的产前和产中。而平台经济则主要贯通农产品的产中和产后。互联网平台承载了农业供给端、需求端以及相关服务方的有效对接、实时互动，切实降低了各类交易主体的搜寻、议价成本，在产销的顺畅衔接中实现需求引领供给、供给创造需求，提升农产品的流通效率，解决了农业领域长期存在的"买难、卖难"的双重困境。此外，平台经济体的综合服务化趋势，有助于农业生产经营主体更加便捷、精准地获取金融服务、涉农信贷服务、农业保险服务、产学研合作途径等。

阿里主导技术赋能、蚂蚁金服提供金融服务、菜鸟网络为农产品供应助攻，淘宝、天猫、盒马鲜生、大润发这些新零售渠道，则成为农产品的主要分销渠道，多个业务层层加码阿里建立了贯通全产业链的智慧农业体系。值得一提的是，高质量的生产和高效率的销售相辅相成，农产品上行是阿里智慧农业版图的重心。阿里早年推行的"农村计划""百万便利店计划""天猫小店计划"为其推动农产品上行定了基础。此后，阿里深耕农产品上行，建设完备的农产品供应链体系提升农产品流通效率，还通过生鲜电商、社区团购、农产品直播等模式，帮助农产品实现快销、多销、广销，实现农业增效、农民增收。阿里通过贯通农业"产供销"全链路实现两者在供需层的有效衔接，实质性地延伸了整个农业产业链条，并加速了农业产业链的数智化升级进程。

三、"盒马村"中国数字农业新样板

近年来，一批以推动农业高质量发展的订单农业新模式——"盒马村"不断涌现，作为乡村振兴的"数字引擎"，它们正跨越乡间小路、连通深山沟壑、融入乡村生活众多场景，改变着人们的点点滴滴，绘就出一幅幅乡村全面振兴的美景。

盒马村，是根据盒马订单，定向种植＋以需定产，让产销之间形成稳定的供应关系，用数字化打通"产供销"全链路，将数字化应用从消费端"餐桌"走向生产端"土地"，推动农产品标准化、精细化、品牌化改造，发展数字农业的村庄。这种模式于 2019 年 7 月在四川甘孜州丹巴县率先试水，经过四年历练，逐步向全国复制。公开资料显示，盒马通过在全国构建 5 大枢纽中心，8 个供应链运营中心，百余个产地仓、销地仓，110 条干线线路，形成一套高效的仓网服务体系，并向全国数千家上游基地开放赋能，提高了覆盖范围内的供应链效率，让消费

者能够更加便捷地享受到"南菜北调""西果东输"的新鲜产品。截至
2023 年 5 月，全国共有 185 个盒马村，其中有机盒马村 41 个，惠及上
下游产业链企业 110 家，盒马村在盒马销售的产品共计 699 个。

　　盒马村典型特征是利用大数据技术武装小农户，打通生产决策、田
间管理、加工分选、精准营销等全产业链条，帮助小农户找到大市场。
在生产组织端，利用大数据洞悉市场需求，通过消费大数据，把市场行
情、消费趋势传递给盒马数据库，盒马再根据销售端传来的用户反馈，
把更多关于消费者偏好、价格、供求等实时的市场信息和用户需求告知
农户，帮助农户科学生产决策，把分散、孤立的生产单元升级为规模
化、标准化的数字农业基地，稳定了农产品价格，保护消费者利益的同
时，也减少了农户面临的市场风险，有效避免"菜贵伤民""菜贱伤
农"。在产销对接端，推动农产品加工、分选、营销全链路数字化，孵
育优质品牌，打通从初级农产品到高品质商品之间的通道，促进农民增
收。以大别山黑山羊为例，过去一只 80 斤毛羊仅卖 2 400 多元。盒马
通过产品精细化分层加工与定制化供应链解决方案，将一只毛羊转化为
50 多个商品，总价值提升到 5 000 多元。

　　我国首个"盒马村"出现在四川省丹巴县八科村。据八科村的村
民说："村里人人都知道黄金荚是好东西，卖出去一定受欢迎，但是却
一直没有好的销售途径，只能干着急。"直到 2018 年，位于成都的盒马
采购负责人来到八科村，了解到黄金荚这一优质农产品，并开启了根据
"定口味、定大小、定品种"的订单农业，三周时间黄金荚走向全国，
从无人知晓到供不应求，成为盒马网红蔬菜。

　　八科村黄金荚能够热销的背后，是盒马在开拓市场同时，寻求与上
游生产基地搭建密切联系的结果。过去的黄金荚都是由菜贩子去到农户
家里以低价回收，没有明确的销路及订单，更谈不上发展县域内的黄金
荚产业。也有农户曾经想通过电子商务把黄金荚卖出去，但是光运费就

承担不了。而订单农业，其最大的优势和特点就是：以销定产，尽可能地减少生产冗余，抵御市场波动带来的风险。盒马根据不同门店的销售情况，利用销售端的大数据分析用户消费习惯，预估出具体的农产品采购量，将信息传达给生产端农户，作为农业生产调整依据，与此同时，企业也会把自身拥有的种植建议提供给村集体或合作社。比如南北方的客户，对同一产品喜好是不同的，这样可以使黄金荚做更加精细化和标准化的种植，实现精准供求对接。再依靠盒马的供应链支撑，黄金荚走完所有标准化流程，只需要 24 小时即可运到全国各地用户的饭桌上。黄金荚能够通过盒马这样的电商平台卖到全国，靠的是独具特色的订单农业，以及盒马实力雄厚的大数据与供应链支撑。八科村经验是把分散的小农户便利化和高效化地组织起来，把看不见的市场信息透明化和公开化，把小农户与大市场的被动博弈变得主动化和公平化，打破小农户与现代农业之间的壁垒和藩篱，实现与现代农业有机融合。

　　"盒马村"的价值不只体现在一个村庄，远隔千里之外的广西灵山县农业智能产地仓和数字果园，或者更符合人们关于数智农业的想象。作为"中国荔枝之乡"，灵山是全国第二大荔枝生产县，至今已有 2 000 多年的荔枝栽培历史。从 2021 年开始，当地政府、县域龙头企业与阿里巴巴三方合作共建数字乡村标杆县，阿里云"未来果园"、菜鸟智能产地仓、阿里平台全渠道销售等在灵山逐一落地，打通了农业全链路数字化。小城蜕变，数字化从餐桌来到土地，吸引了更多新农人返乡，父辈在一楼做批发，90 后们在二楼做电商直播，两代人在荔枝生意上的"接力"，正成为此地荔枝产业的独特风景，成为"产供销"全链路数字化样板间。

　　一是生产数智化。在当地与阿里合作建设的"未来果园"里，基于 AIot 设备、物联网、气象、水肥一体等设备在荔枝种苗基地的数据化应用，将"地块—作物—环境—人"连接起来，形成生产全流程的数据档案，建立有效的知识模型来分析产量情况，优化种植决策方案，帮助果园实现标准化生产管理。通过水肥一体化灌溉机，仅需 1 人使用手机便可完成 200 亩果园的精准施肥灌溉，使用虫情测报灯能够识别出 10 多种害虫种类，有效防止荔枝果树遭受侵害，为优质种苗培育提供更好保障，

二是流通数智化。整合本地供配中心与供销社田头仓资源，建立菜鸟智能产地仓，为灵山农特产品提供集货、检测、分选、分级、加工、冷藏、配送和信息平台等多种功能。产地仓配备智能分选线，通过机器视觉分析、光谱检测、机器学习等先进技术，自动化系统根据水果的果径、克重、表面瑕疵，甚至是果品的糖酸度，将水果分成 5 个等级。经过分级的水果，对应相应的销售渠道——高端商超、电商、批发市场、水果加工厂等。产地仓的建成运营能有效减少中间流通环节，降低交易成本，其中整体供应链成本预计降低 10% ~ 40%，通过产地仓对接的 2 100 余户重点农户平均创收达 5 万元。

三是销售数智化。灵山县突破传统销售模式，积极运用直播电商渠道，打造热点话题，积极提高灵山荔枝的关注度。如灵山县人民政府联合阿里巴巴共同推介，以"灵山美荔香飘万里"为主题，突出荔枝原产地品牌优势，借助天猫、淘宝直播等进行线上宣传和促销活动，携手直播明星、主播等为灵山桂味荔枝宣传推广。2021 年，灵山荔枝线上成交金额同比增长 200%，消费者线上购买灵山桂味荔枝后售后好评率超过 97%。为果农进一步畅通了荔枝销售渠道，助力农民增收。

从运行效果看，"盒马村"不满足于农产品电商单链条的做大做强，而是着力以解决生产对接、经营对接、加工对接、流通对接和市场对接等根本性问题发力，将农业数字化场景从消费端的"餐桌"带到更上游的"土地"，从"餐桌"到"土地"的背后逻辑是数字化打通研发、生产、加工、销售、服务的各个环节，让数字红利充分体现在本地

产品体系、就业体系、配套载体等带来的经济社会效益上，并且在全产业链数字化转型中持续增长，运用数字技术和理念，形成全产业链的集成与带动。

四、农业全链条数智化助推乡村产业全面振兴

数字技术对乡村生产、供应链管理、营销、金融等全产业链的数字化转型发展将发挥重要的驱动作用。在政府、互联网平台与各类市场主体的共同推动下，从"餐桌"走向"土地"的农业全链条数智化越来越多地在全国落地。农业全产业链模式是以现实需求为导向，生产者供给的农产品通过传统市场或电商进行销售，根据收集的消费者反馈信息进行新一轮决策的模式。通过推动农业全产业链数智化发展，能够促进农业产前、产中和产后在数字技术的加持下实现高效联动发展，形成全产业链大数据，产生强大的系统合力，提升整个农业产业链的综合竞争力。

农业全链条数智化是农业数智化向产业链更深层次发展的结果，呈现出链式关联性、数据集成性和主体协同性特征。链式关联性是指在农业全链条各个环节数字化发展的过程中，要打通产业链上各环节的信息堵点和连接障碍，使得经过数智化改造后的农业全链条各环节的信息、利益、决策等之间的关联性进一步加强；数据集成性是指农业全链条数智化具有潜在数据集成效应，通过收集全链条各环节的相关数据，有利于对产业链发展进行整体研判，提升产业链整体数智化规模效应；主体协同性是指在农业全链条数智化过程中，拓展了产业链主体资源，促进了产业链上各环节主体的分工协同。

农业全链条数智化是乡村产业转型升级的重要驱动力，在改善农业全产业链的生产效率、优化产业结构、开拓产品新市场以及主体协同分

工价值共创等方面起到重要作用，其助推乡村产业转型的实质是以数字知识为关键生产要素、以信息网络为载体、以数字技术为推动力，实现农业生产、经营、管理和服务产业体系的组织变革、技术变革和效率变革。以阿里为典型代表的农业数字化转型就是利用数字经济理念，发挥数字技术在农业生产要素配置中的优化和集成作用，将大数据、物联网、云计算等数字技术与其他生产要素，如土地、资本、劳动力等相融合，使其他生产要素的使用质量、组合效率得以提升，并在供需层形成"适需生产—消费者满意—收益提高—有针对性地改良—产品质量更高"的正向反馈机制，最终实现了价值层的价值共创与共享。其共创的价值不仅体现在优质的产品和服务上，还包括科技的创新与应用、特色农产品的品牌价值、人力资本的不断提升等无形资产，实现农业产业链上生产、经营、管理、服务数字融合创新，带来农业产业新发展模式，推动农业全产业链发展，进而促进乡村产业转型升级。

一是农业生产转型。农业全产业链数智化改造增强了数字农业平台的信息资源集成和农业生产全程控制，数字技术能够增加农业生产科技含量，有助于推动农业生产向机械化、自动化、智能化转型，提升了农业生产过程中产前、产中、产后不同阶段数字化水平，加速农业现代化进程。同时，为智慧农场、智能车间、智慧管理等智慧农业的创新发展提供了基础技术支撑和保障。

二是农业经营转型。数字技术对传统产业进行多角度、全方位的全链条式改造，通过赋能市场主体在生产、流通、服务等领域不断创新经营，提升农业经营科技化、组织化和精细化水平，推动农业经营主体数字化转型，根据互联网数据反馈信息及时调整生产计划，解决农业供给与需求不均衡不充分问题，满足消费者个性化需求，实现供给需求精准高效对接，并涌现出订单农业、直播电商、网红带货、社区团购、订单众筹等新经营业态，丰富了创意农业、认养农业、功能农业、观光农业等新业态的经营模式和创新空间，延伸了农业产业链和价值链，推动了农村一二三产业融合发展。

三是农业管理转型。农业管理数字系统构建有助于减少农业生产对劳动力和土地等传统生产要素的依赖。农业生产者利用现代化技术针对性地制定相应策略，优化农业种植结构，科学分析农业要素配置，精准对接农作物生长，提升农业精细化管理水平，实现农产品质量安全追溯流程数字化，为消费者提供透明的全产业链环节的产品信息，也为政府部门提供监督、管理、监测和决策的依据。

四是农业服务转型。农业全链条数字化增强了农业全产业链上的农业服务主体、服务对象、服务资源之间的联结，推动形成立体型、复合式、网络化的服务形态。特别是，农业大数据分析平台为农业的生产、经营、管理提供更方便快捷的信息服务支持。农业从业者可利用智能手机随时获取气象监测、病虫害识别、用药指导、个性化农技指导等服务，有效提升农业生产水平。同时，政府职能部门通过对农业生产服务数据进行统计分析，优化生产服务决策。

五、总结及经验启示

阿里在助力数字农业发展的过程中，把"以数字化开拓市场—依托技术提升品质—长期协作确保供应链稳定"作为主要的发展路径。利用自身具备的大数据平台推动技术、资本、人才等要素在农产品全产业链的不同环节实现有效配置，成为生产端订单农业数字化转型升级的代表。

（一）因地制宜分类施策，为各主体提供政策支持

在阿里的一系列数智农业实践中，除订单农业在第一阶段发挥着作用，其还利用配套的金融服务、基础设施建设等作为二、三阶段，以帮

助农户实现全链条的农产品高效生产。这也是当前我国分散农业生产面临的另一重要难题，由于我国各地方农业的发展基础差异较大，因此在不同地区开展生产、经营、销售等活动都要具体问题具体分析。如在基础设施较差的地区，由政府带头，对相关设施进行系统完善，使基础设施达到现代化农业产供销各环节所需水平；对具有一定市场基础及发展潜力的特色农产品公司提供税收优惠等政策支持，助力地区特色农产品品牌打造；建立健全农业保险及补贴机制，降低企业和农户的生产与市场风险。

（二）助推农户标准化生产，发展数字化订单农业

鼓励龙头企业、电商企业、农产品批发市场、大型超市采取"农户＋合作社＋企业"等模式，签订长期农产品采购协议，大力发展订单农业。政府引导从事农产品批发、运销、经纪的各类经营主体，通过建立自有、合作生产基地等方式，向生产环节延伸产业链条，形成以利益联结为核心的产销合作关系。鼓励大型农产品销售平台，通过数字化订单模式将小农户生产与大市场形成有效衔接，促进传统小农户向现代农业转变。基于数字化订单农业，农产品供应商可以和经销商形成长期稳定的交易关系，有助于农户及其他农产品供应商灵活调整农产品生产量，有效降低供需不匹配的市场风险，让农户切实享受到数字化农业所带来的收益与便利，激励农户发展现代化农业的积极性。

（三）新零售＋大数据挖掘需求，带动农业供给侧结构性改革

以盒马村为例，盒马通过线上线下都采用 App 支付的方式，获得了大量的消费者购买与偏好信息，并以此为基础，对消费者的消费偏好进行分类分析，针对消费者的不同需求，对产品进行打造，由此确保生产端与需求端的高质量衔接。例如，盒马在四川打造的"高山鲜"品牌，就是抓住了消费者对农产品品质、生产环境的要求。

（四）现代化技术完善供应链建设，实现产供销全链路数字化

生产出高质量的农产品仅仅是实现高质量生产的第一步，完善的供应链体系是把优质农产品真正让消费者享受到的基础。"盒马村"模式采用"产—供—销"一体化、数字化供应链管理，对农产品的加工、物流（冷链运输）、仓储以及分拣、包装和检测都制定并执行了严格标准。供应链各环节流程标准化、信息数字化，一方面能够实现农产品全程可追溯，另一方面通过大数据能够计算出供应链各环节的成本和收益，有利于各环节交易的信息透明，从而降低了传统供应链中的隐性成本。

（五）加强各环节内的多方合作，培育优势企业和优势农户

中国大多数农村都以分散小农户经营为主，且生产经营规模较小，这是中国农业发展面临的最大的现实基础与客观条件。因此，想要将分散的小农户组织起来，实现共同生产、共担风险、共享利益的经营模式，享受订单农业带来的好处，就必须加强相关政府部门、农业企业、社会组织、农民专业合作社、农业新型经营主体的多方协作，从而实现对分散农户的组织、协调和管理工作。同时，要充分重视龙头企业的作用，在选取合作企业的同时，要选择具有真正的市场开拓能力、订单履约能力、强大的科技创新能力的行业龙头企业。同时，也可建立优势农户的信用档案，好比银行中的信贷体系一样，在市场行情不够好的时候，依照农户的信用评级发放相应的贷款作为扶持，帮助农户度过眼下的困难，实现长期的良性生产，并从长远的利益出发，培育优势农户作为农业订单农业的坚实基础。

第四节　网库：产业数智化推动农业高质量发展[①]

产业数智化是指利用现代数字信息技术、先进互联网和人工智能技术对传统产业进行全方位、全角度、全链条改造，使数字技术与实体经

---

① 资料来源：与网库集团创始人、董事长王海波的访谈资料。

济各行各业深度融合发展。推动传统产业数智化转型，一方面，可以打破传统产业的生产周期和生产方式，使企业能够借助互联网广泛的数字连接能力打破时空局限，将产品和服务提供给更广泛的用户和消费者，提升企业产出效率，推动企业生产规模扩大；另一方面，能够让企业有效利用现代数字技术精确度量、分析和优化生产运营各环节，降低生产经营成本，提高经营效率，提高产品和服务的质量，创造新的产品和服务。可见，运用数字技术对传统生产要素进行改造、整合、提升，将大大促进传统生产要素优化配置、传统生产方式变革，实现生产力水平跨越式提升。

习近平总书记在世界经济论坛 2017 年年会、"一带一路"国际合作高峰论坛、金砖国家领导人会晤、2019 年中央经济工作会议等重要会议上，都强调了数字经济的发展并作出重要指示。党的二十大报告提出："加快发展数字经济，促进数字经济和实体经济深度融合，打造具有国际竞争力的数字产业集群。"数字经济改变了国民经济实体的生产、消费和分配方式，提供了更加高效的经济运行模式。在数字经济时代，数据要素已成为经济社会各部门不可或缺的生产要素，但数据不是天然的生产要素，只有通过数据专业部门的归集、脱敏处理、权属确认、价值开发，才能转化为可用于生产决策的数据资产，当这些数据资产通过市场交易转化为生产要素时，才形成了应用部门能发挥生产力作用的数据资本。数字经济，不仅是数字的经济，还是融合的经济。实体经济是数字经济的落脚点，实体产业的高质量发展是数字经济发展的总要求。因此，产业数智化是数字经济与实体经济深度融合的关键途径，有利于数据要素的收集，积累数据资源，促进数字产业集群的形成，实现数据要素的价值转化。

农业产业数智化发展面临难得的机遇，同时也面临诸多困难和挑战。现阶段中国"三农"数据采集、传输、存储、分析、应用尚处探索阶段。一是农村网络基础设施相对薄弱。农业生产基地 4G 信号盲点仍然较多，乡村 5G 基站、光纤宽带、物联网设施等新基建数量和布局亟待完善。二是农业数据整合共享不充分。农业农村数据资源分散，公共数据共享开放不足，农业产业链数据获取能力较弱、覆盖率低，数据要素价值挖掘利用不够。三是农民对数据的处理和整合能力较弱，乡村数智化复合型人才不足，大部分主体数字素养不高，难以应用数智化农业技术。在数字经济快速发展的背景下，农业的数智化升级是实现未来农业农村现代化的必要条件，而产业数智化有助于带动农村网络基础设施的升级、促进农业数据的共享整合、提高农民的数智化素养，是推动农业数智化升级的重要抓手。

　　网库集团自 1999 年 8 月成立以来，积累了 2 100 万中小微企业数据，为中小微企业进行数智化赋能，提供有力的数据支撑。网库集团一直致力于通过互联网和大数据为中小实体企业和各地方政府实现产业升级转型，先后推出以 114 网络黄页为主的信息化服务，综合 B2B 电子商务平台为主的网络服务，以及目前以垂直单品产业平台为主的产业数智化服务。通过多年来为实体企业提供全产业链数智化应用的服务，精心提炼出为实体企业实现"原材料采购数智化、生产过程数智化、销售渠道管理数智化、物流仓储数智化、供应链金融数智化"的五大产业数智化服务。基于"做优存量，做大增量"的基本理念，网库集团为帮助实体企业开展全产业链的产业数智化应用，提出了五大实践要素：一是全面开放平台上 2 100 多万的企业大数据；二是整合 650 多家生产性服务机构，共同服务参与平台的企业；三是充分利用各地方政府提供给产业集群的扶持政策；四是联合各单品领域的头部企业，共同打造单品产业数智化平台；五是联合地方职业院校共同培养各地的产业数智化人才。通过这五个维度的价值整合，全面赋能地方产业集群及实体企业的产业数智化。此外，网库集团在全国数百个城市赋能了 410 多个特色产业集群，建设单品产业数智化平台，并立足平台，建设特色产业数智化总部基地。在每个总部基地建设产业大数据中心、产业链招商共创中心、产业 O2O 展示交易中心、产业全媒体营销中心，以及产业数智化人才培养中心。通过五个中心全面赋能地方产业集群内的中小实体企业，真正做到团队落地服务、线上线下联合服务、生态伙伴共同服务。网库集团致力于通过特色产业的单品产业数智化平台，为各地的产业集群实现产业数智化的赋能，同时帮助实体企业进行全产业链的优化，提升生产过程的效率，以及开展基于大数据的定制化的销售。而在农业领域，通过开放产业大数据、产业生态服务、产业数字营销系统、产业投资基金和产教融合五大资源，有助于推动地方政府和大量中小微农业经营主体实现产业数智化，弥补农业、农村、农民在数智化应用中的短板，促进数字经济赋能乡村产业振兴。

在数字经济成为我国经济核心发展动力的今天，网库集团将联合各地方政府和各产业集群内的头部企业以及各生态服务机构，共同打造 1 000 个以上的特色产业数智化平台，建设 30 个行业性产业数智化总部园区，助力中国县域特色的产业集群高质量发展。

一、农业产业高质量发展的主要困境

推进农业农村现代化是全面建设社会主义现代化国家的重大任务，是解决发展不平衡不充分问题的重要举措，是推动农业农村高质量发展的必然选择。农业具有自然再生产和经济再生产的特殊性，因此农业供给受到作物自然属性的制约缺乏弹性，需要通过产业数智化提高农业各主体间信息互通的效率，形成互惠共赢的农业产业数智化集群，进而减少市场风险和自然风险对农业产业链的冲击。目前，农业产业数据整合难度大、开放共享程度低，导致数据壁垒、信息不对称等问题，制约跨区域、跨部门、跨行业的协作协同和科学决策，阻碍了农业产业高质量发展的步伐。

（一）原料采购难集中

农业企业的采购存在流程复杂、采购环节多、工作效率低、内部管理成本高等问题，需要消耗较多时间成本和人力成本，而信息传递滞后导致无法及时汇总、分析数据，缺乏采购风险控制。部分企业的采购业务依旧使用纸质流程，采购过程追溯难度大，难以保证采购的合规性。许多农业龙头企业在制定采购计划时未能对市场需求进行科学预测，也未能充分结合自身的生产计划与销售计划；在市场需求预测出现风险时，未能及时与供应链上下游企业进行沟通。

通过数据的集成与管理，农业产业数智化平台可以整合不同类别单品的原料商，通过网络降低采购原料的皮鞋成本，帮助经营主体突破组织边界，实现更低成本、更高效率的农业产业链上的要素互通和价值传递。

（二）生产过程难监控

农业生产环节复杂，涉及主体众多，数据采集难，容易产生信息不对称，导致道德风险等问题。在生产计划制定过程中，许多农业龙头企业未能全面整合市场信息，难以实现生产计划和市场实际需求的有效衔接。在生产进度控制过程中，许多农业龙头企业未能有效核查生产计划的执行状况，未能科学分析进度偏差的成因；未能合理评估物资与零配件的消耗与磨损程度；未能实时监测各生产流程的效率。

通过数据实现农业精准生产，支撑生产过程的全程监管。利用物联网、遥感、移动互联网、传感器等技术进行大数据采集、处理、分析，根据分析结果对农业生产进行监管、指导和调度。通过对气候数据、土壤酸碱度数据、灌溉施肥数据、种子类别数据、育秧、物候期等数据的统计分析，实现因地制宜，并在恶劣气候、市场需求变化或其他不可控变化时，及时协助农业经营主体做出正确的决策，减少因判定失误造成的损失，从而实现利润最大化。

（三）销售渠道难对接

具有生物性的农产品保质保鲜是在其选择营销渠道时首先应该考虑的问题。因此，农产品的营销渠道的构建应该尽量避免过多的销售环节、过长的物流转运时间及综合考虑保鲜成本。在构建农产品的营销渠道时应该符合农产品生长的周期与季节规律，收集农产品生产、供销的数据信息，合理安排计划，降低渠道成本。此外，农产品生产主体分散，运销主体繁多，初级农产品缺少异质性，产品附加值低，导致农业产业难以获利，制约其高质量发展。

借助大数据平台可实现对消费者消费动机、行为决策过程的洞察，通过海量数据分析助力生产主体掌握市场行情走势，灵活制定产销策略。农业数智化帮助供应商收集用户数据描绘用户画像，帮助消费者通过订单农业购买到心仪的农产品，甚至可以满足当前日趋流行的农产品个性化定制的高级需求。大数据为农业农村部门科学决策提供了有力保障，发挥农业大数据在指导市场预测、调控方面的作用，可及时准确预判未来市场发展趋势，提升农业宏观调控和科学决策能力，加速农产品价格形成机制完善。

（四）物流仓储难跟踪

目前，农产品和生鲜产品在我国的农业企业中，严重缺乏物流成本上的有效和全程管理。一方面，协调运作和功能整合的缺乏是上下游企业或商户之间经常在农业企业中出现的问题，这就造成企业或商户之间不能畅通地传递信息，在农业企业的横向链条中，就无法实现经营者之间对资源的互相分享，以及对信息的及时有效沟通。另一方面，企业未在供应链管理层面形成一个全流程链条的农产品物流成本管理，增加企业的物流成本农产品在农业企业的供应链条上模具有较为烦琐的流通环节和各种工序，这就很容易导致农产品在消耗量上增加，进而对第三方物流产生影响，降低物流效率，进一步造成农业企业的农产品成本得到增加。许多农业龙头企业未能深化与供应链上下游企业的沟通交流，无法为库存控制提供可依。许多农业龙头企业仓储部门未能严格审核与保留入库凭证与出库凭证，也未能及时将凭证发送至财务部门进行记账；未能定期对物资、半成品以及成品的留存数量进行清查，难以有效指导库存控制决策的调整。

通过区块链实现农产品全流程可信溯源。利用区块链不可篡改特性构建可信农产品质量安全追溯体系，记录农产品链条全过程详细溯源信息，实现"从农田到餐桌"全过程管理与可信追溯、提升品牌溢价。区块链保障农险数据真实留痕，种植领域通过高分辨率卫星遥感影像，养殖领域通过牲畜佩戴式传感设备，结合区块链数据无法篡改及智能合约等特点，可保证保险相关数据的真实性，降低风控风险及评估成本。

（五）经营主体难融资

商业银行对农业供应链金融信用风险的评价体系尚不健全，在进行风险评价时往往未能全面掌握农业供应链的相关数据资料。因此，商业银行需要农业经营主体在供应链上的相关数据作为支撑构建农业供应链金融信用风险评价指标体系。由于中小农业企业自身较难获取到银行信贷，所以中小农业企业在银行中的信用资料匮乏，而基于农业供应链系统中核心骨干企业的背书，他们将易于获得供应链融资，此时就要求商业银行针对这些供应链上的中小农企建立完备的信用档案，形成供应链金融业务准入机制。

借助数智化的平台管理，供应链核心企业及其上下游的中小农业企业形成了具有高度信息交互能力的共同体，大幅降低从风险识别到突发危机处理的时间差，建立快速响应机制，最大程度上减少突发性金融风险的危害。

基于农业发展的特点及其生物属性，农业数字技术研发总体上尚较为薄弱，导致农业产业的数智化转型尚落后于发达国家整体，因此，构建农业数智化平台迫在眉睫，急需释放数字技术对农业产业高质量发展的赋能效应。农业产业的数智化运营及管理需要借助数字技术和数字设备为手段，确保农业生产投入和产出的精准化控制。产业数智化转型能释放传统农业产业巨大的潜在价值，促进产业主体实现信息资源共享，缓解数字资源不对称的问题。目前，已有不少农业实体企业对农业产业的数智化转型进行大胆尝试，然而，在大部分农业实体企业看来，互联网和大数据的价值还停留在网络推广和消费电商两个领域。其实，在推进农业信息化的发展进程当中，不仅应当加快构建在电子商务基础上的农业信息支撑平台，通过利用其所表现出来的巨大优势以形成供应链管理的信息支持机制，而且要在农业企业内部的各部门中实现对信息的处理、存储的微机化，建立起公用知识库，完善企业内部网络，同时还要充分运用现代技术手段以集中协调不同农业企业与有关企业所具有的关键性数据，主要包括订货的预测、库存状态的显示、生产计划的制定、运输的安排等内容，形成农业信息共享体系。互联网和大数据的价值更重要的是推动企业生产过程的降本增效，开展基于数据分析的原料采购、生产、营销、物流、融资等经营活动，破解农业产业高质量发展的困境。

二、以点带面：单品产业平台助推农业数智化升级

网库集团整合产品数据，以深耕单品为抓手，联合龙头企业，构建产业网平台，打造产业生态链，实现数智化赋能。运作模式如图 7 - 7 所示。

网库集团以单品产业平台为核心，在各行业细分式拓展，打造全产业链一站式服务平台。首先，通过构建以供应链为基础的商品供应网络，联系上下游厂家，促进供应链上原料采集、生产过程、销售渠道、

物流仓储的数智化升级，提高产业链上各主体的沟通效率。其次，通过加大对知产服务、认证服务、物流服务、金融服务、管理服务、IT 服务等领域的战略合作，收集智能数据分析，形成产业数据沉淀，进而促进外部整合、内部升级，进一步为企业用户提供更广泛的服务，并进一步收集客户反馈的数据。最后，形成以触点为基础的服务匹配网络，服务终端客户。网库集团目前整合的各类第三方服务机构已超过 650 家，打通供应链信息流，实现各产业供需的智能协同。

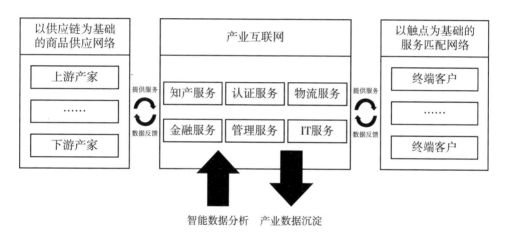

图 7 - 7　网库集团产业生态服务框架

资料来源：课题组根据网库集团内部资料整理。

网库集团长期致力于以产业数智化应用赋能实体经济发展。网库集团依托各单品产业互联网平台、建设产业数智化总部基地、打造单品超级品牌，为中小企业提供从生产运营到销售系列数智化服务，打造企业数智化转型样板，带动产业链上下游企业共同发展。从而，为地方增加经济收入、为企业打造超级品牌、为产业链赋能发展。

（一）立足产业大数据，建设单品产业数智化平台

"单品产业网"是网库集团在行业网基础上推出的细分行业交易平

台，平台以网库积累的 2 100 万企业会员为基础，通过政府政策引导、网库技术运营、龙头企业参与、第三方生态服务等多方保障以单品产业为中心聚集产业上下游企业，依托单品线上化，形成产业上下游集聚中心，实现单品产业链信息的整合推广，推动实现全产业链高质量发展。

网库集团通过五大数智化应用帮助企业实现单品产业链上的数智化，改善企业的生产效率和服务质量，从而实现企业的转型和发展（见图 7－8）。

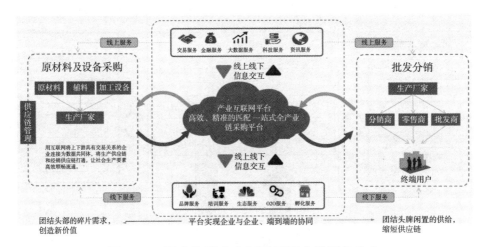

图 7－8　网库集团产业互联网平台的服务生态

资料来源：课题组根据网库集团内部资料整理。

1. 原材料采购数智化

在数智化大潮下，企业采购也必然进入数智化管理阶段。采购流程涉及寻源、订单、支付、报销等多个环节，既涉及外部供应商管理、合同管理，又涉及内部采购种类、采购权限等多个管理维度。原材料采购数智化正不断走向深入，其应用效能不仅关乎企业组织的成本支出，更关乎产品研发、生产计划、客户服务、供应链协同等关键环节，最终影响企业战略实施和日常运营效率。网库集团提供的原材料采购数智化服务帮助企业通过原材料的在线集采降低成本，并获得数智化采购的金融信用。数智化采购将应用智能分析技术，预测供应商对企业成本与风险的影响，为电子化寻源提供可视化预测及业务洞察，从而提升供应链的整体透明度，便于供应链金融的应用，实现按需融资。

以网库集团中国山茶油产业网平台为例（见图7-9）。山茶油产业的原材料采购数智化通过利用网库总平台的大数据和各单品产业网后台对接，在线开展上游企业的各种产品和设备包装，为山茶油产业的生产与加工企业提供原材料集采服务，降低采购成本。在原材料集采的过程中，线上线下的信息交互。在原料采购端，团结头部的碎片需求，创造新价值。用互联网将上下游具有交易关系的企业连接为数据共同体，将生产供应链和经销供应链打通，让社会生产要素高效顺畅流通。在批发分销端，团结头部的闲置供给，实现生产商、分销商、零售商、批发商与终端客户之间的数据流动。因此，产业互联网平台通过原料采购端和批发分销端之间的协同，实现高效精准的供需匹配，以此帮助生产者与金融服务机构准确预测资金需求及其回笼时间，获得金融信用。

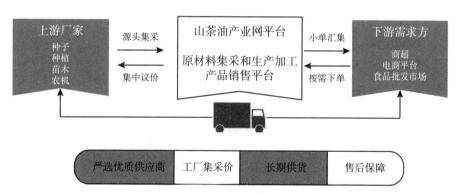

图7-9　网库集团山茶油产业原料采购数智化运营流程

资料来源：课题组根据网库集团内部资料整理。

2. 生产过程数智化

随着计算机软硬件的飞速更新及高新技术的普及，传感器和区块链的应用支撑起企业生产经营过程中大量信息的数智化处理。生产管理问题是各行业企业面临的首要问题，只有建立科学的管理系统，通过完整的数智化控制网络，驱动、监测、反馈、协调整个生产过程中所有设备的协同运转，才能更有效率地统筹企业后续研发及生产过程。生产过程数智化有助于生产信息的动态呈现，包括生产现场的透明化、异常状况报警的实时化、在线生产数据分析等，以实现对生产过程的智能化管理。通过引入数智化及智能化，可实现生产过程中数据的自动采集，使企业生产管理过程信息可视化。因此，生产过程数智化是企业实现工业互联网的核心部分，解决企业整个生产过程的数据沉淀和溯源，提升效率。

以网库集团中国山茶油产业网平台为例。山茶油产业的生产过程数智化开展全链条生产过程溯源、解决产品标准化和资产化。从市场、研发、到供应链、制造、物流与服务等全业务流程实时联通，通过实时数据，反馈企业整体经营状态，可实现 15% ~ 50% 以上的综合效益提升幅度，竞争实力远优于同行（见图 7 – 10）。

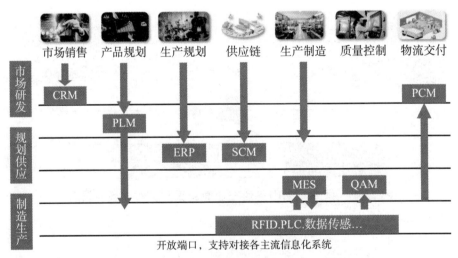

图 7 – 10 网库集团生产过程全面贯通的信息系统

资料来源：课题组根据网库集团内部资料整理。

产业智连中心切入山茶油产业的产业链加工和生产环节，为企业提供适用于山茶油行业的 ERP、MES、SRM、QMS 等系统，提升企业数字化水平。以互联网平台为连接器，建立产业协同体系，实现跨企业的信息与业务协同（见图7-11）。

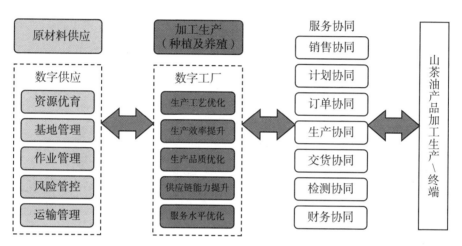

图7-11 网库集团山茶油产业生产过程数智化过程示意图

资料来源：课题组根据网库集团内部资料整理。

3. 销售渠道管理数智化

随着数智化时代的来临，企业与消费者之间的触点和连接呈现几何级增长，为企业提供更多的发展机会。企业应运用数智化建立完善的全渠道营销体系，如用大数据精准识别用户画像，自动为其推送合适的、相关的、可能感兴趣的内容，关注内容触达用户后的转化情况，实现在线上、线下全触点和消费者的连接，对应消费者的购买过程实施有针对性的营销策略，最终影响消费者的购买决策。网库集团提供的销售渠道管理数智化服务帮助企业做好代理商、经销商的数智化管理，并获得终端消费者数据，注重于用户积累和转化数据，以便指导后续营销活动开展。

以网库集团中国山茶油产业网平台为例。山茶油产业网平台运用"产业通"实现销售渠道管理数字化及渠道买家数据管理。"产业通"是服务中小企业的批发定制、分销及渠道管理、在线采购为基础的单品供应链应用工具。具体来说，"产业通"基于产业平台实现企业的单品加工定制，借助智能营销体系实现单品精准营销，利用移动分享工具拓展招商渠道，最终实现单品销售渠道管理的全面数智化（见图7-12）。

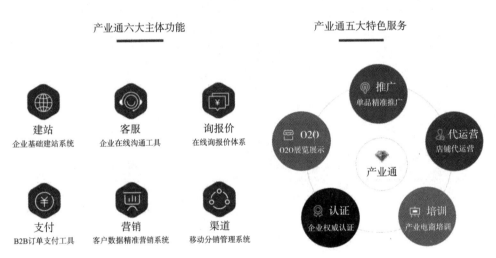

图7-12 "产业通"单品供应链应用工具的功能及服务介绍

资料来源：课题组根据网库集团内部资料整理。

4. 仓储物流数智化

通过信息化可以先将仓储的作业流程管理起来，提高管理的效率，让物流作业中的信息更加透明，并且可以为物流作业的分析提供基础数据的支撑。在信息化的基础上，通过作业后的情况，提取数据并进行分析，通过各种仓储绩效，比如拣货效率、入库效率、装车效率，出库量等绩效进行分析，实现仓储作业能力的分析数据。数智化物流仓储以物联网、大数据为核心技术，通过可编程无线扫码对仓库到货检验、入库、出库、库存调拨、物流运输等各个作业环节的数据进行自动化数据采集，保证企业及时准确地掌握库存的真实数据，高效地跟踪与管理客户订单、采购订单以及仓库等信息，从而最大限度提升物流仓储的管理效率和效益。网库集团联合国家邮政总局、中国科学院实现了产品溯源码和物流码的共配，帮助企业低成本获得智能物流的生产性服务，帮助消费者实时掌握购买产品的生产和配送情况，实现生产和配送全过程的可追溯。

以网库集团中国山茶油产业网平台为例。山茶油产业网平台借助云仓管理系统提供了仓储物流数字化目标及整体解决方案。在库存管理方面，租赁好云仓后，调用已租赁仓库，录入待入库商品生成入库单，仓库管理员对入库的商品进行入库处理，对已入库的商品进行入库上架，显示所有货主在云仓库的库存明细，最终可对货主货物在云仓库出库进行记录管理。在仓储租赁方面，企业可以租赁远程仓库，根据需求变更租赁面积和有效期限，云仓会据此自动结算租赁费用。在货权质押方面，当货主将库存作为抵押或者遇到特殊情况时，管理员对库存进行冻结处理，货主将库存作为抵押后，库存货权转移给担保方，库存、仓储在线可视并与交易、金融系统联通（见图7-13）。

图7-13 网库集团仓储物流数字化管理流程

资料来源：课题组根据网库集团内部资料整理。

5. 供应链金融数智化

网库打造的供应链金融生态是以围绕产业链上下游的中小企业解决融资难为核心，由供应链核心企业、供应链金融平台服务方、供应链金融科技服务方、供应链金融机构以及供应链金融设施方共同构成的完整供应链金融生态。通过现代化、数智化产业园区打造产业集群，产生集约化效益，与产业核心企业深度合作，共同挖掘产业链上下游。在产业集群的基础上，引入优质资本，精准匹配资金，加速资金流转，缓解产业资金约束，实现"利益共享、风险可控"的良性金融体系，有利于扩大经营规模。此外，供应链金融促进了平台实现真实交易，利用大数据支撑打造完善的风险控制系统。网库集团提供的供应链金融数智化服务帮助企业解决上游采购的金融服务，下游销售应收账款的金融服务以及库存的金融服务（见图7–14）。

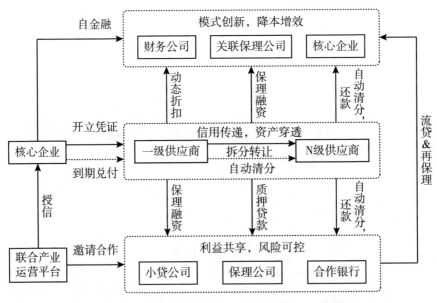

图7–14　网库集团供应链金融流程示意图

资料来源：课题组根据网库集团内部资料整理。

以网库集团中国山茶油产业网平台为例。山茶油产业网平台通过全产业链、供应链数字化解决金融信用，打造了基于产业链"链主"的供应链金融服务模式。具体来说，通过补贷保政策为链主企业提供低成本融资授信，链主企业具备贷款分配权，可以优先用信。剩余授信通过供应链金融的模式支持上下游产业，补贷保由保险与地方政府支持，链主企业不负兜底责任。在该模式下，链主协调产业链上各个节点的活动，利用主导地位实现自身利益最大化，并引领产业链发展，打造供应链/产业链金融平台，协助供应商有效获得较低成本融资，通过强化供应商管理、扶持经销商，达到优化与稳定上下游资源的目的。

综上所述，网库集团通过提供数智化服务，提高了产业链上数据交换传播的效率，形成了单品产业的区域品牌，实现全面数据整合利用。此外，通过产业数智化赋能的平台经济开展企业在线招商，推动相关服务机构利用平台发展生产性服务，形成完善的数智化服务生态圈。

（二）立足单品产业数智化平台，建设产业数智化总部基地

O2O（online to offline）的优势在于把网上和网下的优势结合。通过牵头龙头企业，建设产业数智化总部基地，把单品产业数智化平台与地面店对接，实现互联网落地。打造以单品产业数智化平台为核心载体的区域特色产业聚集区，充分利用了互联网跨地域、无边界、海量信息、海量用户的优势，同时充分挖掘线下资源，通过产业展示中心线下展示产品，以企业消费体验为中心，重构人、货、场，形成线上线下全渠道布局"线下体验＋线上购买"的模式，实现线上线下充分融合，提升消费体验，让产品的生产过程更加真实可感，进而促成线上用户与线下商品与服务的交易。

1. 推动实体产业升级转型，开展产业招商

产业招商面临着"大商招不到，小商不愿招"的难题。产业数智化包括企业间的数据交换和产业链之间的数据交换，与线下交易相比，

基于产业大数据平台运营中心的线上数据交换能实现小额不规则的大规模交易，帮助中小规模企业加入产业数智化进程，分享产业数智化带来的红利，满足了个性化、多样化、小众低频的交易需求。此外，产业大数据平台为线下服务提供了线上连接的渠道，并为消费者提供更强的搜索功能与个性化推荐工具，进一步挖掘消费者需求，从而加速新服务的发现与传播，特别是对于挖掘缺乏专业服务的偏远地区消费者需求来说，平台的个性化推荐将发挥出更大的价值。

网库集团中国山茶油产业平台构建了产业链招商共创中心，以数字化平台为基础进行全产业链招商（见图7-15）。开展产业链招商，推动平台上各类企业落户园区，全力利用"政府出台的山茶油产业专项扶持政策""专业的山茶油产业网平台和运营团队""总部基地内的五大产业赋能中心""山茶油头部企业形成的产业数字化案例""以金融资本服务为主的生态服务体系"五大优势开展产业招商。此外，山茶油产业网平台将联合江西恩泉油脂进行战略合作，成为平台核心股东，共建

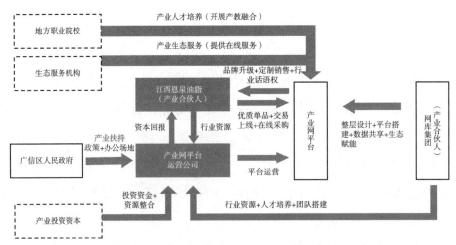

图7-15　网库集团与山茶油产业龙头江西恩泉油脂的合作模式

资料来源：课题组根据网库集团内部资料整理。

山茶油产业数字化总部基地。山茶油产业网平台都将在江西恩泉油脂的指导下进行专业化的运营，满足行业真实的需求。同时，产业网平台又利用自己整合的大数据和大流量来赋能江西恩泉油脂开展独家网络营销和在线定制化销售，让江西恩泉油脂率先获得数字经济红利。

2. 推动区域生产服务业发展，促进产业电商

从扩大服务有效供给来看，产业大数据平台拓展了服务的时间和半径，促进供需时空匹配，提升了服务企业的经营效率，为产业招商提供新渠道、新动能。而以单品产业数智化平台为核心载体的区域特色产业聚集区使得企业间形成了良好的聚合效应，相同行业的厂商在园区集聚与合作，能够形成规模经济，降低生产成本，形成成本洼地，以此吸引更多供应链上的企业、区域生产性服务业入驻，推动项目集聚、产业集聚、要素集聚，实现由点到线、由线到链、由链到面的发展。

网库集团中国山茶油产业平台结合地方文化、地标品牌、产业特点，打造具有中国特色的地标区域品牌特色馆O2O展示交易中心，重新定义中小企业产业互联网交易，助力产品上行"最后一公里"。同时，为企业采购提供"线下看货体验，线上下单采购"的O2O体验式消费模式，形成买全国卖全国的产地交易结算中心。

3. 推动产业数智化人才培养，提升区域竞争力

随着产业数智化转型的加速发展，企业对于数智化人才的要求和需求都在提升。产业的数智化转型很大程度上依赖掌握数智化关键技能的核心人才，除了依靠外部人才招聘，还必须加大企业内部数智化人才培养力度。

网库集团建设了人才产教融合中心（见图7-16），通过校企合作开展产业数智化应用的产教融合。网库集团利用国家大力推进产教融合战略的机遇，和本地的1~2所院校合作开办产业互联网的二级学院。在培养电商人才的基础上培养产业互联网人才，为整个园区和本地区培

养产业互联网运营人才。引入最新的供应链金融、智能物流、大数据、人工智能、新零售、新媒体等12门产业数智化专业课程，对接职业标准与岗位需求，缩小学生技能与企业要求的差距。除了理论学习，在实践方面，以网库集团单品平台为依托，在真实商业环境下进行技能实操与综合实训，培养学员的岗位与职业技能，以促进学员毕业后的充分就业。此外，网库集团开展了"双百计划"，即2018年起在全国选择100个县域，每个县域遴选100人参加产业数智化培训，促进县域特色产业发展，培养县域实体企业的产业数智化应用人才。

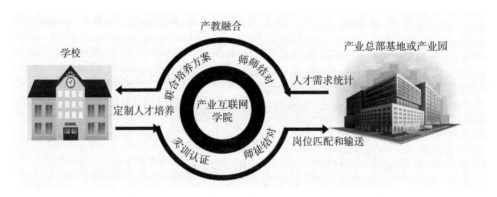

图 7 – 16　网库集团人才产教融合中心运营模式

资料来源：课题组根据网库集团内部资料整理。

结合地方教育资源与人才政策，依托网库产业研究院落地优势，网库集团进行教育资源整合，开展产教融合、直播电商培训、校企合作、成果转化等服务，促进教育链、人才链与产业链、创新链的有机衔接。以理论与实操相结合、发挥企业重要主体作用，培养大批相关产业数字化创新人才和高素质人才，促进人才培养供给侧和产业需求侧结构要素全方位融合。形成产业在哪儿、人才在哪儿的人才高地。同时，面向政府构建培训公共服务。

综上所述，网库集团通过建设产业数智化总部基地，全面开展产业数智化在各个产业领域的应用，推动单品产业在平台实现交易，促进单品产业在线下形成集群，实现数智化人才的培养和引进，充分发挥产业数智化总部基地的集聚效应、关联效应和扩散效应，能提高区域生产效率，降低交易成本、运输成本，促进区域创新，带动上下游关联产业发展，形成完整产业链条，促进提高自主创新能力、品牌竞争力和优化产业结构，并增强区域的整体竞争力。

（三）立足全国性产业数智化总部基地，打造单品的超级品牌

品牌是企业的无形资产，是企业区别于其他企业的重要标志。品牌作为一种经济资源，具有稀缺、高效、增值的特点。数智化技术的应用与普及"重构"了农业品牌建设的发展模式，推动农业品牌数智化转型已经成为提升农业产业竞争力的"高级赛道"，成为加快数字农业发展的重要环节以及推动乡村振兴的重要抓手。网库集团建立的网库优品销售平台，为新消费新渠道提供定制化优品采购服务，打造单品的超级品牌，推动全国特色单品实现优质优价销售。

立足产业大数据资源和单品产业数智化平台，网库集团牵头各品类中有新消费产品的洞察、设计能力的龙头企业作为合伙企业，提供定制化寻源、个性化设计、背书化签约、持续化服务跟踪等一站式优品采购服务，运用数智化渠道打造单品的超级品牌。打造单品的超级品牌有以下五个维度：

1. 产品包装

品牌依靠产品包装创意来突出营销价值，最大化包装价值，因此，产品包装是顾客识别产品的第一步，也是打造超级品牌的第一步。根据产品的品种、品质、属性，结合用户数据，有针对性地进行产品外包装一体化的设计。

2. 品牌规划

在品牌策划中，应首先明确品牌定位，运用数智化技术识别企业优势与目标消费者需求，再把企业的优势与消费需求精准地结合在一起。针对品牌定位完善产品结构、建立品牌运营体系、设立专门的品牌机构、集中品牌资源、统一品牌策略，实施规范化的品牌营销管理。

3. 传播渠道

数字技术支持下的新媒体营销手段具有传播范围广、传播速度快、传播渠道多元等特点，可以实现大量信息的快速传输，有助于在较短时间内拓展农产品的传播渠道、促进农产品营销速率的快速提升。

4. 数字营销

传统农产品营销对于产品储存的空间环境和运输时间及相关条件有一定要求，前期需要投入较高的成本以确保农产品的安全储存和运输。而在数字营销可以利用互联网平台全面公布农产品售卖信息，有效突破时间条件和空间环境方面的限制，甚至任何农产品都可以实现网络销售宣传，极大地提高了农产品营销及销售的覆盖范围。

5. 销售体系

通过构建线上线下一体化的销售体系，有效解决了农产品销售难的问题，使农业营销模式变得更加多元化，提高了农产品的经济效益，使农产品连锁品牌的整体效应和品牌价值进一步扩大和丰富。

以网库集团中国山茶油产业网平台为例。网库集团立足平台和总部基地打造本地山茶油企业中的超级品牌，通过品牌企业实现销售溢价和引领产业发展，全面推动"广信茶油"的区域品牌建设，全面开展"恩泉茶油"的超级品牌建设。具体来说，首先，通过山茶油平台整合山茶油相关企业，建设山茶油产业生态，开展山茶油全产业链的五大数字化服务。其次，进行平台的持续升级改造，做好各应用端的开发和数据完善。最后，通过组织评选、峰会、人才培训等各类活动提升平台的权威性和流量（见图 7-17）。

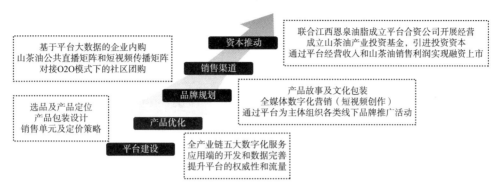

图 7 - 17 山茶油超级品牌建设的五大要素

资料来源：课题组根据网库集团内部资料整理。

综上所述，网库集团运用数智化技术打造的农业超级品牌有助于帮助农业经营主体适应数字经济形态，推动生产方式、营销方式、服务方式的深刻变革，构建了产业数字化的产业数字化格局，促进农业发展和农民增收，为农业实现品牌化提供更多保障和支持（见图 7 - 18）。

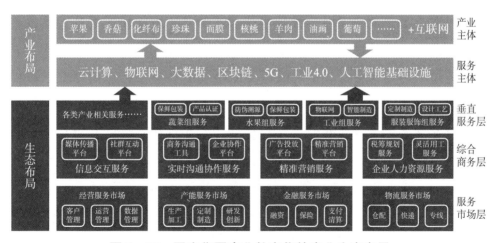

图 7 - 18 网库集团产业数字化的产业生态布局

资料来源：课题组根据网库集团内部资料整理。

三、政企共赢：数智化服务实现农业产业价值增值

（一）帮助基层政府通过县域经济体实现税收聚集

数智化的快速发展驱动农业生产供给侧结构性改革，网库集团立足产业大数据建设单品的产业数智化平台使得产业链之间各主体的数据交换高效便捷。以大数据、云计算、遥感技术、人工智能、农业物联网、5G 技术和区块链为代表的工业互联网数智化技术在农业产业的应用大幅降低农业劳动生产成本，提升农业生产要素的效率，推动数字农业产业朝着跨界融合、精准化和品牌化的方向深度转型。数智化的发展推动形成以市场需求为导向的"生产—销售"的直营产业体系，有助于农产品运销，及时掌握农产品供销动态。通过"线上平台 + 线下基地"的农业产业数智化，网库集团推动了产业要素集聚，形成了互利共赢的产业生态，赋能区域产业集群的高质量发展。

网库集团在各地建设的数智化总部基地，正在逐步成为各地实体产业发展数字经济的样板工程。例如，在延安建设的中国苹果产业网，就是整合全国的苹果企业集中数智化采购纸箱、化肥、种苗等产品，同时帮助全国的苹果企业开展生产过程数智化，实现工业互联网的应用，以推动着全国的苹果企业开展优质优价的定制化销售，打造苹果的网上产业园区建设。目前已分别在江西、河北、辽宁、湖北、内蒙古、黑龙江、陕西、浙江等地建设不同产业集群的总部园区，这些园区都将成为地方实体产业发展产业数智化的加速器和大本营，赋能地方产业集群，实现百亿级产值、十亿级税收。

截至 2022 年，官方资料显示，网库集团在全国主要城市设立了近300 个分支机构，建设了 10 多个产业数智化总部园区，在全国范围内打造了 300 多个单品产业互联网平台，与各行业内具有单品优势的实体

企业共同构建了不低于 10 亿增量交易的产业电商平台，2018～2021 年累计推动企业间在线供应链交易超过 6 500 亿元。首先，产业数智化总部园区实现了单品产业的聚集，产业聚集所带来的聚集效应能够形成"聚集租金"，"聚集租金"的存在使得流动要素可以被征税，提高地方政府税收。其次，网库集团通过推动单品产业在平台实现交易，扩大交易规模，帮助政府获取增量交易税收。最后，网库集团构建的单品数智化平台吸引了相关服务机构利用平台发展生态服务，帮助政府获取生产型服务税收。

（二）帮助小微企业通过供应链金融缓解资金约束

在消费互联网时代到产业数智化时代的过渡与转型的背景下，网库集团以"产融结合"的模式，将"互联网＋"传统产业与蓬勃发展的境内资本市场连接起来，运用主板、中小板、创业板 IPO，新三板挂牌及做市等资本操作，助力全国产业数智化项目繁荣发展。

网库集团与各地政府、行业内上市公司或龙头企业合作，设立网库特色产业投资基金，深入众多传统产业，帮助传统产业升级。网库集团基于自身 20 多年的企业级服务经验，在产业数智化早期项目的筛选和投资决策方面颇有建树，并且在投后管理中，充分发挥集团自身优势，向被投企业整合强大的数智化资源及产业资源。网库集团所设立的特色产业投资基金规模为 2 亿～5 亿元人民币，投资方向为产业数智化，投资阶段以早期为主，存续期限 5＋2，项目退出的方式包含资本市场上市、并购、后续融资退出等。基金团队甄选优秀的产业数智化项目公司作为目标投资公司，推动中国产业数智化发展。

建设可信的农业数字身份体系是供应链金融运作的基础。在农业生产管理中的各主体都应以真实可信的身份加入数字农业农村的数智化体系中。只有数字身份是可信的，才能映射这个身份下的真实数据与活动到线上，建立起相应的金融体系，从而缓解各生产经营主体的资金约束。

网库集团构建的农业产业数智化平台运用区块链技术，实现农业产业链各生产主体和服务主体得以高效协作。首先，区块链技术可以保证记录的不可篡改，从农产品的生产端到流通端，将产品通过数智化身份信息存入区块链网络，实现数据从采集、交易、流通，到计算分析的每一步记录都可以留存在链上，同时确保验证的标的物不会受到包装伪造，标签伪造等方法作假，使得数据质量获得前所未有的强信任背书，也保证了数据分析结果的正确性和数据挖掘的效果，实现产品市场流转过程的防伪溯源。其次，打造基于区块链的农业资产确权平台，对上链农业资产的价值进行估算。通过数据价值评估上链能充分减少信息的不对称，最大限度地发挥农业资产效能，适应交易市场增值利用的需要，加快资产的流通变现能力，为农业经营主体抵押贷款提供支持。最后，在完成数字身份以及数据确权布局之后，将依托区块链建立信任网络，让已有的信任数据在金融体系中流转，将传统农业融资担保体系共同介入到区块链中，有利于提高农业贷款"贷前审核、贷后监控"的效率，提高风险控制水平，从而降低信息不对称风险，实现信息可追溯不可篡改问题，整体上降低农业产业经营体系内的运转成本，助力解决"三农"融资难问题。

（三）帮助头部企业通过数智化平台构建营销体系

在线上线下渠道日渐多元化、消费者需求不断升级以及零售场景不断拓展的背景下，头部企业应充分利用现有的产销资源，并顺应数智化的趋势开拓销售渠道才能保持竞争优势。

网库集团收集了 300 多个垂直单品产业平台消费趋势洞察数据，建设了 270 多个 O2O 展厅以及区域前置仓，拥有 100 多家长期稳定合作的定制采购渠道、80 多万全国优质企业家直销群体和 60 多家全国或者区域供应链合作伙伴，为头部企业设计了全面的产业数智化营销体系。

首先，在推广体系方面。

站群推广。通过网库集团99 114综合产业数智化服务平台以及旗下300余家产业互联网平台进行站群推广，主要包括广告推广、链接推广、专题推广、活动推广、搜索关键词推广等推广方式。

搜索引擎推广。对于重点的产业推广活动投入搜索竞价推广，通过搜索引擎竞价工具精准投放关键词，快速提升产业区域品牌、企业品牌、产业活动的曝光度和浏览量。

外部媒体合作推广。网库集团与各大网络媒体平台建立了良好的合作关系，通过外部的合作媒体与平台进行广告互换、外链互换、内容导入等各种形式的推广资源互换与共享，来提升产业平台的行业影响力。

自媒体推广。产业平台建设并运营自身的微信公众号、百度百家号、视频号等自媒体账号，构建平台的自媒体矩阵，进行自媒体私域流量的推广运营。

其次，在活动体系方面。

线下活动。通过政企合作，组织开展产业论坛、行业展会、O2O订货会、路演发布会、企业沙龙、城市推介会等数字营销活动，促进产业集群发展，区域品牌建设，培育地方主导产业，提高了企业产品溢价能力与地方话语权。

线上活动。产业平台定期组织开展各类行业评选活动、专题活动、直播营销、产业培训等线上商务活动，提升行业知名度和美誉度，实现地方区域品牌、企业品牌价值双提升，成为全国该产业领域的主导者和标准的制定者。

通过推广体系和活动体系的两手抓战略，网库集团在全国300余个县域建立的特色产业O2O数智化展厅与单品头部企业联合开展优品展销活动，开拓本地市场和销售渠道，并基于网库优品自营商城的专业化运营，针对网库集团99 114平台千万存量用户进行激活转化。此外，网库集团推动头部企业与外部主流电商平台和采购商渠道进行供应链对接合作，包括京东、天猫、抖音、快手、各大银行积分商城、政府采购部门、企业采购部门等采购渠道。在网库集团的助力下，头部企业打通了线上线下渠道，解决了数据孤岛问题，利用产业数智化平台联合了产业链上的各个生产主体和服务主体，形成覆盖全渠道的立体营销体系。

四、网库集团"数据价值链"运作模式的理论分析

数据价值链起源于 1985 年波特（Porter）在《竞争优势》提出的价值链概念。波特将价值链定义为一个组织为向市场提供有价值的产品服务而进行的一系列活动。数据价值链是数据作为生产要素背景下对传统价值链的延伸发展。数据价值链是数字经济时代下，在企业价值创造活动中产生的新理论，是对价值链的进一步发展，能够反映数据在价值创造中的意义。数据价值链这一概念是由米勒和彼得（Miller & Peter）在 2013 年首次提出的，偏向于数据利用视角，他们认为数据价值链是通过数据发现、集成和利用等过程实现优化客户服务、提高组织管理水平、提供高质量决策等目的的价值创造活动。数据价值链是一种将数据视为业务中的原材料和主要资源的模型。

数据价值链强调数据沿着生产过程及各生产经营部门的流动，在各个生产环节通过与生产工具、生产要素相结合创造出价值。随着生产过程从研发到生产、从销售到服务和使用的环环递进，数据不断流动，经济价值也被创造出来数据价值链则是行业特定技术与作为通用目的的技术的新一代信息技术高度融合来创造价值，信息技术起到为传统行业赋能，发挥行业特定技术价值创造的放大器、加速器的作用。从经济学角度看，数据价值链的价值创造机制是数据在企业的每一个生产环节与其他生产要素相互作用，沿生产活动前向流动和后向反馈，形成全流程数

据闭环，创造新的经济价值。

（一）数据发现：归集数据发挥要素价值

传统产业能够拥有大量、高质量的数据。随着信息技术飞速发展，传统产业向信息化方向发展日益普遍，特别是互联网和物联网的发展引发数据迅猛增长；同时，新一代信息基础设施的建立尤其是在制造业方面，能够带动柔性制造、网络制造、绿色制造、服务型制造等新型生产方式的发展，进而促进传统产业产生海量数据。随着数字经济的发展，社会的信息化提高，各行各业都伴随着信息化产生了大量的结构性数据和非结构性数据，致使数据量激增。对于农业企业来说，通过大数据技术将农业、农村、农民所涵盖的物理世界要素和活动进行数智化表达，包括农业的各类生产要素、生产活动，农村的空间地理信息、治理活动，农民的个体信息、生活活动等，采用数智化手段体现成数据。

1999 年 8 月成立以来，网库集团积累了 2 100 万中小微企业数据。如今，网库集团通过团队地推、在线收集、活动吸引、商会协会推荐、人工智能收集等各种途径充实各产业网平台的企业数据。并通过各种运营方式激活平台上的会员企业利用平台开展采购、销售、生产过程服务对接等各种应用。通过归集数据，数据背后的信息价值被挖掘出来，网库集团参与了数据要素市场的构建。数据要素在共享、开放、交换和交易等价值化或流通过程中所产生的各种经济关系构成了数据要素市场，它既包括有形的数据交易场所或空间领域，也包括在数据流通过程中所产生的无形经济关系，它是由各类市场参与主体、数据产品与服务客体和数据要素流通与安全制度等要素所构成的环境系统。网库集团通过归集数据发挥了平台经济在构建数据要素市场中的关键作用，为数据价值的进一步挖掘和共享奠定了基础。

（二）数据集成：管理数据打通信息壁垒

数据集成是指基于业务需求对相关数据进行标准化、连接和集成管理的过程。大数据中最重要的部分是其所包含的信息，想要从海量数据中提取关键信息，必须经过有效识别以及专业的分析与挖掘，尤其是目前大量非结构化数据的产生，致使数据挖掘变得较为困难。因此，将大数据与云计算等相关技术结合，提高数据分析能力，才能找到所需要的信息，提升大数据的价值。集成数据时需要明确数据使用的目标客户，计算数据样本量，保证数据的准确性和完整性。

网库集团搭建的数据集成管理平台重新塑造了信息更透明的单品产业链。以网库集团搭建的中国山茶油产业平台为例。网库集团归集整合了山茶油产业相关企业数据，推动企业开展产业数字化应用，建设山茶油单品产业大数据中心作为产业大脑，推出了山茶油产业数据大屏供山茶油供应链上的生产主体共享数据信息，也为消费者溯源产品提供了渠道，打破了产销之间的信息壁垒，为数据应用的价值共享提供了硬件支持和软件保障。

（三）数据探索：分析数据实现价值共享

在数据探索阶段，企业分析集成后的数据，并将数据分析结果呈现给管理者，支持业务经营与价值创造。利用大数据所创造出的价值在产业间进行资源重新配置，同时将大数据作为企业的核心竞争力，对企业的业务流程进行再造，并对供应链以及客户进行管理，从而提升企业的经营效率。不仅如此，大数据在转型升级后的产业中流通，其价值增量远远高于大数据在未转型升级的产业中的流通，这说明大数据能够对传统产业内部结构进行优化，提升整个产业价值链。因此，以大数据的视角，能够从数据量和数据质量、数据分析能力以及创新性思维方面驱动传统产业转型升级。

网库集团整合服务单品产业的生态数据，推动生态企业共同服务实体企业。以网库集团搭建的中国山茶油产业平台为例。网库集团整合各类为山茶油产业服务的生态服务机构进驻每个平台和总部园区，服务平台内所有企业。并为各类山茶油企业提供一站式代办、代理或陪同办理的服务，做好企业的帮手、政府的助手（见图7-19）。

图7-19 网库集团"数据价值链"运作模式（以山茶油产业为例）

资料来源：课题组根据网库集团内部资料整理。

五、总结及经验启示

网库集团充分发挥其海量数据和丰富应用场景的优势，成为促进数字技术与实体经济深度融合的先行者，赋能传统产业，特别是附加值较低、信息传递效率较慢的农业产业转型升级，解决了农业产业"原料采购难集中、生产过程难监控、销售渠道难对接、物流仓储难跟踪、经营主体难融资的农业产业高质量发展"的五大难题，催生了新产业、新业态、新模式，壮大了经济发展的新引擎。

网库集团创新性地提出了发展产业数智化推动农业高质量发展的"三步走"策略：产业大数据→产业数智化总部基地→单品超级品牌。聚焦单品，从"产业大数据→产业数智化总部基地"的转化过程中，将数字要素与实体经济融合，建设产业数智化总部基地，让各个经营主体与消费者实地感受到单品品质，在疏通线上信息互通的基础上，打破了线下各经营主体之间或消费者与生产者之间的信息壁垒。从"产业数智化总部基地→单品超级品牌"的转化过程中，进一步把在线下集聚的单品产业信息的疏通优势上传到云，通过品牌的裂变与消费者的口碑进一步扩大品牌的影响力，实现品牌效应的裂变升级，打造单品的产业标杆。通过"三步走"战略，网库集团通过数智化服务实现了农业产业的价值增值，具体表现为基层政府实现税收集聚、小微企业缓解资金约束、头部企业构建营销体系的"政企共赢"的良好局面。

数字经济与实体农业的深度融合所带来的生产效率提升以及生产模式改变，成为农业产业转型升级的重要驱动力。数字技术的发展和应用，使得各类农业生产活动能以数智化方式生成为可记录、可存储、可交互的数据、信息和知识。数据由此成为新的生产资料和关键生产要素，在生产关系层面构建了以数字经济为基础的共享合作生产关系。通过"数据价值链"，网库集团把数据要素加入传统农业生产要素，发挥要素价值，打通信息壁垒，最终实现产业链上的价值共享，促进了组织平台化、资源共享化和公共服务均等化，催生出平台经济等新业态、新模式，改变了传统、低效的农产品生产和交易方式，提升了农业生产要素的优化配置水平，推动农业的高质量发展。

本章参考文献：

［1］曹娟，汪涛. 供应链管理视角下的农业龙头企业内部控制措施［J］. 农业经济，2020（10）：133-134.

［2］陈一明. 数字经济与乡村产业融合发展的机制创新［J］. 农业经济问题，2021（12）：11.

［3］董智. 关于优化农业供应链管理降低物流成本分析［J］. 农村经济与科技，2020，31（20）：78-79.

［4］方琢．价值链理论发展及其应用［J］．价值工程，2001（6）：
2－3．

［5］韩旭东，刘闯，刘合光．农业全链条数字化助推乡村产业转
型的理论逻辑与实践路径［J］．改革，2023（3）：121－132．

［6］胡创业．农产品营销渠道的构建及发展趋势研究［J］．中国农
业资源与区划，2015，36（6）：89－92．

［7］黄季焜．以数字技术引领农业农村创新发展［J］．中国农垦，
2021（5）：3．

［8］赖苑苑，王佳伟，宁延．基于数据价值链的项目型企业数字
化转型路径研究——以华为 ISDP 变革为例［J］．科技进步与对策，
2023，40（2）：69－79．

［9］李国英．农业全产业链数字化转型的底层逻辑及推进策略
［J］．区域经济评论，2022（5）：86－93．

［10］李建平，王吉鹏，周振亚，等．农产品产销对接模式和机制
创新研究［J］．农业经济问题，2013，34（11）：31－35＋110．

［11］李丽莉，曾亿武，郭红东．数字乡村建设：底层逻辑，实践
误区与优化路径［J］．中国农村经济，2023（1）：16．

［12］李晓华，王怡帆．数据价值链与价值创造机制研究［J］．经
济纵横，2020（11）：54－62＋2．

［13］李仪，夏杰长．平台战略模式与农业供给侧改革［J］．中国
发展观察，2016（11）：4．

［14］李永红，张淑雯．大数据驱动传统产业转型升级的路径——基
于大数据价值链视角［J］．科技管理研究，2019，39（7）：156－162．

［15］刘冰．数字化技术赋能农业价值提升的分析［J］．农业工程
技术，2023，43（11）：24－25．

［16］刘刚．服务主导逻辑下的农产品电商供应链模式创新研究

[J]. 商业经济与管理, 2019 (2): 5-11.

[17] 刘军等. 产业聚集与税收竞争——来自中国的证据 [J]. 河海大学学报 (哲学社会科学版), 2015, 17 (3): 65-71+92.

[18] 刘学文, 谭学想. 高质量发展引领下的农业供应链金融信用风险管理研究 [J]. 农业经济, 2022 (9): 104-105.

[19] 刘元胜. 农业数字化转型的效能分析及应对策略 [J]. 经济纵横, 2020 (7): 8.

[20] 农业农村部信息中心课题组. 农业全产业链大数据的作用机理和建设路径研究 [J]. 农业经济问题, 2021 (9): 90-96.

[21] 邵婧婷. 数字化、智能化技术对企业价值链的重塑研究 [J]. 经济纵横, 2019 (9): 95-102.

[22] 孙晓, 夏杰长. 产业链协同视角下数智农业与平台经济的耦合机制 [J]. 社会科学战线, 2022 (9): 92-100.

[23] 滕用庄. 冷冻调理食品企业数字化转型的思考 [J]. 福建轻纺, 2021 (10): 29-31.

[24] 王定祥等. 数字经济发展：逻辑解构与机制构建 [J]. 中国软科学, 2023 (4): 43-53.

[25] 王小叶. 试论农业产业化进程中的供应链管理 [J]. 安徽农业科学, 2011, 39 (26): 16280-16281.

[26] 吴浩强, 刘慧岭, 胡苏敏. 数字技术赋能农业产业链现代化的机理研究——基于温氏与京东农场的双案例分析 [J]. 财经理论研究, 2023 (1): 35-44.

[27] 许宪春, 张美慧. 中国数字经济规模测算研究——基于国际比较的视角 [J]. 中国工业经济, 2020 (5): 23-41.

[28] 薛钰霈等. 数据赋能助力数字化转型——从方法论角度介绍数据价值链 [J]. 工程建设与设计, 2023 (13): 7-10.

［29］杨雪婷，张丹宁．中国产业数字化水平测度及空间特征研究［J］．辽宁大学学报（哲学社会科学版），2023：1－14．

［30］易加斌等．创新生态系统理论视角下的农业数字化转型：驱动因素、战略框架与实施路径［J］．农业经济问题，2021（7）：101－116．

［31］张辉．全球价值链理论与我国产业发展研究［J］．中国工业经济，2004（5）：38－46．

［32］张小允，许世卫．新发展阶段提升中国农产品质量安全保障水平研究［J］．中国科技论坛，2022（9）：155－162．

［33］张晓儒，戴桂香，孙影，等．影响农产品质量安全的因素及改进措施［J］．农业与技术，2022，42（19）：148－150．

［34］赵春江．人工智能引领农业迈入崭新时代［J］．中国农村科技，2018（1）：29－31．

［35］赵捷，谭琳元．数字经济下直播电商嵌入农产品供应链的运作模式及发展对策［J］．商业经济研究，2022（22）：107－110．

［36］赵敏婷，陈丹．农业品牌数字化转型的实现路径［J］．人民论坛，2021（36）：76－78．

［37］郑风田，赵阳．我国农产品质量安全问题与对策［J］．中国软科学，2003（2）：16－20．

［38］周毅．基于数据价值链的数据要素市场建设理路探索［J］．图书与情报，2023（2）：1－11．

第八章

迎接数智农业新挑战

　　随着大数据、物联网、人工智能、区块链等数字技术迅猛发展，数字经济已成为国家经济增长的"新引擎"。根据《2019 年数字经济报告》，全球数字经济活动及其创造的财富增长迅速，数字经济规模估计占世界国内生产总值的 4.5%～15.5%，并持续扩大。作为一种新经济形态，数字经济以数字技术为核心驱动力，通过新技术形成新产业、新产业催生新模式、新技术赋能传统产业三条路径，推动全球经济的数字化转型与高质量发展。中国高度重视数字经济发展，习近平总书记多次指出，要抢抓数字经济发展机遇，推进数字产业化和产业数字化，推动数字经济和实体经济深度融合。如何高效利用信息技术、有效配置数字资源，实现数字经济赋能经济高质量变革，成为当前经济社会可持续发展的重大研究课题。

　　广义上来说，数智农业属于数字经济的一部分。2016 年在二十国集团（G20）峰会上发布了《二十国集团数字经济发展与合作倡议》，把数字经济定义为："以使用数字化的知识和信息作为关键生产要素、以现代信息网络作为重要载体、以信息通信技术的有效使用作为效率提升和经济结构优化的重要推动力的一系列经济活动。"该倡议提出要"促进农业生产、运营、管理的数字化"。由此，数智农业的概念愈发明晰，其指代以信息通信技术在农业中深入应用为前提，以农业要素与过程的数字化和数字资源的创新使用为主要管理对象，以实现农业可持续发展满足人类需求为最终目标追求的新型经济模式和业态。与传统农业经济相比，数智农业的产业经济形态是信息技术革命产业化和市场化的表现，在提升信息传输速度、降低数据处理和交易成本、精确配置资源等方面具有独特优势。正是由于数智农业与传统农业有着截然不同的特征和演变形式，若是对其系统性理论与规律认识不足，不仅会使实践应用缺乏可靠依据，也无法为数智农业的健康发展提供逻辑连贯的政策建议。然而，迄今为止，无论是产业界、还是学术界尚未对数智农业的思想理论根基和融合演进逻辑进行有效的系统搭建和深度阐释，仍停留在概括、总结其外在特征及其现实表现的层面，导致数智农业发展实践与传统经济理论推演"脱节"的问题愈发严峻。

为弥补上述缺陷，本章尝试提炼和论证了数智农业理论与实践发展过程中一些重要的、悬而未决的科学问题，据此作为补齐和完善数智农业基本框架或共识、并引发未来展望的出发点和落脚点。框架体系中的科学问题一般是对同一类型现象或问题的基本规律或属性进行凝练，由此推导出能够横向拓展、纵向深入的普适性问题。考虑到经济学的本质是提出问题、解决问题的过程，故而经济学研究的两个核心要素是思想理论与实践方法，即追求道与术的协调统一。一方面，从研究思想的角度出发，以往技术革命对经济理论的影响往往伴随着思维和认知的新变化。例如，第二次产业革命中电气技术出现使人们意识到大规模重工业集中生产带来的规模效应，催生垄断组织出现，引发业界对垄断竞争理论等的思考。数智农业理论与实践展望体系中的科学问题自然而然地关注数字技术变革带来的观念转变问题，例如，如何以新视角认识数智农业、数智农业是否会借由数字技术变革产生新的经济理论或规则等。另一方面，从实践应用的角度来看，以大数据、人工智能等技术为主的数字技术革命正深刻影响着数智农业运营管理。数智农业最基本的特征就是将数字化的农业知识与信息作为关键生产要素，逐步渗透到农产品生产和服务创造过程及系统密切相关的各项管理工作中，涉及计划、组织、实施与控制等。因此关注数智农业理论与实践的未来展望，也必然涉及农业运营管理范式及数据要素利用伦理在数字技术影响下发生的改变。由此，本章总结出数智农业理论与实践体系架构在未来需要回答的两个重要科学问题。

一是数智农业具有哪些新特征与实践做法，这些新的经济现象给传统经济理论带来哪些变革，即现有经济理论的核心逻辑在数智农业引起的一系列变化中是否仍然适用。

二是作为数智农业核心内涵的数字技术，对农业生产方式、资源配置结构等生产力特征产生哪些影响，又催生了哪些基于数据要素的生产资料所有制、利益分配等一系列复杂的生产关系，以及最终如何构建适应数字要素权属规范的数智农业运营管理方法体系。

这两个科学问题相辅相成，构成本章数智农业理论与实践展望框架建立的逻辑基础。数智农业对经济理论的挑战势必须要创新农业生产运营管理的方法体系，如扩大关注对象范围、转变运营管理视角等；而数字技术对农业运营管理方法的改变同样可能产生经济理论没能顾及的新洞见，如对非结构化多维信息的关注。

第一节　数智农业变革的理论挑战

数智农业的基本特征和现实表现给传统经济理论中的概念界定、假设前提、研究方法等带来挑战。本节归纳和建立起这些特征与经济理论之间的关联，以传统经济理论为基础，详细阐释数智农业理论变革的作用机理，从而总结提炼数智农业新思想新理论的具体拓展内容或方向。

需要特别强调的是，数智农业对理论经济、应用经济乃至所有交叉学科的影响是广泛而深远的。图8-1仅展示了数智农业核心理论演化脉络，重点从3个领域构建数智农业理论发展框架。在新古典经济学领域，着重从宏观经济增长理论、中观产业组织理论以及微观消费者理论和厂商理论探讨其在数智农业下的具体变化和挑战。在新制度经济学领域，阐释数智农业理论中交易成本和现代产权理论的拓展。最后，从管理学交叉领域的视角讨论创新管理及其相关理论在数智农业下的发展。

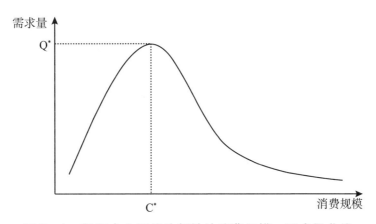

图8-1　数智农业网络外部性的消费规模—需求量曲线

资料来源：课题组基于文献整理。

一、数据纳入生产要素：宏观经济增长理论的挑战

传统农业经济时代，宏观经济增长的价值基础来自标准化生产，并以此为事实基础诞生了经济增长理论。从经典索洛模型到内生增长理论，经济增长理论演变的核心是将技术进步视作外生向内生转变，前者在假定规模报酬不变的前提下，用产出、资本、劳动以及知识或劳动的有效性4个要素解释经济增长；后者则认为技术进步引起资本和劳动力边际报酬稳定增长，规模报酬不变的假设逐渐放松为规模报酬递增。数

智农业时代，农业价值创造的基础发生了变革；数据作为新的经济增长要素被纳入农业生产函数，重构了农业生产要素体系，进一步拓展了经济增长理论中规模报酬递增的假设和传统经济增长理论的边界。

首先，相比于规模化农业及其手工业经济中标准化生产创造的价值，新一代信息技术通过需求发现和开拓新的商业模式使服务这一非生产性活动创造出更高的附加值，并且这一部分价值在数智农业时代逐渐占据主导。这意味着"生产"的概念得到拓宽，既包含标准化生产和加工的价值，也包含非标准化服务创造的价值。数智农业时代的技术革新使传统农业经济的生产及加工价值论演进为创新价值论。

其次，从要素结构来看，数据这一全新关键要素的融入，重构了生产要素体系进而拓宽了传统经济增长理论的边界。数据可复制、共享以及反复使用的特性，突破了传统农业生产要素的稀缺性和排他性限制，进一步强化了规模报酬递增的前提条件。数据要素与传统生产要素的深入融合，使各要素的边际报酬增长速率比内生增长理论中更高，对农业产业经济增长产生放大、叠加和倍增效应，从而改变投入产出关系。例如，数据只有与农业部门劳动要素相结合才能成为生产要素；同时，数据也有助于改善农业劳动、知识、管理、资本和技术要素的质量和效率。

二、突破地理空间界限：中观产业组织理论的挑战

传统产业组织理论将"产业"定义为"生产同类或有密切替代关系产品、服务的企业及其他经营主体的集合"，其研究经历了从 SCP（结构—行为—绩效）分析框架到强调信息不完全下厂商之间博弈策略和行为的博弈论研究范式，研究方法则从静态分析逐渐向推理演绎变革。就产业集聚形态而言，产业内上下游企业及其他经营主体在地理空

间上集聚而呈现出的产业组织垂直一体化是其核心内容之一。然而，数智农业时代已逐渐形成以数字技术为基础的新一代产业模式，促使传统农业生产不断开发借助新技术创造新价值的转型路径，从而为传统产业组织理论中产业的界定、产业集聚的形态、理论假设条件以及两代产业组织理论的研究方法等提供了新的探索空间。

通过数字技术的深度融合实现传统产业升级已成为农业产业经济数字化转型的基本模式，其背后的理论支撑值得深入探讨。第一，互联网、区块链等技术在生产领域的应用改变了农业一二三产业的空间范围，打破了传统产业内涵边界。农业中的一二三产业通过生产要素重组、生产环节重构等实现产业的"跨界经营"，从而实现全新的价值增值和价值创造。第二，数字技术的发展削弱了农业经营主体之间以空间关系为联系纽带的作用，以物联网为载体的产业数字化转型加强了产业协同效应，催生产业组织的网络化发展。有学者围绕网络、信息池、时间复制等概念对经济行为和互联网关联的研究可以看作是较早开展的数智农业对产业组织变动影响的基础研究。王如玉等（2018）在产业集聚理论研究中提出"虚拟集聚"这一空间组织新形态的概念，即在网络虚拟空间系统中，随着信息技术的发展该空间可以充分扩展，使产业集聚不受地理条件及人文环境的局限。第三，大数据、人工智能和云计算等技术，为农业经营主体提供了获取完全信息的可能，这些信息不仅包含可准确度量的结构化信息，还包含声音、图像、视频等非结构化信息。信息的准确性、多样性向产业组织理论的不完全信息假设提出挑战。

从研究范式来看，数智农业结合了传统产业组织理论中静态分析与推理演绎的研究方法。基于"SCP"分析框架的第一代产业组织理论认为特定的产业结构决定产业的竞争状态，进而对农业企业及其他新型农业经营主体行为进行静态截面观察，再与主体绩效进行联系。第二代产业组织理论认为这种实证分析方法缺乏理论依据和分析模型，只适用于短期静态分析，并不能解释这种特定的市场结构是如何形成的以及其未来发展趋势。因此，他们将研究重点从市场结构转向农业企业及其他经营主体行为，引入博弈论的研究方法，通过逻辑推理主体行为做出预测。但这种推理演绎法在促进理论发展的同时也表现出明显的不足，即数据获取较为困难致使研究结论难以得到有效证实。随着数据挖掘和大数据分析技术的进一步发展，海量信息能够便捷获取，数据精度和跨度大大提升，上述不足将得到有效缓解。此外，消费者和农业企业及其他新型农业经营主体的行为大数据在实证研究中的应用，有效改善了过去抽象运用博弈论讨论定价问题的方法局限。传统产业组织理论实证分析与推理演绎的研究范式在数智农业时代形成了前所未有的融合。

三、市场主体行为变化：微观经济理论的挑战

数智农业对微观经济理论发展的影响主要体现在数据支撑、开放共享等数字化特征使传统消费者行为理论和包含农户模型的厂商理论面临革新的必要。

（一）大数据思维、网络外部性及长尾效应：消费者行为理论的变革

数字化消费的突出特征是供需之间的交互性大大增强，消费者需求被精准识别和满足，从而颠覆性地改变了消费者行为和预期，拓展消费者行为理论。具体体现在以下三个方面。

首先，数字经济扩展了现有消费者选择理论中消费者选择行为的分析基础。传统理论认为消费者选择行为的本质是消费者在预算约束内，选择一个消费组合来最大化自己的总效用。而数智农业时代迅速发展的机器学习方法可以有效挖掘消费者行为数据之间的内在联系，预测消费者的决策行为。消费者的传统决策模式被互联网大数据和算法推荐所代

替，并且这种基于分析和预测的决策效率随着人工智能等技术发展越来越高。因此，大数据思维正逐渐支配消费者原有的主观判断，使消费者基于主观判断的偏好与大数据决策下的偏好呈现"趋同化"。

其次，数智农业发展进一步强化了网络经济形态，使得社会网络呈现出明显的网络外部性。这意味着消费者的购买行为不仅取决于自身偏好，还受其他消费者购买行为的影响。网络外部性根本上源于网络自身的系统性和内部的交互性，如果数智农业的正网络外部性占支配地位，会以"马太效应"触发网络系统的正反馈，带来消费规模的自我扩张，产生"需求方的规模经济"。如图 8－1 所示，对正网络外部性明显的市场而言，消费规模成为需求曲线的内生变量。在消费者偏好一致且能够准确预期用户规模的假设下，消费者需求会随消费规模的增加而增加，当消费规模达到一定程度后，负网络外部性开始发挥作用，使需求量随消费规模的增加而减小。从消费者效用来看，网络外部性意味着消费者对产品消费越多，获得的效用越高，呈现边际效用递增的趋势，打破了传统经济理论中的边际效用递减规律。

最后，数智农业时代丰富的农产品品种和低搜索成本等因素逐渐满足越来越多的小众、个性化需求，从而激发更强的"长尾效应"。长尾效应发挥作用的前提是有一个坚强有力的头部，且头部与尾部之间形成有效联系。随着数字技术的进一步发展，头部与尾部的联系也会发生变化。如图 8－2 所示，在品种—需求量曲线中，曲线头部表示品种较少的大众畅销品市场，品种较多且需求量较低的部位形成了长尾市场。随着技术水平的不断提高，这一市场中消费者的个性化需求被不断满足，使曲线趋于平缓，更多优质安全的品种能够进入大众市场，更长的尾部需求得到满足，更加体现"需求方的规模经济"，从而使微观消费者行为理论得到新的发展。

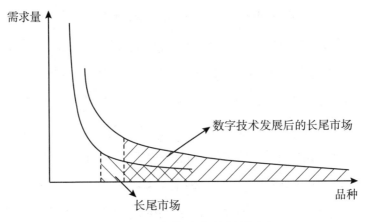

图 8-2　需求曲线中的长尾市场

资料来源：课题组基于文献整理。

（二）垄断与竞争：涵盖农户模型的厂商理论的变革

数智农业时代市场垄断与竞争问题已成为厂商理论研究的焦点。反垄断政策制定所依据的经济学理论基础是完全竞争模型。在完全竞争条件下，企业面临一条水平的需求曲线，最大利润产量在价格与边际成本相等时达到。按照传统经济学的逻辑，完全竞争的市场结构能够实现帕累托最优，任何偏离完全竞争市场都会形成不同程度的垄断。而数字技术引发的新一轮生产力革命为这一结论带来了新的诠释。

信息的便捷获取及分析处理、产品的快速迭代和低成本复制等数智农业的显著特征，使经典完全竞争理论受到冲击。首先，数字技术进一步强化了已在不完全竞争市场中明确的产品差异化前提假设，为数智农业反垄断中市场势力的测度带来了新挑战。农业企业及其他新型农业经营主体数字化提高运营效率的同时，使大规模定制服务或订单农业成为可能；大数据技术催生出精准敏捷的农产品或农业服务供应的生产模式，驱动农食系统向着高产高效、营养健康、绿色低碳、共同富裕和富有韧性转型。

其次，厂商规模问题成为理论变革的关键。农食系统快速迭代是数智农业的重要表现，产品与服务的更新周期成为农业企业的关键竞争要素，脱离于完全竞争市场中的自由进入与退出的前提假设。规模较小的生产者因其利润空间有限，难以大力投入资本进行创新产品的市场调研、产品研发以及营销推广，规模较大的生产者则在创新上更具优势。另外，数智农业下农业企业成本呈现出低边际成本特征，不仅包括小麦、稻米和玉米等谷物，而且包括杂粮、薯类、蔬菜、水果、肉类、禽蛋、牛奶和水产品等几乎可以零成本无限复制，农业企业可以通过不断扩大生产规模来持续降低长期平均成本，实现规模报酬递增，使大企业效率明显高于小企业，迫使小企业退出市场，完全竞争变为不可能。与此相关，由范围经济所带来的市场界定问题也日益凸显。在传统意义上，农业企业生产与主营产品相关联的产品时，可共用设备、人力、销售渠道等资源，从而降低产品单位成本形成范围经济；产品间的关联性越强，范围经济的效果越明显。随着数智农业的发展，农业企业能够依靠某一主营业务获得的大量用户开展多样化但相关性不强的产品经营，从而拥有由企业规模扩张所附加的范围经济价值。例如，京东、阿里巴巴、拼多多以其在传统电商、社交电商领域的强大优势积累了大量用户，使其在涉足农产品电商、自选农场、冷链宅配、普惠金融诸多其他领域时能够以较低的成本迅速占领市场。

最后，迅速发展的数字技术使经济理论需要运用一种动态的分析范式。主流经济学把市场看作是静态的，农产品按边际成本定价为最优，但其忽略了产品创造的过程，而这一创造过程便是产业链上下游企业不断创新竞争的结果。正如哈耶克（1979）指出，竞争是一种动态过程，"竞争之所以有价值，是因为它是一个发现某些事实的方法，如果不利用竞争，这些事实将不为任何人所知，或至少是得不到利用"。因此，运用静态均衡理论分析动态市场就会出现问题，在数字技术日新月异的市场环境下尤为严重。陈富良和郭建斌（2020）也认为，完全竞争模型在数智农业时代未能反映竞争的过程性和动态性，进而为反垄断规制的理论根基带来挑战。

四、产权与成本的新探索：新制度经济学理论的挑战

（一）平台化与低交易成本：交易成本理论的变革

交易成本理论的前提是市场运行中存在较高的交易费用，这暗含4个假设条件：参与者具有有限理性心理，容易产生投机行为；交易环境的不确定性与复杂性；信息不对称；市场角色数目较少，垄断竞争下需要较高的搜寻成本、合同执行成本等。在此基础上，以农业企业为单位的交易形式展示出其优越性，能够通过内部协调管理替代市场协调并降低个体交易的摩擦成本。因此，传统交易成本理论明确了农业企业纵向一体化替代市场协调并降低交易过程中成本费用是经济运行的必然演变结果。然而，数字化技术发展极大克服了市场交易主体之间的"信息不对称"问题，同时借由个体去中介化交易模式降低信息搜寻成本和交易执行成本，重塑交易成本内涵。

随着区块链等数字新技术的发展，交易成本理论的核心内容逐渐发生变化。一方面，数字技术发展弱化了"信息不对称"假设。传统理论默认"信息不对称"影响下的交易成本始终存在；而区块链技术通过智能合约重构使消除交易成本存在可能。区块链技术能够将信息多点记录和共享（即分布式记账），以此确保数据存储和交易过程公开透明、不被篡改。因此，智能合约通过建立信任机制有效解决了交易双方信用评级、交易风险评估、交易事后执行中的"信息不对称"问题，如农业企业治理中以分布式记账替代中心记账能有效规避管理者的舞弊行为。另一方面，以网络平台为基础的个体去中介化交易取代传统交易模式成为最佳方案。传统理论认为企业是降低交易成本的唯一交易模式，但忽略了企业运作所需要的成本。网络平台成为交易个体进行资源分配的虚拟信息

集散中心，使供需双方能够以最低成本获取所需信息，节省了为寻找客户或搜索供应商的信息搜寻和处理成本。同时，个体借助网络平台进行去中介化，直接签订数字化合约，点对点的交易形式既简化了过程也降低了交易执行成本。例如，农信互联平台的数字化信息集成满足了畜牧养殖主体的原料采购和技术求助需求，降低了其信息搜寻成本。因此，基于网络数字化平台上的个体交易模式成为降低交易成本的最优解。

（二）公有资源价值：现代产权理论的变革

现代产权理论的前提条件有两点：收益权依附于所有权并集成于一体，以及市场经济普遍存在"外部性"问题。现代产权理论认为，公有产权下对资源的所属和使用界定不明确，因此收益和成本的归属比较模糊，导致个体都想"不劳而获""搭便车"。私有产权清晰地划定了资源所有者，保证其通过投入成本得到收益并享有剩余利润占有权，形成了有效驱使所有者创造更多效益的激励机制。因此，产权理论明确了产权私有制的优势。而在数智农业下，数据资源的开放与共享成为突破产权私有制的要因，大数据的集成和公有克服了公共资源外部性问题，并通过提高资源配置效率创造更多价值。

在以数据要素作为关键资源的数智农业体系中，现代产权理论的内容构成有所变化。首先，数智农业冲击了产权理论的前提条件，所有权不再是收益分配的唯一依据，资源的使用权成为关键。尽管数据所有者是单一个体或特定集体，但数据使用者并不限定于所有者。得益于数据作为在虚拟平台的易搬运和可复制性，数据资源的私有产权被逐渐淡化，数据资源的开放与共享成为数智农业运行的核心。例如，在考虑生产隐私和数据安全的前提下，农业企业通过对生产端采购需求的大数据分析，开展自身农资产品的精准定位。

其次，数智农业改变了产权的运作形式。不同于传统理论支持的私有产权能够创造更多效益，大数据集成后形成公有产权的使用有助于实现更大价值。2021 年 2 月 5 日，央行发布题为《大型互联网平台消费者金融信息保护问题研究》的政策研究，明确指出互联网平台收集的个人信息不是平台私有财产，而是公共产品。给定数据使用非竞争性的特征，数据共享几乎不存在外部性问题。同时，由于个体偏差及外部环境因素干扰，对单个数据的处理几乎无法得到任何有效信息，而通过大数据的分析则能排除诸多干扰因素，得到反映客观现象的规律并应用于实践，如将大数据用于动物疫病及农作物病虫害潜在来源识别和动物医学的疾病诊断，以及消减异常天气长期负面影响和促进智慧农业生产等。

五、数智创新：管理创新的挑战

农业数智化的兴起使产业界和学术界对创新管理及其相关理论的解释能力提出疑问。纳姆比森等（Nambisan et al.，2017）总结了创新管理理论的 3 个关键假设：（1）创新产品是有界的；（2）创新主体是集中的；（3）创新过程和创新结果是两种截然不同的现象，并提出数智创新对传统创新管理的新挑战。农业数智化的发展影响创新结果，数字技术的应用淡化了创新主体的边界，使创新过程和结果相互作用形成非线性创新模式。

具体来说，首先，农业数智化推进生产工具的改进，改变了以往创新结果的规模和范围。数智化工具创新具有三个显著特征：一是可以在虚拟空间无限更新迭代；二是较容易重新整合和使用以满足个性化需求；三是对数字基础设施依赖程度强。这就决定了农业数智化工具创新的范围、特性、价值有更便捷和更广阔的发展空间。即使是已经推出或实施的创新，也可以在较短时间内实现对工具的优化升级，抑或是通过更多创新主体的参与扩大创新工具的应用范围。例如，生产服务环节中无人机精准撒药、土壤探测功能的开发使其迅速占领农业社会化服务交易市场。

其次，数智农业创新的主体更加多元化、复杂化，即主体定义的边

460

界在逐渐消失。数字技术通过更低的搜索和分享成本使各创新主体能够有效地获取知识与合作，形成分布式创新机构，更多地强调创新环境的营造而不是以往某一固定群体的创新。例如，大北农集团发现在种业创新项目中使用数字孪生建模技术使多个跨领域子机构产生不同创新。此外，去边界化的创新主体具有高度灵活性，当他们的行为与集体目标不一致或需要补充具有新业务能力的主体成员时，可以选择自由进出。

最后，数智农业的创新无论是工具角度还是业态角度均表现出非线性创新特点，创新过程和结果相互作用，两者之间的分界点变得越来越不明晰。数字技术增加了创新的不可预测性，除了创新过程产生创新结果这一传统逻辑，越来越多的创新结果反过来促进创新过程的实施，淡化了创新过程的起止时间，使创新过程与创新结果重叠。例如，在农药或兽药研发过程中，数字化作为一种创新结果创造了一种新知识形式，为复杂创新提供了必要的补充性见解（见图8-3）。

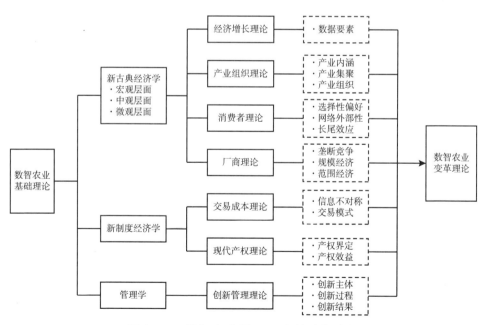

图8-3　数智农业核心理论的演化脉络

资料来源：课题组基于文献整理。

综上所述，本章尝试对数智农业新思想新理论变革的具体内容进行梳理与总结：以数据为核心驱动、以数字技术为关键手段，通过传统产业边界网络化、信息产业化普及化、公共数据资源价值化、创新过程迭代化的发展模式，实现社会资源优化配置，推动农业高质量发展。这些内容并非是对过去理论的重复，而是基于过去理论形成新的思想和内容。

第二节　数智农业运营的实践挑战

农业的基础性和数字经济的渗透性，加上现有互联网已经积累的巨大网络价值效应，会给我国现代农业甚至是整个社会商业生态带来巨大变革，势必促进农业生产、运营、管理的数字化和智能化。运营管理的概念是从生产管理延伸出来，是指与产品生产和服务创造过程及系统密切相关的各项管理工作，涉及计划、组织、实施与控制等。农业生产管理是指对农业生产活动的一系列管理，而农业运营管理的对象除了农业生产活动，还包括与农产品与农食系统有关的各项过程与系统。与传统农业运营管理不同，数智农业运营管理的对象主要包括两个大的方面：一是与农业数智化相关的过程和系统；二是与农业数字资源使用相关的过程和系统。通常涵盖流程重组、产业融合、知识管理、质量管理、价值共创和网络经济等重要场景和实践环节。因此，本章在全面审视数智农业生产力价值取向与运营管理系统概念特征界定之间差异的基础上，识别出数智农业在不同发展阶段面临的关键问题和挑战，以期为数智农业运营管理系统论与实践方法体系的完善作出开创性贡献。

一、数智农业流程重组：数智农业标准体系构建的挑战

业务流程重组是由迈克尔·哈默和詹姆斯·钱皮（Michael Hammer & James Champy）提出，强调利用先进的思想和技术对现有业务流程进行根本的再思考和彻底的再设计。近些年，信息技术尤其是互联网技术已经对诸多领域进行了较大或者彻底改变，例如，零售业、金融业和运输业等，这些领域在互联网环境下的运作流程已经远远不同于传统流程。新型物联网技术为代表的数字技术的广泛应用会给这些流程带来更大的变革，在农业领域主要体现在以下三个方面：农业生产资料的库存会实现自动化无人化管理，具有实时监测、自动订货和自动入库等功能；农业生产过程会应用更多的监测与控制系统，包括无人机遥感与飞防一体化系统、农业信息全景感知的移动传感系统和农业生产要素在线优化调度系统等；在农产品流通与消费环节，会实现基于物联网和区块链的农产品溯源功能和农产品消费精准追踪与召回功能等。可见，物联网环境下的数智农业运作流程与传统农业生产管理过程会有巨大不同，进而会导致其运营管理的计划、组织、实施与控制功能的实现方式也有很大变化，需要采用业务流程重组的思想对其进行优化设计。

与计算机网络和移动网络驱动的制造业建设过程类似，物联网环境下的数智农业流程重组也必须标准先行。然而，数智农业流程对接和标准建设面临的主要挑战是万物的异质性，难以形成像面向计算机和手机那样的通用标准体系，加上农业种类与要素的多样性以及不同国家不同地区农业发展模式和阶段的异质性，使得初始的农业物联网尤其是末端传感网的建设就面临很大的差异性。同时，农业技术知识是实现农业智能化的核心要素，需要规范化的方法与技术把现有的农业技术知识和实践中形成的生产经验转化为可以输入数智农业系统中的数据。因此，如

何采用新兴信息与通信数字技术构建出农业数智化标准体系以规范农业物联网的建设和农业技术知识的数字化过程，是首先要解决的关键科学问题。这一问题的解决需要结合现有农业生产标准，在利用信息与通信技术对农业产业链进行流程重组和产业融合的基础上，按照农业类型分别建立不同情景下的标准体系。同时要充分考虑标准体系的层次性和衔接性，形成以国家标准为基础、行业标准为主导和企业标准为补充的农业数智化标准体系。

二、数智农业产业融合：数智农业基础设施建设的挑战

产业融合是指随着不同产业的技术知识、产品业务、消费市场或价值链交叉整合，使这些产业间的边界变得模糊的过程。技术创新是产业融合的内在驱动力，随着信息与通信技术对农业产业链、信息链和价值链的重构，势必加剧传统工业、服务业以及新兴的信息业、知识业和文化业与农业的融合。物联网环境下的数智农业是多产业融合的农业，需要应用产业融合的相关理论与方法来指导数字农业运营管理这一领域的发展。放松管制是产业融合的另外一个重要推动力，因此，为了促进我国数智农业实践的发展及其管理理论方法的形成，需要国家柔性设计信息产业与农业的相关管理体制以促进物联网环境下我国现代农业的持续发展。范围经济是指企业产品类型增加导致平均成本降低的经济现象，是产业融合的一个基础理论，也是数智农业运营管理的一个支撑理论。数智农业产业链的设计与控制需要考虑链条上的业务活动是否满足范围经济，如果满足，就可以考虑通过技术和市场的融合，实行多元化经营战略。

同样，鉴于技术创新对于驱动产业融合的重要作用，确保数智农业产业融合价值取向延续与发展的首要任务，也就落在如何采用运营管理

的思想与方法建设新型农业物联网系统以完成农业基础设施数字化革命的技术应用层面。只有搭建完成了由新兴的传感技术（传感器、红外感应器和无人机等）、计算技术（云计算、边缘计算和区块链等）以及网络通信技术（5G等）共同构成的新型农业物联网系统，才可能出现数智农业产业融合的基本场景，进而促进农业全链条数智化、智能化和精准化的真正实现。此外，如何开展农业物联网基础设施的建设工作使网络尽快增值到一定程度以促进企业和个体积极主动加入数智农业物联网，是数字农业基础建设阶段的另一个关键性挑战。网络经济的一个重要特征是边际效益递增性，主要是因为随着网络规模的扩大，加入网络的边际成本呈现递减而信息累积的增值报酬呈现递增，物联网环境下的数字网络经济这一特征更加突出。然而，这也意味着数智农业基础设施建设阶段的加入成本是最高的而收益是最低的。因此，考虑到农业类型的多样性和异质性，以价值较高的重要农产品为对象构建特定农业全产业链的物联网系统是政府和企业应该采取的策略。数智农业物联网发展到一定程度势必促进新一代平台企业的产生，进而带来全新的商业模式。因此，以拥有巨大顾客群体的现有互联网平台企业为龙头，充分利用现有互联网累积的报酬递增效益，构建数智农业物联网电商平台应该是互联网平台企业亟须部署的战略。同时，政府要积极长远保护数智农业物联网建设主体的数据收益权利，以促进企业投资物联网基础设施建设的积极性。

三、数智农业知识管理：数据驱动模型与算法设计的挑战

知识是人类进步的根本性动力，网络经济的到来促成了现代知识管理理论体系的形成。知识分为显性知识和隐性知识，前者能够格式化表达，后者难于格式化表达。日本学者野中郁次郎揭示了显性知识与隐性

知识的 4 种转换关系：群化（隐性→隐性）、外化（隐性→显性）、融合（显性→显性）和内化（显性→隐性）。传统农业生产过程由于缺少对农业元素数据的系统收集与长期积累，主要通过局部的经验交流来促进农业的发展，农业知识的形成与传承进程比较缓慢，而新型物联网环境下的数智农业会破除传统农业发展的数据制约因素。因此，数智农业运营管理的一个重要内容是如何利用新兴信息与通信数字技术构建出物联网环境下的数智农业知识管理系统以实现以下功能：转换现有农业显性知识为模型算法，形成智能化的农业决策知识系统，进一步促进农业领域的知识融合和加快农业经营主体知识内化过程；通过农业知识的应用和技术经验的实践积累，产生群化隐性知识并以数字化的形式输入农业决策知识系统，进而促进新增农业知识的外化与积累。通过以上功能的循环实现，农业知识可以在物联网环境下得到持续传承与快速发展，为智慧农业和精准农业的最终实现提供有力支持。

当然，上述数智农业知识管理系统功能的实现离不开以数据驱动的模型与算法为核心支撑。模型与算法的功能主要体现在两个过程。首先，在采用新兴信息与通信数字技术对农业生物（例如，茎流量、叶面温度和果径大小）、环境（例如，空气温湿度、光照强度和风力风向）、技术（例如，农药效果、飞防效率和收割效率）和社会经济（例如，农产品价格和农产品需求）要素进行数字化的过程中，要素数据采集环节与设备的优化配置、数据传输网络以及传输路径的优化设计、数据存储与计算资源的合理分配等都需要相应的模型与算法，才能形成合理有效的农业要素数字化方案，同时也需要把现有农业知识和农业专家技术经验转化成计算机可以处理的模型与算法。其次，在搭建新型农业物联网系统之后，农业要素状态实时被感知并传输到数据处理中心，作为农业决策支持系统的输入，需要经过模型与算法的识别、判断与优化，确定是否进行调控以及调控的精度，然后输出到数智农业物联网系统中进行实施。可见，数据驱动的模型与算法的运筹优化不仅是进行数智农业知识管理的核心，也是实现农业决策支持系统智能化的关键所在。

然而，物联网环境下的数智农业模型与算法的运筹优化面临诸多新的挑战：首先是如何处理多维异构大数据的输入，也就是如何把农业生产过程中产生的视频、音频和图片等非结构化数据转换成满足运筹优化模型要求的结构化数据，或者说，如何改进或者重构运筹模型以有效处理数智农业物联网环境下产生的这些异构大数据；其次是如何基于流数据设计出快速模型求解算法，尤其是要解决最优化理论面临的数据"维度灾难"难题，以实时生成数智农业在操作层面的运作方案；最后面对农业全产业链中的各种干扰事件，如何在既有计划的基础上形成新的调整方案，以最小化干扰事件对原计划的负面扰动。同时，如何把非结构化的农业技术知识融入结构化的运作优化模型与算法中也亟须解决。

四、数智农业质量管理：数智农业经营主体培育的挑战

数智农业物联网系统的布置往往能够提高产量和品质，但如果缺少农产品优质优价市场机制，可能给农场带来的是损失而不是收益的增加。而农场对新兴信息与通信数字技术的采纳行为往往受其感知的有用性程度所影响，因此，优质优价的市场机制是驱动农场主动加入数智农业物联网系统的一个必要条件。加入数智农业物联网系统的农场数量增加到一定程度，会形成巨大的农业要素数据网和农业模型算法库，此时数智农业物联网的巨大网络价值才会凸显，而在这一网络中信息获取和各种交易机会成本会接近于零，使得农业全产业链交易过程实现透明化，进而会保障农产品优质优价市场机制的持续运行。同时，数智农业物联网环境下，由于信息的透明化和交易机会成本的消失，会在农业产业链条之间形成开放式、分布式、协同式的横向规模经济体系，进一步

降低农业生产和农产品流通成本。可见，农产品优质优价市场机制是进行数智农业运营管理的重要场景和导向目标。

辩证来看，农产品只有优质才能价优。农产品优质优价市场机制的实现，必然需要以农场不断提高自身农业质量管理水平为前提。物联网和区块链等技术在农业中的应用，会为农业质量管理提供变革性解决方案。传统农业生产管理过程中，由于各环节信息的缺乏导致难以有效管控农产品质量。而在数智农业物联网环境下，可以构建基于"信息链—证据链—信任链"的低冗余存储且安全性能高的农产品供应链置信溯源系统，对农产品实现全面质量管理。具体如下：首先通过覆盖农产品生命周期的物联网信息采集系统，形成从生产到销售全过程的基于区块链机制的分布记账式信息链；每一次针对特定农产品质量追溯是基于区块链内存储数据及链外关联数据的置信求证和规则推理，找出与农产品质量安全风险相关的证据链；进而结合网络节点本身属性（如在线平台信誉、个体农户声誉等）映射到信任网络中，构建一条贯穿上下游成员间的信任链，并动态调整、更新信任网络。这种以"信息链—证据链—信任链"为主线的农产品质量置信溯源方法，可以快速实现农产品溯源查询、证据推理、置信求证、信任融合等置信分析过程，为解决农产品质量难题提供完备的解决方案。

然而，在上述数智农业的应用升级阶段，新型农业经营主体的培育始终是一个绕不过去的关键问题或核心挑战。无论是物联网环境下的数智农业助推多个环节的重组融合，抑或是农产品供应链置信溯源的全程监管，均对传统农业经营主体所要求的能力和素质会有很大变化，同时也会产生全新的数智农业经营主体。在实施数字农业过程中，首先碰到的问题是从事农业的相关经营主体对数智农业物联网的认知与意愿问题。由于数智农业物联网系统实施成本较高、相关技能培训机构的缺失、数据质量控制较难等各方面因素的影响，多数传统农业经营主体会对数智农业物联网系统的采用持消极或观望态度。农产品优质优价市场机制的形成和数智农业物联网增值报酬的显著提高，可以提高采用数智农业物联网系统带来的边际收益，进而能够有效提升现有农业经营主体的正向认知和参与意愿。同时需要形成数智农业物联网技术培训体系，以满足数智农业经营主体的技术学习需求。另外，也要促进数字农业全新农业经营主体的培育，例如，无人机飞防业务经营主体和农业技术知识模型库运营商等。

五、数智农业价值共创：数智农业商业模式创新的挑战

在互联网时代，数据已经成为网络经济最重要的生产力，催生了各种各样的互联网商业模式，大大改变了传统商业生态系统，成为国家和企业发展的新动能。由于消费者需求具有动态化、小批量和个性化的特征，"孤军奋战"创造价值的商业模式已不能很好地应对市场变化，价值共创的产业互联模式正受到业界的广泛关注。鉴于数智农业物联网基础设施投资的短期低效益性和数智农业物联网网络价值的规模递增性，需要利用价值共创的思想设计出农业全产业链协同合作机制，促进基础设施投资者、农业经营主体、农业技术专家、电商平台企业、政府相关部门以及农产品消费者等多方利益主体共建数智农业良好产业生态系统，促进数智农业物联网基础设施建设、数智农业经营主体培育和数智农业商业模式创新等关键问题的解决。尤其是要设计出公平合理的收益分配机制，以确保各参与主体积极合作，形成良性的价值共创循环网络体系。为此，需要建立基于物联网和区块链的农产品供应链网络合作博弈模型，在有效处理多方利益主体竞合关系的同时充分发挥各主体拥有资源禀赋和服务能力的差异化优势。

此外，由于农业的基础性和物联网的无界性，数智农业商业模式的

创新不仅是基于农业单一产业的创新而且是基于一二三产业融合的创新，这些商业模式具有极高的渗透力和变革力，改变的不仅是农业产业而且是整个社会领域的商业生态。可以说，数智农业时代真正到来的主要标志就是围绕数智农业爆发的物联网环境下的各种创新商业模式，使得数智农业物联网系统中大数据要素的巨大价值得到充分表现。值得强调的是，数智农业商业模式爆发的基础是农业物联网系统中积累的大数据，而这一积累过程是源于数智农业的基础建设阶段和应用升级阶段。可见，如何创新和布局物联网环境下数智农业商业模式，是值得学术界进行研究的科学问题和产业界进行部署的战略问题。

六、数智农业网络经济：数智农业治理能力提升的挑战

网络经济是指建立在互联网上的生产、分配、交换和消费的经济关系，具有高渗透性、边际效益递增性、自我膨胀性和外部经济性等特征。物联网是新一代互联网，把传统以计算机和手机为连接主体的互联网扩展到以万物为连接主体，因此，物联网环境下的网络经济会给这个世界带来更大的变革。随着传感器价格的降低和新型传感系统的应用，数智农业物联网势必形成，进而会引爆农业领域的网络经济，因此，网络经济及相关生产力发展趋向（例如，平台经济和共享经济）逐步成为数字农业运营管理的重要场景。随着数智农业物联网基础设施的形成和农业经营主体参与意愿的提升，数智农业物联网电商平台会突然出现，进而会给现有农业经济体系带来颠覆性变化，新型的农业投融资关系、新型的农业生产服务关系、新型的农产品交易关系等都会随之而来，经过数智农业发展实践的检验与论证，最终会形成数智农业网络经济系统构建的方法体系。

数智农业网络经济的迅猛发展，必然需要相应的治理监管体系予以

保驾护航。作为基础产业的农业，直接影响到国家的粮食安全和社会稳定，其发展必然需要国家政府的有效管制。物联网环境下的数智农业发展能够为政府提供更全面、更精准、更及时的农业要素数据，为国家农业农村治理体系的构建和治理能力的提升带来了巨大机遇，然而也面临诸多新的挑战。数智农业治理体系的构建与治理能力的提升是一个全过程的系统工程，在数智农业发展的不同阶段有着不同的治理重点。基础建设阶段的治理重点主要有以下两个方面：一是如何制定系统合理的农业数智化国家标准体系，以规范而又不限制行业与企业标准体系的形成与发展；二是如何确定一个长效机制以促进国家和企业积极协同建设数智农业物联网基础设施。应用升级阶段的治理重点包括：如何促进国家级农业知识模型库与智能计算服务平台的构建和数智农业经营主体培训服务体系的形成。成熟爆发阶段的数智农业已经融入社会各商业生态系统，因此其治理范围是全方位的，终极目标是促进数智农业经济的实现与繁荣。

综上所述，本章尝试对数智农业运营管理新实践新挑战的具体内容进行梳理总结：数智农业已不仅仅是某一学科领域独有的研究对象，未来多学科交叉的研究范式将成为一种趋势。数智农业运营管理的场景优化需要基于农产品全产业链融合的视角，充分利用传感器、无人机、区块链、大数据等最新技术对现有农业运营管理流程进行彻底的再设计，进而要建立物联网环境下的农业知识管理系统和多维异构大数据驱动的优化模型和算法，实现农业知识的持续传承和精准控制方案的快速生成。数智农业发展到一定程度带来的网络经济会改变整个农业的商业生态体系，无形中催生出优质优价的农产品市场机制和价值共创的多主体协同合作模式的迭代发展。以上各个发展阶段或重点场景的实现都会面临诸多难题，且所面对的关键问题或挑战是动态变化的。因此，精准识别与主动出击将成为很长时间内数智农业迎接运营管理实践新挑战的核心策略（见图8-4）。

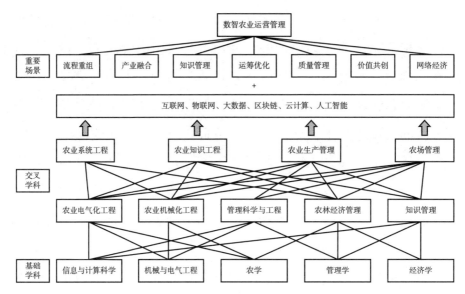

图8-4 数智农业运营管理关键场景的跨学科支撑

资料来源：课题组基于文献整理。

第三节 数据要素利用及权属的伦理挑战

数据作为数智农业的核心元素，是推动农业经济发展质量变革、效率变革和治理变革的重要抓手。数据作为参与物质生产过程的新要素，不仅在原有的要素结构中注入了新的活力，催生了数字生产力并释放了其对经济发展的"乘数效应"，而且还推动了数字时代各种复杂生产关系的形成。这对马克思主义政治经济学研究提出了新课题，也提供了新视角。农业作为自然再生产与经济再生产相交织的特殊产业，其数智化发展亟待政治经济学研究的创新，而农业经济作为社会主义现代化经济体系中的基础板块，数据生产要素在农业领域的广泛渗透和应用也亟待政治经济学研究的指导。目前，无论在农业还是其他产业，面临共性的农政伦理挑战主要有以下三个方面：数据生产要素参与下的生产力形成和发挥机制有待明晰、基于数据要素的生产资料所有制和利益分配等一系列生产关系有待厘清、数据要素赋能农业现代化发展的效率与公平之争有待辨明。

一、数据要素利用：生产力形成与发挥机制的伦理挑战

研究构成生产力的诸多要素及其组合，通过旧生产要素的改造更新和新的生产要素的发明应用推进生产力向前发展，是中国特色社会主义政治经济学研究的重要任务。但由于数据要素不仅可以发挥"催化剂效应"，即渗透到原有农业生产要素中起革新作用，让原有生产要素改变作用的发挥机制与效果；又可以发挥"直接驱动效应"，即作为新生产要素带动原有生产要素突破已有生产力边界，形成新的生产力提升动能。因此，如何识别、测度数据要素的量和质，以及观察、评估其功能发挥过程和结果，都面临着诸多伦理困难。

一方面，数据作为生产要素在农业中的特殊性还没有认识清楚。农业数据是在现代农业生产、经营、管理、销售、投资等各种活动中形成的，具有经济附加值的、时空特征交织的有用性信息记录，主要来自农业资源与环境、农业生产、农业市场和农业管理等环节。它可能是呈现农业相关的自然、经济、社会信息的原始数据，也可能是为了某些目的而经过处理后的加工数据。但无论是原始数据还是加工数据，来自环境、动植物、人类及其活动的数据的性质和尺度相去甚远，数据存量和流量的数量级也差异巨大，如何与传统生产要素那样去衡量其数量与质量将面临数据多元化类型和应用场景的挑战。同时，数据传输速度快、成本低，保存相对稳定，不易"变质"，如何测度其价值并给予相应的

定价都是农政伦理难题。此外，数据是生产力发生数字化演化的根源，其作为一种单独的资源时往往难以发挥作用，需要与劳动、土地、资本、技术等其他要素进行数字协同，才能赋能传统产业的转型升级和要素资源的集约融合。那么，它与传统要素之间的关系是什么？例如，数据与劳动是什么关系？是劳动的产物，还是赋能劳动的工具，以及两者是如何结合的？数据与技术又是何种关系？是信息技术的产物，还是其本身就是技术的一部分，是物化的硬技术还是非物化的软技术？

另一方面，数据要素如何影响了农业中的自然再生产与经济再生产？数据区别于传统要素，其本质是通过驱动其他要素融合与生产技术进步来推动经济增长，但却需要数据间彼此合作生产、互联互通、达到一定数量才能具有存在的意义和价值，即通过数据量变实现效率质变。那么数据要素投入的量与质同农业产出之间的关系是否类似于传统要素？这里要强调的一个突出特点是，数据要素无论在自然再生产还是经济再生产过程中往往是不会"减损"或"消耗"的，甚至还会由于新的技术和领域的产生而增加或增值，因而在扩大再生产过程中一般也无须"补偿"，并且由于数据的"不可分性"或"粘连性"，在其投入再生产过程时常常需要"整体性"投入。这与传统要素的明显差异决定了数据要素生产力形成与作用机制需要进一步探明。

二、数据要素权属：生产关系厘定与调节机制的伦理挑战

围绕数据要素驱动的农业数字化变革必然会导致农业生产、组织、流通、分配和治理关系发生新的变化，而对数字化生产关系的调节是否合理又会影响农业现代化进一步的发展。目前，对于数据要素推动形成的农业生产关系革新及其对生产力的反作用的认识上还面临着不少伦理难点。其中，数据权属和收益分配问题是关键挑战。

一方面，数据权属界定存在伦理争议。清晰的数据权属关系是保证数据来源完整性与全面性的基础，有利于通过提升市场效率促进数据的获取和交易。然而，包括农业在内的各个行业，数据产权界定不清仍是不争的事实，这既不利于数据信息的安全保护，又抑制了数据要素的高效配置利用。在数据获取上，由于数据生产过程涉及个体、企业和政府部门等多类主体，权属边界确定较为复杂。尤其是那些"经由网络用户写入，而由网络平台控制"的非隐私类公共集合数据的权属争议较大，数据归用户、归平台还是归政府众说纷纭。在数据加工处理上，一种观点认为对于经过二次处理的增值数据，数据处理者应享有所有权，这样才能激励数据处理者挖掘更多数据的潜在价值，为数据市场研发新产品；另一种观点则认为即使是处理以后匿名化、不泄露原始数据隐私的衍生数据，也应承认数据原生产主体对数据的初始产权。在数据开放共享上，哪些数据要素可以被视为"公共物品"来开放利用，而哪些则具有"俱乐部物品"或"私人物品"特点需要受控利用，不同经济性质的数据在利用上有待理论识别。而农业领域的数据来源广、类型多，特别是介于公共物品与私人物品之间的数据相对于制造业等其他产业更多，迫切需要对其权属进行清晰厘定。

另一方面，数据要素参与后实现公平分配的伦理依据亟待完善。不同于劳动、土地等要素，数据参与分配一直存在着较大的争议。党的十九届四中全会明确提出，要建构"由市场评价贡献、按贡献决定报酬"的数据要素分配机制，是对数字时代收入分配理论革新的重要信号。但分配主体尚不明确是抑制数据要素公平分配、引发数字伦理问题的一大梗阻。部分学者认为相关企业或数字平台应该是数据要素的分配主体，因为他们在数据开发利用方面付出了大量成本、为用户提供了巨大便利和智能服务。但随着数字劳动理论的创新，平台用户对生产互联网大数据所做的相关劳动——数字劳动方式也被一些学者视为剥削的一种极端形式，并认为作为数据要素生产来源的用户才应成为分配主体。可见，只有厘清了数据要素的分配主体，数据该以劳动、产品还是股份形式参与分配才有根可寻。

三、数据要素规制：兼顾开放共享与强化监管的伦理挑战

尽管数据要素对农业现代化的赋能作用巨大，但由于数字经济的发展时间不长，不仅伦理探索刚刚起步，实践中也面临着诸多挑战。农业领域虽然特殊，但所面临的实践挑战仍以以下两个方面的共性问题最为突出，并进一步衍生出增长与分配或效率与公平之争。

一是从促进利用的角度看，农业数据要素市场体系尚不成熟。开放共享和交易流转是加速数据流通、促进社会福利提升的两条路径。然而，在农业领域，涉农经营主体间的数据分离和割裂现象仍然严重，农业数据要么未能充分采集和挖掘，要么掌握于少数平台和主体手中，造就一座座"数据孤岛"，其归根于没有建立完善的数据公开共享机制、缺乏数据交易的营商环境。首先，数据标准化程度较低，提高了数据要素自由流动、充分利用的难度。目前我国的数据要素市场在数据度量、数据分类、数据采集、数据交易以及数据跨境等标准体系建设方面仍处于起步阶段。以涉农数据采集为例，来自生产、生活、生态领域的数据采集方法不一、录入规范程度较差等现象较为常见，导致数据质量参差不齐、难以符合多样化的市场使用需求。其次，数据交易模式创新不足，阻碍了数据价值的有效释放。目前数据交易以粗加工的原始数据为主，交易模式主要停留在不对数据进行任何预处理或深度的信息挖掘分析的数据撮合的层面，而对能够满足不同用户需求，围绕大数据基础资源进行清洗、分析、建模、可视化等操作，形成定制化数据产品的数据增值服务模式的实践探索还不多，不利于数据交易效率和产出效果的优

476

化。在农业领域，多数从事种植养殖的农民对于数据本身的开发利用能力低，亟待实用性强的数据服务产品或服务模式给予农业生产经营以支持。最后，数据资产价值认定存在操作困难，制约了数据收益的合理分配。数据要素被普遍认定为无形资产大类，其价值评估方法主要有市场法、成本法和收益法三种。根据"由市场评价贡献、按贡献决定报酬"的原则看，与数据相关的分配包括按劳分配和按数据要素贡献参与分配两个部分，故数据要素既可以作为劳动产品在市场上交易获得报酬，也可以作为生产要素分享剩余。但实践中具体的实施方案尚未有成熟的可循路径，在数据市场价格相对扭曲、数据要素生产率不易估计的情况下，主观上的数据要素贡献评价就可能出现失真或不合意的后果。尽管如此，在数据开放共享方面，推进农业公共组织数据要素的统一汇聚和集中向农业经营主体开放利用目前看仍是最有希望突破的一种尝试，基于多方合作的日本农业数据协作平台可以为此提供一定的建设运营经验。

　　二是从加强规制的角度看，数据要素治理体系尚不完善。首先，数据开放利用的体制激励不足。数据开放意味着要承担数据要素稀缺性丧失的风险，因而体制本身难以产生开放激励，致使目前政府在数据开放上主要依赖于企业。而在缺乏成熟的制度安排下，政府作为公共管理者的角色被弱化，体现水土、气象、生物等公益性信息和农产品价格、市场供求等经营性信息在内的数据要素开放的营利性整体增强而公共性整体减弱，这导致国家数据开放利用综合水平的提高受阻。其次，数据安全的法律保障不足。随着数据技术发展和数据使用需求提高，数据窃取、数据滥用、数据黑市交易等非法行为也呈蔓延之势，严重侵害了个人隐私、商业机密和公共安全。尽管我国已经颁布（或公布）的《民法典》《网络安全法》《数据安全法（草案）》等法律弥补了我国数据安全领域的空缺，但仍然未改变我国数据安全立法不系统不完整、法律救济渠道单一且成本高昂、法制打击力度不足的整体格局。最后，数据监督管理的机制创新不足。当前数据要素监管的顶层设计相对滞后，不仅数据监管体制混乱，数据监管标准不一、各部门各自为政现象严重，而且给经济社会的健康发展带来了不良后果。一方面，由于以数据为核心竞争要素的平台经济拥有很多不同于传统经济的特征，针对性的监管理论和制度的不健全导致了在反不正当竞争、反垄断等方面缺乏有效抓手。另一方面，数据监管不善所引发的数字伦理问题也激起了社会的广泛争议。例如，外卖平台的智能配送系统对外卖骑手的不合理派单、某些企业开发的智能任务监控系统对员工的不合理管控，皆有可能在打着数据"智能"的幌子行剥削劳动剩余价值之实。由此，在数智农业中数据要素治理层面，必然要走数字监管治理与激励治理的互补发展道路。一味地对农业和农户加监管"杠杆"反而会抑制治理效能，需驱动农业治理模式由单一走向双维，既要践行规制风险的监管控制型治理，重点防治数据资本的无序扩张，又要搭配鼓励创新的包容促进型治理。

综上所述，本章尝试对数智农业中数据要素利用的新农政伦理挑战进行梳理总结：以往研究大多从新古典经济学视角出发定义数据要素的基本功能，认为数据内嵌的高流动性、长期无限供应、零边际成本和累积溢出效应等技术、经济特征，决定了其必然会对国民经济发展产生广泛的辐射带动作用。而其中关键的逻辑就在于赋能，即数据易于同原有传统要素的结合并对其优化改造，使这些要素形成更大的效能。从宏观上看，数据要素能够促进各类要素有效结合，产生新的生产函数关系，使全要素生产率倍增。其不仅在产业形态上能够促进数字技术与实体经济的纵深融合，推动产业体系升级、产业结构优化和产业链交叉重组，形成新的产业组织形式和业态模式；而且在生产机制上能够缓解信息不完全带来的要素配置扭曲和市场失灵等问题，有利于完善市场调节功能，促进各类要素集约利用和合理分配。从微观上看，数据要素能够有效地与个人能力和组织能力相融合，形成新的发展驱动力。本质上，数据要素并不能代替企业本身，但它是促进有效决策、提高劳动效率的重要手段。一方面，数据要素能与企业家才能相结合，提升经营主体的智力资本，并转化为科学决策能力；另一方面，数据要素与数字技术、信息网络和智能机器有机结合，还将促使生产经营智慧化、服务交易线上化、组织结构扁平化、社会治理电子化。

然而，数据要素在赋能农业现代化过程中，其具体影响必然是通过农业生产经营主体和农业管理部门的活动而反映到农业生产力和生产关系上来的。由此，农业本身的自然与社会双重属性要求我们必须从马克思主义农政视角对相关问题进行再审视，其中不难发现围绕数据要素利用、权属及规制三元素的重要且新颖的伦理挑战，例如，数字技术和数据要素究竟如何促进农业生产效率提升和生产模式创新的复杂潜在机理并不明确、农业数据要素因包含生物、环境、技术和社会经济等多种性质和尺度的信息而难以借用经典经济理论范式进行统合的增长路径和分配路径研究等。这些农政方面关键问题的提出，目的不在于对新古典经济学认知的颠覆或蔑视，而是要在经典意义上形成对数智农业发展共识或基本框架的有益补充和深度拓展。

本 章 小 结

2020年8月24日，习近平总书记在经济社会领域专家座谈会上强调，我国将进入新的发展阶段，"我们要着眼长远、把握大势，开门问策、集思广益，研究新情况、做出新规划"。随着中国进入新时代，以新一代信息与通信数字技术为代表的"大数据革命"为中国经济社会发展提出了新问题、新要求、新挑战和新机遇，呼唤数智农业研究的理论与应用创新（黄少安，2021；林毅夫，2021）。尽管中国政府不乏政策指引，但理论上的不足导致相关法律法规、创新鼓励政策的滞后以及监管措施不力等问题相继出现，容易导致数智农业发展更注重量的增长而忽视质的提升。

那么，如何构建并完善中国情境下的数智农业理论与实践体系，让数智农业成为驱动中国式农业强国建设的最大动力，成为完善中国特色社会主义市场经济理论体系的重要命题。得益于中国巨大的农业人口规模和四十多年持续高速的农村经济增长，中国已拥有数智农业的规模优势。海量数据的产生以及数字科技的广泛应用为中国学者研究数智农业问题、创新数智农业理论，以及构建数智农业方法体系、学科体系提供了天然基础。正如王亚南在 20 世纪 40 年代在阐述中国经济学的内涵时所指出："在理论上，经济学在各国尽管只有一个，而在应用上，经济学对于任何国家，却都不是一样。"数智农业研究亦是如此。提炼挖掘中国情境下的数字经济独创理论，坚定"中国特色社会主义道路自信、理论自信、制度自信、文化自信"是根本前提。我们需要对数智农业在中国发生的一系列问题进行系统分析，形成中国特色数智农业理论与实践体系，揭示中国数智农业发展的一般规律。同时，从中凝练出本质和共性内容，泛化中国经验并提升中国数智农业经济理论与运营管理方法体系在世界范围内的影响力。

总之，迎接数智农业新挑战，需要我们从"技术—经济—应用范式"三个维度去辩证思考。作为一种新的经济形态，数智农业实践发展已明显超越理论研究，倒逼与数智农业相关经济理论研究与运营管理方法体系的创新发展。科学理论与方法体系的建设正是一个源于解决实际问题需求，经历萌芽、成长阶段，再应用于实践并不断总结、修正，循环往复持续完善的过程。本章尝试构建了数智农业理论与实践展望体系的基本变革框架，以期能够为中国数智农业持续健康发展指明经济理论与管理方法的拓展方向，为世界数智农业繁荣发展贡献中国力量。

最后要指出的是，由于经济理论与运营管理方法涉及内容非常广泛，本章仅仅基于数智农业发展的一些典型特征及关键场景，以与这些特征紧密相关的几个核心理论为对象，探索构建了数智农业理论与实践展望体系的基本变革框架。未来有待就数智农业对更多其他经济管理理论及思想体系发展的影响开展更加深入的系统分析，就展望体系中一些尚不明朗的争议问题进行更加缜密的逻辑判断，从而达成更加完整的数智农业基本框架与发展共识。

本章参考文献：

［1］陈富良，郭建斌．数字经济反垄断规制变革：理论、实践与反思——经济与法律向度的分析［J］．理论探讨，2020（6）：5-13.

［2］陈国青，吴刚，顾远东，等．管理决策情境下大数据驱动的研究和应用挑战——范式转变与研究方向［J］．管理科学学报，2018，21（7）：1-10.

［3］陈晓红，李杨扬，宋丽洁，等．数字经济理论体系与研究展望［J］．管理世界，2022，38（2）：208-224，13-16.

［4］董春岩，刘佳佳，王小兵．日本农业数据协作平台建设运营的做法与启示［J］．中国农业资源与区划，2020，41（1）：212-216.

［5］二十国集团．二十国集团数字经济发展与合作倡议．http：//www.g20chn.org/hywj/dncgwj/201609/t20160920_3474.html，2016-09-20.

［6］哈耶克．经济、科学与政治［M］．冯克利译．江苏人民出版社，2000.

［7］孟飞，程榕．如何理解数字劳动、数字剥削、数字资本？——当代数字资本主义的马克思主义政治经济学批判［J］．教学与

研究，2021（1）：67 - 80.

[8] 阮俊虎，刘天军，冯晓春，等. 数字农业运营管理：关键问题、理论方法与示范工程 [J]. 管理世界，2020，36（8）：222 - 233.

[9] 阮荣平，周佩，郑风田. "互联网 +" 背景下的新型农业经营主体信息化发展状况及对策建议——基于全国 1394 个新型农业经营主体调查数据 [J]. 管理世界，2017（7）：50 - 64.

[10] 王如玉，梁琦，李广乾. 虚拟集聚：新一代信息技术与实体经济深度融合的空间组织新形态 [J]. 管理世界，2018，34（2）：13 - 21.

[11] 易宪容，陈颖颖，位玉双. 数字经济中的几个重大理论问题研究——基于现代经济学的一般性分析 [J]. 经济学家，2019（7）：23 - 31.

[12] 于晓华，唐忠，包特. 机器学习和农业政策研究范式的革新 [J]. 农业技术经济，2019（2）：4 - 9.

[13] 赵涛，张智，梁上坤. 数字经济、创业活跃度与高质量发展——来自中国城市的经验证据 [J]. 管理世界，2020，36（10）：65 - 76.

[14] Bruccoleri M. , Riccobono F. and Grossler A. Shared Leadership Regulates Operational Team Performance in the Presence of Extreme Decisional Consensus/Conflict：Evidences from Business Process Reengineering [J]. Decision Science，2019，50（1）：46 - 83.

[15] Fan S. , D. Headey, C. Rue and T. Thomas. Food systems for human and planetary health：Economic perspectives and challenges [J]. Annual Review of Resource Economics，2021，13：131 - 156.

[16] Goldfarb A. and Tucker C. Digital Economics [J]. Journal of Economic Literature，2019，57（1）：3 - 43.

[17] Nambisan S. , Lyytinen K. , Majchrzak A. and Song M. Digital Innovation Management：Reinventing Innovation Management Research in a

Digital World ［J］. MIS Quarterly，2017，41（1）：223－238.

［18］Singhal K.，Feng Q.，Ganeshan R.，Sanders N. R. and Shanthikumar J. G. Introduction to the Special Issue on Perspec-tives on Big Data ［J］. Production and Operations Management，2018，27（9）：1639－1641.

［19］Walter A.，Finger R.，Huber R. and Buchmann N. Smart Farming is Key to Developing Sustainable Agriculture ［J］. Proceedings of the National Academy of Sciences of the United States of America，2017，114（24）：6148－6150.